Sahaajakisälli

Timo Tiirola

Sahaajakisälli

FSC
www.fsc.org
MIX
Paperi vastuullisista lähteistä
Paper from responsible sources
FSC® C105338

Päällys ja taitto: Books on Demand
Kustantaja: BoD – Books on Demand, Helsinki, Suomi
Valmistaja: BoD – Books on Demand, Norderstedt, Saksa
ISBN: 978-952-318-007-9

1

Toukokuinen päivä vuonna 1972 oli puolessa. Aamulla oli aloitettu rakennuspuiden sahaus. Kevään aikana olin ajanut kotimetsästäni tukkeja paikalliselle sirkkelisahurille. Tulin lautapojaksi vastaanottamaan tavaraa ja tapuloin sen siirreltäviin tapuleihin. Puita ajaessani olin ajatellut, että lautojen siirtely veisi monta päivää, joten olin tuonut sahauspaikalle traktorini, jolla voin tavarat siirtää ja näin helpottaa käsityötäni. Olin saanut sahurilta luvan kuivaa tavarani tarhalla, ja katsoin kuivumiseen sopivan paikan.

Sahuri oli kokenut mies ja piti terän kunnossa. Jos hän havaitsi vähänkin tylsymisen merkkejä, pidettiin tauko ja terä viilattiin. Perämiehenä oli Pena, jolla oli joka tilanteeseen jokin oma kommentti. Hänen lempiaiheitaan oli viisastelu naapurillaan, joka oli pannut ulkovuorilaudat seinään niin, että naaraspontti tuli ylöspäin ja sadevesi jäi lahottamaan seinää. Tarinan kuultuani nimitin hänet välittömästi Velmuksi. Voimakoneena, joka pyöritti sirkkelisahaa, oli 1940-luvulta peräisin oleva traktori Fordson Major. Se oli minulle tuttu. Olin alun toisella kymmenellä ollessani saanut purkaa samanlaisen, käytöstä poistetun Majurin, silloin sitä nimitettiin Viiksimajuriksi. Sirkkelisaha oli puurunkoinen ja liikkuvan lavan alla oli puiset puolat. Päinvastoin kuin Majurissa, joka oli valurautainen vanteita myöten, sirkkelisahassa ei ollut rautaa kuin laakerit, akseli ja terä.

Ikääntyneen sahurin kädenjälki näkyi myös työkalu-taukotuvassa, jonka hän oli itse rakentanut. Myös höyläkone oli 40-luvulta. Höyläysvuoron alkaessa Majuri ajettiin voimakoneeksi höylälle, joka sai sirkkelisahan tapaan lattaremmin välityksellä siirron pyöritysvoimasta.

Puolilta päivin käytiin syömässä reppueväät ja palattiin sahauspaikalle. Sahurin teroittaessa sirkkelin terää Velmu kysyi minulta, tiesinkö Majurin oikeaa nimeä. Kerroin, että Viiksimajuriksi sitä sanottiin 1950-luvulla. Siinähän oli selvät viikset, etuvalojen varret ja niiden päässä lamput.

– Täällä sen nimi on Karju, Velmu vastasi ja virnuili päälle.

En nähnyt nimessä mielleyhtymää traktoriin, mutta Velmu käski kuunnella ääntä. Kun on isompi tukki menossa, Majuri oikein ärjäisee vuotavasta pakoputkesta. Sahuri oli teroittanut terän ja pannut traktorin käyntiin. Sahaus jatkui. Tahtomattani kuuntelin traktorin ääntä aina, kun terä leikkasi paksumpaa puuta. Kyllä Velmun antamalle pilkkanimelle oli perusteet; selvä ärjäisy tuli pakoputken vuotavasta kohdasta.

Iltapäivällä oli menossa viideskymmenes tukki, kun kuului terävä kirskahdus terästä. Heti perään kajahti voimakas karjaisu: Kortto! Sahuri halkaisi pelkan loppuun ja meni katsomaan leikkauksen jälkeä. Nyt kuulin toisen karjaisun: Kortto vie! Velmu oli mennyt katsomaan ja minäkin menin, hiukan varovasti kylläkin, koska päättelin jo, että tukissa oli ollut naula.

– Onko nämä puut sota-alueelta kaadettu? sahuri kysyi hieman ärtyisästi.

– Ei ole, vastasin. – Ne on syntymäkotini viljelystien varresta.

– Onko näissä paljonkin nauloja?

– Ei pitäisi olla, ei siellä tietääkseni ole tehty hirvitorneja eikä muutakaan, missä on tarvittu nauloja.

– No, toivotaan, ettei enää ole, tämä terä ei monta naulaa kestä, jo vähän liiankin pieni.

– Toivotaan, että loput on puhtaampia puita, minä totesin. Mieleeni juolahti mutta jätin kertomatta, että kouluiässä kerran hakkasin puuhun naulan, mutta ei niitä pitäisi useampia olla.

Menimme Velmun kanssa taukotupaan tupakille, kunnes sahuri on saanut terän viilattua. Velmu kertoi olevansa jo kolmatta kesää sahalla töissä. Välillä terämiehenä, kun sahuri ollut asioilla, mutta yleensä perämiehenä. Loppukesästä on höylätty alkukesällä sahattuja lautoja. Aikuisempina kesinä sahuri on ostanut puita ja myynyt ne saha- ja höylätavarana, mutta tälle kesälle hän ei ollut puita ostanut, lieneekö vanhuus tullut.

Huomasin ikkunasta, että sahurin luokse oli tullut joku mies. Menimme Velmun kanssa ulos. Kuulin sahurin puheista, että tulija oli tiedustelemassa lautaa. Sahuri totesi jäävänsä eläkkeelle, eikä ole ostanut myyntiin sahattavia puita. Mitä nämä sitten on? Ne on asiakkaan puita, ja jos sinä tuot puita niin voidaan sahata, kuului sahuri sanovan. Eihän miehellä puita ollut, hän halusi ostaa valmiiksi sahattua tavaraa.

Sahaus jatkui, eikä nauloja eikä muitakaan häiriötekijöitä ollut. Illalla siirtelin rimoitetut niput sovitulle varastoalueelle. Laitoin vielä senssiä aamuksi kuntoon, niin että voidaan jatkaa sahausta ja ehdin vastaanottaa tavarat ja siirrellä ne varastoon.

Aamulla sahuri oli tullut aikaisemmin teroittamaan terän ja pyysi Velmua käynnistämään Majurin. Velmu meni traktorin sivulle ja meisselillä kytki virta- ja herätevirtanapoja starttimoottorin päällä, mutta ei kuulunut mitään.

– Tästä tämä on herännyt ennen, mutta olisiko nukkunut huonosti, kun ei puhu mitään, hän velmuili, mutta ei kuitenkaan nimittänyt Majuria karjuksi sahurin kuullen.

– No kortto! sahuri sanoi tullessaan toteamaan tilanteen. – Kokeile vielä.

– Ei puhu mitään, totesi Velmu kokeiltuaan useamman kerran perinteistä starttausmenetelmää.

– Minä kytken voimansiirron päälle ja tempaistaan sakilla remmistä, niin siitä se ainakin lähtee.

Majurin ja sirkkelin välissä oli lattaremmi. Kun sahuri näytti suunnan, nykäistiin sakilla. Majuri lähti käyntiin. Helpottuneen ilmeen havaitsin molempien silmissä. Aamupäivä sahattiin paria katkeamaa lukuun ottamatta. Keskeytyksien syynä olivat sahatavaran kyselijät, joille ei kuitenkaan ollut myytävää tavaraa. Ruokatunnin aikana oli vielä yksi kyselijä, ja hänellekin sahuri kertoi jäävänsä eläkkeelle, joten myytävää ei ollut.

Iltapäivällä totesin puiden vähenneen niin, että seuraavana päivänä saadaan loput sahattua. Yksi laudan kyselijä tuli illalla sahauksen loputtua kysymään minulta, enkö voisi myydä lautojani, ettei hänen tarvitsisi Oulusta hakea. Sanoin, että laudat ovat omalle talotyömaalleni. Vein täydet niput varastoon ja olin menossa autolle lähteäkseni kotiin, kun sahuri tuli puheilleni.

– Kuulin tuon kysyvän sinulta myytävää lautaa.

– Niin kysyi, mutta omiin tarpeisiin minä näitä sahautan.

– Tuli vain mieleen, että osta sinä nämä vehkeet.

– Ei minulla ole kyseisiä taitoja. Traktoria ja autoa olen ajanut penikasta saakka, mutta tämä homma vaatii aivan erilaista osaamista.

– Nämä hommat oppii, kun vain aloittaa, paneutuu terien laittoon ja huolehtii, että tavarasta tulee mittatarkkaa. Ottaa huomioon sahatessa kuivumisvaran ja höylätessä tasaisen jäljen. Pääset pienellä pääomalla alkuun, ja tuosta Penasta saat melkein valmiin sahurin, jos et itse halua opetella sahaamista.

Vaikka olin jo avannut autonoven, tiedustelin, minkä arvoisena hän piti laitteita. Samassa muistin, että minulla oli kysymättä talolainakin, joten turhaan tässä kyselin. Istuin autoon hiukan nolona ja totesin, etteivät rahkeeni taida riittää.

– Elä vielä lähde, sinun kuorma-autohan maksaa monin verroin mitä nämä laitteet ja pääsisit vakiintuneeseen hommaan. Asiakkaat vievät tavaran käsistä.

Muistin viime vuosien epävarmuuden ajojen saannissa, kun oli useiden kuukausien rokulit, ja sama epävarmuus oli tulevan kesän ajoissa, kun vakioajopaikkaa ei ollut. Mieleen nousi ne kolme kysyjää, jotka olivat päivällä lähteneet hiukan pettyneen näköisinä pois. Kysyin sahurilta, paljonko hän pyytää laitteista.

– Kaksikymmentätuhatta markkaa, se sisältää vuokraoikeuden tälle tontille viideksi vuodeksi. Käydään katsomassa. Tämä on iso tontti ja nuo laitteet on toimivia, niin että alkuun pääsee.

Eihän se mitään maksa, vaikka paikat katsotaan, minä ajattelin ja nousin autosta. Menimme tontin kylänpuoleiselle rajalle ja siitä edelleen metsänpuoleista rajaa toiselle rajalle, sitten edelleen höyläkoneelle ja sieltä jälleen sirkkelille. Työkalu- ja terävarastokin katsottiin läpi. Kun palattiin autolle, kysyin sähkökaapin sijaintia, mutta hän ei varmaan kuullut kysymystäni.

– Minä nukun yön yli ja tulen aamulla niin sahataan loput puut, sanoin kuuluvammalla äänellä ja lähdin kotiin.

Menomatkalla ajoin talotontin kautta. Tontti oli vaimoni tädiltä varattu niillä puhein, että saamme rakentaa siihen, kun sen aika tulee, ja maksaa sitten. Tontti oli tulva-aluetta, mutta olin kahden vuoden aikana ajanut täytemaata, niin että se oli nyt rakennuskorkeudessa. Voisin ajaa ne tavarat tänne tontille, ajattelin ja katselin sopivaa paikkaa. Kotona otin puheeksi sahurin tekemän ehdotuksen.

– Mitä ihmettä? Seija sanoi. – Eihän sinulla ole mitään mahdollisuutta sellaiseen.

– Ei olekaan, mutta on kuulemma jäämässä eläkkeelle ja on lopettanut myyntiin sahauksen.

– Jatkajia varmaan löytyy. Onko hän tarjonnut sitä yleisesti? Seija kysyi.

– Ei varmaan, mutta kahden päivän aikana kävi kolme asiakasta kysymässä lautaa eikä hänellä ollut myytävää tavaraa.

– No, löytää ne tavaraa muualta. On niitä sahoja muitakin.

– Yksi olisi ostanut minultakin niitä tavaroita, kun ei halunnut lähteä Oulusta hakemaan. Se pani minua vähän kiinnostumaan siitä tarjouksesta.

– Et kait ole tosissasi? Velkaa on korvia myöten ja lisää pitää ottaa talon rakentamiseen.

Puraisin vähän huultani ja nielin pienen pettymyksen vaimoni kommentista. Olin vaihtanut uuden kuorma-auton vuosi sitten, ja siitä oli velkaa. Kippiajoja oli ollut niukasti ja viime talvena oli tullut tarjolle pöllien ajoa jäälle. Olin laittanut nosturin voidakseni osallistua siihen, ja siitäkin oli velkaa. Seija oli ammatiltaan kirjanpitäjä ja tunsi nämä talousasiat paremmin kuin minä. Monta kertaa olin pettynyt, kun luulin tienanneeni paremmin kuin mitä Seijan tekemä veroilmoitus lopulta näytti.

– Onhan sitä velkaa, mutta talon tekoa voidaan siirtää vuodella.

– Niinpä tietysti voidaan siirtää. Niinkö sinä ajattelet?

– No, en välttämättä, mutta kun niillä sahavehkeillä pyydettiin vain kahtakymmentätuhatta markkaa ja kysyntää tavaralle tuntuu olevan, eikä tarvis ruikuttaa ajoja.

Keskustelu taukosi. Sirkkelin osto pyöri mielessä, vaikka Seijan kommentit olivat innostusta laskeneet. Heiveröinen talouteni ajattelutti. Pohdin mahdollisuuksia myydä autoni ja nosturini. Jos niistä saisin rahaa ja ostaisin ne sahavehkeet. Mistä löytäisin ostajan ja jäisikö niiden velkojen jälkeen sahan ostorahaa? Miten oppisin sahaamaan ja höyläämään? Poikasena olin seurannut isäni sahausta. Hän oli sivutöinään toiminut kiertävänä sahurina. Terän teroitus ja maamoottorin käynnistys oli näyttänyt vastenmieliseltä, mutta itse sahaus oli vaikuttanut jopa mieleiseltä hommalta. Kyllä minä niihin töihin opin! Taidan huomenna käydä pankissa, ja jos lupaavat rahaa, niin sitten jatkan asiasta keskustelua Seijan kanssa.

Aamulla menin sahauspaikalle. Sahuri kytki vaihteen päälle hihapyörään, ja menimme voimaremmin viereen kolmistaan. Hiiop, sahuri huusi, vedettiin remmistä ja Majuri käynnistyi. Jatkoimme sahausta kahvitauolle, ja kun sahuri rupesi teroittamaan terää, kysyin, ehtisinkö käydä kylällä sillä aikaa.

– Ehdit, minun pitää lisätä Majuriin polttoainetta myös.

Kylälle oli viisi kilometriä. Ajoin pankille ja menin pankinjohtaja Paloniemen puheille. Kerroin, että olisi sirkkelisaha, höyläkone ja Majuri myynnissä, ostaisin ne, mutta minulla ei ole rahaa, joten saisinko 20 000 markan lainan muutamaksi vuodeksi.

– Meinaatko vaihtaa alaa? Paloniemi kysyi. – Muistaakseni sinulla on uudehko kuorma-auto?

Kerroin, että ajoja on ollut vähän niukasti, mutta kun olen sahauttanut talopuitani, laudanostajat meinaavat viedä ne käsistäni, kun sahurilla ei ole myyntiin enää tavaraa.

– Vai semmoinen tarkoitus, minä katson, Paloniemi sanoi ja meni huoneesta pois. Hetken päästä hän tuli takaisin ja kysyi, mikä on vuodentakainen pieni tratta, josta oli lappu kortissani.

– Se on sen autoliikkeen panema, mistä vaihdoin vanhan Betfossin tähän nykyiseen autoon.

– No maksoitko sen?

– En, koska se oli aiheeton. Ne yritti maksattaa vaihdelaatikkoremonttia, vaikka auto oli luovutushetkellä siinä kunnossa kuin oli sovittu.

– Eikö ne perinyt sitä sitten oikeusteitse?

– Ei perineet, tiesivät olleensa ”ongella”.

– Ei sen lainan myöntämiseen ole esteitä, kaksi takaaja kun saat, niin annetaan se laina.

Kiittelin ja hyvästelin. Kiiruhdin sahauspaikalle, missä sahuri ja perämies-Velmu odottelivat. Kuulin Velmun kysyvän, pitikö kotona käydä kesken päivän, mutta en vastannut mitään, kun huomasin pilkkeen hänen silmäkulmassaan. Sanoin vain sahurille, että antaa tulla ne loput tukit neljän ja viiden tuuman lautana, niitä puuttuu vielä. Kun sahaus loppui, siirtelin tavarat varastoalueelle. Sahuri puhdisteli muhia sahauspenkiltä, ja Velmu pinkkasi pintakasaa siistimpään kuntoon. Huomasin molempien katsovan kysyvästi minua. Lopulta sahuri tuli puheilleni.

– Antoiko uni valkeutta tarjoukseeni?

– Sen verran, että jos vaimoni näyttää vihreää valoa, niin voitas huomenna katsoa tarkemmin.

Seija oli kunnassa kirjanpitäjänä ja tuli neljän jälkeen kotiin. Meillä oli tyttö kahden vuoden vanha ja poika syntynyt tammikuussa. Seijan äitiysloma oli päättynyt, ja hän tuli syöttämään poikaa heti töiden jälkeen. Apulainen oli lähtenyt ja nyt oli sopiva aika ottaa puheeksi sahavehkeiden osto. Kerroin, että olin käynyt pankissa kysymässä lainaa sirkkelin ostoon ja sellainen oli luvattu antaa, jos saan kaksi takaajaa.

– Vai niin lupasivat. Oletko tosissaan sen ostossa?

– Olen minä, minusta se näyttää paremmalle hommalle kuin tuo ajojen kyttääminen.

– Kysyitkö samalla, tuleeko ne myöntämään talolainan, kun aletaan rakentaa?

– En kysynyt. Se on vasta ensi kesänä ajankohtainen.

– Niin, mutta ei kait ne loputtomasti anna velkaa. Minun luvalla et kyllä ota lisää velkaa, jos ei talonrakennusrahaa ole tiedossa.

– Se tarve on vasta vuoden päästä ja siihen ehtii vielä tienata, tai jos myyn tuon auton ja nosturin pois.

– Sillä ehdolla saat ottaa sen lainan, jos saat talon rakentamiseen rahoituksen tietoon.

– Selvä, minä varmistan, että saadaan se talo tehtyä seuraavana vuonna.

Seuraava päivänä sahurin ympärillä oli yksi tuttu rakentaja tiedustelemassa sahatavaraa. Nähdessään minun tulevan sahuri kuului sanovan, että kysy tuolta Timolta, sitä ei tiedä jos hän myy noita omia tavaroitaan. Rakentaja kääntyi puoleeni ja kysyi, möisinkö hänelle valulautoja.

– Kyllä minä voin myydä, paljonko ja minkälaista?

Rakentaja halusi neloslautaa 400 metriä ja kakkosnelosta 100 metriä. Totesin, että hän voisi käydä erottelemassa ne tapulista sillä aikaa, kun minä teen sahakaupat. Menin sahurin luokse käsi ojossa.

– Tehdään kaupat sillä hintaa, mitä eilen pyysit näistä vehkeistä.

– Tehdään vain! Sopiiko, että se käynti Tervolassa sisältyy samaan kauppaan?

– Sopii ja sopiiko, että minä maksan maanantaina ja tehdään sitten paperit?

– Sopii hyvin.

Olin unohtanut, että olin hakenut sahurille nämä sirkkelin rungot ja pöydät keväällä Tervolasta ja hakupalkka oli sovittu katsottavaksi, sitten kun sahautan rakennuspuuni. Menin katsomaan, oliko rakentaja ehtinyt erotella tarvitsemansa tavarat. Lankut olivat valmiina, mutta lautatapuli oli purkamatta.

– Olet ensimmäinen asiakkaani. Pannaan se lautatapuli sellaisenaan kyytiin, niin saat rimat kaupanpäälliseksi, ja lisäksi voin ottaa tavarat kyytiin ja tuoda tontillesi.

– Molemmat sopii. Paljonko nämä maksaa?

– En minä vielä tiedä hintoja, mutta odota hetki, niin käyn paikallisen hinnan kysymässä.

Menin kysymään sahurilta, mitä hän on neloslaudasta ja kakkosnelosesta perinyt. Sain edelliskesänä käytetyt hinnat ja palasin kaverin luokse.

– Kakkosnelonen on puolitoista markkaa ja neloslauta neljäkymmentä penniä metri.

Laskettiin, että yhteensä 310 markkaa teki ensimmäinen sahatavarakauppani. Kaveri sanoi maksavansa saman tien, mutta minä hoksasin, ettei yritystä ollut vielä perustettu.

– Maksa viikon päästä niin tiedän, miltä yritykseltä teit ostoksen. Maanantaina perustetaan yritys vaimon kanssa ja saan maksettua nämä vehkeet

– Sopii, pannaan tavarat kyytiin, ja minä ajan edellä niin osaat tontilleni.

Nostin laudat ja lankut kyytiin. Sahurille heilautin kättä ja katsoin Majuria, joka seisoi uljaana sahanpurukasan vieressä. Nyt on ostettu työmaa, missä voimakoneena on karju ja voimasanana kortto.

Illalla kerroin Seijalle tehneeni kättä päälle -sahakaupat ja myös ensimmäisen lautakaupan. Pari asiaa kerroin olevan vielä auki: yritykselle nimi ja lainalle kaksi takaajaa. Nämä kun järjestyy, alkaa uusi tulevaisuus, eikä tarvitse enää ajoja ruikuttaa ja vekseleitä uusia. Ilakoidessani tulevaa ruusuista elämäämme Seija katkaisi puhetulvani ja kysyi, olinko saanut lupauksen talolainasta, vaikka en saisi autoa myytyä.

– Kyllä se talo saadaan tehtyä, en minä sitä lainaa vielä kysynyt, sen kerkiää myöhemminkin. Sitä määrää ei vielä tiedä ja kun myyn tuon auton, niin tiedän paljonko sitä tarvitaan.

– Näinhän se oli puhe, että varmistat talolainan, ennen kuin hankit ne sahavehkeet.

– Niinhän sinä panit ehdoksi, mutta minä en muistanut enää, kun Paloniemi kysyi siitä vanhasta tratasta. Mennessä kyllä muistin, mutta en enää siellä pöydän takana, polvetkin tutisi. Kaksi takaajaa siihen lainaan pitäisi löytää.

– Ketä meinaat kysyä?

– Setä Aatia ajattelin yhtenä ja voisitko sinä toisena panna nimen?

– Ei ne minun nimeä hyväksy, kun ollaan samaa perhettä. Sitten kun talontekoon jos vielä saadaan laina, niin siihen kyllä panen nimen.

– Minä kysyn jotain tuttua automiestä toiseksi.

En ollut kovin varma setänikään lähdöstä takaamaan, sillä hän oli herastuomari ja varovainen mies. Olin aikoinaan kansakoulun ja armeijan välissä ollut kotihommilla ja setäni kanssa talvet koivusavotassa. Metsähallitus oli antanut luvan hakata koivuja maaltaan ilmaiseksi. Olin saanut traktorikortin jo viisitoistavuotiaana. Lähdimme aamuhämärissä metsään, minä meidän traktorilla ja setä omallaan. Setäni kaatoi ja katkoi ja minä karsin puut. Puiden kuormaus oli minulle helpompi, sillä traktorissani oli nosturi, jolla nostin puut molempien traktorien kuormaan. Ne tervaskantoon tehdyt nuotiot, joiden ääressä päivällä söimme voileivät ja joimme kahvit, olivat tuoreena muistissa. Niinä talvina tunsin olevani miehen mittainen. Näiden yhteisten talvisten työhommien myötä oli setäni nyt tullut mieleen takaajaksi. Isäni oli jo kuollut aivoverenvuotoon ja äitini asui syntymäkotiani.

Aamulla kävin pankissa kysymässä, saanko lainapaperit mukaan, kun lähden takaajia kyselemään. Virkailija totesi hymyillen, että takaajien tulee käydä pankissa allekirjoittamassa paperit. Palasin autolle ja lähdin ajamaan syntymäkotiani kohti. Naapurissa asuva setäni oli kotona puolenpäivän nokka-unilla, kun kolistelin sisälle ja toivottelin päivää.

– Päivää, päivää, setäni mutisi, nousi ylös, avasi silmänsä ja katsoi tarkemmin. – Naapurin poika se siinä onkin. Mikä sinua nyt nakkelee? Ei ole näkynyt pitkään aikaan.

– Eipä ole, olin viime kesänä Kuusamossa viitostietyömaalla, ja kun ajot sillä loppui, olin pöllinajossa. Se loppui huhtikuussa, sitten on rokulia pitänyt. Kippihommat on vähissä, niin sahautin viime viikolla talonrakennuspuita.

– Niitä puitako sinä näyt ajaneen tuolta vaaran takaa joku viikko taaksepäin?

– Niitä. Sain äidiltä luvan pari kuormaa kaataa rakennuspuiksi ja sahattiin ne viime viikolla lankuiksi ja laudoiksi.

– Meinaatko alkaa talontekoon?

– Semmoinen on tarkoitus ensi kesänä.

– Sitä teidän puolella onkin mitä kaataa.

– Tuolta viljelystien varresta kaadoin.

– Vieläkin harmittaa se jako silloin aikanaan, kun maanmittausinsinööri oli niin teidän puolella, kun jaettiin metsät ja muut.

Aikanaan pappani tila oli jäänyt kahdelle nuorimmalle pojalle, isälle ja Aatille. Viisikymmentäluvulla metsät ja maat sekä maatalouskoneet olivat yhteisiä. Veljeksillä oli joskus ollut suukopua, milloin poika oli hävittänyt Fergun työkalun, joka löytyi sitten setäni jäljiltä, tai kinattiin jostain muusta yhteisessä käytössä olevasta työvälineestä. Veljekset olivat päättäneet jakaa maat ja muun yhteisen omaisuuden. Maanmittauksessa meidän puolelle tuli enemmän metsää, ja isäni maksoi jaossa määrätyn rahamäärän Aatille. Muutaman vuoden päästä metsän hinta kolminkertaistui, ja vieläkin setäni harmittelee sitä. Mietin, oliko sopiva aika kysyä takausta, mutta rohkaisin mieleni.

– Oli minulla vähän asiaakin. Olen ostamassa sahan ja höyläkoneen kylällä olevalta sahurilta. Pankista luvattiin 20 000 markkaa lainaa laitteiden ostoon, ja lähdin kysymään, että voisitko olla toisena takaajana. Kaksi takaajaa pitäisi löytää.

– Oletko tosissasi? Nyt ennustetaan lamaa, setä sanoi.

– Minusta se on toisin päin. Kysyntää on niin, että käsistä melkein veivät tavaran, kun viime viikolla sahautin rakennuspuitani.

– Ehei, minä en lähde niin riskilliseen touhuun takaajaksi. Olen tuolla käräjätalossa nähnyt, miten niille velallisille käy, kun lama iskee ja kaikki menee pienestäkin velasta. 1930-luvun lamassa puolet Suomen sahoista joutui Kansallispankin haltuun. Elä poika hyvä lähde sellaiseen touhuun.

– Minä tein jo ensimmäisen kaupan. En usko lamaan, sanoin vähän loukkaantuneena, otin lakkini, nousin ja tein lähtöä.

– Onhan sinulla kyllä vähäksi aikaa sahattavaksi niitä puita, mitä se maanmittari teidän hyväksi mittasi.

Tiesin keskustelun asiasta päättyneeksi. Toivotin hyviä jatkoja, vaikka hieman pettyneellä äänellä. Ajoin kasvukotini pihalle setäni viimeinen kommentti vielä korvissani soiden. Äidin pirssiauto oli oven edessä. Hän oli isäni kuoleman jälkeen jatkanut tämän ammattia. Pellot oli pantu pakettiin ja karja myyty. Peltoja katsoin hiukan haikein mielin, kun näin niittämättä jääneet, kuivuneet heinät. Menin navetan taakse katsomaan AIV-tornia, jonka olin ennen armeijaan lähtöä isäni kanssa rakentanut. Olin tehnyt siihen myös ensimmäisen rehutäytön. Pystyssä torni oli edelleen, mutta tyhjillään. Jatkajaa tilalle ei ollut. Kolmesta sisarestani vanhin oli lukemassa ja kaksi nuorempaa suuntautuivat lukioon ja jatkokoulutukseen. Minä en ollut lähtenyt keskikouluun pyrkimään, vaikka vanhemmat olivat yrittäneet palkkiolla motivoida.

Sisälle mentyäni kerroin äidilleni, millä asialla olin käynyt Aatin luona. Äiti arvasi heti, että sedästäni en ollut saanut takaajaa.

– Mistä tiesit?

– Kun isäsi kysyi sen maiden jaon jälkeen pieneen autolainaan takaajaksi, niin ei hän suostunut silloinkaan.

– Jaa, sekö oli niin kova paikka? ihmettelin äidille. – Tiesin hänet nuukaksi ja tarkaksi mieheksi, mutta menin, kun minulla on niin mukavat muistot niistä talvista koivumetsässä. Hän opetti minut metsätöihin, ja nyt olen aloittamassa metsänjalostuksen.

– Niin, tehän ajoitte ja teitte monena talvena kahden talon lämmityshalot. Mitä sanoit metsäjalostuksesta?

– Ostin sirkkelisahan, höyläkoneen ja Majurin. Niiden maksamiseen tarvitsen 20 000 markan lainan ja takaajaksi kaksi henkilöä.

Äiti pani kahvia tulelle ja alkoi kertoa isoukistaan, joka oli ollut naapuripitäjän tervaporvari viime vuosisadalla. Hän oli ollut voimissaan ollessaan myös sen pitäjän säästöpankin perustajia. Sitten hän oli kasvattanut tervanpolttamista ja rahtaamista niin, että hänellä oli tervaa monta venelastia, jotka hän souti Ouluun. Siellä ei ollutkaan yhtään ostajaa, sillä laivoja oli alettu rakentaa raudasta. Isoukki oli tehnyt myymättömien tervalastien kanssa konkurssin.

– En kerro tätä varoitukseksi, vaan kun setäsi lamaa ennakoi, niin semmoinen voi tulla joskus.

– En minä lamaa pelkää, vaikka tuleekin. Nyt kun olin sopinut sahavehkeiden kaupat, sain lankkua ja lautaa kaupaksi.

– Kysyntää tuntuu olevan. Voin minä panna nimen siihen takaukseen, jos kelpaa.

Joimme kahvit ja kävimme muut kuulumiset läpi. Huomasin auton ajavan pihaan. Kohta sisälle tuli äidin nuorempi veli. Hän toivotti hyvät päivät ja kertoi ajaneensa ensin ohi, mutta oli nähnyt autoni pihalla ja päättänyt tulla morjestamaan. Olin aina ostanut kuorma-autooni öljyt tynnyreissä hänen edustamaltaan öljy-yhtiöltä. Nytkin hän tiedusteli, oliko öljyn tarvetta.

– Ei ole, vielä on jäljellä, minä vastasin. – Olen vaihtamassa alaa ja kyselemässä kahta takaajaa lainaan, jonka tarvitsen sahavehkeiden ostoon.

– Vai semmoinen on meininki, enoni totesi ja kysyi, olenko saanut takaajia.

– Yhden olen saanut lupautumaan, minä sanoin ja katsoin äitiini.

– Minä takaan, vaikka kerroinkin sen tervaporvari-isoukin kohtalosta, äiti sanoi.

– Tässä ei ainakaan kysyntä heti lopu. Pitäjässä ei ole yhtään sahaa ja taloja rakennetaan koko ajan, minä vakuuttelin ja kerroin yhden kaupan saaneeni jo, vaikka sahakauppa on vasta kättä päälle -sopimuksella. – Hinta on 20 000 markkaa. Maanantaina on tarkoitus mennä pankkiin, nostaa laina ja maksaa vehkeet.

– Mikä sen yrityksen nimi on? eno kysyi hymynkare suupielessä.

– Ei ole vielä keksitty, mutta joku sahayhtymä se vaimon kanssa tulee olemaan.

– Joko sinulla toinen takaaja on?

– Ei ole, setääni kävin kysymässä, mutta ei hän lähtenyt.

– Minä takaan toisena, jos nimi käy.

– Kyllä käy, erinomaista! Minne päin olet menossa?

– Mökiltä tulossa ja Ouluun menossa. Jos mahdollista, voin mennessä käydä nimen panemassa.

Soitin pankkiin ja kysyin Paloniemeltä, käyvätkö esittämäni henkilöt takaajiksi. Kyllä kävivät, joten lupasin tulla käymään toisen takaajan kanssa tunnin kuluttua. Äidilläni oli kyytiin lähtö, ja hän lupasi käydä maanantaina pankissa, kun on muutakin asiaa kylälle. Ajoimme enon kanssa peräkkäin kylälle ja kävimme pankissa asian hoitamassa. Palattuani autolle katsoin autoni ovessa olevaa tekstiä. Timo Tiirola, Pudasjärvi. Tuo nimi tulee vaihtumaan välittömästi, kun löydän ostajan autolle ja liikenneluvalle.

Illalla mietittiin sahayritykselle nimeä Seijan kanssa. Monen vaihtoehdon jälkeen ehdotin Sahayhtymää ja perustelin, että yhtymä on riittävän suurellinen ja saha kuvaa, mitä siellä tehdään ja yhdessä me olemme yhtymä. Niin oli nimi päätetty ja samalla sovittiin, että Seija hoitaa paperityöt.

2

Sahavehkeet oli maksettu, yrityksellä oli nimi. Menin katsomaan tulevaa työmaatani. Olin saanut sahurilta pikakurssin asioista, joiden piti olla kunnossa, jotta homma käyttää. Terien tärkeys oli tullut useasti esille. Sahatessa pitää olla kunnossa teränjännitys, jako ja terävyys, mikäli aikoo saada mittatarkkaa ja sileää jälkeä. Samoin höylätessä pitää olla terät terävinä ja tälli hyvin tehtynä. Kaikki muut olin käsittänyt, mutta sahanterän jännite ja höylän tälli olivat jääneet käsityksessäni vajaiksi. Täytyy olla Velmuun yhteydessä, hän varmaan tietää nämä asiat.

Sähkön saanti tontille oli ennen kaupantekoa jäänyt selvittämättä. Kävin sitä kysymässä paikallisesta sähköyhtiöstä. Hinnaksi arvioivat kaksi kertaa ostamani sahavehkeiden hinnan. No, olihan minulla Majuri voimanlähteenä.

Sahauksen pikakurssi oli antanut tietoa tärkeimmistä asioista, mutta en ollut varma, selviäisinkö sahaajana. Kokeilen ainakin. Kysyn muutamaa kuormaa kasvukotini metsästä ja sitten kuulutan ostaa puita. Soitin äidille ja sain luvan hakea pari kuormaa. Kävin kaatamassa puut ja ajoin ne saha-alueelle. Viikko meni puiden hankinnassa, mutta nyt niitä oli sirkkelipöydän vierellä iso läjä kuin sahalaitoksella ainakin. En halunnut vielä Velmua töihin, vaikka siitä oli ollut puhetta. Pelkäsin hänen keksivän minulle jonkin pilkkanimen, kun näkee kokemattomuuteni näihin hommiin. Soitin nuoruudenkaverilleni Paavo Ervastille ja kysyin, voisiko hän tulla joksikin aikaa kaveriksi, niin opettelisin sahaamaan puita laudoiksi.

Aamulla hän tuli. Yritimme saada Majurin käyntiin, mutta meidän kahden nykäisyvoima ei riittänyt. Asiaa aikamme pähkäiltyämme Paavo sanoi, että hänen siskon miehellä on samanlainen Viiksimajuri joutilaana, joten sieltä voimme saada lainaksi starttimoottorin. Hän lähti sitä hakemaan, ja minä järjestelin sillä aikaa paikkoja, tarkistin sirkkelin terän jakoa ja viilasin terän, niin että kaikki muut olisivat valmiina sahausharjoittelun alkua varten. Paavo palasi. Panimme lainastartin paikoilleen, ja voimakone hörähti käyntiin. Päivä oli jo iltaan ehtinyt, mutta kokeilimme vielä pienellä latvatukilla, meneekö terä suoraan. Suoraan meni, ja sahasimme siitä kaksi kakkosnelosta.

– Ne oli historialliset kakkosneloset! Paavo huusi metelin läpi.

– Niin oli! huusin takaisin tyytyväisyyttä tuntien.

Jatkoimme sahaamalla muutamia puita. Laudan vastaanottaja puuttui, ja Paavo kävi aina ottamassa valmiin tavaran lavalta. Terä meni suoraan, ja sahaus tuntui käyttävän, niin että kävin ottamassa voimansiirron irti ja sammutin voimakoneen.

– Tämäkö riittää tälle päivälle? Paavo kysyi.

– Riittää, kysyn huomiselle päivälle kolmannen kaverin, että päästään sahaamaan.

– Minulla on tämä viikko aikaa ja sitten olen lupautunut muihin hommiin, Paavo sanoi.

– Jos voit tämän viikon olla, niin pääsisin alkuun.

– Voin olla perämiehenä, lautapojan kun saat, niin kyllä tämä meiltä käy.

Illalla menin Jussin autotallille, missä oli myös Oiva kuten olin uumoillutkin. Oiva ei ollut vakinaisessa työssä, mutta oli usein leipomossa kiireapulaisena. Jussi oli leipomon osakas, ajoi päivisin leipiä ja usein iltaisin teki autoremontteja. Siellä tallilla minäkin vietin monet illat viikossa. Jussin kanssa juttu aina kävi, ja monesti huomattiin kellon olevan pikkutunneilla, kun lähdettiin nukkumaan. Seuraavina iltoina monesti kommentoitiin edellisiä myöhäisiä kotiinmenojamme ja nuorten vaimojemme kommentteja. Olimme menneet samana vuonna kesäkuussa naimisiin. Molemmille oli syntynyt kaksi lasta lähes samaan aikaan. Seurasin hetken työn alla olevan autonpeltien hiontaa, kunnes kysyin Oivalta, onko hän päivisin vapaalla.

– Riippuu, mistä on kysymys, hän vastasi. – Tai kysy Jussilta.

– Opettelen sirkkelisahausta ja tarvitsisin lautapoikaa.

Molemmat olivat kuulleet kysymykseni taustan, mutta eivät kommentoineet vähään aikaan. Odottelin rauhassa. Menossa oli viimeistely maalausta varten. Arvelin, että tavoitteena on auton maalaus illempana ja molemmat keskittyivät työhön vähän kiirehtien. Viimein Jussi sanoi, että jos jeesaan auton toisella puolen olevan pakkelilla korjatun kohdan hionnassa, niin että he saavat ennen aamua värin päälle ja kuivamaan. Aikoivatko he siis maalata auton vielä sinä yönä?

– Tarkoitus on, mutta riippuu nyt sinusta, Jussi sanoi. – Jos saadaan maalattua, niin minun puolesta Oiva saa lähteä aamulla sinulle lautapojaksi.

Katselin hiomapaperin, tein laudanpalasta alustan ja aloitin hiomisen. Jutusteltiin ja muisteltiin, miten olimme Jussin kanssa hakeneet kaksi pintaremontin tarpeessa ollutta autoa Rovaniemeltä toissatalvena. Sitten olikin tallissa vietetty monet iltayöt noita autoja kunnostaen.

Puolen yön maissa osalleni osoitettu hiomatyö oli valmis, ja saatoin kysyä Oivalta, tuleeko hän aamulla sahalle. Hän sanoi tulevansa seitsemältä. Sanoin, että hommia olisi pitemmäksikin aikaa, jos hänelle vain sopii.

– Katsotaan nyt miten siellä menee, Oiva sanoi.

Aamulla menin sahalle hyvissä ajoin ennen seitsemää. Laitoin paikat järjestykseen, lisäsin Majurin tankkiin polttoöljyä, tarkistin öljyn ja nesteen. Siirappipurkki oli lähellä siltä varalta, että remmi luistaa. Terän olin viilannut ja jakanut sahurin ohjeiden mukaisesti eilen, joten sirkkelille en nyt tehnyt mitään. Nuffield oli ollut hiekan lastaajana hiekkaa ajaessani ja aikaisemminkin. Nyt olin tehnyt kauhan tilalle trukkipiikit. Tarkistin senkin polttoaineen siltä varalta, että pitää ruokatunnilla siirrellä tavaroita.

Molemmat miehet saapuivat. Käytiin läpi, mikä oli homman nimi, ja alettiin töihin. Starttasin Majurin käyntiin ja vilkaisin Paavoa tyytyväisesti hymyillen. Pyöräytimme tyvitukin pöydälle. Tälläsin puun niin, että ohuemmasta päästä lähtee noin tuuman siivu, ja siirsin polvella syöttövipua. Lava lähti liikkeelle, ja kun terä saapui tukin tyvipäähän, Majuri päästi kovan ärjäisyn ja pinta pyörähti lavalle. Näytin Oivalle, että antaisi pinnan tulla takaisin, ja ajoin lavan takaisin. Nakkasimme pinnan sahapenkin toiselle puolen ja pyöräytimme tukin niin, että sahattu lape tuli pöytää vasten. Sitten leikkasimme toisen siivun pinta, ja taas annettiin irronneen pinnan tulla takaisin. Vielä kolmas leikkaus, joka tehtiin kuuden tuuman pelkalle. Taas jäänyt pinta takaisin. Nyt piti arvioida, tehdäänkö pelkasta kolme kakkoskuutosta vai seitenkasi-lautoja. Vedin mittavasteen kahden tuuman pykälään ja kolmella leikolla tuli kolme kakkoskuutoslankkua. Sitten kanttasimme pinnat viidelle tuumalle ja edelleen seitenkasin vahvuisiksi laudoiksi.

Niin jatkoimme sahaamista kahville asti. Muistin sahurin neuvon tarkistaa, että kuivumisvara on riittävä. Tarkistimme sen Paavon kanssa, ja se oli ohjeen mukainen. Kahvilla oli kolme tyytyväisen oloista työmiestä. Tauon jälkeen jatkoimme sahausta iltapäivän. Kaksi kertaa sahaus piti keskeyttää tavaran ostajien ilmaantuessa tontille. Neuvoin tapulit, mistä voisivat ottaa tavaraa, ja merkin saatuani kävin mittaamassa ja perimässä maksun. Illalla arvion ensimmäisen sahauspäivän määräksi kaksi stantartia_tavaraa.

Viikossa sahasimme kaikki tukit. Tavaraa oli myyntiin asti. Paavo lähti toisiin hommiin, niin kuin oli ollut puhe. Olin edellisenä päivänä sopinut neljä markkaa tunnilta molemmille miehille. Seija oli tehnyt heille tilipussit, jotka nyt ojensin. Sahayhtymä oli maksanut yrityksen ensimmäisen tilin. Oiva ilmoitti olevan käytettävissä jatkossakin, kun vain tarve vaatii.

Kesä meni. Välillä sahattiin ja välillä käytiin metsätöissä. Syksympänä oli Majuri valjastettu höyläkoneen pyöritykseen. Raakaponttia ja A-paneelia höylättiin valikoimaksi. Olin ottanut Velmun kesäkuussa terämieheksi sirkkelille, ja hänellä oli höyläyskokemusta, joten hoidin juoksupojan, perämiehen, höylän vastaanottajan ja milloin minkäkin hommia. Autolle olin myös ottanut kuskin niille ajoille, mitä kesän aikana oli.

Elokuussa tavaraa oli mennyt niin, että jäljellä oli vain muutamia kokoja. Höylätavaraa olisi mennyt enemmänkin, mutta kuiva tavara oli loppunut, eikä sille kesälle enää pystynyt höylättyä lupaamaan. Aloin miettiä tulevaa talvea. Tälle tontille en saa sähköä kuin kovaan hintaan, ja tontti on vuokrasopimuksella vain viisi vuotta. Kylälle on viisi kilometriä huonoa soratietä. Tällä tontilla en taida ensi kesänä jatkaa. Kuuma kesä 1972 oli painunut syksyyn, märkä ja pakkasjakso olivat edessä.

3

Olimme Seijan kanssa ilta-ajelulla, jonka aikana puhuin hänelle sahayhtymämme asioista. Tähän asti kaikki oli mennyt hyvin, mutta ei tuolla tontilla kovin hyvä tulevaisuus ollut näkyvissä. Paikka oli syrjässä, ja sähkönsaanti olisi kallista. Pitäisi löytää parempi paikka, mihin saisi sähköt, ja tontti saisi mielellään olla ison tien varressa tasaisella hiekkamaalla. Ajeltiin tienvarsimaita silmäillen Ouluun päin. Kankaita oli, mutta kivisiä tai suomaata. Palattiin ja ajettiin Kuusamon suuntaan. Hyvät kankaat tulivat vastaan, kun olimme ajaneet kymmenen kilometriä. Väärä suunta, menee etäälle kylästä, ajattelin ja käänsin auton. Ajoimme takaisin ja käännyimme Ranualle johtavalle tielle.

Tie oli uusi, olin ollut muutama vuosi sitten sen teossa soranajossa. Muistin paikat, mihin ajoin hiekkaa ja mihin soraa talven eri kuukausina. Keväällä siivottiin tienvarsia kivistä, joita nosturilla nostelin lavalle. Nyt tie oli asvaltilla päällystetty. Ajoimme niihin mutkiin asti, missä valtio ei ollut saanut lunastettua maata tehdäkseen suoraa tietä. Toinen valtionyhtiö oli omistajana, sanottiin, kun asiaa ihmeteltiin. Olimme ajaneet huomaamattamme jo kauas. Käänsin auton ja lähdimme takaisin. Ajaessani loivaa mutkaa meijerin jälkeen jarrutin ja osoitin tien oikealla puolen olevaa maata. Siinä oli sileää kangasta.

Pysäytin auton ja lähdimme kävelemään. Alueella oli pientä taimikkoa, ja maa oli kovaa. Kiersimme pienen lenkin. Alue näytti sopivalta ja siinä oli liittymä vieressä kulkevalla uudelle tielle. Hyvännäköinen paikka, kenenhän maata lienee?

– Törrönkangasta tämä on, Seija tiesi. – Isoisäni aikanaan omistanut, mutta tietääkseni hän myi maansa kunnalle ennen kuolemaansa.

– Käyn huomenna kysymässä kunnanjohtajalta, vuokraisiko ne tästä tontin sahalle.

– Käy pois, Honkanen on lupsakka mies, Seija kehui esimiestään, joka oli lähivuosina jäämässä eläkkeelle. – Joskus kun hän tarvitsee jotain tietoa, niin kysyy minultakin, voisiko tyttö selvittää ja katella minulle nuo asiat.

– Sinne tohtii sitten mennä kysymään, ei ole turhan tärkeä.

– Ei ole, ja jos ei vuokraus sovi tähän, niin esittää jonkin toisen tontin.

Yksimielisyyden vallitessa katsoimme tonttia ja lähdimme ajamaan kylälle päin. Olin pannut mittarilukeman muistiin. Kylällä totesin, että matkaa oli neljä kilometriä, joten sähköt saisi varmaan halvemmalla kuin nykyiselle sahapaikalle.

Aamulla menin kunnanjohtaja Honkasen puheille. Ovi oli auki. Nähtyään minut ovensuussa Honkanen vinkkasi peremmälle istumaan ja kyseli, mitä minulla oli mielessä. Kerroin, että olin ostanut sirkkelivehkeet keväällä.

– Vai niin, meinaat alkaa sahuriksi?

– Semmoinen on tarkoitus, mutta tuolla vanhalla paikalla ei ole sähköjä. Ajeltiin illalla Seijan kanssa Ranuantietä, ja siinä tällä puolen meijeriä oli kangasta, missä olisi hyvä jatkaa, sähkötkin on lähellä.

– Vai semmoisia ajatuksia, Honkanen totesi, katsoi silmiin ja kysyi, että ihanko kokopäiväiseksi sahuriksi meinasin.

– Niin on tarkoitus, jos saisi siitä vuokrattua tontin.

– Semmoisella asialla olet.

– Möisin tuon autohomman, jos löytyisi sahalle paikka.

Honkanen otti puhelimen ja keskusneidin äänen kuultuaan pyysi yhdistämään meijerille. Päästyään puheisiin isännöitsijän kanssa Honkanen kyseli, onko meijerillä suunnitelmia kylän puolella olevalle mäenalaiselle tontille. Ilmeisesti isännöitsijä kysyi, mitä siihen on tulossa, sillä Honkanen totesi, että tuo nuorimies on tuomassa sahavehkeet sille tontille. Kuultuaan vastauksen Honkanen kiitteli tiedosta, hyvästeli ja pani luurin paikoilleen.

– Ei ollut esteitä. Tuo pois siihen ne vehkeet, ja katsotaan myöhemmin, kun on sopiva aika, niin tehdään siitä vuokrasopimus.

– Se on kunnan maata?

– On, tuli tarkistettua vähän aikaa sitten, kun meijerillä on jotain suunnitelmia siihen mäen päälle. Toivottavasti homma menee hyvin, ja onhan sinulla kirjanpitäjä omasta takaa.

– Niin on, tuolla käytävällä tullessa näinkin.

Ajoin suoraan tontille ja kävelin muutaman kerran ympäri noin kaksisataa metriä kanttiinsa olevan alueen. Tähän sopii mainiosti. Tuohon pannaan sirkkeli, tuonne tukit ja lautatarha tiensuuntaan kylälle päin.

Höyläyspaikan määrittelin askelmitalla. Sähkölinja menee sopivasti tuolta ja muuntajakin näkyy olevan muutaman matkan päässä. Sähköt saadaan varmaan kohtuuhintaan. Onpa hyvä paikka, täällä kelpaa keväällä jatkaa. Tämä pitää raivata ja kenttä tasoittaa puskukoneella. Alueen alustava suunnitelma oli valmis. Seuraavina päivinä kävin raivaamassa mäntytaimikkoa, ja puskukoneen sain tasoittamaan paikkoja. Siirtelin sahavehkeet tontille ja suojasin ne pressulla.

Kesällä olin vienyt sirkkelin terän taottavaksi Toppilan sahurille. Siellä olin nähnyt rautarunkoisen sirkkelin, missä sahuri ja perämies menivät ajolattian mukana terän ohi. Sähkömoottori oli voimanlähteenä. Homma käytti hyvin. Sahuri oli kertonut hankkivansa seuraavaksi halkaisusahan ja kantin, minkä jälkeen sahausteho moninkertaistuu. Mietin ja mietin, miten minäkin saisin sellaisen. Lopulta keksin ratkaisun. Tiesin kylällä tyhjillään olevan ison autotallin. Päätin vuokrata sen ja rakentaa talven aikana siellä uuden rungon, puolat ja lavat teräksestä. Jatkokoulussa olin käynyt hitsauskurssin, ja hitsauslaitteet olin saanut isältäni rippilahjaksi. Kasvukotona ollessani olin purkanut vanhan kuorma-auton ja sen alustasta tehnyt traktorille kippiperäkärryn. Kyllä minä sahankin osaan tehdä, ajattelin. Sain tietooni autotallin omistajan ja kävin neuvottelemassa tallin vuorauksen talveksi. Siirsin sinne sirkkelisahani sekä hitsaus- ja työvälineeni.

Kesällä oli tilannut Kenttäsahaaja-lehden ja nyt näin siinä ilmoituksen, että Kotkan Palvaanjärven Puutalousopisto järjestää kenttäsahaajille kurssin, jolla voi suorittaa sahaajan kisällitutkinnon. Soitin ilmoituksessa olevaan numeroon ja tiedustelin kurssin sisältöä ja pääsymahdollisuuksiani. Sain tiedon alkamisajasta ja luvan kahdelle hengelle saapua kurssille. Oivan kanssa olin aikaisemmin puhunut, että hän on valmis lähtemään sinne, jos pääsemme. Samalla olin sopinut, että hän on käytettävissä hanttihommiin talvella ja keväällä tulisi sahalle vakinaiseksi.

Niin lähdimme syysiltana ajamaan Kotkaa kohti. Äiti oli myynyt minulle kolme vuotta taksina olleen auton. Sillä oli aikaisempien pikkuautojeni jälkeen nautinto ajaa. Ilta pimeni, matkaa oli tultu jo yli kuusisataa kilometriä. Oiva nuokkui puoliunessa viereisellä istuimella. Hänellä ei ollut ajokorttia, joten minä ajoin koko matkan. Metsät synkkenivät tien vierellä kuusipuuvaltaisiksi, ja puut olivat paljon pitempiä kuin Pohjois-Suomessa. Mihinkähän korpeen olemme menossa, ajattelin. Aamuyö oli käsillä, ja olin lisännyt vauhtia toiselle sadalle. Väsytti. Pitäisi saada nukkua muutama tunti perillä ennen kurssin alkua. Tie meni mutkaisemmaksi lähestyessämme Palvaajärveä.

Olin ohittamassa edelläni ajavaa autoa oikealle kaartuvassa mutkassa, kun yllättäen vastaan tuli auto. Olin juuri päässyt tämän keulan ohi, kun tempaisin ohjauspyörästä autoa omalle kaistalleni. Autoni takaa kuului kolahdus. Oiva heräsi ja karjaisi, että mikä se oli? Olin niin säikähtänyt, etten pystynyt vastaamaan mitään, vaan pysäytin auton avautuneella suoralla. Ohittamani auto ajoi ohi. Istuin paikallani kädet täristen, kylmä hiki niskassa. Kuulin Oivan kysymyksen uudelleen, mutta en pysynyt vieläkään vastaamaan. Aikani istuttuani menin ulos taskulamppu kädessä, katselin auton kylkeä ja totesin vasemman puoleiseen takapuskuriin jääneen pienen jäljen punaista maalia.

– Tuo se pamahti, sanoin vierelle tulleelle Oivalle.

Katselin tulosuuntaan ja kuuntelin. Mitään ei näkynyt eikä kuulunut. Käveltyäni aikani tiellä olin tarpeeksi rauhoittunut ja sanoin, että kokeillaan jatkaa matkaa. Sitä oli enää kymmenen kilometriä. Kumpaakaan ei nukuttanut enää, ja saavuimme perille. Katselimme asuntolan ja meille varatun huoneen. Olin aiemmin pyytänyt pitämään oven auki, että pääsemme yöllä sisälle, ja nyt pääsimme nukkumaan.

Sahaajakurssilla oli kaksikymmentä osallistujaa. Olimme Oivan kanssa nuorimmasta päästä. Ensimmäinen viikko oli teoriaa. Sahatavaramitat tuoreena ja niiden kuivumisvarat. Eri sahatavaran laatuluokat, Us, kvintta ja seksta, laatujen määritelmät. Vajaasärmän sallitut määrät lappeella ja syrjällä. Eri laatujen oksien määrät ja niiden koko. Sahausleikkojen optimointi, niin että saavutetaan paras saanto tukista. Sahan terän takominen, niin että keskiö on sopivan löysällä ja terä leikkaa suoraan. Terän hampaiden jakaminen ja teroittaminen. Eri puulajit, kutistuminen ja kestävyys.

Toinen viikko oli käytäntöä. Sirkkelisahan asennus sahauskuntoon erilaisille alustoille. Sahan huolto, liikkuvien osien voitelu. Sahanterän takominen sahauskuntoon. Terän hampaiden jakaminen ja teroitus. Päivä sahausta ja sahatavaran laatulajittelua. Viikon lopuksi oli sahaajakisällitutkinto. Siinä oli teoriakoe, jonka kysymykset liittyivät kurssilla läpikäytyihin kenttäsahaamisen perusteisiin. Lisäksi oli arvioitu käytännön työsuoritukset. Kisällin todistuksen saanti edellytti sekä teoriakokeen että riittävää käytännön suoritusten läpäisyä. Molemmat lähdimme kenttäsahaajan kisällitodistus mukana kotimatkalle. Kotona oli satanut lunta, talvi oli käsillä.

4

Autotallista tuli talveksi sirkkelisahan valmistustehdas, missä työskentelin, kun ajoja ei ollut. Sahan runkopalkit ja sahauspöytien rakenneputkipalkit hain Oulusta. Toin vanhat sirkkelin puurungot, keskiosan ja sahauspöydät autotallille purettaviksi. Autotalliin sopi yhtä aikaa suoraksi keskiosa ja tukki tai valmiin tavaran pää, joten koko sirkkelisahaa ei sopinut tehtäväksi kerralla. Puuosien purku ja keskiosasta akselien irtiotto oli ensimmäinen työvaihe. Puuosat olivat kuivia ja tuoksuivat tervalle. Keräsin ne tulevan puulämmitteisen saunan syttöpuiksi. Keskiosan akselien paikat olin mitannut ja niiden sijainnit piirtänyt pahvinpalalle. Keskiosa oli tehtävä ensin, koska sen molempiin päihin tuli kiinnitettäväksi tukkipään osa, ja toiseen päähän valmiin tavaran osa. Nämä osat oli helpompi tehdä sen jälkeen, kun keskiosa oli valmis. Keskiosan runko oli sovitettava puurungon jaolle, koska teräakselin ja voimansiirtoakselin laakerit olivat paikoillaan, ja olin piirtänyt ne tehtäväksi samalle jaolle. Pöytien vedon olin suunnitellut vaijerivetoiseksi ajatellen myöhemmin tulevaa ajolattiaa. Virtasen sahaa olin käynyt tutkimassa ja siitä systeemistä olin ottanut mallia. Keskiosan neljä palkkia asetin lattialle pahvipiirustuksen mukaisesti. Nostelin akselit runkopalkkien päälle, niin että laakeripesien kiinnikkeet lepäsivät palkkien päällä. Otin ristimitan ja asetin runkopalkit ja laakeripesät paikoilleen. Tässä vaiheessa muistin, että hammasvedon asemasta tulisi vaijeriveto pöydälle. Levitin pöydän alle tulevaa runkoa kaksi tuumaa leveämmälle. Nyt keskiosan tarkasteluun tuli teräakselin pituuden riittävyys. Kyllä riittää, kun siirrän laakereita puoli tuumaa, niin että terä tulee pyörimään puolivälissä rungon levitystä. Nyt kun keskiosan osat olivat kaikki kohdallaan, piirsin laakeripetien paikat ja leikkasin runkopalkkien tulevat sideraudat. Hitsasin sideraudat kiinni runkopalkkeihin ja tarkistin mitat. Nyt lähden syömään, kun mitat täsmäävät.

Ajoin kotiin, keitin kaurapuuron ja söin puolisen, niin kuin vanhat nimittivät päiväruokaa. Olin lähdössä takaisin sirkkelin tekoon, kun naapurin vanha emäntä kiiruhti luokseni hätääntyneenä ja pyysi mukaansa, sillä Jouni-poika oli mennyt tajuttomaksi. Ajoin naapurin pihalle ja menin sisälle.

– Hänet pitää viedä lääkäriin, emäntä sai sanottua itkunsekaisella äänellä.

– Minä vien, minä sanoin, nostin pojan syliin ja pyysin avaamaan ovia. – Lähdettekö te mukaan?

– En voi, tuolla nuorempi poika on päiväunilla.

Nostin pojan peräpenkille, ajoin sairaalan eteen ja lähdin kantamaan Jounia sisälle. Ulkona ja käytävällä oli paljon ihmisiä, jotka katsoivat minua ja muuan kysyi, tuonko niitä lento-onnettomuuspotilaita. Sanoin, että tuon naapurin poikaa, ja jatkoin eteenpäin.

– Täällä on hätätila, muita ei oteta vastaan, joku sanoi.

– Tällä pojalla on myös hätätila, sanoin.

Paareja työnnettiin vastaan, kun olin päässyt sisälle. Panin pojan paareille. Sanoin hoitajalle, että poika on tajuton, ja annoin myös tämän nimen ja osoitteen. Paareja lähdettiin työntämään käytävää pitkin vastaanottohuoneeseen. Seurasin perässä. Siellä tuli vastaan tuttu hoitaja, joka tunsi pojan ja sanoi, että tällä on varmaan taasen epilepsiakohtaus. Sain luvan jättää pojan sinne ja lähteä. Palasin käytävälle, missä kysymyksiä tuli monesta suusta.

– Mihin se kone oli pudonnut?

– Mikä kone? minä ihmettelin.

– Täällä on hätätila, matkustajakone on pudonnut Pudasjärvelle, toinen sanoi.

– En minä tiedä siitä mitään, hän oli naapurin poika, oli saanut kohtauksen.

– Se lentokone on pudonnut tunti sitten ja muita ei oteta nyt vastaan, kolmas kuului sanovan.

– Näkyivät ottavan, tajuton hänkin oli.

Jatkoin matkaa ulos. Siellä oli pohdinta menossa ja menin kuulolle. Siitä on jo toista tuntia kulunut, kuulin sanottavan. Toinen tiesi, että sitä konetta ei ole vielä löytynyt ja varmaan kaikki ovat kuolleet. Ylimääräisessä uutislähetyksessä oli kerrottu lentäjän sanoneen, että mäkeen mennään tornin läheltä, tiedotti joku uutisia kuunnellut. Tämä hätätila jatkuu varmaan koko päivän, joten ei ne ota vastaan meitä tänään. Kuuntelin aikani pohdintaa ja lähdin ajamaan keskustaan. Kylällä oli useita tiedotusvälineiden autoja ja lisää tuli koko ajan. Huomasin Jussin ajavan moottorikelkka peräkärryssä palokunnan suuntaan. Lähdin perään. Hän pysäytti palokunnan pihalle, missä oli lähtövalmiina koko vapaapalokunta.

– Joko tiedetään mihin kone on pudonnut? kysyin Jussilta.

– Ei tiedetä, pyysivät minuakin panemaan kelkan kyytiin ja lähtövalmiiksi.

– Muilla ei taida kelkkaa olla, ei ainakaan palokunnalla.

– Ei ole ja jos se on metsään pudonnut, niin muuten sinne ei pääse. Lunta on yleensä metrin helmikuussa metsässä.

Kiireisiä palokuntalaisia käveli edestakaisin sisälle ja ulos. Aikaa oli kulunut jo kolmatta tuntia koneen putoamisesta. Helikopteri meni säksättäen kuuloetäisyydellä. Odoteltiin ja minuakin kiinnosti niin paljon, että en malttanut lähteä sirkkelisahan tekoon. Uhkakuvia oli ilmassa, ei varmaan ole hengissä ketään. Miten ne ei löydä sitä, ihmeteltiin. Palopäällikkökin näkyi kävelevän hermostuneesti sisään ja ulos. Kun kolme tuntia oli kulunut, kuului huuto Rengasvaaraan! ja kaikki syöksyivät autoihin ja kilpa-ajo Kuusamoa kohti alkoi.

Minä lähdin kotiin ja avasin radion. Ylimääräinen uutislähetys alkoi. Oulu–Kuusamo-reitillä ollut Kar-airin DHC-6-matkustajakone on löytynyt. Ruotsista apuun tilattu etsintähelikopteri on lentänyt suoraan onnettomuuskoneen putoamispaikalle. Pudasjärven Rengasvaarassa kone oli tehnyt pakkolaskun metsään. Koneen läheisyydessä on ollut ison nuotion ympärillä useita ihmisiä. Ainakin osa viidestätoista matkustajasta ja koneen kahdesta ohjaajasta on hengissä. Onnettomuuspaikalle on menossa pelastushelikopteri ja Pudasjärven palokunnan pelastusyksikkö. Tarkempia tietoja tässä vaiheessa ei tiedetä, seuraava ylimääräinen uutislähetys on puolen tunnin kuluttua.

Kävin sahatyömaallani tarkistamassa, olinko sulkenut happi- ja asetyleenipullon, mutta en malttanut jäädä työskentelemään, vaan palasin kuunteleman uutisia. Ylimääräinen uutislähetys alkoi. Nyt tiedetään, että koneen ohjaaja on loukkaantunut, mutta muut koneessa olleet ovat selvinneet lievillä vammoilla. Koneen toinen moottori oli käynyt täysillä ja koneessa olijat olivat poistuneet koneen läheisyydestä räjähdysvaaran takia.

Pitkän odotuksen aikana oli löydetty heinälato, joka oli sytytetty tuleen lämmön lähteeksi ja huomion herättämiseksi. Lentokoneonnettomuuksia tutkineen henkilön mukaan on ihme, että on selvitty niin pienillä vaurioilla. Lentokone oli Oulu–Kuusamo-reitillä ja koneen toinen moottori oli sammunut ennen Kuusamoon laskeutumista, jolloin koneen ohjaaja oli kääntynyt takaisin Ouluun. Koneen runkoon oli muodostunut paluumatkalla jäätä, niin että kone oli menettänyt lentokorkeutta ja viimein tehnyt pakkolaskun. Ihmettelin, että selvisivät hengissä.

Aamulla palasin sirkkelin tekoon. Sirkkelisahan keskiosan runko, laakeripesät ja akselit laakereineen olivat paikoillaan. Tämän jatkoksi on hyvä rakentaa tukkipään runko ja sen jälkeen vastaanottopään runko, mietin vielä sahanrakentamisen jatkon pääpiirteittäin. Puolien rakentamiseen olin varannut putkea, josta leikataan sopivan mittaiset puolat lavan alle. Puolien päihin sorvautan laput ja niihin sopivan kokoisen reiän, jonka läpi tulee akseli. Akseli laakeroidaan rungon päälle. Liikkuvan pöydän putkiraudat olin ostanut valmiiksi. Pöydän vuoro tulee, kun tukkipään runko on tehty ja kiinnitetty keskiosaan. Valmiit puolat kiinnitetään keskiosaan ja tukkipään runkoon, niin voidaan tehdä pöytä näiden päälle. Pöydän hitsaus on taitolaji, jotta siitä tulee suora eikä vetelehdi hitsatessa, ajattelin. Kunhan olen kasannut keskiosan, valmistan sirkkelisahan päärakenteet. Keskiosa oli sahan sydän, koska siinä oli teräakseli ja voimansiirto sekä pöydän siirtoon oleva mekanismi.

Olin saanut työmaan tietoon lopputalveksi, ja ennen ajojen alkamista minulla oli tarve saada saha valmiiksi niin pitkälle kuin mahdollista. Siinä oli muutamia ratkaisemattomia asioita, joita piti miettiä. Vaijeriveto pöydälle, myöhemmin tehtävä ajolattia, missä sahuri ja perämies liikkuvat ajolattian mukana. Ajolattiaa ei tarvita, ennen kuin tulee halkaisu, ja kanttisahakin puuttui vielä, mutta olin jo ottanut huomioon niiden hankinnan. Sähkömoottorin sirkkelin pyöritykseen hankin talven aikana, ja Majuri saa keskittyä höyläkoneen voimakoneeksi. Sähköliittymää olin käynyt tiedustelemassa, ja se tulee keväällä, sitten kun ilmoitan.

Osa talvesta meni ajohommissa. Vapaapäivinä kävin rakentamassa sirkkelisahan runkoa. Puolat olin teettänyt paikallisella pajalla ja sain tehtyä niiden laakeroinnin ja kiinnitykset runkoihin. Lavan rakentaminen oli niin tarkkaa hitsattavaa, että jouduin hakemaan Oivan kaveriksi. Lavan valmistuttua aukaisimme autotallin ovet, että saimme koko sirkkelisahan oikaistua lopulliseen pituuteen ja suunniteltua vaijerivedon. Ongelmia tuotti saada se toimivaksi. Useita kertoja rakenne purkamalla ja uudelleen rakentamalla saatiin se viimein toimimaan niin, että uskoimme sen pelaavan käytössä. Koekäyttö tehtiin autotallissa. Sähkömoottoriin ja sirkkelin voima-akseliin oli sovitettu kiilahihnapyörät. Niiden koko oli laskettu siitä, että kun Majuri oli käynyt kolmeneljäsosakaasulla, terän pyörimisnopeus oli saatu selville. Sillä nopeudella terä oli leikannut hyvin. Nyt laskimme sähkömoottorin kierrosluvun ja kiilahihnapyörien koolla passasimme terän kierrosluvun samaksi. Autotallissa oli kolmivaihevirta, ja sähkömiehen avustukselle saimme kolmivaihekäynnistyksen, niin että sulakkeet kestivät. Saha oli käyttövalmis. Terä paikoillaan ja tukki pöydällä siirsin syöttövipua, ja lava lähti tukin kanssa liikkeelle. Kun tukki saavutti sirkkelinterän, terä pysähtyi. Vedin pöydänajovipua pakille, ja taasen terä lähti pyörimään. Sammutin sähkömoottorin, ja pettyneinä katsoimme Oivan kanssa toisiamme. Vika löytyi kohta. Sirkkelin terä oli jäänyt akselille löysälle. Koesahausta oli kiirehditty niin, että se oli jäänyt käsin pyörityksen varaan. Mutteri oli niin iso, ettei sitä tallissa olevilla avaimilla ollut saanut kiristettyä, ja nyt se kopisteltiin taltalla ja vasaralla kiinni. Uusi yritys onnistui. Sahattiin tukki neljältä kantilta viiden tuuman parruksi. Pinnat leikattiin tuuman vahvuisiksi ja neljän tuuman levyisiksi laudoiksi. Koe oli riittävä osittamaan sirkkelisahan pääpiirteiltään toimivaksi. Mittavasteen säätö ja muut hienosäädöt tehdään, kun saha on asennettu sahauspaikalle.

Sahayhtymän tontti oli vielä lumen peitossa. Kevät oli ajallaan, mutta kiirehtiäkseni kentän kuivumista ajoin Nuffieldin tontille ja pukkasin kauhalla lumet sirkkelin paikalta joka suuntaan niin pitkälle kuin sain työnnettyä. Saha-alueella oli työmaakoppi ja pressun alla Majuri ja viisikutterinen höyläkone sekä edelliskesän tarhalta jääneet sahatut tavarat. Päätin ajaa ne lumien sulettua. Sähkömuuntaja näkyi meijerille päin mäen päällä. Siitä muistin, että voin käydä liittymäsopimuksen tekemässä lähiaikoina. Olin talven aikana pahville piirrellyt hahmotelman sirkkelin paikasta ja sen alkupäähän paikan tukeille. Toiseen päähän sirkkeliä suunnittelin valmiin tavaran paikat. Keskelle sahan taakse tulisi paikat puruille sekä tuleville sahauspinnoille. Höyläkoneen voimakoneineen olin sijoittanut etemmäs, tiensuunnassa kylälle päin. Höyläkoneelle ja valmiille höylätavaralle olin luonnostellut suojarakennusta. Toimistona saa olla aluksi työmaakoppi, joka sijoitetaan tieltä tullessa ensimmäiseksi.

Kevät eteni. Tein sopimuksen sähköliittymästä. Siirsimme Oivan kanssa sirkkelin paikoilleen. Sahalle rakennettiin sen mittainen katos ja samoin tehtiin suoja sähkömittarille, johon sähköyhtiö toi virran. Taloa varten tuli aravalainapäätös. Eerola-talon piirustuksilla haimme lainaa Osuuspankista sekä aravalainaa. Kustannusarvio oli 56 000 markkaa. Tontti oli maksettu Seijan tädille ja perustuksen alle olin ajanut hiekkapenkan. Timpureiksi varattiin Iivolaiset veljekset. Maa oli sulanut ja veljekset tekivät sokkeli- ja perustuslaudoituksen. Pidettiin valutalkoot ja perustus oli kuivamassa. Seija ihmetteli puutavaran puuttumista tontilta. Ei sitä ollut kuin vähäisen tuolla edelliskesäisellä sahauspaikalla. Kerroin myyneeni muun, kun niitä ostajia oli ollut niin mukavasti. Hän oli luullut niiden olevan meidän taloa varten, mutta ymmärsi nyt, miksi sahayhtymän tilinpäätös olikin voitollinen. Totesin, että kait se oli ilmaisilla puilla. Takana oli kuitenkin talon tekoa varten lainapäätökset, jotka olivat edelliskesänä aiheuttaneet pientä kitkaa, ja nyt siitä sahatavaran puutteesta ei enempää puhuttu. Luotettiin, että tämän kesän sahauksesta liikenee yhdet talovärkit.

Toimistokoppiin tilattiin puhelin. Postiosoitekin oli, joten valmius liiketoiminnan harjoittamiseen alkoi päällisin puolin olla kunnossa. Tukkia ostin Korentokankaalta paikan päälle ajettuna 500 tukkia. Laskin, että niistä pitäisi tulla 20 stanttua lankkuja ja lautoja. Ajoin edelliseltä sahauspaikalta siellä olevat tavarat uudelle tarhalle siemeneksi.

Sahaus oli tarkoitus käynnistää toukokuun alussa. Kävin kysymässä Velmua töihin. Oiva oli ollut sahakurssilla ja sirkkeliä rakentamassa, mutta pidin Velmun kokemusta niin hyvänä, että hänet palkkaamalla varmistaisin sahauksen onnistumisen. Ajattelin myös kesällä tapahtuvaa höyläystä, josta minulla ei ollut minkäänlaista kokemusta.

Sahaus aloitettiin Velmun toimiessa sahurina ja Oivan perämiehenä, ja minä olin lautapoikana. Ensimmäisinä päivinä sahattiin kahden tuuman vahvuisia ja neljän ja viiden tuuman levyisiä lankkuja sekä pinnoista seitsemänkahdeksasosa tuuman vahvuisia lautoja. Tavaraa tuli puolesta yhteen stanttua. Viikko oli sahattu ja ostajia oli niin, että kolmannen vieraan palkkaus tuli ajankohtaiseksi. Eräällä kahvitauolla otinkin puheeksi, että olisiko Velmulla ja Oivalla tiedossa ketään lautapojaksi, kun minulla alkoi olla juoksupojan hommia niin paljon, että sahaus kärsi. Oiva osasi heti kertoa kaverista, joka olisi mielellään tulossa hommiin. Kysyin, millainen mies mahtoi olla kyseessä.

– Työmiehelle se vaikuttaa, vähän vanhempi minua. Pöllin teossa ollut kevättalven.

– Vakihommia ei vielä tiedä, mutta jos asiakkaita piisaa ja puita saadaan ostaa, niin voi tämä vakiintuakin, sanoin.

– Minä käyn illalla sanomassa, mitä Matti meinaa ja onko vielä rokulissa. Tiesi olevansa sinun kansakoulun opettajan vaimon veli.

– Sitten meillä on jo yhteisiä tuttuja hänen kanssaan.

Sahaus jatkui toista viikkoa. Matti oli tullut lautapojaksi, ja tuntipalkaksi oli sovittu neljä ja puoli markkaa. Samalla oli sovittu, että työtä on niinä päivinä, kun on hommia. Jos tukit loppuvat tai on jokin muu seisokki, voi välillä olla rokuliakin. Ehdot olivat sopineet, ja Matti oli tuumannut, että aikaisemmat uitto- ja pöllintekohommat ovat olleet samanlaisia. Tehdään töitä, jos töitä on, mutta rokulista ei makseta. Minä siirtelin täyttyviä tapuleita tarhalle ja tein muita juoksevia hommia. Sahatavaran ostajia oli useampi päivässä. Sokkelilautoja ja kakkosnelosia pääasiassa halusivat.

Heinäkuu oli käsillä, Majuri ja höyläkone oli käynnistetty. Puolikuivaa neloslautaa oli höylätty raakapontiksi ja viisituumaista A-paneeliksi. Raakaponttia oli jo kysytty, ja tarvitsin sitä kohta omallekin talotyömaalle. Olin käynyt edellisenä päivänä laittamassa kuorma-auton nosturiin kauhan, jolla olin sahalta nostellut purua ja höylänlastua lavalle. Vein sitä nyt talomme yläpohjaan useita kuormia. Timpurit olivat kertoneet sen olevan hyvää eristettä. Jussi ajoi rakennuspaikalle, juuri kun olin nostelemassa viimeisiä kauhallisia.

– Nyt on markkinat, kun purua pannaan laipion päälle!

– Nämä on sahurin luontaisetuja! huusin vastaan.

– Jätettä ne on, minä panin karhuntaljaa! hän huusi takaisin.

Laskeuduin alas nosturin päältä ja menin sammuttamaan auton. Istuimme kahvipaikalle. Puolustelin lastupuruja ja sanoin, että olivat kuulemma parhaita yläpohjan eristeitä. Jussin mielestä ne olivat viime vuosisadan eristeitä.

– Niin minäkin luulin, mutta nämä ammattitimpurit oli toista mieltä ja minulle nämä ovat ilmaisia.

Timpuritkin tulivat kahvitauolle ja jatkoimme eristekeskustelua. Vanhempi timpureista oli kokenut monet eristeiden laitot ja kertoi seuranneensa, että ne yläpohjat, joihin oli pantu lasivillaa kolmekymmentä senttiä, vuotavat pakkasella niin, että katonalus on kuurassa. Mutta jos eristeenä on purua puoli metriä, ei ole katonalus kuurassa.

– Niin vain, mutta nyt on kesä ja nähdään sitten talvella, miten on, Jussi lopetti eristevertailun. – Oivaa minä tulin kysymään. Joutaisiko muutamaksi päiväksi leipomoon, meillä kun on yksi leipuri sairaana ja siksi aikaa tarvittaisiin.

– Päivän päästä tukit loppuu ja sitten joutaa viikoksi.

Tukit pääsivät loppumaan sahalta. Oli sovittuja kauppoja kahdelta isännältä, mutta kylvökiireiden jälkeen he eivät olleet ehtineet ajaa niitä tien varteen. Soitin äidille ja kysyin, saisinko sata tukkia käydä kaatamassa viljelystien varresta. Sain luvan ja kävin kysymässä Matilta, voidaanko käydä kahtena iltana kaatamassa tukkeja. Matti suostui, vaikka ehdotin iltavuorotyötä. Päivällä kun minun pitäisi olla sahalla. Vaikka ei sahata, pitää myydä ja siirrellä höylälle tavaraa.

Toisena iltana lähdimme tukintekoon. Matilla oli moottorisaha ja minulla kirves. Minä leimasin puut, jotka kaadetaan. Kriteerinä harvennustyyppinen leimaus, mihin olin saanut ohjeet metsänhoitajalta, joka tunsi meidän metsän. Hän oli luvannut käydä vahvistamassa leimaukseni jälkeenpäin. Matti kaatoi ohjeitteni mukaan tien suuntaan. Karsiessani vetelin ja kääntelin niitä niin, että ylettyisin ne auton nosturilla ottamaan kyytiin.

Kahtena iltana kaadoimme ja karsimme sen verran, että laskin puita olevan kaksi kuormaa. Vein Matin kotiin, ja ennen puoltayötä minäkin olin metsähallituksen vuokra-asuntomme keittiössä iltapalalla. Viikonloppuna autoni ei ollut ajossa ja kävin sen hakemassa lainaksi kuskiltani. Panin nosturin auton perään ja lähdin hakemaan puut. Kun olin ajanut puut sahalle, viikko oli täysi.

5

Eräänä päivänä elinkeinolautakunnan puheenjohtaja Vierimaa tuli sahalle puheilleni. Hän esitteli itsensä ja kertoi luottamustehtävän saatuaan tulleensa kysymään, oliko minulla kiinnostusta osallistua yrittäjille järjestettäville kursseille ja alan messuille. Kunnalla oli varattu määrärahaa niille yrittäjille, joilla oli kiinnostusta kehittää itseään ja markkinointia. Ensimmäinen, johon voisin osallistua, oli kauppa- ja teollisuusministeriön järjestämä yrityksen laskentatoimen kurssi Kuusamossa. Se olisi sen syksyn aikana, ja Vierimaa suositteli osallistumaan.

– Entä me messut? minä kysyin. – Onko ne sellaisia kirkoissa laulamalla pidettyjä?

– Ne on sellaisia tilaisuuksia, missä esitellään yritystä ja tuotteita asiakkaille, Vierimaa sanoi hymyillen.

– Jaa, no eihän ne sitten paljon poikkea niistä laulajista, nekin myyvät omaa sanomaansa siellä kirkossa.

Asia kiinnosti sen verran, että kysyin, missä sellaisia messuja pidetään. Vierimaa tarkensi, että siellä esitellään omia tuotteita ja ne pidetään Trondheimissa seuraavan vuoden huhtikuussa. En ollut Helsinkiä kauempana käynyt tähän saakka, mutta rohkaisin mieleni ja kysyin, kaukanako sellainen messupaikka mahtaa olla.

– Norjassa, tuosta Ruotsin poikki ja Norjan puolta muutama sata kilometriä, niin sieltä löytyy Trondheim, Vierimaa selosti ja kysyi vielä, minkälainen valikoima minulla oli saha- ja höylätavaraa.

– Sahataan, mitä kysytään, ja höylätään, jos on kuivia lautoja, ja valikoimaa on niin paljon kuin teriä löytyy.

– Siihen on aikaa vielä, ja sinä voit vielä miettiä, Vierimaa totesi, taas hymynkare suupielessä.

Nyt muistin, että veinhän minä malminäytteitä Mustavaarasta Kiirunaan edellistalvena kuorma-autolla. En nyt malttanut olla sanomatta, että olen ajanut Ruotsiin malminäytteitäkin, joten kyllä se Trondheim löytyy.

– No niin, voinko minä ilmoittaa sinut sille kurssille?

Annoin luvan ilmoittaa ja kysyin puhutaanko siellä suomea. Vierimaa oli jo pois päin menossa ja kertoi, että osasto on suomalaisten näytteilleasettajien ja tulkkejakin on kyllä paikalla. Vierimaan mentyä jäin miettimään, mitä minä siellä esittelen. Tuotevalikoima on vähän vaatimaton kansainvälistymiseen, mutta onhan tässä aikaa päättää.

Sahaus ja höyläys jatkuivat ilman suurempia rokuleja. Sahanpuru- ja höylälastukasa kasvoi silmissä enemmän kuin saha- ja höylätavaravarasto, muuta seurantaa menekkiin en tarvinnut. Seija sai Sahayhtymän laskut maksettua, ja kysyessäni rahojen riittävyydestä hän hymyillen vastasi, että onhan nuo riittänyt. Se vastaus piisasi minulle talouden seurannaksi. Näitä kahta asiaa tarkatessani tunsin menestyväni. Usein sahalle tullessani ajattelin tulevaa talvea. Silloin voidaan myydä vain tuoretta sahatavaraa. Sahaus käyttää, mutta höyläys ei, koska ei ole kuivaa tavaraa. Kuivaamo ja höyläämö ovat seuraavat hankinnat. Sahausmäärät eivät sitten kyllä riitä, joten sahausta pitäisi lisätä. Mietin, rakennanko sirkkelisahan ja jatkossa hankittavan halkaisu- ja kanttaussahan suojaksi hallin. Seuraavana vuonna hankin kuivaamon ja höyläämön. Näin syntyivät ajatukset laajennuksesta eli keskipitkän ajan suunnitelma oli siinä.

Saharakennuksen suunnittelu oli pyörinyt päässäni viikon. Pahvinpalalle piirsin linjan, missä sirkkelisaha oli nykyisellä paikallaan. Valmiin tavaran vastaanoton kohdalle tulee sivukuljetin, joka siirtää tavaran halkaisusahalle. Halkaisusahan jälkeen sivukuljetin siirtää kanttaamattoman tavaran kanttisahalle. Tämän jälkeen vastaanottokuljetin siirtää poikittain tavaran kunkin koon ja laadun kohdalle, mistä vastaanottaja vetää tavaran tapuliin. Purunpoisto imurilla kultakin sahalta tulevan rakennuksen taakse. Pahvilla suunnittelin tavarankulun ja välivarastot. Tukkien syöttöpöytä sivukuljettimella matalasta aukosta sisälle. Valmistavaran vastaanottokuljetin sekin seinään tulevasta aukosta ulos. Näiden koneiden ja kuljettimien ympärille piirsin kymmenen metriä leveän ja kolmekymmentä metriä pitkän saharakennuksen. Sivukuvia piirtäessäni päättelin kolme metriä riittävän korkeudeksi. Rakenneratkaisut suunnittelin mahdollisimman keveiksi. Pilariperustus, kakkosviitoset runkoon ja pitkien ja matalien aukkojen päälle naulataan palkit ja naularistikot katon kantaviksi rakenteiksi. Harva vinolaudoitus seiniin ja pelti päälle, samoin katolle. Saharakennuksen suunnitteluun ei riittänyt pahvinpala, johon olin linjan suunnittelun aloittanut. Jouduin katselemaan isomman pahvin, johon piirsin koko saharakennuksen ja sen sisälle tulevan sahauslinjan.

Illalla esittelin Seijalle saharakennuksen piirustusta ja sahauslinjaa ja luettelin sinne hankittavat koneet ja kuljettimet. Jatkoin innoissani, että tulevan talven voimme sahata tuoretta tavaraa, mutta joudumme rakentamaan kevyen rakennuksen sahalle. Seuraavana vuonna joudumme hankkimaan kuivaamon ja höyläämön, jotta voidaan kehittää valikoimaa. Kerroin myös elinkeinolautakunnan puheenjohtajan käynnistä, KTM:n kurssista Kuusamossa ja messuamisesta Trondheimissa. Yksityiskohtiin päästyäni huomasin Seijan katselevan toisia piirustuksia, lopetin vuodatukseni ja kysyin, mitä kuvia hänellä oli.

– Oletko muistanut, että meillä on talo valmistumassa? Seija kysyi.

– Olen toki, kävinkin siellä alkuviikosta, ja hyvin se edistyy.

– Nämä on pohjapiirustuksia, ja keittiön kalustaminen on edessä.

– Jaa, no oletko valinnut kalusteet?

– En vielä, onko sinulla toivomuksia?

– On. Että siellä voi laittaa ruokaa ja syödä.

– Oliko muuta?

– Ei, siinä kaikki, sinä ne asiat saat päättää. Minulla on tuo sahahomma. Se oli kyllä yhtymä, mutta yhtymä on kotikin. Mitä sinä meinaat, että jos rakennan tuommoisen saharakennuksen syksyn aikana?

– En meinaa mitään, sen saat päättää sinä. Jos rahkeet kestää niin siitä vaan.

– Päätä sinä ne keittiökalusteet ja minä päätän saharakennuksen, yhtymiä nämä on molemmat ja yhdytään siellä kotona sitten.

– Oletko huomannut, että kolmas lapsi on tulossa?

– Olen, minä vastasin, vaikka kysymys oli tarkoituksellinen. Kummallakin oli omat työt ja nämä nykyiset harrastukset molemmilla omat. Mieleeni muistui, että esikoisen ollessa kahden vuoden ikäinen olin ollut viikot Kuusamossa ajossa. Silloin ajettiin myös lauantait puolille päivin. Lähdin Kuusamoon maanantaina aamuyöllä ja tulin lauantai-iltana. Kotiin tultuani lapseni vierasti minua. Se oli tuntunut pahalta, ja nyt Seijan huomautus tulossa olevasta perheenlisästä hieman kosketti. Tämä on ohimenevää, ajattelin. Kun Sahayhtymä pääsee vauhtiin, niin hommat tasapainottuvat.

– Oletko hakenut sille rakennuslupaa? Seija kysyi.

– En ole, tämä on vain pilarien päälle tehty sahakoneiden suoja.

– Niin mutta kyllä ne luvan vaatii, käy kysymässä Heinoselta.

– Voin käydä, mutta käykö ne näillä kuvilla? kysyin ja näytin pahville piirrettyjä kuvia.

– Käy ainakin kysymässä, voihan ne piirrättää puhtaaksi sitten jos tarvitsee luvan.

– Niin voi, minä käyn huomenna, sanoin ja mietin, muistaako kunnanmestari Heinonen, miten olin ollut traktorilla lastaamassa hiekkaa Pirttisen montusta kuorma-autoihin, jotka ajoivat hiekan seurakuntakodin työmaalle. Heinonen oli tullut kieltämään lastauksen, koska montunreuna meni liian lähelle Ranuantietä.

Aamulla olin Heinosen ovella koputtelemassa.

– Sisään, kuului hiljainen ääni.

– Huomenta, sanoin ja nähtyäni käden osoittavan tuolia istuuduin. Kerroin, että olin rakentamassa katosta sahavehkeille ja lähdin kysymään, pitääkö sille hankkia rakennuslupa. Ojensin pahville piirretyt luonnoskuvat ja selitin, että siellä ei vielä ole kuin sirkkeli, mutta tarkoitus on hankkia halkaisu- ja kanttisaha.

– Tämä on pitkä rakennus, totta kai pitää olla rakennuslupa. Tämä on kunnan maata. Onko sinulla vuokrasopimusta alueesta? Heinonen kysyi.

– Ei ole, mutta Honkanen lupasi, että tehdään kun on sopiva aika, sanoin jo ääni väristen. – Hän antoi luvan viedä vehkeet sinne syksyllä ja aloittaa hommat.

– Pane vuokrahakemus alueesta kunnanhallitukselle ja sitten pitää hakea rakennuslupa paremmilla piirustuksilla.

– Pitkäänkö siinä menee, siinä alueen vuokraamisessa ja rakennusluvassa?

– Jos hyvin menee, niin kolme kuukautta.

– Saanko aloittaa ennen lupien myöntämistä?

– Sinun riski on, että jos lupaa ei myönnetä, joudut purkamaan sen hallin. Olen kuullut, että alueelle on tulossa isompiakin voimia.

Hyvästelin ja lähdin. Jäin miettimään Heinosen viimeistä kommenttia alueelle tulevista isommista voimista. Mitä ne mahtaa olla? Mutta ei haittaa, onhan meilläkin voimaa – Majuri!

Illalla kerroin Seijalle, että Heinonen oli kysynyt alueen vuokrasopimuksesta. Aprikoin, olivatko kunnanjohtajan lupaukset varmoja. Seija rauhoitteli ja sanoi, että jos kenen, niin Honkasen puheet ovat varmoja. Teimme työnjaon: Seija katsoo kunnassa mallia vuokrasopimushakemuksesta ja laatii sellaisen, ja minä piirrätän puhtaaksi kuvat, ja niin saadaan virallistettua hommat ja aikeet.

Aikeet oli kuvattu sahalinjan piirustuksissa, mutta minulla ei ollut hajuakaan, mistä niitä koneita löytyy. Kenttäsahaaja-lehdessä olin nähnyt mainoksen Haaparannassa olevasta konekauppias Dunderista. Kysyn sieltä. Saharakennuksen piirrän itse. Hain kirjakaupasta piirustusoppaan sekä pitkän viivoittimen, lyijykynän ja kumin sekä tussin ja paperia. Muutama ilta meni, niin saharakennus oli lupakuvissa. Nostin luurin ja kun keskus vastasi, pyysin Haaparantaan Dunderille.

– Onko numeroa? keskus kysyi.

– Ei minulla ole, mutta se on käytettyjä koneita myyvä yritys.

– Minä kyselen, vastasi tuttu keskusääni.

Aikani odottelin, kunnes puhelin soi.

– Täällä, ole hyvä, keskus sanoi.

– Ville Dunder.

– Sahayhtymästä, Timo Tiirola, päivää.

– Niin, mistä? hän kysyi, ja minä olin helpottunut, kun vastaaja puhui suomea. Toistin nimet ja lisäsin, että olen Suomesta. Hän kysyi asiaani, ja kerroin tiedustelevani käytettyjä sahakoneita, koska olin nähnyt ilmoituksen lehdessä.

– Kyllä meillä on BM-Volvoja, joitain kuljettimia ynnä muuta. Mitä tarvitset?

– Halkaisusahan sirkkelin jälkeen ja kantin.

– Klyyvi löytyy, mutta kanttia ei. Onko sinulla trukkia?

– Traktori takakuormaajalla on.

– Täällä on BM-Volvo trukiksi ja tuo klyyvi on hyvä.

En ollut koskaan kuullutkaan klyyvistä, mutta en kysynyt, mikä se mahtoi olla, koska olisin paljastanut tyhmyyteni. Mietin, lopetanko puhelun, mutta tiedustelin vielä BM:n hintaa. Dunder sanoi, että se maksaa Suomen rahassa 20 000 markkaa, ja kun hän tuo sen Suomen puolelle, niin minun ei tarvitse tullata.

– Minä tarvitsen lähinnä sitä halkaisusahaa, mutta tuolla traktorilla pärjään siirtelyssä.

– Tuo halkaisusaha on hyvä ja edullinen, ruotsalainen alkuperä.

– Sielläkö on sellainen? kysyin.

– On, tuo klyyvi on halkaisusaha. Se pannaan sirkkelin perään ja sillä halotaan se pelkka.

– Jaa, no mitä se maksaa?

Dunder alkoi puhua sikäläisistä sahoista, jotka uusivat koneita, ja hän myy käytettyjä koneita. Sieltä tuodaan käytettyjä koneita paljon Suomeenkin. Samalla kun hän esitteli toimintaansa, hän kyseli, olenko pitkään ollut alalla. Kerroin olleeni autohommissa armeijan jälkeen ja aloittanut sahahommat viime keväänä. Hän kysyi, millainen auto minulla oli.

– Kaksi vuotta vanha kuorma-auto, soraa ja puutavaraa olen ajanut.

– Nyt olet vaihtamassa alaa, niinkö?

– Niin, olin talopuita sahauttamassa, ja siinä tuli ostettua ne sahavehkeet ja nyt kapasiteettia pitäisi lisätä.

– Tule käymään, minä voin myydä nämä osamaksulla, niin ei heti tarvitse rahaa, ehdit tienata ja maksaa sitten.

Olin jutustelun aikana huomannut hänen tenttaavan, mitä olin tehnyt ja olinko tosiostaja vai huijari. Ehdotus osamaksusta oli kiinnostava. Kysyin, pitäisikö hän klyyvin ja BM-Volvon varattuna, niin tekisin ensin saharakennuksen valmiiksi ja tulisin sitten käymään.

– Pidän jos lupaat tulla ennen vuodenvaihdetta.

Hyvästelin Dunderin ja olin kovasti helpottunut. Nyt Sahayhtymän kassavarat riittäisivät saharakennuksen perustuspilareiden ja seinä- ja kattopeltien ostoon. Puutavara on tarhalla, naulat ja ikkunalasit eivät maksa paljoa. Omana työnä tehdään, niin saadaan talveksi saharakennus ja -linja. Mikä parasta, ei tarvitse mennä rahan pyyntiin pankista. Olin niin innostunut, että kävin pihalla ottamassa spurtin ilosta.

Sahaus keskeytettiin, kun tukit loppuivat. Saharakennuksen piirrätin varmuuden vuoksi tutulla rakennusmestarilla. Vuokrasopimus tontista tehtiin ja rakennuslupa myönnettiin. Sähkösuunnitelmaa ei ollut, mutta sain naapuritalon sähköteknikon sen tekemään. Laskin sähkön tarpeen kertomalla sirkkelin moottorin tehon kolmella ja pyysin teknikon päättelemään itse muut virran tarpeet. Suunnitelma oli valmis.

Otin sahan rakennustyön puheeksi kolmen työmiehen kanssa kahvikopissa. Esittelin kuvia ja annoin niitä katseltavaksi. Kerroin, että olisi tarkoitus tehdä rakennus, ennen kuin haen lisää koneita.

– Ilmastointi on ainakin riittävä, kun on isot aukot molemmissa päissä rakennusta, Velmu virnisteli katsellen vuorotellen Oivaa ja Mattia.

– Aukot on sitä varten, että toisesta päästä otetaan tukit sisään ja toisesta päästä menee sahatavara ulos, minä totesin.

– Sirkkelikö tänne pannaan? Kyllä tänne sopisi karju ja höyläkone, Velmu sanoi.

– Ei sinne tule kuin sahauslinja. Sirkkelin jälkeen klyyvi ja kanttisaha, tarvittavat kuljettimet ja puruimurit, sanoi ja puhuin tarkoituksella klyyvistä, kun tiesin, ettei Velmu sitä tiennyt.

– Mihin Majuri ja höyläkone pannaan? Velmu kysyi.

– Pressun alle talveksi, ja katsotaan sitten ensi kesänä, missä höylätään ja millä, totesin hieman kyllästyneen oloisena. Käännyin Oivan ja Matin puoleen ja kysyin heitä rakennushommiin. Oiva vastasi kummankin puolesta, että heille sopii, ja Mattikin nyökkäsi.

– Mitä hommia minä teen? Velmu kysyi.

– En tiedä, taitaa olla hieman vetoinen työmaa sinulle. Huomenna on tilipäivä. Pannaan sinun pussiin lomarahatkin.

Velmu ei kysynyt muuta. Otin esille sahalinjapiirustuksen. Sähköteknikko oli piirtänyt koneille syöttöjohdot ja käynnistimien paikat. Tämän koneen haen Ruotsista, kun rakennus on valmis. Tuon kantin ja kuljettimet katson, saisiko ne samasta paikkaa, minä selostin kuvia esitellessäni. Puruimurin ja putket katselen, sitten kun koneet ovat paikoillaan.

Joulukuun alku oli menossa. Saharakennus oli noussut vauhdilla, ja sirkkelille oli rakennettu ajolattia. Tukkien annostelukuljetin oli rakennettu ketjuista, jotka olin saanut puretusta kuljettimesta. Soitin Dunderille ja sovin, että haen lauantaina BM-Volvon ja klyyvin. Pyysin Oivan mukaan.

Hän oli tällaisilla matkoilla mielellään seurana, eikä ollut palkkaa vailla. Puolilta päivin olimme Dunderin Tornion hallilla. Hän oli kertonut toimivansa molemmilla puolin rajaa, sillä suomalaiset vierastivat tullia ja rahanvaihtoa. Paikka löytyi ja menimme sisälle.

– Päivää, huutelin ovelta.

– Sitä samaa, vastasi harmaapäinen mies, joka tuli vastaan. – Sahayhtymän miehiä, vai?

– Niin ollaan, minä sanoin ja lähdimme Dunderin perään hallia peremmälle.

– Tässä on se klyyvi ja tuolla tännimmäinen se BM-Volvo, jota tarjosin. Siihen on kauha ja piikit.

– Hyvin olet putsannut ne. Onko klyyviin sivusiirto- ja palautuskuljetinta?

– Ei, mutta on tuolla kuljetinketjua, mistä voi rakentaa ne.

– Saanko ne kaupan päälle?

– Saat, mutta minulla ei ole kanttisahaa, totesi Dunder.

– Mistä sellaisen saan?

– Luulisin, että Enbusken sahalla on.

Klyyvi sidottiin Volvon piikkeihin ja ajettiin ajosillalta lavalle. Kuljetinketjut pantiin kauhaan ja Dunder nosti toisella Volvolla kauhan lavalle. Sidottuamme kuorman kiinni menimme tekemään paperit. Vekseleitä oli iso nippu, ja jokaiseen piti panna nimi. Olin laskenut kokonaissumman ja se vastasi sovittua. Sain vielä neuvon kysyä Enbusken sahalta Hannesta, joka oli vanha isäntä ja puhui suomea. Teimme vielä sinunkaupat, ja Ville Dunder lupasi maksuun joustoa, jos en saisi rahaa eräpäivälleen.

– Hyvä tietää, joskus voi olla tilanne, ettei ole rahaa.

– Minäkin olen ollut joskus nuori yrittäjä. Meillä lienee puoli vuosisataa ikäeroa?

– Minulla on varttisata ikää.

– Arvasin oikein ja tiedän ne alkuvaikeudet, Ville sanoi.

Hyvästelimme ja olimme jo ovella, kun Ville käski viemään Hannekselle terveiset. Lupasin viedä ja kiitin vielä kerran.

Kotimatkalla sahauslinjan rakentaminen sai vauhtia. Suunniteltiin kuljettimet ja ketjuille akselit, taittopyörät, laakeri ja rungot. Kun saavuimme sahalle, puimme kuorman. Traktoritrukilla nostettiin kauha ketjuineen pois kyydistä. Sitten ajettiin auto Pirttisen montulle reunaa vasten niin, että Volvon saattoi ajaa pois lavalta. Ajoin Volvon sahalle ja hallin päässä olevasta pariovesta sisälle. Katseltiin vielä piikkien päällä olevaa klyyviä ja todettiin, että kuljettimet oli mahdollista rakentaa niin kuin olimme matkalla suunnitelleet. Silloin oli kerran pitänyt pysähtyä ja käydä lavalla suunnittelemassa, mutta muutamia kohtia piti nyt vielä tarkentaa.

Sahauslinjalla asennettiin klyyvisaha sirkkelin perään ja välikuljettimet rakennettiin niistä osista, jotka oli Dunderilta tuotu. Kanttisaha puuttui, mutta rahatkin olivat menneet niin vähiin, että rakennustyö sahalla keskeytettiin toistaiseksi. Oiva lähti talvilomalle. Rahan hankinnassa auttoi se, että auto oli ajossa osittain kahdessa vuorossa, ja kävin itse ajamassa toista vuoroa.

6

Kuusamossa pidettävä, KTM:n järjestämä laskentatoimen kaksipäiväinen kurssi alkoi aamulla. Ajoin Hotelli Kuusamoon hyvissä ajoin ja kirjauduin sisään. Tultuani kiertelin hotellirakennusta ympäri ja muistelin, miten olin kolme talvea aiemmin ollut ajossa hotellin työmaalla. Talvi oli ollut kylmä, eikä perustusmonttujen savisia maita tahtonut saada lavalta kipatessa irti. Oli pitänyt suolata lavanpohja joka toisella kuormalla. Kierrettyäni hotellin tunsin hieman tyytyväisyyttä työnjälkeen, vaikka silloin työmaa ei sitä iloa antanutkaan.

Kurssin vetäjät Frit Peronius ja Ville Hintsanen avasivat tilaisuuden, toivottivat kaikki tervetulleiksi ja pyysivät meitä esittelemään itsemme vuorotellen vasemmalta alkaen. Laskin onnekseni, että siinä oli viisi ennen minua. En tiedä, miten esittely tehdään, mutta katson mitä muut sanovat, ajattelin jännittyneenä.

– Kiitos, Peronius sanoi vieressäni olevalle ja totesi, että kaikilla näyttää olevan kokemusta laskenta-asioista. Sitten hän antoi vuoron minulle.

– Timo Tiirola Pudasjärveltä, kansa- ja maamieskoulu, niin ja kenttäsahaajan kisällitutkinto, aloitteleva sahayrittäjä, saha- ja höylätavaraa valmistetaan, toinen vuosi meneillään.

– Onko henkiökuntaa? Peronius kysyi.

– Kesällä kolme, mutta talvella vain tilapäisesti.

– Miten laskentatoimi ja kirjanpito on järjestetty?

– Minulla on rahat toisessa taskussa ja laskut toisessa, perjantaina olen laskenut aina molemmat taskut ja tyhjentänyt ne vaimolle.

– Entä tilinpäätös, oliko voitollinen?

– Ensimmäinen tilinpäätös oli voitollinen, kun enimmäkseen sahattiin ilmaisia tukkeja.

– Miten niin ilmaisia?

– Oli talonrakennuspuiksi kotimetsästä kaadettu.

– Miten kirjanpito, kuka hoitaa? Peronius kysyi jo huvittuneen näköisenä.

– Vaimo iltatöinä tekee, on kunnan kirjanpitäjänä päivällä.

– Sitten kirjanpito on asiantuntevissa käsissä. Mitä odotat tältä kurssilta?

– Pitäisi oppia hakemaan laajennusta varten rahoitusta ja muutenkin saada ymmärrystä näihin laskentahommiin.

Esittelyt oli käyty läpi. Meitä oli moneksi, sikataloudesta ja uistimenteosta vaate- ja sahateollisuuteen. Kouluttajat kävivät läpi T-lomakkeiden avulla asioita: tuloslaskelmien tekeminen, taseiden rakenteet, pääomien kiertonopeuksien vaikutus rahan sitoutumiseen, investointien tuottojen arviointi, vieraan pääoman suhde omaan pääomaan, tilinpäätöksen laatiminen eri tulos- ja rahoitusrakenteilla jne.

Toisena päivänä oli lomakkeiden täyttöä rahoittajille ja oman yrityksen tarkastelua eri muuttujilla. Minulla ei ollut Sahayhtymän tietoja mukana. Ensimmäisen tilinpäätöksen tarkastelu todettiin keskustelussa hieman harhaanjohtavaksi, koska osa raaka-ainekuluista tulee nousemaan toiminnan vakiinnuttua. Niinpä minä enemmän seurasin sivusta muiden laatimia laskelmia. Ennen päivän päättymistä esitin kysymyksen.

– Mihin lokeroon tässä lomakkeessa panen ne Dunderin Villeltä ostetut koneet? Niistä tehtiin vekselit, joita maksetaan aina kun on rahaa. Onko se velka pitkäaikainen vai lyhytaikainen? Näissä lomakkeissa ei ole kohtaa ”siirrettävä tai maksetaan voinnin mukaan”.

– Onko ne yli kahden vuoden ajalle sovittu? Hintsanen kysyi.

– Niitä oli kahdelle vuodelle, mutta Ville sanoi, että soita, jos ei ole millä maksaa, hän siirtää hännille. Minä kyllä joudun soittamaan ennen kesää monta kertaa, että ei ole millä maksaa.

– Yleensä vekselit menevät lyhytaikaisiin velkoihin taseessa.

– Entä jos minä kuutena kuukautena joudun siirtämään, niin eikö ne ole sitten pitkäaikaisia?

– Ei ne muuten ole, koska ne on uusittava aina siirrettäessä.

– Entä ne koneet, onko ne Villen vai minun taseessa?

– Sinun omaisuutena, koska ne vekselit on sinulla vastaavasti vierasta pääomaa.

Tyydyin vastaukseen. Totesin toisten kurssilaisten jo hiukan hymyillen kuunnelleen kysymyksiäni. Kurssin loputtua tiesin, kuinka vähän tiesin, vaikka sinne mennessäni olin luullut tietäväni kaiken yrittämisestä.

Kotona annoin Seijalle kurssiterveisinä pinkan T-lomakkeita. Kerroin kaksi päivää seuranneeni niiden täyttämistä ja kuunnelleeni, kuinka hyviä apuvälineitä ne ovat yrityksen talousasioita hoidettaessa.

– Minun pitäisi hankkia vielä kanttisaha halliin. Onko ne rahat jo missä mallissa?

– Tyhjä se alkaa olla.

– Niitä Villen vekseleitä ei kannata maksaa, jos rahat on vähissä.

– Ei ne vähissä ole, vaan ne on kaikki kun maksan tämän kuun laskut.

– Katsele niitä lomakkeita. Niillä voi hakea Kehitysaluerahastosta ja KTM:stä lisärahoitusta. Lisää 10 000 sen kanttisahan ostoon.

– Minä katson läpi nämä paperit. Millä sinä meinaat tukkeja ostaa alkavalle kaudelle?

– En ole niin pitkälle ajatellut, mutta ne puhui käyttöpääomasta. Siihenkin voisi hakea rahoitusta. Ostopuihin sitä pitää varautua jatkossa.

– Oliko muita rahantarpeita?

– Niin, onhan se messuamismatka sinne Trondheimiin, varaa pari tonnia siihen.

– Miten sinä puhuit kerran kuivaamosta ja höyläämöstä, onko ne tulevan vuoden ohjelmassa?

– Mielessä ne kyllä on, mutta en tohdi niistä vielä mitään sanoa. Pää on täynnä niitä T-lomakkeita. Siellä Peronius puhui ylivelkaantumisesta. Pitää miettiä.

Nostin luurin ja keskuksesta tuttu ääni vastasi ja kysyi, mihin saisi olla. Sanoin, että pitäisi löytää Ylitorniosta sellainen kuin Enbusken saha ja sieltä Hannes Enbuske. Minulla ei ollut numeroa, mutta keskus lupasi etsiä. Kiitin, laskin luurin alas ja jäin odottelemaan. Tovin kuluttua puhelin soi.

– Sahayhtymä, Tiirola puhelimessa.

– Täällä vastaa, ole hyvä, keskus sanoi.

– Haloo! huusin. – Oliko Hannes Enbuske?

– Olen koko ajan.

– Täällä puhuu Sahayhtymästä Timo Tiirola, päivää.

– Päivää, päivää!

– Soittelen kyselläkseni kanttisahaa, onko sellaista myytävänä? Dunderin Ville arvioi sinulla olevan ja kertoi terveisiä.

– Onhan minulla sellainen Ari-merkkinen joka on rokulissa. Miten sinä Villen olet tavannut?

– Ostin häneltä klyyvin ja Volvon, vastasin. – Onko saha toimiva saha ja mitä maksaa markoissa.

– Kruunoissa mie oon pyytänyt viittätoistatuhatta sillä.

– Missä se kanttisaha on nähtävänä?

– Täällä tämä Övertorniolla on.

– Miten se on maksettava? Markoilla vai kruunuilla?

– Kruunu se on meidän valuutta, vaihdat tullessa, kun tulet hakemaan.

– Minä en heti tarvis, mutta toukokuun alussa. Voisitko varata sen meille?

– Voin jos totta haastat.

– Sitten voisin tulla hakemaan, ennen en ehdi, minulla on auto kiinni tuolla puiden ajossa.

– Mie piän sinulle sen sahan jos lupaat tulla hakemaan sitten, ja rahat on mukana.

Talvi eteni ja vuosi vaihtui. Kolmas lapsi syntyi ja ristiäiset pidettiin uudessa kodissamme. Siellä oli useita seiniä verhoiltu A-paneelilla. Olohuoneen laipioon oli pantu kuuden tuuman ympärihöylättyä lautaa. Näistä pinnoista otin kuvia useista kuvakulmista. Lisäksi olin valmistanut mallikappaleet kaikista höylätyistä ja sahatuista tavaroista, mitä oli tehty tähän asti. Listoja ei ollut vielä höylätty, mutta ostin katto- ja lattialistat kaupasta. Niistäkin otin mallikappaleet tauluun. Ajattelin, että tehdään terät niille seuraavana kesänä. Tein metrin leveän ja puolitoista metriä korkean levyn, jonka päällystin kamarin seinätapetista jääneellä juuttikankaalla. Tälle taululle asettelin kappaleet ja kaksi ottamaani valokuvaa. Trondheimin messutaulu oli valmis. Katselin sitä hieman kauempaa, tein muutamia korjauksia asetelmaan ja tarkastelin jälleen. Se oli hyvä ja olin valmis messuamaan niiden tuotteiden puolesta.

Huhtikuussa lähdin Trondheimiin. Ajoin Kokkolaan, menin siitä lautalla Uumajaan ja lähdin ajamaan Ruotsin poikki. Tiet olivat leveitä ja liikenne kohteliasta. Heti kun lähestyi edellä ajavaa autoa, se väisti reunemmas ja se oli melkein pakko ohittaa. Tuntui oudolle, koska Suomessa samanlaisessa tilanteessa edellä ajava siirtyi mieluummin keskemmäs tietä ja lisäsi nopeutta. Oli nautinto ajaa. Katselin siistejä pihapiirejä, joissa ei ollut rän- sistyneitä taloja, vaan ryhdikkäitä, usein punaisia rakennuksia valkoisin räystäs- ja ikkunanvuorilaudoin. Olen kehittyneemmässä maassa, ajattelin ajaessani.

Saavuin Norjan rajalle. Katselin tullirakennusta, en erottanut rajaa ja jatkoin matkaa. Tämä on ystävällisten maiden raja, ei tarvitse tarkastaa kulkijoita. Ajoin puoli tuntia ja pysähdyin syömään reppueväitä. Termospullossa oli kahvia. Pullo oli jo kerran avattu, mutta kahvi oli vielä lämmintä, vaan ei kovin hyvää. Istuskelin tovin aikaa ja ihailin komeita vuoria, maisema oli jylhä. Keräilin eväät ja olin juuri panemassa laukkua peräkonttiin, kun pamahti niin kovasti, että korvat menivät lukkoon. Vaistomaisesti pudottauduin auton suojaan ja katsoin suuntaan, johon ääni kaikkosi. Näin etäämmällä vuoren ja sen yläpuolella hävittäjälentokoneen, joka nousi pystysuorassa ylöspäin. Äänivalli oli rikkoontunut ja se oli aiheuttanut räjähtävän äänen. Naton lentoharjoitus menossa, ajattelin ja kiiruhdin autoon. Täältä pitää kiireesti joutua etemmäs.

Saavuin Trondheimiin. Päivä oli painunut iltaa. Jonkin aikaa kierreltyäni löysin Thon Hotel Trondheimin. Kirjauduin sisään ja sain huoneen. Pitkän ajon jälkeen lähdin oikomaan jalkojani kävelylenkille. Vuono tuli vastaan, ja palasin samaa reittiä takaisin hotellille. Ravintolasta sain ruokaa, maittavaa kalaa, ja arvelin sen olevan seitiä. Olin varannut Norjan kruunuja mukaan ja nyt ne olivat tarpeen, jotta sain maksettua ruokani. Käsimerkkikieli riitti kommunikointiin. Olin niin väsynyt, että menin suoraan nukkumaan mahtavan untuvapeiton alle.

Aamulla menin katsomaan messupaikkaa. Sinne olivat monet tuoneet tuotteensa ja rekvisiittansa jo illalla. Sahayhtymän nimen löysin loosista ja kävin noutamassa messutauluni autosta. Asettelin taulun paikoilleen. Tarkastelin käytävältä, että ensimmäisessä loosissa esiteltiin Eero Mäntyrannan pihakalusteita. Minun saha- ja höylätavaraa esittelevä loosini oli toisena käytävällä ja kolmas loosi oli annettu matkamuistoja napapiirillä valmistavalle yritykselle. Väkeä pyöri käytävällä, mutta en ollut vielä ollut puhunut kenenkään kanssa. Kohta tuli suomea puhuva, napapiirin osastolla näkynyt henkilö puheilleni. Hänkin oli laittanut tuotteet jo illalla esille. Kohta kuului kovaäänisestä messujen järjestäjän ilmoitus avajaistilaisuudesta hotellin aulassa. Menimme sinne.

Tilaisuus alkoi suomenkielisellä tervetulotoivotuksella, sillä suomalaiset pk-yritykset olivat näillä kolmipäiväisillä messuilla ensimmäistä kertaa esittelemässä tuotteitaan Trondheimin ja Oslon alueen ostajille. Sitten Trondheimin alueen kehityksestä vastaava henkilö toivotti tervetulleiksi suomalaiset yrittäjät ja toivotti hyviä messupäiviä. Lyhyiden alkuseremonioiden jälkeen oli kahvi ja suolapalatarjoilu. Näytteilleasettajia arvioin olevan viitisenkymmentä.

Avajaisten jälkeen käytävillä käyskenteli ihmisiä harvakseltaan. Muuan suomea puhuva kävi minunkin loosissani, mutta tunnistin hänet näytteilleasettajaksi. Mäntyrannan osastolla pysähtyi moni kiinnostunut viikinki. Tosin kiinnostus näytti kohdistuvan enemmän hiihtäjään kuin hänen tuotteisiinsa. Iltapäivällä tuli luokseni vanhempi, murteellista suomea puhuva mieshenkilö.

– Ymmärränkö oikein, että tämä Sahayhtymä valmistaa ja myy sahatavaraa?

– Kyllä, molempia valmistaa ja myy, sanoin ensimmäiselle ilmeiselle asiakkaalle.

– Minä olen Trygve Nilima Altasta, hän esittäytyi ja ojensi kätensä.

Tervehdittyämme hän tarkasteli taululla olevia lankun ja laudan kappaleita ja kysyi, sahaammeko myös kuusitavaraa.

– Kyllä, pääasiassa mäntyä, mutta myös kuusta.

– Me käytämme pääasiassa mitallistettua kuusta rakentamiseen, jonkin verran mäntyä.

– Kyllä voimme toimittaa kumpaakin.

– Missä päin Suomea yhtymänne toimii? Nilima kysyi.

– Pohjois-Suomessa, Pudasjärvellä.

– Me käytämme noin rekkakuorman viikossa lähinnä lankkuja, mutta myös lautaa osan. Mitä maksaa kuusi kakkosnelonen metri täysinä kuormina Altaan tuotuna?

– Saako olla tuoreena, heti sahauksessa pinkattua?

– Saa, mutta vähemmän tuoreena mitallistettu tulee olla kuivaa. Muutama kuorma menee tuoreenakin.

– Tuoreena ilman mitallistamista kuusi kakkosnelonen kaksi ja puoli markkaa metri ja rekkaan sitä menee noin kahdeksan tuhatta metriä, minä sanoin ja näin hymyn pilkistyksen Niliman suupielessä. Hän vetäytyi hiukan kauemmaksi ja otti salkusta paperin ja kynän. Aikansa laskettuaan hän kysyi, milloin saa ensimmäisen koekuorman.

– Nyt ollaan huhtikuussa, minä mietin ääneen. – Meillä kuusen sahaus alkaa puolivälissä toukokuuta, joten toukokuun lopussa saamme ensimmäisen kuorman.

– Voidaanko sopia yhdestä kuormasta toukokuun lopussa sillä hinnalla, jonka annoit? Maksamme pankin shekillä kuljettajalle.

– Sovitaan niin. Onko teillä teleksiä, jotta voimme auton lähdettyä lähettää teille laskun?

Vaihdoimme toistemme tiedot ja hyvästelimme. Muutama asiakas oli pysähtynyt loosiin keskustelumme aikana mutta jatkanut matkaa. Olin tyytyväinen, sillä tämä oli suurin kauppa, mitä Sahayhtymä oli tehnyt. Mäntyranta oli huomannut tapahtuneen ja tuli siitä juttelemaan. Hymyilin leveästi ja totesin tehneeni 20 000 markan kaupan. Hän kertoi luonaan käyneiden kysyneen mitalien määrää ja oliko hän voittanut kultaa siellä ja siellä.

– Vetkaletta! Tekis mieli saada joku kauppakin, hän tuumi.

– Tuo se maine ja kunnia mielihyvää, minä kommentoin ja samassa huomasin kamerakaulaisia henkilöitä lähestymässä Mäntyrantaa. Heidän perässään tuli mies, jota en tunnistanut, ennen kuin kuulin nimen Harald Grönningen. Hiihtäjämestarit tervehtivät toisiaan sydämellisesti halaten. Muutaman minuutin kuluttua Mäntyrannan osasto oli täynnä lehtimiehiä, ja salamavalot välkkyivät. Kuulin toimittajien kysyvän Innsbruckin olympialaisista ja Zakopanen MM 1966 -kilpailuista. Nyt näin leveän hymyn Mäntyrannankin kasvoilla. Tulkin välityksellä hän vastaili kysymyksiin. Tungosta riitti puoli tuntia, kunnes väki alkoi vähentyä. Osaston tyhjentyessä menin Mäntyrantaa onnittelemaan.

– Kyllä varmaan nuo kilpailumenestykset korvaa montakin kauppaa.

– No, kyllä ne mieltä nostaa, kun muistetaan, mutta rahaakin tarvitaan.

– Niin vain oli mukava seurata sitä hyörinää ympärilläsi.

– Monet kisat on Haraldin kanssa käyty, mukava kun hän kävi tervehtimässä.

Vierelleni oli tullut mies, joka totesi minun olevan naapuripitäjästä. Hän oli Ranualta lähtenyt Hiltulan Osmo. Siirryttiin oman loosini kohdalle, ja Osmo kertoi tulleensa Norjaan työ perässä ja olleensa jo viisi vuotta sekatyömiehenä viikinkien joukossa.

– Paljon sieltä lähti meidänkin kylästä, Ruotsiin enimmäkseen.

– Onko tullut kauppoja? Osmo kysyi.

– Kyllä yksi kättä päälle -kauppa tehtiin, ja panen lankkukuorman toukokuun lopussa Altaan tulemaan, kehuskelin tyytyväisenä.

– Täällä on paremmat hinnat kuin Suomessa, osasitko panna hintaa?

– Mielestäni kyllä rapinkia panin Suomen hintoihin ja laskin, että kun liikevaihtoveroa ei tarvitse maksaa, niin se riittää rahtiin.

– Aika hyvin olet hinnoitellut. Tässäkö tuotteet mitä valmistat? Osmo kysyi katsoen mallivalikoimaa.

– Siinä mitä viime kesänä tehtiin ja ainakin näitä tehdään tulevana kesänä.

– Täällä on kuusi suositumpaa runko- ja verhoiluvärkkinä rakennuksissa.

– Niin vähän kuulin äskeiseltä Nilimalta.

Keskustelumme päätteeksi vaihdoimme yhteystiedot. Osmo asui Trondheimissa ja oli halukas viemään sanaa paikallisille rakentajille.

Messujen muut päivät olivat hiljaisempia ja kävijöitä oli vähemmän kuin avajaispäivänä. Kiinnostuneet vieraat ottivat valikoimaluettelon, ja muutamat pyysivät hintatietoja. Merkkasin kynällä metrihinnan Suomen markoissa. Viimeisen päivän iltapäivällä tuli Tromsbygg-yrityksestä henkilö hypistelemään taulua, näytti heidän käyttävän viittä tuotetta ja pyysi hintatietoa. Merkkasin paperille hinnat ja annoin sen hänelle. Käsimerkein hän näytti, saisiko taulun mukaan. Irrotin taulun seinältä ja lähdin kantamaan sitä ulos. Kättelimme autolla. Tästä tulee toinen asiakas, ajattelin ja aloin kerätä tavaroitani ja vaatteitani. Kiittelin ja hyvästelin yhteyshenkilön ja lähdin kotimatkalle.

7

Sahayhtymän tulevaisuus näytti lupaavalta. Kysyntää oli kesän toimituksiin kotimaassa ja ulkomailla. Tukkien saannin olin varmistanut muutamalla hankintakaupalla tienvarteen. Kuusierä tuli ensimmäisenä, joten saimme viennin käyntiin. Rahapuoli alkoi huolettaa. Nyt tulee paneutua vähän pitemmällä tähtäimellä näihin hankintoihin, kanttisaha ja koko sahalinja on saatava valmiiksi. Tulevalla kesällä tulisi rakentaa kuivaamo, joka varmistaa jatkuvan höyläämisen. Nykyistä lattaremmivetoista höyläkonetta ja Majuria ajatellessani tiesin, että niillä ei voi jatkaa. Höyläkone ja höyläämörakennus ovat välttämättömiä, mikäli halutaan jatkuva höyläys käyntiin.

Mietin Kuusamon kurssia. Siellä puhuttiin käynnistysavustuksesta. Oliko se koneiden vai työntekijöiden käynnistämiseen? Pitää Seijan kanssa illalla katsoa niitä T-lomakkeita. Niin ja ne tukitkin tulevat maksuun, kun haetaan ne tienvarresta. Luova ajatteluni sai rajoitteet. Rahaa tähän tarvitaan, ja jos kaikki hankinnat meinaan toteuttaa, niin rahan hankintaan on paneuduttava.

Illalla otin Seijan kanssa puheiksi T-lomakkeet ja kysyi, ovatko ne hänellä vielä tallessa. Seija ihmetteli, mitä minä niistä halusin.

– Niiden avulla on kuulemma helppo suunnitella investointeja, ja si... sim... simuloida eri vaihtoehtoja. Se oli hieno sana jos muistan oikein.

– Mitä vaihtoehtoja?

– Eri hintojen vaikutusta tulokseen ja investointien kestokykyä ja se käynnistysavustus työntekijöille vai oliko se koneille? T-lomakkeista se selviää, hae, jos löydät.

Seija meni kaapille ja aikansa hämmennettyään näytti tutun näköistä pinkkaa. Sanoin, että niissä on kaikki viisaus, jos osaa täyttää oikein. Pyysin, että hän alkaisi nyt täyttää niitä luetteloni mukaisesti. Luettelo oli päässäni.

– Kanttisaha, viisitoistatuhatta kruunua, haetaan ensi viikolla. Höyläämö 150 neliömetriä, puurakenteinen. Neuvostovalmisteinen höyläkone, viisikutterinen, 40 000 markkaa yhteensä. Pysytkö matkassa?

– Mitä nämä on? Sahayhtymän investointejako?

– Niitä, eikä ne siihen loppuneet. Kuivaamo koneistoineen Koivuselta, 50 000, sosiaali- ja toimistorakennus 70 neliötä, 30 000 markkaa.

– Lopeta jo! Onko nämä kaikki hankittava kerralla?

– Ei tietenkään. Kanttisaha ensi viikolla, höyläämö heinäkuussa, kuivaamo syyskuussa ja sosiaali- ja toimistorakennus ennen talvea.

– Millä sinä ostat? Rahatilanteen muistat varmaan.

– Muistan, muistan, mutta lomakkeissa pitäisi olla kohta ”investoinnit”.

– On täällä sellainen kohta, mutta mistä rahat?

– Elähän hätäile, siellä on sellainen kohta kun käynnistysavustus. Pane siihen kohtaan se summa.

– Ei se sitä tarkoita, vaan jos palkkaa työvoimaa, niin niiden palkkauskuluihin saa osan hakea käynnistysavustusta.

– Eli se kohta oli työvoiman käynnistämiseen.

– Ei, kun osan uusien henkilöiden työvoimakuluista ensimmäisinä vuosina saa käynnistysavustuksena takaisin, kun hakee maksatuksen. Montako henkeä on uusia?

– Höylälle kaksi, sahalle kolme, kuivaamonhoitaja ja trukkikuski viides. Toimistoon yksi. Kuusi uutta työntekijää yhteensä. Olipa monimutkainen homma ja taannehtivasti. Mitä siellä lomakkeissa on se investointiavustus?

– Investoinneista voi saada osan avustuksena takaisin, kun ne on tehty ja maksettu.

– Taas maksettu ensin ja sitten voi saada osan kustannuksista takaisin, niinkö? Mistä saa etukäteen, ei näitä muuten saa ostettua muilta kun Villeltä?

– Täällä lukee vielä, ettei investointeja saa aloittaa, ennen kuin hakemus on jätetty sisään.

– Paljonko ne investoinnit on yhteensä, ja millä ne tukit maksetaan?

– Investoinnit on 102 000. Sitten täällä on kohta ”käyttöpääoma”. Sen selityskohdassa puhutaan raaka-aineiden ja valmiiden tuotteiden kiertonopeudesta.

– Varmaan se kiertonopeus tarkoittaa, että tavaroita siirrellään paikasta toiseen eikä asiakkaille, ne pilaantuu siinä, jos kauan siirrellään.

– Niinkin voi sanoa, mutta tuo kiertonopeus tarkoittaa, montako kertaa tavara kiertää vuodessa.

– Mitä ne ostovelkojen ja myyntisaatavien kiertonopeudet on?

– Jos ostovelat maksat kuukaudessa ja myyntisaatavat ovat ulkona kuukauden, molempien kiertonopeus on kaksitoista.

– Nyt sinä pystyt täyttämään ne lomakkeet, ja sitten nähdään, paljonko pitää olla rahaa, että saadaan Sahayhtymä käyntiin.

Seija täytti lomakkeita tarkistaen aina vähän väliä jotain asiaa. Edellisen vuoden tulos ja tase oli ensin pantava lähtötietoihin. Sitten piti arvioida kuluvan kauden myynti ja jo tehdyt investoinnit. Sitten piti ennakoida viiden seuraavan vuoden myynnin kehitys. Näiden pohjalta pääsi vasta rahan tarpeet ja velkaantumisen näkemään. Kysymyksissä toistui, että entä seuraavana vuonna ja sitten seuraavana vuonna. Sinun pitäisi tietää, Seija totesi. Olin jo vähän tuskastunut.

– En minä mikään Bresnevi ole, ensimmäistä viisivuotisjaksoa vasta suunnittelemassa.

– Mutta ennustaa ainakin voit. Minä kirjaan kun annat lukemia, kyllä ne lopussa selviää.

– Pane kasvua ainakin kolmannesta vuodesta eteenpäin kaksikymmentä prosenttia vuosi. Meni taasen tovi, ja liikevaihtoennusteet olivat T-lomakkeilla. Kustannusrakenne ensimmäisen vuoden pohjalta. Tämä on ameriikan hommaa, kuulin Seijan mumisevan. Menin katsomaan. Käyttökate oli yli viisikymmentä prosenttia. Se ei voinut olla oikein.

– Tämä katerakenne on ensimmäisen vuoden pohjalta ja liikevaihtoa on niin kuin sanoit.

– Tietenkin, mutta puolet tukeista oli ilmaisia. Laske se ennuste ostopuilla.

– Nyt nämä katteet muuttuu, Seija sanoi jonkin ajan kuluttua.

– Oletko huomioinut ne työmiesten starttirahat?

– En tiedä niitä prosentteja.

– Oli ne jossain. Minä panin talteen sen paperin, kun ajattelin rahanarvoiseksi, minä sanoin ja aloin etsiä. – Täällä lompsassa se on ja tässä on ne investointiavustusprosentit.

– Annahan tänne. Jo minä ajattelin, kun olen minäkin kuullut niistä avustuksista.

Ilta oli jo pitkällä kun seuraava T-lomaketarkastelu oli valmis. Nyt näytti siltä, että rahaa pitäisi löytyä vielä omasta takaa seuraavanakin vuonna. Viidentenä vuonna rahaa näyttäisi olevan jo röpölti.

– Siellä Kuusamossa Hintsanen puhui, että simuloinnilla voi muuttaa ja tarkastella eri kuvakulmista tulosta ja tasetta. Kokeile, saisitko tuota rahantarvetta alussa pienemmäksi.

– Ei se siitä kummene, Seija sanoi. – Paloniemen luo sinun on mentävä.

– Paljonko se summa on laihialaisittain?

– Mikä se semmoinen summa on?

– Justiisa piisais, kun vähän kesken loppuu.

– Ainakin 80 000 markkaa, vaikka kuin olisin simuloinut. Sinä sanoit sen Niliman maksavan kuljettajalle. Kaikkien muidenkin ostajien pitäisi maksaa melkein heti. Tukeille panin kolmen kuukauden maksuajan.

– Hyvin sinä simuloitkin, kiittelin Seijaa. – Täytä ne paperit ja ota kopiot, niin käyn sitten Paloniemen luona.

Seuraavana päivänä menin pankkiin. Pankinjohtaja oli varattuna, joten jäin odottamaan ja huomasin koko ajan pyörittäväni lakkiani. Vieläköhän joudun selittämään sen vanhan tratan kohtaloa? Keskityin illallisten laskelmien muistelemiseen. Vanha velka sahavehkeiden ostoon on 20 000 ja talontekoon samoin 20 000. Aravalaina oli 36 000, ja siinäkin on pankin takaus. Vastuuni on jo melkein 100 000. Levottomuuteni lisääntyi ja harkitsin jo pois lähtöä, kun ovi avautui. Edellinen asiakas tuli ulos, ja vihreä valo syttyi. Keskityin, nousin ja menin sisälle. Paloniemi järjesteli papereitaan ja katsoi viimein minua. Tervehdin, istuuduin ja kerroin, että Sahayhtymä on laajentamassa toimintaansa, mutta tarvitsee lisää lainaa.

– Minkälainen suunnitelma siellä on siihen laajennukseen?

Panin T-lomakkeet pöydälle ja esittelin viiden vuoden tulosennusteen sekä tase- ja rahoitusennusteet. Kerroin, että ensimmäinen kanttisaha hankintaan seuraavalla viikolla, heinäkuussa rakennetaan höyläämö, syyskuussa kuivaamo ja ennen talvea sosiaali-toimistorakennus. Näiden investointien jälkeen tulee kuusi työpaikkaa lisää.

– Paljonko henkilökuntaa nyt on?

– Vaihtelevasti 2–3 henkeä, vähän vuodenajasta riippuen, niin ja minut se on työllistänyt myös.

– Viime vuosi näyttää tuottaneen hyvin, vaikka liikevaihto on ollut aika vaatimaton.

– Joo, hyvin se on alkanut, vaikka oli se talon tekokin.

– Velkaa on jonkin verran kertynyt, ja nyt tulisi meiltä saada 80 000.

– Sellainen on tarkoitus ja Kerasta ja KTM:stä loput. Sahayhtymästä on tuolla investoinnilla tulossa saha- ja höylätavaraa tuottava vientiyritys.

Hymynkare kävi Paloniemen suupielessä. Ymmärsin sanoneeni hiukan kuvitteellisesti. Kiiruhdin lisäämään, että messuilla Trondheimissa olin tehnyt ensimmäisen vientikaupan, jonka toimitus on jo toukokuussa, ja sinne voi toimittaa jatkuvasti mitallistettua kakkosnelosta.

– Vai niin, sehän kuulostaa lähteneen hyvin käyntiin.

– Kyllä ja hinta on parempi kuin kotimaassa.

– Ajoin siitä ohi ja näytte rakentaneen saharakennuksen. Onko siellä jo koneita minkä verran?

– Pelkkaussirkkeli ajolattialla ja klyyvi eli halkaisusaha on paikoillaan. Ensi viikolla haen kanttisahan, sitten koneistus on valmis. Niin sanottu Ari-sahalinja on valmis, sanoin ja tunsin, että ryhtini parantui.

– Tulorahallako tähänastiset hankinnat olet tehnyt?

– Olihan se 20 000 markkaa siinä alussa.

– Minä vien tämän hallituksen kokoukseen. Voiko siihen taloon ja saharakennukseen ottaa sadantuhannen markan kiinnitykset?

– Voi ottaa molemmat, on tehty osin talkoilla, että pitäisi riittää arvojen puolesta.

Loppuviikosta sain myönteisen lainapäätöksen, joten menin Sahayhtymän ja talon papereiden ja Seijan kanssa nostamaan lainan tilille. Sitten nostin 15 000 Ruotsin kruunua käteistä. Perjantaina soitin Enbusken sahalle ja sovin, että haen kanttisahan seuraavana päivänä. Illalla hain kuorma-auton kotiin, että voin aamulla aikaisin lähteä Ylitornioon. Oivan olin kysynyt kaveriksi matkalle.

Viideltä lähdettiin ajamaan. Matkalla kävimme läpi valmiutta aloittaa sahaus, kun saadaan kantti paikoilleen. Kuusitukkeja oli ajettu kahden viikon sahausta varten. Mäntyjä oli myös tienvarressa mittausta vailla. Myyjä oli kiirehtinyt mittausta, mutta olin kiireisiin vedoten siirtänyt sitä tuonnemmaksi, kun rahasta ei ollut tietoa. Nyt voisin käydä ne mittamassa. Matka meni rupatellessa ja olimme jo Ruotsin puolella menossa. Lähestyessämme Ylitorniota alkoi näkyä ison sahan varastoja. Suunnistimme portista sisälle ja pysäytimme toimistorakennuksen eteen, niin kuin oli sovittu. Olimme etuajassa, nyt oli aamukahvin aika. Otin laukusta termospullon ja voileivät, jotka olin matkalle tehnyt. Odottelimme kahvin jälkeen kohta tunnin, eikä ketään näkynyt. Aloin jo katsella puhelinkoppia, jotta voisin soittaa ja kysyä, oliko tullut esteitä. Kävelin saha-alueella toimiston luokse. Ei näkynyt ketään, koettelin ovenkahvaa, mutta kiinni oli. Sitten näin Volvo Amazonin lähestyvän. Kohta se pysähtyi, ja ikkuna avautui.

– Ollaanko sahamiehiä?

– Ollaan, Suomesta.

– Ajakaa perässä, vanha mies sanoi.

Menin autoon. Sanoin Oivalle, että olin jo ehtinyt luulla, ettei kukaan tule. Oiva muistutti, että Ruotsissa oli aika tunnin jäljessä. Tuota en ollut muistanut, ja nyt vähän nolotti.

– Sattuu sitä tuommoista pienempää, Oiva lohdutti.

Vanha mies oli pysäyttänyt auton ison varastorakennuksen eteen ja aukaisi ovia, juuri kun tulimme hänen luokseen. Tervehdimme kädestä pitäen ja menimme halliin peremmälle. Siellä oli minulle varattu kanttisaha ja moottori.

– Ari-merkkinen näkyy olevan ja oikein puhdistettu, totesin.

– Niin on ja toimii niin kuin sanoin.

– Sitten minä lasken teille kruunuja, ja nostetaan saha kyytiin.

– Minä haen trukin ja nostan, mennään sitten toimistoon.

Saha nostettiin lavalle ja sidottiin kiinni. Sen jälkeen palattiin puoli kilometriä takaisin toimiston kohdalle ja mentiin sisälle. Enbuske laittoi kahvin tippumaan ja meni tekemään kuittia ostoksesta. Odottelimme rauhassa ja minä laskin kruunut tuhannen erissä pinkkoihin, jotta että ne oli helppo tarkistaa. Kuitin tehtyään Enbuske palasi. Hän antoi kuitin, ja minä työnsin rahaniput hänen eteensä. Enbuske pani rahat laskematta povitaskuun ja neuvoi vielä, miten kanttisaha käynnistetään niin, ettei se polta sulakkeita.

Juotiin kahvit ja jutusteltiin sahaamisesta jonkin aikaa. Tukin hinta oli Ruotsissa korkealla, mikä näkyi Enbusken mielestä kannattavuutta heikentävänä asiana. Linjaa pitää automatisoida, jos mieli pysyä kilpailussa mukana. Minä kerroin meillä halvemman työvoiman ja alhaisemman puun hinnan antavan hieman etua. Työvoiman kanssa Ruotsissa oli vaikeuksia. Kun ne käy illalla kapakassa, niin ne soittaa jo yöllä kotiin palattuaan, että pää on kipeä aamulla ja ei voi tulla töihin. Siinä ei ole mitä sanoa, Enbuske päivitteli. Hyvästeltiin lopuksi ja lähdettiin ajamaan kotiin.

Haaparannan tullissa menin sisälle ja ilmoitin, että meillä on kanttisaha lavalla. Tullimies tiedusteli, mistä se on ostettu. Annoin kuitin. Hän katseli sitä aikansa ja kysyi, missä minulla oli valuutanvientilupa.

– Ei missään, vein ne kruunut lompsassa ja niillä maksoin.

– Suomen pankin valuutanvientilupa, tullimies täsmensi.

– Mikä lupa siihen pitää olla?

– Virallinen Suomen pankin valuutanvientilupa, mitä ostetaan ja kuinka paljolla rahalla.

– En ole tiennytkään että sellainen pitää olla. Mistä sen saa?

– Teidän pankki saa sen Suomen pankista.

– No, sitten minä lähetän sen postissa kun olen saanut.

– Ei se käy, meidän pitää nostaa tuo saha tähän tulliin odottamaan, ja kun tuotte sen lupapaperin, niin saatte sitten viedä sen Suomeen.

Mentiin nostamaan kanttisaha tullin pihalle. Trukki oli tullin puolesta, ja he lupasivat nostaa sen kyytiin, kun tulemme lupapaperin kanssa hakemaan. Lähdimme allapäin ajamaan kotia kohti.

Viikko meni luvan saannissa, ja sitten kävin hakemassa kantin Sahayhtymälle. Sahaus aloitettiin, niin että miehet vaihtoivat paikkaa ja kanttia asennettiin iltaisin. Kiire painoi päälle. Oli luvattu Nilimalle kuorma mitallistettua ja lupauksia oli muitakin kevään toimituksiin. Sahausteho nousi viidestäkymmenestä tukista kolminkertaiseksi. Tukkien annostelukuljettimen ja vaihdemoottorin välinen ketju ei pitänyt, jos siihen lastattiin niin paljon tukkeja kuin sopi. Pelkkasahan miehet joutuivat pyörittämään puita kauempaa, ja se hidasti sahausta. Uusia miehiä otettiin halkaisusahalle ja kantille. Jongulaiset nuoret miehet olivat kysyneet edellisenä syksynä töitä, mutta silloin ei niitä ollut. Saatuamme kanttisahan toimimaan soitin saamaani numeroon ja ilmoitin Einolle, että nyt on kahdelle töitä. Eino ja Heikki tulivat seuraavana aamuna. Olin alussa ollut halkaisusahalla ja luovutin paikan Einolle. Heikki meni kantille ja muutaman päivän totuttelun jälkeen tavaraa alkoi tulla niin, että minun oli mentävä välillä sinne kaveriksi. Aikani hypättyäni trukin ja vastaanoton väliä totesin, että sinne oli otettava toinen mies. Selasin kahvikopissa lappuja, joihin olin merkannut töitä kysyneiden nimiä. Siellä tuli vastaan Hente. Soitin siinä olevaan numeroon ja tiedustelin, oliko vielä kiinnostunut töistä. Vastaus oli myönteinen ja Hente tuli seuraavana aamuna töihin. Miehitys sahalla oli nyt lisäkseni kuusi miestä.

Sahaus jatkui kuusisahauksella. Niliman tavaraa oli useita kuormia tarhalla. Oli jo sahattu mäntytukkeja ja niitä oli useita kuormia. Kylällä käydessäni tuttu maanviljelijä tuli vastaan. Kolmena syksynä olin aikoinani myllärinä kiertänyt pitäjää jauhamassa viljaa, ja tämän isännän viljamäärä oli suurimpia, mitä syksyn kierroksilla oli ollut. Hän kysyi, mitä entiselle myllärille kuuluu.

– Hyvää, vastasin. – Mitä itselle?

– Sitä samaa. Olet vaihtanut alaa?

– Kolmannen kerran siitä kun on tavattu.

– Sinulle on tulossa kilpailija, isäntä sanoi. – Meijeri rakentaa ison sahan siihen mäen päälle.

– En ole kuullutkaan. Mistä sellaisen tiedon olet saanut?

– Minä olen niitä meijerin hallinnon miehiä. En olisi saanut puhua, mutta kun alkaa kohta näkyä sen rakentaminen ja kun tulit vastaan, niin ajattelin sanoa.

– Sitäkö ne kunnassa siis vihjaili, mutta ei sanoneet mitään tarkempaa?

– Varmaan, mutta se on ollut niilläkin tiedossa jo pitemmän aikaa, isäntä totesi.

– Ei siinä mitään, kilpailu vain piristää. Miten se sopii meijerin toimintaan?

– Kun viedään sahatavaraa mennessä ja tuodaan rehukuorma tullessa, niin voidaan rahtivapaasti toimittaa sahatavaraa.

– Sellaisen kilpailukyvyn varaanko se rakentuu?

– Oli siellä muutakin, kun olit siirtänyt sahasi siihen viereiselle tontille mäen alle, niin varoitin kilpailusta.

– Minun hommat on pieniä ja kilpailu vain terävöittää, sanoin. – Enemmän minä tiedän sahauksesta kuin siellä meijerillä muut yhteensä, olenhan sahaajakisälli.

– Varoitukselleni hymähdettiin. Sinun toiminta peittyy kuulemma sahapuruihin, kun meijeri aloittaa.

– Kiitos varoituksesta, kyllä jatkan, vaikka puruvuori alkaa lähestyä.

– Pidä asia omana tietona, äläkä kerro kenellekään, että minä olen sanonut.

– En kerro, hyvää jatkoa sinulle, ne mylläriajat oli mukavia aikoja.

Kävelin autolle, ja mieleen palasivat ne ajat, kun nostelin jyväsäkkejä korkealla olevalle lavalle, ja tekniikka ja voimat kehittyivät niin, että toista hehtolitraa oleva ohrasäkki nousi vaivatta. Juuri tämä isäntä sanoi kerran, että anna minä nostan ne isot ohrasäkit, ne painavat niin paljon. Siirryin sivuun ja katsoin, kun hän nosti säkin syliin, siirtyi lavan viereen ja punnersi. Mutta säkki noussutkaan lavalle asti ja hän joutui laskemaan sen alas. Silloin varovasti sanoin, että minä kokeilen, siinä on oma tekniikka. Nostin säkin syliin, astuin lavan lähelle ja oppimallani tekniikalla heitin säkin lavalle. Isäntä kysyi ikääni. Kerroin, että juuri heinäkuussa sain traktorikortin omalla pitäjällä ajamiseen. Hän ihmetteli, että viisitoista vuotta vain. Niitä tilanteita tuli useasti, ja aina tunsin olevani ikääni isommissa hommissa.

Olin saanut myytyä lankkua kuormallisen Keski-Suomeen. Lähdimme viemään sitä Jussin kanssa. Hän oli ostanut Tampereelta Linkosuon leipomasta vatkainkoneen, jonka haku sovitettiin samalle matkalle. Sahatavaralasti purettiin mennessä asiakkaalle. Sitten ajoimme Tampereelle ja etsimme Linkosuon leipomoa. Käännyimme rautatieaseman edestä oikealle alikäytävään. Äkkiä takaa alkoi kuulua kirskuvaa ääntä ja auton kulku hidastui ja pysähtyi. Olimme ihmeissämme ja menimme ulos katsomaan, mikä oli. Takana oleva nosturi oli ottanut kiinni alikäytävän kattoon. Edessäpäin katto laskeutui vielä alemmas. Pähkäiltiin tilannetta. Huomasin auton telin olevan yläasennossa. Takaa tuli jo auto, joka jäi odottamaan perään. Olin löytänyt ratkaisun ja käskin Jussin mennä taakse ohjaamaan liikennettä ja itse menin autoon. Laskin telipyörät alas, jolloin perä laskeutui. Lähdin peruuttamaan varovasti ja peruutin risteykseen, mistä oli käännytty alikäytävään. Tilanne ratkesi, eikä betoniseen alikäytävän kattoon ollut tullut mitään vauriota. Auton nosturin ylin kohta oli taittopuomin kulma, eikä siihenkään ollut maalin irtaantumista lukuun ottamatta tullut vauriota. Nyt menimme läheiseen puhelinkoppiin ja etsimme kartasta leipomon. Osoitteen saatuamme löysimme perille nopeasti. Leipomo oli jo kiinni, mutta ystävällinen siivooja avasi oven ja kysyi asiaamme. Jussi kertoi henkilön nimen, jonka kanssa oli sopinut vatkainkaupasta, ja pahoitteli myöhäistä saapumista. Siivooja soitti henkilölle, joka tuli antamaan koneen kyytiin. Niin selvisimme suuntaamaan takaisin pohjoista kohti. Paluumatkalla olimme yötä Jyväskylässä. Aamulla jatkoimme matkaa nelostietä, ja Pulkkilan kohdalla sanoin, että tuon tien varteen vein jokin aika sitten lautakuorman Pyhännälle rivitalotyömaalle.

– Oliko joku tuttu vai saitko lennosta kaupan?

– Ei lennosta, siellä asuu saman kansakoulun kasvatti, ja hänen miehensä johtaa talotehdasta. Kauppa tuli kun soitin ja tarjosin tavaraa.

– Käydään kylässä, meillä on aikaa koko päivä, Jussi ehdotti.

Pysäytin auton ja käänsin takaisin. Ajoimme Pyhännän kirkonkylälle talotehtaan ohi ja sen rivitalon ohi, mihin olin purkanut lautakuorman. Siinä ne laudat olivat katon alla, raakaponttia. Tiesin, missä talotehtaan johtaja asui, koska olin lautareissulla käynyt siellä kahvilla. Jussin yllyttämänä ajoin sinne. Ehkä saisimme kahvit ja palautetta lautojen laadusta. Rivitalo löytyi. Pysäytin auton tienviereen ja menimme soittamaan ovikelloa. Hetken kuluttua Veijo tuli aukaisemaan oven ja minut nähdessään kysyi, toinko toisen kuorman lautaa.

– En, mutta olimme tulossa tuolta Tampereelta ja tulimme katsomaan, miten täällä jaksetaan.

– No, tulkaa peremmälle, hyvin täällä jaksetaan.

Hetken kuluttua tuli myös Hillevi paikalle. Tervehdimme ja pahoittelimme sunnuntaipäivän häiriötä. Ei oltu häiriöksi, he totesivat yhteen ääneen. Sanoin, että Jussi halusi käydä tekemässä tyytyväisyystutkimuksen, kun oli kuullut minun tuoneen lautoja tänne talotyömaalle.

– Niinkö? Veijo naurahti. – Kyllä ne katon alle ne pani.

– Hyvä, niin minä ajattelin, että käypästä oli, kun ei ole kuulunut mitään.

– Oli, pitkää tavaraa ja hyvää tavaraa, Veijo totesi.

– Timpan minä tunnen, mutta oletko sinä niitä leipomon poikia? Hillevi kysyi Jussilta.

– Olen ja kyllä minä sinut tunsin heti kun tuon iloisen ilmeen. Lähdit aikaisin kaupunkiin?

– Niin teimme, muutimme Ouluun.

– Tuttuja tunnutte olevan, mutta mitä te sunnuntaina täällä ajelette? Veijo kysyi.

– Veimme lautakuorman eilen Jyväskylään ja sitten haimme Linkosuon leipomosta Jussille taikinamyllyn.

– Sinä meinaat tehdä leipiä isommassa määrin, kun oikein myllyllä vatkaat, Veijo arveli.

– Niin on meininki, kaksi henkeä syöttää jauhoja ja vettä myllyyn ja toiset kaksi leipoo taikinasta leipiä ja loput paistaa ja minä ajan niitä kauppoihin, Jussi valisti.

– Sinulla ei ainakaan nälkä yllätä päivällä, kun haukkaa ajaessa välillä lämmintä leipää, Veijo sanoi ja hymyili Jussille.

Hillevi oli mennyt keittiöön, ja kohta sieltä tuli kahvin tuoksu. Keskustelu jatkui talonpakettien menekistä yleisiin suhdanteisiin. Minä toin meidän viimeiset kuulumiset. Kehaisin Norjaan saadun pään auki, ja nyt rakennetaan höyläämöä ja kuivaamoa, että saadaan höylättyä talvellakin. Kohta saatiin kutsu keittiön puolelle. Jussi iski minulle silmää, kun noustiin ylös. Kahvipöydässä Jussi ja Veijo keskustelivat yrittämisestä ja minä muistelin Hillevin kanssa kansakouluaikaa. Olimme vanhimman siskoni kanssa talvella hiihtäneet järven toiselle puolen, ja siitä olimme päässeet hevosen kyydissä kouluun. Se oli sitä onnellista lapsuutta, todettiin.

Tunti vierähti ja koputin Jussille kelloani. Hyvästelimme ja jatkoimme kotimatkaa. Hetken kuluttua Jussi totesi, että palaute lautakuormasta maistui hyvälle. Niin maistui ja pullakin oli hyvää.

Tavaraa Sahausyhtymällä oli tullut hyvin. Kuusisahauksen jälkeen oli siirrytty mäntytukkien sahaukseen. Mäntytavara oli tapuloitu, niin että se kuivui kevätauringossa. Edellisen kesän sahaukset olivat jo lopussa. Kuusitavara oli otettu suoraan pinkkaan, niin että niitä mahtui kaksi pakettia rinnakkain kuorma-auton lavalle. Kevät oli jo toukokuun puolessavälissä menossa, kun Nilima soitti ja pyysi varaamaan huoneen paikallisesta hotellista, hän tulisi kahden päivän kuluttua. Varasin huoneen mutta ihmettelin hänen tuloaan, koska hän ei ollut siitä maininnut Trondheimissa. No antaa tulla, kuorma on hänelle valmis.

Kolmannen päivän aamuna hän ilmestyi sahalle. Tunnistin pitkän viikingin tarhan toiselta puolen ja ajoin Volvolla toimistokopin eteen. Sammutin trukin, hyppäsin alas ja menin tervehtimään.

– Tervetuloa Sahayhtymään! toivotin iloisesti.

Hän pyöritti päätään katsellen ympärilleen, ennen kuin tarttui käteeni.

– Päivää, hän sanoi hieman takellellen ja kysyi, eikö tämä olekaan sellainen yhtymä.

– On tämä, tämä on minun ja vaimon kanssa oleva yhtymä, kolmas vuosi alullaan. Tuossa on saha, siellä on Ari-pyörösahalinja, ja sinulle sahatut tavarat on tuolla lähtövalmiina, minä sanoin ja osoitin valmiita nippuja.

– Minä luulin, että tämä on iso yhtymä, hän totesi pettyneen oloisesti.

– Ei tämä vielä ole kerinnyt kasvaa, mutta ehtii sitä vielä. Nyt on kuusen sahaus menossa, minä selostin. Kävelin samalla hiljalleen hänelle sahattuja tavaroita kohti ja kysyin, miten matka oli mennyt. Hän sanoi matkan menneen hyvin ja kehui kylällä olevaa majataloa. Vieläkin hän katseli ihmetellen ympärilleen ja tuli hiukan viivytellen perässäni.

– Tässä on sinulle sahattuja tavaroita. Oli tarkoitus panna viikon päästä tulemaan.

– Jaa, niin näkyy olevan kakkosnelosia, Nilima sanoi.

– Niin on ja kuusesta sahattua niin kuin sovittiin.

Nilima kierteli pinkkoja, katsoi lankun päitä ja pieniä vajaasärmiä, joita oli joissain latvapäissä. Kiersi vielä toisen kerran pinkat. Ilme oli hämmästyksestä toipuneen näköinen.

– Onhan tämä ihan hyvää tavaraa. Teillä ei ole pääntasausta niin kuin vientisahoilla yleensä on.

– Ei ole, on sahattu lähinnä kotimaahan tähän saakka.

– Minä olen Kemi-yhtiöltä ostanut aikaisemmin ja niillä on päät tasattu.

– Mihin tarkoitukseen tavara tulee?

– Rakentamiseen ja ei se ole aivan välttämätön, katkoo ne kumminkin mitoilleen ja siinä päät tasaantuu.

Helpotuksen huokaus kävi lävitseni. Olin jo pelännyt, ettei tavara kelpaa, kun päitä ei ole tasattu. Tunnelma keventyi.

– Olen jo varannut kuljetuksen sinne Altaan. Oliko pitkä matka tänne?

– Viidensadan päälle meni vähän. Tiet oli hyvät Suomen puolella. Norjan puolella myös hyvät mutta mäkiset. Tuleeko kuormassa se 8000 metriä?

– Tulee ja meillä on jo pari kuormaa lisääkin kohta kuusta sahattuna.

– Me voidaan ottaa, kun ensimmäinen kuorma on käytetty. Mutta ilmoitamme siitä sitten.

Siirryimme taukokoppiin ja panin kahvin tulelle. Nilima kyseli lisää Sahayhtymän historiasta. Kerroin sahauksen alkaneen vahingossa talon rakennuspuiden sahauksen yhteydessä. Armeijasta siviiliin päästyäni ostin käytetyn kuorma-auton, ja olin niissä hommissa neljä vuotta, kun tuli alettua näihin sahahommiin. Auto on vielä ja sitä tarvitaan tukin ja valmiin tavaran ajoon. Tiedustelin hänen hyvää suomenkielen taitoaan, ja hän kertoi äitinsä olevan suomenkielinen.

– On nuorena tullut Norjaan ja mennyt naimisiin isäni kanssa. Olimme kaksikielinen perhe. Välillä vastasin puhelimeen. Soitto tuli asiakkaalta, jonka kanssa sovin talovärkkikaupat. Kun kahvit oli juotu, Nilima teki lähtöä. Lähtiessään hän varmisti vielä kuorman koon ja maksusumman. Vahvistin sen olevan sovitun, ja hän lupasi sopimuksemme mukaisesti antaa pankin varmentaman shekin kuljettajalle. Hyvästelimme ja hän lähti paluumatkalle.

8

Kuivaamon, höyläämön ja sosiaali- ja toimistotilojen suunnittelu käynnistettiin. Kuivaamon mitat ja piirustukset sain laitetoimittajalta. Yksikamarinen, öljyllä lämpiävä ja puhaltimilla ilmaa kierrättävä ja automaattisella kosteuden poistolla oleva koneistus. Ovielementti tuli samalta toimittajalta. Höyläämörakennuksen piirsin itse. Se oli kevytrakenteinen suoja höyläkoneeelle ja jälkipäähän tuli käsivarasto valmiille tavaralle. Viisikutterinen höyläkone oli neuvostovalmisteinen. Sosiaali- ja toimistorakennuksen suunnitteli rakennusmestariksi opiskeleva harjoittelutyönään. Se oli kymmenelle työntekijälle, toimistosihteerille ja minulle. Paikalliset timpurit hoitaisivat rakennustyöt.

Kesän aikana tehtyjen investointien myötä toiminta oli muuttumassa ympärivuotiseksi saha- ja höylätavaraa markkinoivaksi ja valmistavaksi yhtiöksi. Työntekijöitä oli kymmenen. Seija oli tullut toimistosihteeriksi, ja minä heiluin vähän joka paikassa. Sunnuntaiaamu alkoi tuon tuostakin jonkun tukkejaan kauppaavan isännän soitolla. Sovin usein kaupat puhelimessa ja kävin sitten mitassa paikallisen metsäteknikon kanssa. Saha- ja höylätavaran paikalliset ostajat ottivat itse tavaran, minkä jälkeen kävin sen mittaamassa ja perimässä siitä rahat. Norjaan meni useita kuormia Nilimalle, ja ne kaupat olivat hyviä ja sekki tuli aina kuljettajan mukana. Avoin yhtiö Sahayhtymä oli muutettu kommandiittiyhtiöksi, mistä olisi sitten luonnollista muuttaa se osakeyhtiöksi. Nimi oli nyt Sahatuote Ky.

Kävin päivittäin katseella inventoimassa tukkien määrän sahalla sekä valmiin tavaran määrän ja koot lautatarhalla. Tilauksia oli kesän toimituksiin, joten arvioin, pitäisikö sahauksen painotusta muuttaa erikokoiseen tavaraan. Olin saamassa isokokoista tukkia ja pohdin, mitä niistä kannattaisi sahata. Viitoslankku oli isointa, mitä meni rakentajille. Lehdessä olin nähnyt keväällä Kemi-yhtiön mökkimainoksia. Soitin sinne ja pyysin henkilölle, joka tietää hirsipuiden ostoista. Keskus sanoi yhdistävänsä sahanhoitajan sihteerille.

– Metsänhoitaja Pentin sihteeri Puurunen, miten voisin auttaa?

Menin ensin hämilleni ylenpalttisesta kohteliaisuudesta, en minä apua tarvitse, vaan tiedon, ostetaanko siellä hirsiä, ajattelin, mutta lopulta kysyin, kuka tietää hirsien ostoista siellä. Sihteeri sanoi yhdistävänsä Heikki Pentille.

– Pentti!

– Täällä puhuu Sahatuote Ky:stä Tiirola, päivää. Meillä tulee isoa tukkia sahaukseen ja tiedustelen, ostetaanko teillä hirsiä.

– Missä tällainen Sahatuote on?

– Täällä Pudasjärvellä, aloitimme vasta muutama vuosi sitten.

– Jaa, jaa, vai siellä, tuo minun sihteeri on sieltä kotoisin.

– Nimi kuulostikin tutulle, täällä on sen sukunimisiä paljon.

– Kyllä me on ostettu nelosseiskaa ja maksettu yhdeksän markkaa metriltä.

– Voisinko toimittaa näytekuorman, siinä on kaksituhatta metriä?

– Kyllä voidaan ottaa, ja jos ne on hyviä, niin kuorma joka toinen viikko.

– Sopii, näytekuorma tulee kahden viikon päästä.

Kiittelin ja lopetin puhelun. Tilaus oli saanut mielen niin iloiseksi, että teki mieli mennä pihalle hyppimään. Säilytin kuitenkin malttini, etteivät luule minun menneen sekaisin. Menin kuitenkin Seijan luokse ja sanoin, että seuraavana päivänä aletaan sahata nelosseiskoja.

– Mitä ne sellaiset on? Seija kysyi.

– Hirsiä, niistä tehdään mökkejä Kemissä.

– Saako sieltä rahat varmasti?

– Onko velipoikasi saanut, kun on ajanut puita sinne kymmenen vuotta?

– Onko se Kemi-yhtiö?

– On ja siellä oli kohtelias sihteerikin.

Viimeinen huomautukseni oli tarpeeton, mutta niin oli Seijan kysymyskin. Saako sieltä rahat ”varmasti”.

Muutaman päivän kuluttua kävin mitassa Tuomaalan kanssa ja ajoin illalla kuorman isoja tukkeja sahalle. Annostelupöydälle panin aamuksi valmiiksi muutaman ison tukin, niin että sahamiehet aloittavat heti niiden sahaamisen. Oli tärkeä saada näytekuorma Kemi-yhtiölle valmiiksi hyvissä ajoin ja tieto, ottavatko lisää. Menin aamulla sahalle ennen seitsemää varmistamaan ja neuvomaan, että niistä sahataan nelosseiskoja. Muut sahamiehet tulivat paitsi Matti. Oiva sanoi Matin olleen illalla kuumeessa, joten on varmaan nyt sairaana ja pois töistä. Puhelinta hänelle ei ollut, että olisi voinut kysyä, tuleeko. Vielä pohtiessamme tilannetta nuori mies ajoi mopolla pihalle ja tuli luoksemme.

– Olen Matin nuorempi veli ja kun hän oli kuumeessa, niin voinko tulla hänen tilalleen?

– Oletko ollut sirkkelillä aikaisemmin?

– En ole, mutta eikö työ tekijäänsä neuvo, kyllä minä selviän.

– Mitä mieltä olet? Sinä olet sahuri, sanoin Oivalle.

– Ei tähän hätään muitakaan taida olla.

Miehet katsoivat kauempaa halkaisu- ja kanttisahalta. Vastaanotossa oli myös kaksi miestä. Kukaan näistä ei ollut perämiehenä ollut. Sanoin Oivalle, että jos hän uskoo nuoren miehen selviävän, voidaan aloittaa, mutta pitää sahata varovasti.

– Aloitetaan, Oiva huusi miehille ja näytti paikan uudelle miehelle. Sahat pantiin käyntiin, sirkkeli ensin, sitten halkaisusaha ja viimeisenä kanttisaha vaiheittain kolmiokytkimellä. Korvasuojaimet olivat päässä kaikilla muilla paitsi minulla, joka seisoin hieman kauempana. Olin antanut sahureille ohjeet, minkä verran hirressä saa vajasärmää olla. Oiva ja nuori mies pyöräyttivät ison tukin pöydälle ja passasivat sen niin, että ensimmäisen leikon voi aloittaa. Ajolattialla seisoi sahuri ja perämies, kun tukki meni ja terä leikkasi. Oiva oli ajanut hieman, mutta pysäytti pöydän liikkeen ja näytti käsimerkein nuorelle miehelle, että kädet pois tukin päältä. Käännyin katsomaan ja huomasin tämän pitävän tukkia molemmat kädet tukin päällä. Oivan käsimerkit eivät olleet menneet nuorelle miehelle perille. Nyt Oiva huusi hänelle:

– Millä meinaat palatessa pitää kiinni?

Nuori mies katsoi terää ja sitten tukin päällä olevia käsiään. Hoksatessaan asian hän punastuen nykäisi äkkiä kädet pois tukin päältä. Menin hänen luo ja näytin kahdella väkäsellä olevaa kirvestä ja löin sen tukin päähän pystyyn.

– Tällä se pysyy paikallaan, pidä tuosta varresta kiinni, niin palatessa on kädet tallella.

– Hyvä, nuori mies sanoi ja otti kirveen varresta kiinni.

Ajolattia lähti liikkeelle. Tukista tuli seitsemän tuuman pelkka kolmannen leikon jälkeen. Sitten se siirtyi halkaisusahalle, siinä tuli kaksi neljän tuuman hirsiaihiota. Kanttaamattomat pinnat menivät kantille ja sieltä lautana vastaanottopöydälle. Sahaus oli lähtenyt käyntiin, hirsiä alkoi tulla Kemi-yhtiölle. Työhön perehdyttäminen on vähän huonolla tolalla, ajattelin ja kävelin toimistokopille.

Höyläämön perustuspilarit oli asetettu paikoilleen ja höyläkoneen alusta valettu. Höyläkone oli tullut ja oli jo paikoillaan. Sitten oli rakennettu ympärille kevytrakenteinen rakennus ja käsivarasto. Keväällä oli palkattu höyläri. Olli oli harjoitellut alkukesällä vanhalla valurautaisella lattaremmivetoisella höyläkoneella Majuri voimakoneena. Tarkkana asetteentekijänä hän oli höylännyt raakaponttia ja ulkovuorilautaa. Sähköasennusten jälkeen hän lupasi museoida vanhat höylävärkit ja siirtyi höyläämään uudella Volgalla, joksi hän sen risti.

Kuivaamon rakentaminen oli käynnissä. Perustus oli tehty ja sen kuivuttua rakennettiin runko kuuden tuuman lankuista. Sisäpuoli verhoiltiin lujalevyllä, runkopuiden väli eristettiin ja ulkoverhoiluun käytettiin viiden tuuman ulkovuorilautaa. Koneiston tultua puhaltimet sijoitettiin konetilan ja kuivaamotilan väliseinään. Pannu oli ennen väliseinää siirretty konetilaan. Iso liukuovi kasattiin ulkona ja nostettiin sille kuuluville kiskoille. Konetoimittaja kävi antamassa käyttöönottokoulutuksen. Kuivaamon hoito tuli aikaisemmin trukkikuskiksi tulleelle Markulle.

Kuivaamon valmistuttua timpurit aloittivat sosiaali- ja toimistotilojen rakentamisen keskellä aluetta olevan mäennyppylän korkeimmalle kohdalle. Toiseen päähän tuli ruokailutila ja vaatekaapit, keskelle vessat ja toiseen päähän kaksi toimistohuonetta. Tämä pääkonttori valmistui vuoden 1974 puolella. Sahayhtymä oli ensimmäisen vuoden toiminut yritys.

Talvi oli taittumassa kevääseen. Saha- ja höylätavaraa oli mennyt paikallisille rakennusliikkeille ja vähän kauemmaksikin kotimaahan. Norjasta oli Niliman lisäksi saatu Tromsbygg-niminen yritys asiakkaaksi. Kemiyhtiöstä oli tullut hyvä asiakas. Aina kun saimme nelosseiskoja kuorman, saimme panna sen menemään Kemiin.

Eräänä päivänä taloon tuli isoääninen, puku päällä oleva mies. Esitteli itsensä Vientiagentuuriliike Oy Fin Best AB:stä Tuomo Juntuseksi. Hän kertoi hoitavansa useiden sahojen viennin ulkomaille. Luetteli monta sahaa nimeltä ja kysyi, miten meillä vienti hoidetaan. Kerroin, että olen kerran käynyt messuamassa Trondheimissa ja sinne Norjaan on mennyt tavaraa.

– Hyvin on lähtenyt vienti vetämään, Juntunen kehui. – Miten Ruotsiin?

– Sinne ei juuri ole mennyt paljoa.

– Entäs Englantiin ja Tanskaan?

– Ei ole riittänyt näin vähistä sahauksista.

– Miten olisi, minä lähden ensi viikolla Ruotsiin, onko teillä dimensiota, mitä voisin sinne tarjota? Juntunen kysyi.

– Tarhalla näkyi olevan viiden ja kuuden tuuman lankkua, niistä voi kuorma kertyä.

Lähdimme niitä katsomaan. Kävelimme sahan läpi vastaanottokuljettimen kautta. Pintalautojen kohdalle Juntunen pysähtyi, näytti oksatonta lautaa ja sanoi, että oksattomilla saa kaksin- tai jopa kolminkertaisen hinnan kuin mitä sekalaisena myydystä. Sanoin, että oksatonta tulee kuitenkin niin vähän.

– Niin, mutta niillä se kate paranee, Juntunen sanoi. – Ruotsalaiset ei pane yhtään oksatonta sekatavaran joukkoon.

– Jaa, siellä sahataan isompia määriä, selitin, vaikka Kotkassa oli oksaisuuslajittelua opeteltu ja tieto oksattoman arvosta oli minullakin.

– Menee täälläkin oksattomat puusepäntehtaille, Juntunen jatkoi.

– Pitää kysellä, voi ne ottaa erilleen, jos yhdellä nipulla saa kolmen hinnan.

– Suosittelen ottamaan erilleen, se kannattaa.

Katseltiin saha ja tarhalla olevat lankut, palattiin toimistolle ja vaihdettiin yhteystiedot. Lisäksi sain sen puusepäntehtaan nimen, mihin voisin myydä oksattomat laudat. Lähtiessään Juntunen sanoi myyvänsä lankut, joita oli tarhalla. Siitä vain, totesin. Hyvästeltiin ja Juntunen lähti jatkamaan matkaa. Minä palasin sahan vastaanoton luo. Järjestelin kelkan, missä oli vähiten tavaraa, tyhjäksi ja neuvoin vastaanottajaa panemaan oksattomat siihen.

Hirsikuorma oli valmis. Ilmoitin kuskille, että minä vien kuorman Kemiin, ja hän saa vapaata loppupäivän. Auton olin vaihtanut perävaunulliseen puutavara-autoon. Lastina oli rekallinen nelosseiskoja, oikein punasydämisiä, tiukkasyisiä, hitaasti kasvaneista puista sahattuja. Ajoin aluksi Oulua kohti ja Kiimingistä nelostielle vievälle poikkitielle, joka vei Kemiin. Suorempiakin teitä olisi ollut, mutta en ollut perävaunun kanssa paljon liikkunut, joten valitsin isoimman tien. Kemiin saavuttuani ajoin opasteiden mukaan Kemi-yhtiön portille ja tiedustelin hirsien vastaanottoa. Sain suunnan ja jatkoin matkaa. Saavuttuani sahan höyläämön vastaanottoon menin sisälle ilmoittamaan kuormasta. Sain neuvon ajaa hieman eteenpäin ja irrottaa ketjut ja odottaa, niin puretaan kuorma kun ehditään.

Odotellessani katselin ympärilleni ja näin eräästä hallista ulos tulevan trukin piikeissä salvetun hirsinipun. Menin hallin ovelle ja katselin sisälle. Siellä oli ladottu hirsiä vierekkäin, ja piirrettyjen viivojen mukaan johteilla liikkuvalla jyrsimellä ajettiin salvoskoloja. Jonkin ajan kuluttua miehet käänsivät hirret toisinpäin ja sama toistui. Eli ne ajavat nyt salvokset yläpuolelle hirttä, minä päättelin. Sitten seurasi hirsien päiden sahaus, niin että hirsiseinän muoto tuli esiin. Hirsikuorman purkaja oli jo nupin purkanut ja aloitti perävaunun purkamista. Seurasin, mitä hallissa hirsiseinälle vielä tehtiin. Nyt hirret nosteltiin yksitellen rullapöydälle, missä niihin porattiin reikä. Tapin reikä, ajattelin ja lähdin kohti tyhjenevää perävaunua. Trukin poistuttua kiinnitin karikoiden kettingit ja olin valmis lähtemään. Kiinnostus kuitenkin hirsiseinän valmistumiseen pani minut käymään katsomassa, joko seinä oli paketissa. Menin ovesta sisälle ja sanoin lähimmälle miehelle, että olin tuonut lisää hirsiä. Hän kertoi, että niistä tehdään pari mökkiä. Kahdestatuhannesta metristä nelosseiskoja tulee ainakin kolme mökkiä.

– Pitkäänkö teillä menee yhden mökin teossa?

– Riippuu koosta ja seinien lukumäärästä, mutta keskimäärin yksi mökki päivässä.

– Paljonko siinä on tekijöitä sen ympärillä?

– Toistakymmentä tekijää, jos otetaan muun tavaran paketoijat lukuun.

Toivotin työniloa ja lähdin. Kotimatkalla kertasin näkemääni ja kuulemaani. Ison talon meininkiä oli, tavaraa joka paikassa. Tekijöitä oli paljon ja alkeellisen näköiset menetelmät. Kemi-yhtiön mökit olivat hyvännäköisiä, mitä olin mainoksia ja valmiina nähnyt. Mökin teko oli kiinnostavan näköistä hommaa, ja siinä hommassa sai ainakin siisteillä puilla saunan lämmittää, hirrenpalikoita oli joka paikassa. Iin kohdalla katsoin, että sielläkin tehdään mökkejä, mutta pienemmissä puitteissa. Tämä oli erään toverikansanedustajan tehdas. Hirsiä ja kuttereita näkyi nelostielle saakka.

Tarhalle oli sahattu ohuehkoa kuusilautaa isohko määrä. Tätä kokoa oli tilannut revonlahtelainen saunatehdas. Tavara oli sahattu pinkkaan, koska se oli tarkoitus toimittaa sinne sitä mukaa, kun saatiin kuorma täyteen. Maksu oli sovittu viikon kuluttua toimituksesta. Edellisestä kuormasta ei ollut maksua kuulunut. Kysyessäni sain hyvin epämääräisen vastauksen. Olimme sahanneet kaksi viikkoa pinkkaan, mutta niitä ei maksun puutteessa toimitettu. Aloin huolestua, että sinistyvätkö ne, jos ei panna rimoille. Enoni oli kerran käydessään sanonut, että jos tarvitsen kiireapua, hän voi tulla vaikka kuntoilumielessä hommiin. Soitin ja kysyin, oliko hän vielä kuntojumpan tarpeessa.

– Kyllä, kouluajot loppui ja vaimokin sai kortin, niin voisin käydä jumpalla.

– Tässä on muutaman päivän tarve tapulointiin, muutama asiakas ei maksa niin kuin on sovittu, ei tohdita panna, ennen kuin saadaan maksut edellisestä kuormasta.

– Minä voin tulla. Voinko ottaa pojan mukaan?

– Paljonko hänellä on ikää?

– Kaksitoista vuotta.

– Voit ottaa omalla vastuulla. Tulkaa aamulla, minua huolettaa, ettei ne ala sinistyä.

Enoni tuli aamulla poikansa kanssa. Kolme päivää siinä meni ja laudat oli tapulissa. Olin hyvin tyytyväinen, sillä jos laudat olisivat olleet pinkassa vielä viikon, sinistyminen olisi alkanut. Seuraavana päivänä oli tilipäivä. Miehille oli tilipussit tehty ja viety pankkiin. Tilipussin päällä oli nimi ja tilinauhaan oli merkitty tunnit, tuntihinta ja markkamäärä. Iltapäivällä pankista soitti tuttu virkailija.

– Täällä on nuori mies, joka kysyy tilipussiaan, mutta ei tässä pussipinossa ole hänelle.

– Minkä niminen hän on?

– Heikki Herukka ja pää yltää juuri ja juuri tiskin yli.
– Maksakaa viisisataa markkaa, minulta se on unehtunut.
– Selvä, maksan summan hänelle, teenkö oikein tilipussin?
– Tee ja pane kiinni niin kuin muille miehille.

Toukokuu oli alullaan. Puhelimeni soi kotona illalla. Soittaja oli Hillevi Pyhännältä. Hän oli kuullut viime tapaamisella, kun olimme puhuneet Jussin kanssa käynnistä Lapissa pilkkiongella. Nyt hän soitti kysyäkseen, voisiko Veijo lähteä mukaan, koska tällä oli ollut kevät hyvin stressintäyteinen. Totta kai, olemme maanantaina lähdössä, minä sanoin ja kysyin, mistä voimme ottaa Veijon kyytiin. Hillevi ehdotti Oulun linja-autoasemaa. Se sopi, ja pyysin, että ilmoittaisivat tapaamisajan myöhemmin. Olin Jussiin yhteydessä ja sovimme, että lähdemme, kun tieto tulee. Hän ottaa pulkan moottorikelkan perään mukaan. Kelkka ja pulkka olivat Jussin, minulla oli auto ja perävaunu.

Kävin pyhänä Seijan kanssa läpi hommat, joihin piti mielestäni kiinnittää huomiota. Tukit riittävät, ja sovitut toimitukset lähtevät, että saadaan ennakoidut saatavat sisään, ja jos Revonlahdelta tulee rahat, niin pinkkautetaan höyläreillä niille seuraava kuorma.

9

Aikataulu oli saatu ja lähdimme Oulua kohti. Veijo varusteineen odotti linja-auto-asemalla. Veijolla oli ajokortti, mutta autoa hän ei ollut laittanut eikä ajanutkaan kortin hankkimisen jälkeen. Hän liikkui joko linja-autolla tai taksilla. Pakkasimme makuupussit ja pilkkivehkeet peräkonttiin. Matka kohti Lappia alkoi. Saarikosken tiehaara oli tavoite, jonne jätämme auton. Siitä lähdemme kelkalla kohti Harrijärveä. Olimme selvittäneet, että siellä saamme majoittua ja lähijärvestä pilkkiä kalaa. Keskustelu kävi lähinnä viimeaikaisista kuulumisista perheisiin ja työhommiin. Veijo kertoi talotehtaan alkuvaiheen tilanteesta. Toiminnan luonne oli sellainen, että vakio-osien valmistusta oli ympäri vuoden ja toimitukset kesällä. Kuluvana keväänä olivat paineet kasvaneet rahoitusalijäämän johdosta sietämättömän isoiksi ja pinna meinasi kiristyä. Pitäisi vaan kaksi kuukautta selvitä, niin sitten se helpottaisi. Jos kaloja saadaan, niin ollaan kaksi kuukautta, Jussi esitti. Nyt ymmärsin, mistä Hillevi oli maininnut.

– Leipomossa kesä on kuuminta aikaa, mutta talvella helpottaa, Jussi sanoi. – Tienpäällä nuo sinitakit alkaa kyllä käydä liian tuttavalliseksi Oulusta palatessani. Sanovat, että leivät veit, nyt kirjoitan hieman pienemmän lapun kuin aamulla. Parhaalla viikolla vein sihteerille viisi lappua maksettavaksi ja hän meinasi, että nämä kuuluu pian lisätä leivän kustannuksiin ja myyntihintaan.

Minulla ei erityistä jutunjuurta ollut mielessä, mutta muistelin kuorma-autoaikoja, jolloin olin ajanut unissani pitkiä matkoja syväunisena. Kerran pari päivää ja yhden yön yli ajaneena panin toisena yönä nukkumaan puolilta öin autoon. Näin unta, että tuli montun vaihto. Lähdin ajamaan ilmeisesti uneni perusteella ja aamulla viideltä heräsin autossa. Matkaa paikkaan, missä olin pannut nukkumaan, oli kolmekymmentä kilometriä. Kun menin takaisin montulle ottamaan uutta kuormaa, konemies tuli kysymään, olenko hereillä, tohtisiko hän panna kuormaa. Totta kai, sanoin ja ihmettelin, miksi hän sellaista kyseli. Ja hän kertoi, että kun hän oli tullut aamuyöllä työvuoroon, olin nukkunut autossa Kuusamontiellä, joten hän halusi tarkistaa, että olen hereillä ja vien kuorman oikeaan paikkaan.

– Tuo oli melko hyvä, mutta Nätti-Jussi pani paremmaksi, Veijo kertoi. – Jussi ajoi kerran hämärissä kotiin ja noustuaan autosta ihmetteli, mitkä valot tulee perässä, mutta kohta huomasi, että hänen autonsa valot olivat jääneet jälkeen.

Matka jatkui jutustellen ja pääsimme Lapin läänin puolelle. Ylitornion kohdalla kerroin, että olin hakenut sieltä kanttisahan kaverilta, joka heitteli h:n päältä juttua ihan hauskasti. Illalla olimme Saarikosken tiehaarassa ja jätimme auton siihen. Otimme Vinhan ja pulkan alas kärryltä ja lastasimme tavarat siihen. Jussi katsoi karttaa ja toimitti meidät kyytiin. Veijo meni pulkkaan ja minä asetuin Jussin taakse Vinhaan, ja niin päästiin matkaan. Moottorikelkkareitti oli hyvin merkitty Harrijärvelle. Pysähdyimme välillä ja parin tunnin ajon jälkeen olimme perillä. Tupa oli kylmä. Sytytimme heti tulen kamiinaan, sulattelimme lumesta vettä ja keitimme kahvit. Jussi katsoi tutisevaa Veijoa.

– Herrasmies oli verkkareissa ja värinästä päätellen on kylmä?

– Minä lähdin pilkille enkä kelkkasafarille.

– Hiihtämällä ei olisi palellut, mutta vaatteita tuolla pilkilläkin tarvitsee, Jussi totesi.

– Minulla on kahdet villakerrastot, mutta tuuli meni läpi noista verkkareista.

– Niin, kesällä ne sellaiset kamppeet hengittää hyvin. Mutta tässä on tulokahvit, olkaapa herrat hyviä.

Kahvi maistui paremmalta kuin koskaan. Söimme matkaeväitä hiljaisina, Jussi katseli karttaa. Taidamme aamulla mennä ensin tuonne lähimmälle pienelle järvelle, hän puhuskeli kuin itsekseen. Kuulin sen, mutta olin osin jo istuallaan unessa. Lisääntynyt lämpö ja matkan rasitus oli tehnyt tehtävänsä. Sulaneen Veijon pää nytkähteli jo muutaman kerran. Kypsät miehet kaatuivat vuorotellen pitkälleen ja erämaatuvassa kuului jyrinää kolmessa äänilajissa.

Heräsin aamulla kylmään. Nousin ylös ja sytytin tulen kamiinaan. Vilkaisin kuorsaavia miehiä ja kelloa. Oli tullessa puhuttu aikaisesta pilkille lähdöstä. Uni painoi minuakin. Kellahdin pitkälleni ja jatkoin unta. Unen horroksessa kuulin jonkun käyvän ulkona ja palattuaan lisäävän puita kamiinaan. Sitten taasen nukuttiin. Oli kirkas päivä, kun viimein kaikki olivat heränneet. Aamukahvin ja kaurapuuron jälkeen suunniteltiin, mille aletaan. Jussi sai matkanjohtajana päättää ja me lupasimme seurata häntä. Kämpältä ajoimme vajaan poronkuseman, sitten Jussi pysäytti Vinhan ja näytti kädellä.

– Tuolta niitä viimeksi lähti, ja jos tapansa pitävät, niin paistinkalat saadaan.

– Minkä värinen niissä liha oli? Veijo kysyi.

– Kyllä se punertavaa oli, mutta ei ihan punaisinta mitä vois olla.

– Ei ihan rautua?

– Mutta tämän järven sukuista. Harrijärveksi ne tätä sanoo.

– Sitten vaan kairat esille, sanoin ja kömmin vuorostani pulkasta ylös.

– Onko tässä järveä? Täällä on valkoista kaikkialla, Veijo sanoi.

– On siinä, kairalla sen voit varmistaa.

Itse kukin otti kairan ja repun mukaan, sitten käveltiin omiin suuntiin jonkin matkaa. Jäätä oli niin, että juuri ja juuri kaira ylti läpi. Kolmannella reiällä tunsin nykimistä. Se oli vain haistelevaa, eikä kala tarttunut kiinni. Kala ei käy keppiin, kuului Veijo puhuvan itsekseen. Jussi oli hieman kauempana ja antaumuksella heilutteli pilkkivapaa. Reikiä oli kairailtu jo tunti, kun Jussi huuteli saaneensa kalan.

– Oliko järven sukuinen? huusin.

– Ei ollut, hauki vaan.

– Kala se on sekin, Veijo kuului sanovan.

– Niin, mutta niitä saa Petäjäjärvestäkin. Punaisempaa lihaa täältä pitäisi saada.

– Maltetahan, ei heti ruveta krantustelemaan.

Kello alkoi lähennellä puoltapäivää, enkä ollut saanut yhtään kalaa. Aina kun tuntui kylmän väreet, otin kairan ja tein reiän. Lähdin kairaamaan toisten suuntaan, alkoi panna jo kahvin paikalta. Jussi oli lähempänä rantaa ja oli nostanut jo pari harria hauen lisäksi. Veijokin käveli reppuineen luoksemme ja kaivoi sieltä hauen.

– Haukijärvi tämä on eikä mikään Harrijärvi.

– On, katsopa tänne! Jussi sanoi ja näytti kahta täysmittaista harria.

– Alku on mukava, mutta avataan kahvipullo, sanoin ja laskin reppuni.

Juotiin kahvit ja pantiin tupakaksi. Veijo latasi jo tuotemerkiksi tulleen piippunsa. Seurasin ensisavuja, joita hän posket lommolla imaisi. Arvelin, että se maistuu paremmalle kuin meidän paperossit.

– Tämä onkin täyttä tupakkaa eikä paperin sekaista.

– Ja nautinto sen mukaista, sanoin. – Maisemiakin on nautinto katsella.

– Ja miten täydellinen hiljaisuus, Jussi sanoi.

– Teillä molemmilla on noussut kalaa, mutta minulla näykki vain, totesin vielä.

– Sinä olit syvillä vesillä. Mittasitko paljonko siinä oli vettä? Jussi kysyi.

– Siimaa oli kolme metriä eikä se ylettynyt pohjaan.

– Siinä se, katsele rannemmalta pienempiä kaloja.

– Otetaan opiksi, mutta olette varmaan kuulleet siitä Lapin jätkän kalansaaliista. Nätti pyysi syksyllä jäiden tultua vain yhden ison kalan, jonka antoi jäätyä jään sisään, ja siitä hän kävi aina viikon tarpeen kirveellä lohkaisemassa. Sitä riitti koko talveksi.

– Pieniruokainen mies, Veijo meinasi.

– Ei, vaan kala oli kolme metriä pitkä ja vajaan metrin paksu, niin että sopi jään sisään.

– Joo, niin se Nätti-Jussi, Jussi sanoi. – Kävi se Nätti pohjoisempana kuin me nyt ollaan. Kerran muuan eskimo kehui käyneensä niin kaukana pohjoisessa, että taivas tuli vastaan, eikä sopinut kunnolla seisomaan. Nätti kysyi, että näitkö sen pisteen siellä kauempana. Näin, eskimo vastasi. Minä olin siellä, Nätti sanoi.

Nätin kalan kokoon ei ollut kellään paranneltavaa, joten panimme pannun ja eväät reppuun, ja sitten kukin suunnisti oman vaistonsa mukaan jatkamaan pilkkimistä. Minä kävelin rannemmas siinä toivossa, että saan muutaman kalan ylös. Tuli niitä iltapäivän aikana kolme siikaa ja kaksi haukea. Aurinko paistoi, eikä pimeää tullutkaan, vaan nälkä alkoi väännellä vatsaa. Menin kyselemään, lähdetäänkö paistamaan kalat. Kaverit olivat kypsiä, ja niin lähdimme eräkämpälle.

Kämppä oli tyhjä, vaikka riski oli ollut. Jos joku suksilla liikkunut vaeltaja olisi tullut, olisimme saaneet tehdä laavun seuraavaksi yöksi. Jussi perkkasi, suolisti ja suolasi kalat, minä sytytin tulen kamiinaan ja sulattelin voita valmiiksi paistinpannulle. Naama oli saanut ahavaa, ja lämmenneessä kämpässä tuntui kuumottavan. Puolet päivän saaliista paistettiin, ja ne tuli syötyä sitä mukaan, kun niitä valmistui. Jussin tuoma ruisleipä hupeni saman tien kalan painikkeena. Jutut vaihtuivat röyhtäilyiksi, ja uni alkoi painaa silmää. Kukin vuorollaan kallistui pötkölleen iltapäivälevolle.

Päivä oli kypsyttänyt niin, että aina kämpän viiletessä joku lisäsi kamiinaan puita ja sytytti tulen. Tämä toistui, niin että huomasin lataavani puita ja tulta jo aamuyöllä. Sitten nukahdin ja heräsin Jussin puistellessa aamukahville. Ulkona oli valoisaa kellon käydessä jo yhdeksää. Aurinko paistoi täydeltä terältä, kevät oli kirkkaimmillaan. Taivas oli yön aikana selkiytynyt, ja Jussi arveli kalasaaliiden pienenevän tänään. Eilen tuli tämänkin päivän edestä, totesi Veijo ja jatkoi, että otetaan sitten aurinkoa. Juotiin kahvit ja syötiin puurot. Sitten oli reppujen pakkaamisen aika ja lähtö jäälle. Ajoimme toiseen paikkaan, missä Jussi oli ollut pari talvea taaksepäin. Tämä oli pienempi järvi tai mieluummin lampi.

– Tästä saimme isoja körmyahvenia viime kerralla, katsotaan nyt, tuleeko samanlaisia, Jussi sanoi.

– Oliko kilosia? kysyin.

– Oli hyvinnii, silmien väli oli kaksi tuumaa, mutta puntaria ei ollut.

– Mitta kuitenni oli.

– Niin oli, sellainen ompelijan mitta ja leuvan alta mitattiin.

– Joo, uskotaan, kas kun sattui sellainen mitta matkaan.

Levittäydyimme omille paikoillemme. Aurinko paistoi. Ilma ei ole puolella, ajattelin. Kairasin kymmenkunta reikää, mutta yhtään merkkiä kalasta ei tullut. Nyt vaihdoin pilkkiä kolme kertaa kullakin reiällä ja palasin tehtyjä reikiä pitkin takaisin lähtöpaikkaan. Kalaa ei tullut, eikä yhtään nykäisyä. Otin repun selkään ja kairan käteen ja lähdin menemään Veijon suuntaan. Välillä tein reiän ja kokeilin pilkkiä, kuuluuko mitään. Saavuin lähelle Veijoa.

– Onko syönyt kala keppiä?

– On, olen yhden matikan saanut.

– Minulla ei ole ollut yhtään nykäisyä tänään.

– Rauhallista on ollut täälläkin, mutta tälle reiälle jäin mistä matikka nousi.

– Onko se syötävän kokoinen? kysyin.

– On, ainakin kilon, mutta päätä siinä on puolet, eli päältä mitattuna silmien väli kaksi tuumaa.

Menin katsomaan. Made oli syötävän kokoinen. Laskin reppuni ja vedin kahvipullon esille. Kalainto oli kadonnut, mutta kahvin paikalta pani. Minulla oli avaamaton kahvipullo. Tarjosin Veijollekin, ja hän ojensi kuppinsa. Totesin, että Jussilla tulee ilmeisesti körmyjä, kun on ollut samoilla rei'illä koko aamun.

– Se on kyllä sen merkki, mutta hänellä on kokemusetua tälle lammelle.

– Sinulla on sitä yrittämisen kokemusta useammalta vuodelta. Joko se kokemusetu tuo helpotusta?

– Ei ainakaan tänä talvena. Varastoon on tehty siinä toivossa, että kesällä saadaan ne purettua.

– Kesä on talontekoaikaa. Varastosta ne paketit on helppo purkaa toimituksiin.

– Niin on, mutta kun kassa on pahasti miinuksella aina juhannukseen asti.

– Täällä ei kassavaje häiritse, tulisi noita kaloja, niin voisimme onkia vaikka juhannukseen asti. Onko siellä paketin kerääjiä ja toimittajia?

– On, homma kyllä pyörii, mutta paineita on.

– Me täytettiin Seijan kanssa lähtiessä T-lomakkeet ja simuloitiin niin, että homma näytti paperilla olevan tasapainossa.

– Entä jos se käytännössä ei mene niin? Veijo kysyi.

– Sitäpä minä en ole tullut ajatelleeksi. Se rahantarve on ajateltuihin investointeihin. Pitää siirtää niitä tuonnemma.

– Sitten kun sinä olet tarpeeksi investoinut ja tehnyt varastoon tavaraa, niin sitä ei T-lomakkeilla ja simuloinnilla ratkaista. Ne tavarat pitää saada myytyä ja rahat kotiin, vieläpä isommalla hintaa mitä aineet ja teko on tullut maksamaan.

– Sinulla on kokemusta, mutta olethan sinäkin T-lomakkeita jo käyttänyt?

– Olen toki, mutta ne suunnitelmat ei auta, jos kauppa ei käy.

Jussi näkyi lopettaneen pilkkimisen ja käveli meitä kohti. Hän oli lappanut jäältä jotain reppuunsa ja arvelin hänen saaneen kalaa. Kohta lähemmäs tultuaan hän kysyi, että mitä ne semmoiset kalamiehet ovat, jotka kahvilla vaan istuvat.

– Täällä kala ei ole syönyt. Veijo sai yhden matikan, mutta minä olen ollut hapen ja auringon saannin puolella.

– Minulla täällä on kymmenen körmyniskaa, Jussi sanoi, näytti reppuaan ja pukkasi lakkia takaraivolle.

– Jaa, ollapa sitä nyt reteetä, sinulla on se kokemusetu puolella.

– Samasta niemestä ne lähti kuin viimeksi.

– Niinpä tietenkin, mutta nyt meillä on kalapaikka tiedossa, voidaan vaikka jäädä juhannukseen asti, sanoin.

– Mikä se semmoinen puhe on? Jussi kysyi.

– Veijolla helpottaa sitten, ja minulla on sama milloin palaamme. Miten sinulla?

– Halvemmaksi se täällä tulee, vähemmillä sakoilla pääsee.

– Sitten huomenna voidaan katsoa tarkemmin, Veijo saa päättää, sanoin.

Kalansaalis tuntui tyydyttävältä. Juotiin rauhassa kahvit ja syötiin reppueväitä. Aurinko paistoi kirkkaasti. Katseltiin rannalta suojainen paikka, jutusteltiin ja otettiin aurinkoa. Iltaa kohti alkoi panna tuhdimman evään paikalta ja siirryimme autiotuvalle ruuanlaittoon. Kalasaaliit leviteltiin hangelle ja otin niistä muutaman kuvan myöhempää muisteloa varten.

Aamulla aurinko oli pilven takana. Ilma oli selvästi lämmennyt yön aikana. Lämmintä oli tuvassakin ollut niin, että iltalämmityksillä oli nukuttu aamuun asti. Aamutouhujen jälkeen lähdimme toissapäiväisille pilkkirei'ille. Kala söi nyt paremmin. Puolille päivin pilkittyään Jussi käveli luokseni ja kysyi, olimmeko ihan tosissamme puhuneet juhannuksenviestosta kairassa.

– Se oli sellainen tarvepohjainen ilmaisu helpommasta työilmapiiristä kotona.

– Tätä menoa jos tuo hanki alkaa pettää, niin venekyytiä saadaan jäädä odottamaan.

– Kyllä pian alkoi ilma lämmitä, kun tuuli kääntyi ja taivas meni pilveen.

– Pitäisikö kysyä Veijolta, lähdetäänkö vai jäädäänkö? Jussi sanoi. – Silloin viimeksi kun olin ja tällainen lämpöaalto tuli, niin oli siitä siihen, että päästiin kelkalla tienvarteen.

– Sinä sen tiedät ja matkanjohtajana voit päättää lähdön. Huulenheittoa se puhe viimeksi lähdöstä oli.

Keräsimme kalat reppuun, nostimme repun selkään ja kairan kainaloon ja lähdimme Veijon luo. Kalaa oli tullut sielläkin, ja Harrijärveksi hänkin jo järven tunnusti. Olimme yksimielisiä lähdön suhteen; lähdetään, jos vielä päästään kelkalla autolle. Käytiin katsomassa autiotupa ja pantiin paikat samaan kuntoon kuin ne tullessamme olivat olleet. Sitten pakattiin kamppeet pulkkaan ja lähdettiin. Matka autolle kestänee ainakin neljä tuntia, ajattelin. Aukeilla paikoilla kelkkatie petti, niin että jouduimme tallaamaan kelkan edestä uomaa ja työntämään reen takaa, jotta kelkka pääsi taas uralle. Kävelimme Veijon kanssa perässä, kunnes Jussi pysäytti ja odotti meidät kyytiin.

Tätä menoa jatkui, välillä kyydissä ja välillä kävellen. Toisinaan pidettiin pitempi tauko ja jatkettiin matkaa vasta hengityksen tasaannuttua. Loppumatka tuntui toivottoman isotöiselle, mutta muuta vaihtoehtoa ei ollut kuin jatkaa. Vihdoin maantie alkoi näkyä ja kelkka meni loppumatkan kelkkatien pohjaa myöten. Kun se pysähtyi, polettiin taas sohjoista lunta muutama metri ja mentiin reen perään työntämään. Viimein päästiin autolle. Oltiin hiestä märkinä. Pantiin kelkka ja pulkka perävaunuun ja tavarat peräkonttiin, sitten autonkeula etelää kohti. Tunnin ajettuani pysäytin ja kysyin, voitaisiinko vaihtaa kuskia, että pääsisin peräpenkille pitkälleni. Vaihto sopi, ja matka jatkui. Päänsärkyni oli puhjennut, enkä ollut enää nähnyt tietä kuin sumun läpi.

10

Hommat sahalla olivat menneet ihan hyvin. Revonlahdelta oli tullut lupaus maksusta, mutta sitä ei näkynyt vielä tilillä. Pinkataan sitten, kun maksu näkyy, sanoin Seijalle. Nilimalle oli mennyt kuorma Altaan. Automies tuli shekki mukanaan. Menin heti kysymään, millainen yritys siellä oli.

– Rakennusliike Altan keskustassa, touhua ja tavaraa näkyi olevan.

– Oliko Nilima itse vastassa?

– Oli ja oli siinä toinenkin mies joka puhui suomea.

– Menikö matka muuten hyvin?

– Meni, mutta oli siellä loppumatkassa isoja mäkiä. Meinasi autosta napsut loppua ylämäessä ja jarrut lämmetä alamäessä. Isompaa kuormaa ei kannata panna. Ne olosuhteet on ihan toiset kuin Suomessa.

– Hyvä tietää, sinne tulee jatkossakin vientiä.

Kuivaamon koneiston toimittaja tuli antamaan käyttökoulutusta. Markku täytti kuivaamoa uudella tavaralla. Edustaja esitteli kuivausprosessia, mitä kuuntelimme Epen ja Markun kanssa. Lämpötila nostetaan kuuteenkymmeneen asteeseen, ja luukut pidetään kiinni, niin että saavutetaan sama ilmankosteus kuin on sen tavaran kosteus, jolla kuivaamo on täytetty. Edustaja näytti mittareista, mistä tieto saadaan. Kun ilmankosteus on saavutettu, säädetään automatiikasta kuivausohjelma. Hän näytti säätimet ja käyrät, miten säätimet asetetaan ja miten kuivaus etenee. Paksulle tavaralle hitaampi ohjelma, ettei tavara halkeile. Laudalle voidaan valita nopeampi ohjelma, koska siitä kosteus poistuu helpommin. Markku oli saanut kuivaamon täytettyä ja tuli teoriaopinnolle mukaan. Hirsiä kuivatessa tulee varoa liian nopeaa kuivausta, koska jos pinta kuivaa nopeampaa kuin sydän, hirsi halkeaa.

– Nyt kamari on täytetty kahden tuuman lankuilla, Markku totesi.

– Käymme mittaamassa alkukosteuden niistä, edustaja sanoi.

Menimme kuivauskamariin, ja edustaja otti useista kohdista kosteusmittarilla lukemat.

– Kosteusprosentti kuusikymmentä, kahden tuuman vahvuista lankkua eli valitsemme tämän ohjelman, hän sanoi ja näytti lämpötilan ja kuivaamisohjelman.

– Mikä ohjelma on sitten kun pannaan nelosseiskaa kamari täyteen? kysyin.

– Silloin jos lähtökosteus on kuusikymmentä, niin ainakin viiden päivän ohjelma ja tarkkailkaa, ettei lähde halkeilemaan pahasti.

– Entä pintalauta?

– Niissä on tuoreena isompi lähtökosteus, mutta sen saa kuivamaan kahden tai kolmen päivän ohjelmalla.

Opit oli saatu ja kysymykset loppuivat. Kuittasin viimeisen laitetoimittajan laskun ja vein sen Seijalle. Nyt saadaan kuivaa tavaraa nopeammin ja voidaan toimittaa sitä mukaa asiakkaille, totesin hänelle. Nilimalle saadaan kuivaa mitallistettua ja vähän hintaa enemmän. Nyt ne oksattomat pintalaudat kannattaa ottaa erilleen, kuivata ja höylätä, niin saadaan moninkertainen hinta niillä. Lieneekö tämä nyt sitä jalostusarvon nostoa, ajattelin. Olin ehtinyt pihalle, kun Seija huuti puhelimeen. Kiirehdin toimistokoppiin.

– Siellä on se isoääninen agentti, Seija sanoi.

– Timo puhelimessa!

– Täällä puhuu Tuomo Juntunen Jabo-paneelilta Ruotsista, terve!

– Terve vaan!

– Joko Sahatuote voi toimittaa kuivaa mitallistettua mäntykvinttaa.

– Jo voi. Kuivaamo pelaa ja höyläämökin kohta.

– Mikä sellainen kohta-aika on?

– Kaksi viikkoa, yksi päivä ja kuusi aamutuntia, jolloin tyhjennetään kuivaamo.

– Tuo kuulostaa jo tarkemmalle ajalle. Paljonko menee siitä, kun saat rekallisen kakkosviitosta kuivuusprosentti kahdeksantoista?

– Paljonko siitä maksetaan metriltä?

– Kolme kruunua yhdeksänkymmentä äyriä vapaasti autoon lastattuna Sahayhtymällä.

– Mikä on kruunun kurssi tänään?

– Ostokurssi on kahdeksankymmentäkahdeksankuusi äyriä.

– Mitä se tarkoittaa eli sano paljonko saan Suomen markkoja metriltä?
– Odota, hetki... Saat kolme markkaa neljäkymmentä penniä metriltä.
– Kyllä sillä hintaa voidaan lastata tasan viiden viikon päästä, kello on nyt neljätoista viisikymmentä, 6400 metriä autoon.
– Tiedätkö kvintan eli viidennen laatuluokan määräykset?
– Tiedän, kuivia oksia ei saa olla eikä yli tuuman kokoisia tuoreitakaan.
– Aivan oikein! Sopiiko kahden viikon maksuaika lastauksesta?
– Mieluummin heti lastauksen jälkeen.
– Se ei ole mahdollista. Tämä on vakavarainen yhtiö ja maksaa täsmällisesti. Olen myynyt tänne muidenkin tavaraa.
– Kyllä se sitten sopii, aletaan kerätä kuormaa.
– Kauppa on sovittu, voin vahvistaa telexillä, laitoitko sen kun viimeksi keskusteltiin?
– Laitoin, mutta ei tarvitse vahvistaa, luotetaan, kun tunnet yhtiön.
Puhelun jälkeen kirjasin tilauksen vihkoon. Kävin tarhalla ja arvioin tavarat silmämääräisesti. Mänty kakkosviitosta pitää sahata lisää, jotta saadaan riittävä määrä Jabolle. Tarhalla olevista joutuu lajittelemaan mustaoksaiset pois. Viikon päästä on se Niliman kuormakin, eli pitää tarkistaa, riittävätkö kuusitukit siihen. Tein uuden kierroksen ja kirjasin ylös tarhalla olevat tavarat ja mitä pitää sovittuihin kuormiin vielä sahata. Tukkimiehen kirjanpito on toiminut tähän saakka ja eiköhän tuo toimi vielä tämän vuoden, ajattelin. Vientikaupan rahat menevät suoraan tilille, mikä helpottaa toista taskua, mutta tämä varastokirjanpito täyttää sitä.

Toimisto- ja sosiaalitilarakennus oli valmistunut. Vessoja oli kaksi sekä suihkutilat ja pukukopit kymmenelle miehelle. Toimistoon saatiin valokopiokone ja kaksi puhelinta, toinen sihteerin puolelle ja toinen minulle. Investointivaihe kaksi oli valmistunut. Henkilökuntaa oli kaksitoista, kun meidät Seijan kanssa laskettiin mukaan. Tilapäisiä metsureita oli kahdesta neljään. Kuorma-auton olin myynyt Seijan velimiehelle, ja hän ajoi nyt tukit ja sahatavaran. Toiminta oli vakiintunut, niin että talvelle lähdettiin sahaten, kuivaten ja osa höyläten jatkuvasti toimien. Ostajiksi oli paikallisten rakentajien lisäksi tullut Oulu Oy:n puusepäntehdas. Sinne saimme toimitettua kaikki vähäoksaiset lauta- ja lankkutavarat.

11

Talvi oli taittumassa kevääseen. Kemi Oy ilmoitti, että hirren tarvetta ei toistaiseksi ole. Mökkien tilaukset olivat vähentyneet niin, että oman sahan hirret riittivät. Ilmoittavat, mikäli tilanne muuttuu, sillä tavara oli ollut hyvää. Se lohdutti mieltäni. Jos se olisi ollut huonoa, meidän olisi pitänyt tarkentaa laatua. Nelosseiskan sahaus lopetettiin toistaiseksi.

Keskustassa oli aloitettu uuden kerrostalon rakentaminen. Työmaainsinööri Syväniemi kävi tilaamassa isohkon määrän lankkua ja lautaa. Sanoin lankkua tulevan nyt hyvin, kun Kemi Oy:n hirsitoimituksiin tuli tauko. Syväniemi kertoi, että hänellä oli mielessään rakenneratkaisu, joka olisi kilpailukykyinen nykyisiin ratkaisuihin nähden. Kiinnostuin. Hän kertoi palapelijärjestelmästä, jossa hirret ovat moduulimitassa ja tehtaalla voidaan valmistaa jatkuvasti kappaleita. Mökkien mallisto ja rakenteet on suunniteltu niin, että palikoista voidaan kuvien mukaan rakentaa erikokoisia mökkejä. Järjestelmällä saavutetaan merkittävät kustannussäästöt. Kerroin katsoneeni Kemissä mökin seinän valmistusta, joka oli näyttänyt käsityövaltaiselta. Olinkin nyt kiinnostunut näkemään ja kuulemaan enemmän Syväniemen järjestelmästä. Hän lupasi hahmotella muutaman luonnoksen.

Samalla viikolla sahalle tuli paikallinen poliisi Kankaanpää tiedustelemaan, tehdäänkö meillä saunamökkejä. Kerroin, ettei tehdä vielä, mutta harkinnassa on. Hän tarvitsisi juhannukseksi jalaksille tehdyn saunan mökkitontille. Kysyin, minkä kokoista saunaa hän oli ajatellut.

– Löylyhuone, missä sopisi peseytymään, ja istumaterassi, missä voisi vilvoitella.

– Kaksi ja puoli metriä leviä ja saunaosa kolme metriä pitkä, plus terassi. Pitäisikö olla kylpyvalmis?

– Pitää olla kylpyvalmis kiuasta myöten.

– Käykö kolmen tuuman hirrestä?

– Käy ja huopakatolla.

– Soitan kun tarjous ja luonnos ovat valmiina.

Meillä oli pieni erä kolmen tuuman kuutosta kuivana tarhalla. Kysyin Ollilta, saadaanko siihen ponttia ja viistettyä reunoja. Menimme katsomaan parruja. Olli katkaisi pistosahalla pienen palan. Hän lupasi katsoa, sopivatko terät. Illalla ennen kotiinlähtöä Olli kävi sanomassa, että kyllä onnistuu höyläys. Minä lähdin kotiin ja ajoin saman timpurin kautta, joka oli ollut rakentamassa meille taloa muutama vuosi aiemmin. Luokkas-Timppa oli kotona. Kysyin, ehtisikö hän tekemään yhden jalassaunan juhannukseksi.

– Siihen on aikaa hurumykkä. Kyllä jossain välissä löytyy.

– Olli höylää kolmoskuutosiin pontin ja viisteet. Mitä sinä tahot, kun salavat ja teet kylpykuntoon? Minä hommaan kiukaan hormeineen ja muut värkit.

– Viikko siinä mennee ja laske markka lisää siihen aikaisempaan tuntihintaan. Siinä se hinta on.

– Ja juhannuksena Kankaanpää pääsee kylpemään?

– Pääsee minun puolesta.

Sovittiin, että ilmoitan, kun olen piirtänyt luonnoksen, josta selviää mitat, ja hirret on höylätty. En jätä tätä hinnan taakse, kun on näin hyvä mahdollisuus kokeilla mökin tekoa, minä ajattelin. Seuraavana päivänä piirsin luonnoksen ja laskin tavaroiden ja työn hinnan. Sitä kertyi 2300 markkaa. Kestäisikö tuohon panna katetta? Panen hinnaksi 2900 markkaa. Simuloin sitä alaspäin, jos tinkaa, mutta kauppa pitää saada. Illalla esittelin Seijalle ensimmäisen saunamökin piirustuksen ja kustannuslaskelman.

– Sille polliisille joka kävi sahalla muuan päivä sitten? Seija kysyi.

– Niin, kymmenen neliön jalassauna, kolmen tuuman hirrellä.

– Matalalla katolla sinä olet piirtänyt. Sopiiko siellä lauteilla olemaan?

– Sopii ja lämpimämmät löylyt siellä saa, kun ei tee kovin korkeaa.

– Entä hinta, tässäkö on kustannuslaskelma?

– Siinä, katetta panin varovasti, että saatais kauppa.

– Tämä hinta lienee ilman lvv:tä. Se on neljätoista prosenttia osto- ja myyntihinnan erotuksesta.

– Paljonko se lisää hintaa?

– Paljonko kiuas, hormi, huopa ja naulat maksaa?

– Katsotaan laskelmaa. Ne on 450 markkaa.

– 400 siihen pitäisi lisätä hintaa, 3300 markkaa.

– Lisätään eli simuloidaan ylös hintaa.

– Tämä ei ole simulointia, vaan lisäkustannus eli kate pienenee.

– Vaihtoehdoilla simuloinnista se Hintsanen puhui. Eli tässä simuloitiin niin, että annetaan kuitti ja maksetaan kruunulle liikevaihtovero ja minun laskelman mukaan konstaapelille ei olisi annettu kuittia ja kruunu olisi jäänyt ilman liikevaihtoveroa.

– Oikein olet ajatellut. Kruunulle, mikä kruunulle kuuluu.

Seuraavana päivänä kävin tekemässä kaupat. Hinta oli sopiva, ja kauppa tehtiin kättä päälle -sopimuksella. Saunamökin voi noutaa juhannusaatonaattona. Viikon päästä huomasin, että kentälle ilmestyi nippu siistin näköisiä hirsiä. Menin toimistolle ja tilasin kiukaan ja hormin sekä kattohuopaa viisitoista neliötä. Naulat sai paikallisesta kaupasta. Sitten soitin timpurille ja ilmoitin, että saa tulla tekemään saunamökin.

Timpuri tuli seuraavalla viikolla. Käytiin keskustelu rakenteista, jotka olin paperille piirtänyt. Jalasten päälle pulteilla kehikko kiinni ja sitten tasakertaan kuusitoista hirttä ja päädyt. Timpuri saa päättää, mikä kattokaltevuus näyttää sopivalle. Terassia pitää tehdä sen verran, että sopii istuskelemaan saunan päälle. Kehotin laittamaan kattovasojen väliin villaa kymmenen senttiä, niin ei mene löylyt suoraan harakoille. Timpuri sanoi, että ilmeisesti villojen alle laitetaan muovia. Lopetin neuvojen antamisen, kun timpurin suupielissä näin hymynkareen. Enköhän minä selviä, timpuri tuumasi ja alkoi tehdä Sahatuotteelle ensimmäistä mökkiä. Kävellessäni toimiston suuntaan ajattelin, että mökkejä mahdetaan tehdä jatkossakin.

Seuraavalla viikolla Syväniemi tuli tilaamaan lisää tavaraa kerrostalotyömaalle. Hänellä oli luonnosteltu hirsipalikkajärjestelmä yhdeksänkymmenen sentin jaotuksella. Yksi kahdenkymmenen neliön ja yksi kolmenkymmenen neliön mökki oli suunniteltu niistä palikoista. Ne näyttivät ihan asiallisilta.

– Nämä on luonnoksia ja niin kuin huomaat, palikoilla on saatu väliseinän pätkiä ja jatkettua niissä kohti ulkoseiniä salvoksen kohdalta.

– Kattorakenteen voi tehdä ristikoilla, ja päätykolmiot voi verhoilla paneeleilla, niin ei tarvitse leikata vinoon hirsiä.

– Niin voi ja väliseinät voi tehdä samannäköisestä paneelista kuin kolmion päädyt, Syväniemi totesi.

– Siitä jatka vain, tee muutaman mökin mallisto, niin ties vaikka aloitetaan mökin teko. Katsotaan sitä tarkemmin sitten. Entä mikä on hintasi?

– Iltatöinä minä nämä teen harrastuksen vuoksi. Jos voit näitä hyödyntää, niin tee minulle yksi kehikko palkasta.

Samalla viikolla tilasin mökkiesitteet neljältä valmistajalta. Mökkihomma oli alkanut kiinnostaa niin paljon, että siihen piti tutustua tarkemmin. Kemin mökkitehtaan ovella olin ajatellut, että haalauksen tuntua on tehdä niitä lattialla latoen hirret seinä kerralla. Voisiko sitä tehdä vakiopalasista tehdasmaisemmin? Asia pyöri mielessä.

Tilaamani esitteet tulivat ensin Rantasalmelta ja Polar Hongalta, muutaman päivän päästä myös Honkarakenteelta. Luin ne läpi useaan kertaan. Rantasalmen esitteessä oli kerrottu uudesta juuri valmistuneesta tehtaasta. Se alkoi kiinnostaa. Siellä valmistettiin vain höylätystä hirrestä. Mökit olivat kauniita, ja kokoja oli pienistä saunoista sadan neliön mökkiin. Terasseja oli päädyissä ja sivulla. Lähes kaikki mökit olivat rantamaisemassa. Muutamassa esitteessä kuvat oli piirrettyjä ja väritettyjä. Mökkikuume nousi aina, kun katselin esitteitä. Kävin usein myös katsomassa saunantekoa, joka oli viimeistelyvaiheessa. Sekin oli nätti. Uusi juuri höylätty puu oli kaunista, ja sisällä tuoksui hyvältä. Katselin ja otin valokuvia.

Laudanostossa oli aiemmin käynyt lähellä olevalta lentokentältä ilmailukerhon lennonopettaja Kalle Rajala. Nyt hän tuli hakemaan lautaa rakenteilla oleviin majoitustiloihin. Laudat oli mitattu. Lennonopettaja huomasi saunatyömaan.

– Kun olisi tietty, mekin olisi voitu tehdä hirrestä niitä majapaikkoja kentän viereen.

– Täältä niitä olisi saanut.

– Kaunis tuo uusi puu höylättynä, Rajala totesi.

– Siinä näkyy jo honkiintunutta, vähän punertavaa puuta, totesin. – Sinäkö vedät noita purjekoneita ylös?

– Minä vedän ja opetan myös teoriaa purjelentäjille.

– Minun tekisi mieli käydä Rantasalmella. Paljonko tahdot jos käytät siellä?

– Pitkäänkö siellä viipyisit?

– Tunti perillä. Kävisin katsomassa, miten ne siellä uudessa tehtaassa mökkejä tekee.

– Kun on sopiva aika ja maksat bensat, niin käydään siellä.

– Selvä, minä olen täällä joka päivä, tule hakemaan kun lähtö sopii.

Meni muutama päivä, kun Rajala tuli ja sanoi, että nyt on hyvä ilma, näkee lentää hyvin. Kävin soittamassa Rantasalmi Oy:lle, että tänään olemme tulossa, mutta soitamme sitten kun laskeudumme Saparomäen kentälle. Voisivatko he tulla sinne vastaan? Luvattiin tulla ja toivotettiin tervetulleeksi tutustumaan. Niin nousimme ilmaan ja suunta oli kohti etelää. Kahden tunnin kuluttua Rajala sanoi polttoainemittarin vajoavan niin nopeasti, että joudumme Kuopion kentältä hakemaan täydennystä. Vastatuuli oli ennakoitua kovempi, emmekä pääsisi takaisin sillä polttoainemäärällä. Puolen tunnin matkan päässä hän aukaisi radion, josta kuului lennonjohdon ja lentäjien välistä keskustelua. Hetken kuluttua lennonjohto varoitti lentäjiä, että pohjoisen suunnassa on joku räpistelijä tulossa kentälle päin. Varotaan, oli rätinän läpi kuulunut jonkun vastaus. Oltiin jo näköyhteydessä, kun Rajala otti mikin, ilmoitti koneen tunnukset ja suunnan sekä pyysi laskeutumislupaa. Radio oli mykkä eikä vastausta kuulunut. Hän laski korkeutta ja pyysi uudelleen lupaa laskeutua. Mitään ei kuulunut. Rajala vaihtoi asemaa, mutta radio pysyi vaiti. Viimein hän päätti ajaa kentän yli ja pyytää näyttämään vihreää valoa, jos saamme laskeutua. Lennonjohto voi kuulla meitä, vaikka me emme kuule heitä. Menimme kentän yli, mutta mitään valoa ei näkynyt. Ajoimme toisen kerran ja sama tilanne, emme nähneet valoa. Mennään alas, lentäjä sanoi, tilaa näyttää olevan, eikä muita näy olevan tulossa. Niin laskeuduttiin, ja Rajala kurvasi polttoainetankkauksen eteen.

– Odottele, minun pitää käydä tekemässä ilmoitus.

Lentäjä viipyi tovin sisällä, mutta viimein tuli ulos ja lähti toisen henkilön kanssa polttoainetta hakemaan. Ison ratin ja gallonan kanssa meni sitten ja kaatoi polttoaineen tankkiin. Rajala palasi koneeseen ja pyyhki hikeä otsaltaan.

– Olivat pahana minulle, sotilaskentälle ei saisi tulla ilman lupaa.

– Mutta ei sitä ilmaankaan voi jäädä jos menovelli loppuu.

– Hätätilanteena ne hyväksyi polttoaineen tankkauksen, mutta ei saa toistua.

– Ei tänne toista kertaa tulla.

Rajala ajoi koneen kiitotielle ja nähtyään vihreän valon lennonjohtotornista aloitti nousukiidon. Nyt suuntana oli Saparomäen kenttä. Näkyyköhän siellä Pekka Lipposta, ajattelin. Tätä radioääntä oli kuunneltu 1960-luvulla. Pekka Lipposen ja Kalle-Kustaa Korkin seikkailut oli suosittu radiokuunnelma. Sitä tuli joka päivä puolenpäivän jälkeen viiden minuutin jakso. Pekka oli kotoisin Saparomäeltä.

Vastatuuli tuntui edelleen. Normaali lentonopeus maanopeutena oli kaksisataa kilometriä tunnissa. Nyt siitä oli neljännes pois. Viimein Rajala totesi Saparomäen kentän näkyvän ja aloitti laskeutumisen. Pieni harrastelijoiden käytössä oleva kenttä oli samankokoinen kuin mistä lähdettiin. Lieneekö ollut viimeisen sodan tarpeisiin tehty niin kuin Pudasjärven kenttä? Laskeutumisen jälkeen menimme koneesta ulos ja kentän laidalla olevaan toimistorakennukseen. Soitin mökkitehtaaseen ja pahoittelin, että olimme myöhässä. Kello oli jo kuuden maissa. Auto tuli noutamaan, ja puolen tunnin ajomatkan jälkeen vastassa oli iso uusi tehdas. Siellä meitä odotti tuotannosta vastaava henkilö, jonka kanssa lähdimme tehdaskierrokselle.

Uudessa tehtaassa pyörösahalinja tuotti sahatavaran, joka meni kuivaamon kautta höylättäväksi ja edelleen työstettäväksi. Nopean kierroksen jälkeen menimme kahviotilaan, missä esittely jatkui. Yritys oli ensimmäinen teollinen hirsirakennusten valmistaja Suomessa. Perustaja oli juuri myynyt yrityksen Metsäliitolle, joka laajensi tuotevalikoimaa ja markkina-aluetta. Työntekijät olivat paikallista väkeä ja useat olleet mukana alusta asti. Kapasiteetti- ja liikevaihtotiedot olivat yrityssalaisuutta. Kotimaan myynnin lisäksi vientiä oli kolmeen maahan. Kahvit juotuamme kiittelin esittelystä ja toivotin hyvää jatkoa.

Paluumatka sujui myötätuulessa ja kirkkaassa ilmassa hyvin. Aikaa kului puolet siitä, mitä mennessä. Laskeuduttuamme Pudasjärvellä ilmailukerhon käytössä olevalle kentälle Rajala lukitsi lentokoneen oven. Hän vei minut autollaan kotiini ja lupasin seuraavalla laudanhakukäynnillään tuoda laskun matkasta.

Aamulla töihin mennessämme ajoin Sahatuotteen tienhaaran ohi. Seija sitä ihmetteli. Osoitin rakennuksen tolppia ja sanoin, että sinne nousee meijerin uusi, iso saha. Siitä oli ollut viikolla juttua Iijokiseudussa, ja olinhan minä kuullut siitä jo aikoja sitten eräältä viljelijältä, mutta se oli vielä silloin ollut salaista tietoa ja olin luvannut pitää sen omanani.

Käänsin auton Pirttisen montun kohdalla ja ajoin hiljalleen ohi. Sitä tulee moneen kerrokseen, kun noin korkealla on rakenteita, tuumailin. Minne puolen alkavat puruvuorta tehdä? Menee siinä joka tapauksessa monta vuotta, vaikka tekevät Sahatuotteelle päin. Joka tapauksessa kilpailu terävöittää toimintaa. Seija ihmetteli asennettani ja kysyi, eivätkö meijerin isommat resurssit pelota minua.

– Mitkä isommat resurssit? minä kysyin. – Niillä on vain meijerikköjä, mutta sinä olet merkonomi ja minä sahaajakisälli.

– Mutta isäntiä on tuhansia ja meitä vain kaksi ja aloittelijoita molemmat.

– Kaksitoista, kaikki nuoria ja voimakastahtoisia.

– Toivotaan parasta ja pelätään pahinta, Seija totesi.

Toimistossamme kerroin käynnistä Rantasalmella, missä saha, kuivaus ja valmistus olivat kaikki uutta tekniikkaa. Meillä on iso etumatka kurottavana umpeen, jos mökintekoon aletaan.

Kävin tekemässä kentällä kierroksen. Saunamökki oli lähes valmis, ja lauteiden teko oli meneillään.

– Hyvän näköinen sauna siitä tulee, sanoin timpurille.

– Kyllä, mutta tuo kattokaltevuus olisi saanut olla hieman jyrkempi.

– Sitä minäkin katsoin tuolta ulkoa, mutta sopiiko siellä lauteilla istumaan?

– Sopii ja Kankaanpää kävi tässä eilen katsomassa ja hyväksi totesi.

– Sittenhän asiakas on tyytyväinen.

– Niin on ja täällä kävi myös kaksi paikallista neitiä eilen. Olivat kuulleet, että täällä tehdään mökkiä ja heillä on sellainen mielessä hankkia.

– Tarjotaan niille kanssa.

Seuraavalla viikolla Syväniemi tuli käymään. Hänellä oli piirrettynä seitsemän mökkiä. Pienin oli saunamökki, isoin 30 neliön mökki, terasseineen 38 neliötä. Sitten hän esitteli hirsijärjestelmän, jonka mukaan kaikki mökit oli suunniteltu. Katselin mallit ja hirsipalikat läpi ja sanoin, että sitä voisi varmaan nimittää moduulimittaiseksi hirsijärjestelmäksi.

– Aivan hyvin, Syväniemi sanoi. – Jos kaikki palikat otetaan, niin kolmekymmentä senttiä on lyhin ja moduulikoko on kuusikymmentä senttiä. Ikkuna- ja ovimoduuli yhdeksänkymmentä senttiä.

– Entäs tapitus? Oli viimeksi puhetta, että naulatapeilla?

– Se käy hyvin, pitää vain ylempään hirteen porata hiukan naulaa isompi reikä, mistä se lyödään, niin pääsee seinä laskeutumaan.

– Tämä on nimitetty moduulimittaiseksi hirsijärjestelmäksi nyt ja tässä paikassa.

– Yhdyn edelliseen ja kättä päälle.

Puristimme kättä ja hirsijärjestelmän ristijäiset oli pidetty. Syväniemi lupasi suunnitella vielä pari isompaa mökkiä ja piirtää muutaman rakennusleikkauksen, niin se on siinä sitten. Mökinteko näyttää nyt vääjäämättä alkavan, minä totesin.

12

Timpurin mainitsemat neidit tulivat uudelleen. Huomasin, kun he olivat katselemassa saunamökkiä. Tunsin molemmat ja menin juttusille. Heillä oli tosiaan mielessään laittaa mökki, ja olivat siksi käyneet viikolla katsomassa rakenteilla olevaa saunaa.

– Minkä kokoista olette ajatelleet?

– Molemmille oma makuusoppi ja sitten olohuone, sauna ja pesutila. Viimeksi kun kävimme, niin timpurin kanssa luonnosteltiin ratkaisu, Irja sanoi ja näytti luonnosta. Se oli noin kolmekymmentä neliötä ja terassi päälle. Totesin, että se oli valmis suunnitelma. Heitä kiinnosti tietää, mitä sellainen maksaa puuosina ikkunoilla ja ovilla. Pyysin heitä odottamaan varttitunnin, niin laskisin hinnan.

– Voimme odottaa vaikka kolme varttia, Ritva sanoi.

Menin laskukoneen ääreen ja laskin rakennuksen ympärysmitan ja väliseinien pituudet. Kerroin ne seitsemällätoista hirsikerralla. Sitten lattianiskat ja -lankut, kattovasat, kurkihirsi, laipiopaneeli, katonaluslaudat sekä räystäs- ja muut vuorilaudat, ovet ja ikkunat. Timpurin työmäärän laskin siitä, mitä saunantekoon oli mennyt. Ynnäsin määrät ja kerroin hinnastohinnoin. Lisäsin vielä kruunun osuuden ja menin esittämään tuloksen tytöille.

– 12 500 markkaa sain hinnaksi.

– Miten niin paljon? Ritva kysyi.

– Siihen menee niin paljon tavaraa ja kuljetus teidän tontille on vielä pois.

– Tarkista vielä, onko laskuvirhettä? Timpuri arveli kolmanneksen pienempää hintaa.

– Kyllä se oikein pitäisi olla, hän ei laskenut omaa palkkaa ja kruunun osuutta.

– Mikä se sellainen kruunun osuus on?

– Liikevaihtovero.

– Jaa, kruunulle mikä kruunun on, tuokaa samaan hintaan tontille, niin tehdään kaupat, Ritva sanoi ja katsoi Irjaa kysyvästi.

– Tehdään kaupat, minä sanoin ja ojensin kättä.

– Tehdään vain, Irja sanoi.

Menimme toimistoon ja kirjoitimme vapaamuotoisen hankintasopimuksen, jonka liitteeksi tuli luonnospiirros. Allekirjoitettiin sopimus ja kalkeeripaperin alta otin kappaleen meille. Niin oli ensimmäinen mökkikauppa tehty!

Syväniemi oli suunnitellut lisää mökkejä, ja nyt niitä oli kaikkiaan kymmenen erilaista. Sauna oli pienin ja neljänkymmenen neliön mökki isoin. Kaikki mallit olivat ristikkorakenteisella kattorakenteella, missä päätykolmiot oli verhoiltu hirsipaneelilla. Erimittaiset ja eri loveuksilla olevat hirret oli eri merkinnällä luettelossa, ja niistä sai kerättyä kaikki mallit. Tällä systeemillä tehdään hirsikapuloita ja niistä kerätään mökki kokoamisohjeen mukaan. Ajattelutapa on eri kuin perinteinen. Näillä tehtäessä ei kasata tehtaalla, vaan ainoastaan rakennuspaikalla. Tehdastyö puolittuu. Lisää kustannussäästöjä tulee, kun kattorakenteet tehdään ristikoilla. Kilpailukyky on taattu, pohdiskelin. Olin innostunut mökin teosta, mutta niiden myyntiin pitäisi paneutua myös. Malleista pitää tehdä esite. Alkuvaiheessa riittää, kun tehdään sellainen kopiokoneella, mutta myöhemmin painetaan väriesite.

Tein kierroksen kentällä aloittaen sahasta. Siellä oli vetovaijerin vaihto menossa. Yksi mies oli kylältä hakemassa uutta vaijeria. Vetovaijeri oli kahdeksan milliä vahvaa ja kierretty vetävän rullan ympärille ja päät oli kiinnitetty molempiin päihin liikkuvaa pöytää. Hieman kun vaijeri meni löyhemmälle, se luisti vetävän rullan ympärillä eikä kestänyt pitkään. Matti kertoi, että vaijeri menee poikki kerran kuukaudessa.

– Meneekö pitkään vaihto ja onko täytetyötä vaihdon ajalle? minä kysyin.

– Puoli päivää siinä menee. Joskus on huoltohommia sille ajalle, mutta harvoin.

– Eli viikko vuodessa, siihen kannattaa tehdä korjaus, se on minun suunnittelu- ja valmistusvika.

– Se on pitkä aika, kun vuodelle laskee, Matti sanoi.

– Onko teillä parannusesitystä siihen?

– On sitä mietitty ja voidaan tehdä se viikonvaihteessa.

– Tehkää pois, te sen parhaiten osaatte korjata.

Jatkoin matkaa höylälle, missä oli raakapontin höyläys menossa. Laudat tuotiin tarhalta tapuleissa, ja höylari syötti lautaa ja varvin tyhjennyttyä heitti väliriman kasaan. Rimat voisivat mennä saman tien alustalle nippuun, niin ei tarvitsisi uudelleen kerätä kasasta.

Markku vaihtoi kuivaamoon tavaraa. Hän ei kuullut, kun huusin trukin avoimesta ovesta, että miten menee. Hän sammutti koneen kuullakseen asiani, ja kysyin uudelleen.

– Muuten hyvin, mutta kun on yhtä aikaa trukin tarve, kuivaamon tavaran vaihto ja lumityöt, niin ei tahdo keritä.

– Miten jos toisella vuorolla vaihtaa kuivaamon tavarat?

– Niin olen tehnytkin joskus.

– Hyvä, pane ylitunnit ylös. Kesä helpottaa lumitöissä ja kuivauksessa.

– Ainakin lumitöissä.

Heilautin kättä ja toivotin jatkoja. Markku oli liukkaimpia miehiä. Jos missä tahansa oli tarvetta, niin hän oli käytettävissä. Höylällä oli tullut asetteen vaihto ja menin katsomaan, mitä sitten höylätään. Kolmoskuutoset oli ohjelmassa höylätä hirsiksi. Lautatapuli oli loppunut, ja vastaanottaja sitoi valmista nippua. Kysyin Ollilta, voiko rimoille tehdä häkin ja ehtiikö ne panna höylätessä siihen, niin saa suoraan trukilla viedä sahalle uudelleen käytettäväksi.

– Mikä ettei? Olen sitä ajatellutkin.

– Minä piirrän siitä luonnoksen, luppoaikana voitte tehdä. Höylää kaikki kolmoskuutoset, niin seuraavat mökit tehdään nelosseiskoista.

– Millä terillä niitä höylätään? Olli kysyi.

– Enpä ole ajatellutkaan. Tilaan Rummakolta terät. Mikä on sen pystyakselin paksuus?

Olli mittasi akselin paksuuden ja antoi minulle mitan. Menin toimistolle, nostin luurin ja tilasin keskuksesta puhelun Jyväskylään Rummakolle. Piirsin puhelua odottaessani kuvan häkistä, johon Olli voi rimat panna. Häkkejä pitää olla ainakin neljä, niin riittää. Välirimat oli metrin mittaisia ja ne katkottiin kanttirimoista. Puhelin soi.

– Tiirola.

– Täällä Rummakko, olkaa hyvä, keskus sanoi.

– Rummakolla.

– Saisko henkilölle joka tietää höyläkoneen kursoista?

– Hetkinen olkaa hyvä.

– Työkalupuoli.

– Sahatuotteelta Pudasjärveltä Tiirola, päivää.

– Päivää, hetkinen, menen rauhallisempaan paikkaan. Nyt kuuluu.

– Höyläkoneen teristä on kysymys.

– Minkälaisista ja mihin koneeseen?

– Neljän tuuman hirrelle sivukuttereiden terät viidenkymmenen millin akselille.

– Uros- ja naaraspuoli?

– Molemmille puolin.

– Höyläkone on Volga?

– Niin on ja yritys on Sahatuote Ky, Pudasjärvi.

– Kaksi viikkoa menee. Soittakaa sitten, niin otan tarkemman osoitteen. Kuulemiin.

Varaston inventaariokatselmus oli jäänyt kesken ja palasin kentälle. Laudat menee kohta paikalliseen kysyntään. Viitos- ja kuutoslankkua mäntynä voi myydä kuorman molempia. Kuusilankut menee Nilimalle, muut paikallisille rakentajille. Katselmus oli tehty ja palasin toimistoon. Puhelin soi. Vastasin ja sieltä kuului railakas ääni.

– Niin se piti olla, Tuomo täällä terve!

– Terve! Miten agentilla menee?

– Hyvin ja ajattelin sinun menoa parantaa. Joko niistä mökeistä on esitettä ja saako niitä jos myy?

– On kopioitu esite ja saa kun myyt vaan.

– Minä ehdotan, että tehdään myyntimatka Norjaan.

– Mikäs siinä, milloin ja minne sinne?

– Ensi viikolla Kiiruna, Tromsö, Trondheim, Mo i Rana ja jos viikkoa riittää niin Oslo.

– Minulle kyllä sopii. Pitääkö aineisto kääntää ruotsiksi?

– Jos aineisto on tilapäinen, niin minä käännän mennessä.

– Kopioesite eli tilapäinen. Voiko näillä eväillä lähteä?

– Voi toki, kyllä minä käännän. Tornion rautatieasemalla maanantaiaamuna kello kuusi.

– Varusteet, esitteitä, hirsinurkka, auto ja mies. Entä muuta?

– Siinä sitä on, sitten nähdään, kuulemiin.

Puhelin hiljeni, joten panin luurin paikoilleen. Kertasin, mitä oli tullut sovittua ja panin ylös. Lisäsin listaan vielä ”kruuunuja”.

Luokkas-Timppa oli saanut Kankaanpään saunan valmiiksi ja aloitti salvosten teon tyttöjen mökin hirsiin. Tilapäinen loveuskone oli kotitalon halkosirkkelin akseliin tehty jyrsin, jolla sai nurkkasalvokset tehtyä. Salvoksien mitat ja poraukset tehtiin käsipelissä. Valmistuksen teollisuusaste oli Kemi-yhtiön luokkaa, ajattelin seuratessani pihalla tapahtuvaa työskentelyä. Katsotaan nyt, saadaanko kauppaa, ja sen jälkeen mietitään, mitä tehdään.

13

Maanantaiaamuna olin Tornion rautatieasemalla sovittuun aikaan. Kun Tuomo tuli, panimme tavarat kyytiin ja lähdimme Kiirunaa kohti. Tuomo kertasi matkasuunnitelman. Kiirunassa meillä on kaksi tapaamista. Sitten panemme auton junaan ja matkustamme yön aikana Tromsöön. Sieltä ajamme Trondheimiin, missä meillä on kolme sovittua tapaamista. Illalla ajamme jälleen Mo i ranaan ja siellä katsomme, miltä tilanne näyttää, lähdemmekö kotiin vai jatkammeko Osloon.

– Kovin iso se Sahatuotteen kapasiteetti ei ole, vai mitä?

– Sahatavaran osalta voi täyttyä jo Tromsössä, mutta sinulla oli kymmenen muuta sahaa, annetaan muidenkin toimittaa ja muutaman mökin voi myydä kokeeksi.

Tuomo otti esitteet peräpenkiltä ja alkoi perehtyä niihin, jotta tietää, mitä myy. Minä ajoin kohti Kiirunaa. Vuosisadanvaihteessa oli Kiirunasta hyvän malmilöydöksen myötä kasvanut erämaahan iso kaupunki. LKAB:n kaivos ja tehdas olivat synnyttäneet väkiryntäyksen pohjoiseen. Kun lähestyimme kaupunkia, Tuomo sanoi, että ensimmäinen kohde on puhelinkoppi. Se näkyikin heti edessä vasemmalle. Ajoin sen eteen. Tuomo meni koppiin mutta palasi kohta takaisin autoon.

– Siellä oli jo joku myyntimies käynyt. Seuraava!

Toinen puhelinkoppi löytyi kolmensadan metrin päästä. Pysäytin sen eteen, ja Tuomo kävi kopissa ja palasi kohta kädessään karttasivuja. Ne olivat kuulemma myyntimiehen parhaat tiedonlähteet opastamaan osoitteeseen. Uusi konsti minulle, mutta nyt opin, miten löytää perille oudoissa paikoissa.

– Minne ajetaan?

– Venttaa vähän, niin löydän reitin... Tätä katua kolme korttelia ja vasempaan.

Siellä oli puutavaraliike. Ajoin parkkipaikalle Volvojen väliin. Laukut matkaan ja sisään, oli Tuomon kehotus. Sisällä oli keskusneiti, jolta Tuomo kysyi Gunnar Karlssonia. Käytävää eteenpäin ja viimeinen ovi oikealla. Menimme kuin majakka ja perävaunu, minä hirsinurkka kainalossa. Koputimme oveen ja kun kuului Jaa! menimme sisälle. Puupaneeleilla sisustetun huoneen pöydän takaa nousi tervehtimään iäkäs herrasmies. Käteltyämme istuimme osoitetuille tuoleille. Ihastelin takaseinällä olevan paneelin kuviota. En missään ollut nähnyt niin kaunista syykuviointia. Tuomo oli aloittanut alkukohteliaisuudet ja meidän molempien esittelyn. Käyntikortit vaihdettiin. Olin kuulolla ja seurasin Karlssonin ilmeitä. Välillä katseeni palasi takaseinän paneelin kuvioihin. Hienoa!

Kuulin Tuomon luettelevan yrityksiä, joihin hän oli myynyt Ruotsissa sahatavaraa. Kun kuulin nimen Jabo panel, Karlsson kääntyi takaseinään päin ja osoitti sitä kädellään. Ymmärsin hänen sanovan, että se oli Jabopaneelia. Tuomo nappasi kiinni ja sanoi, että se oli ilmeisesti höylätty Sahatuotteen tavarasta. Saatiin kinkkuvoileivät ja kahvia. Keskustelu oli selvästi vapautunut ja välillä naurunremahdus täytti huoneen.

Hintaneuvottelut alkoivat. Tuomo pani ylös hintoja, joita Karlsson antoi. Vakiokokoja näkyy olevan täälläkin, minä ajattelin katsoessani luetteloa. Sahatavarat oli käsitelty ja siirryttiin hirsinurkkaani. Nostin sen pöydälle ja laitoin esitteen auki viereen. Tuomo esitteli mallit ja hirsinurkan. Mökit eivät kiinnostaneet, sillä täällä tehdään lankusta ja lautaverhouksella, Karlsson totesi. Keräsin kamppeet pois. Hyvästelimme ja lähdimme.

Katselimme ruokapaikan ja kävimme syömässä. Jälkiruuaksi otin kahvin, mutta se jäi osin juomatta. Suomalainen makutottumus poikkesi tämän maan kahvin mausta. Vaihdoin kiisseliin ja se oli maukasta. Nortin poltettuani olin valmis siirtämään autoa ja agenttia uuteen paikkaan. Seuraava yritys löytyi toiselta puolen kaupunkia. LKAB-kyltti palautti mieleen tehtaan, jonne aikoinaan veimme malminäytteet Mustavaaran kaivokselta. Meitä oli silloin viiden kuorma-auton letka, kun ajoimme kuutamoisena pakkasyönä tänne. Malmi oli melkein valmista rautaa, totesimme, kun lavan yli ei näkynyt mitään, vaikka kantavuuden mukainen kuorma oli. Olimme tässä portilla aamulla neljän aikaan. Portti oli kiinni ja avautui vasta seitsemältä. Saimme ottaa kolmen tunnin nokoset auton hytissä. Heräsin muisteloista Tuomon karjaisuun.

– Tuonne! Älä aja ohi! Nukutko sinä?

– En, mutta kun muistin viime käynnin täällä, niin olin vähällä nukahtaa.

– Nyt ei eletä muistoilla vaan kaupoilla, tuosta sisälle ja kaupoille.

Kurvasin parkille, otimme aineistot mukaan ja menimme sisälle. Käynti alkoi samaa rataa kuin edellisessä paikassa. Tämä puutavaraliike oli iso ja tavaraa oli esillä hyvin. Kuuntelin ja seurasin keskustelua. Sahatavarassa pysyttiin, ja viimein kuulin puhuttavan Jabo-paneelista ja valpastuin. Täällä oli myös sitä myynnissä ja sitä pidettiin hyvänä piristävänä uutuutena, Tuomo käänsi minulle, kun ostopäällikkö meni hakemaan mallikappaleen. Kuuden tuuman antiikkipaneeli se oli niin kuin edellisen liikkeen seinälläkin. Ostopäällikkö ojensi mallikappaleen minulle. Hypistelin. Pehmyt puunosa oli harjattu syvemmälle ja kovemmat puunosat olivat tummempina koholla. Tätä voitaisiin alkaa tehdä Sahatuotteellakin, ajattelin. Näkisi vain jossain, missä sitä tehdään, niin ei tarvitsisi opetella kaikkea.

Hirsinurkan esittelyn yhteydessä ostopäällikkö halusi näyttää ruotsalaisen valmistajan esitteen. Täällä oli suositumpi lautarakenteinen vapaa-ajan mökki. Ne oli usein laitettu paremmiksi kuin asuintalot. Esite oli hieno ja siinä olevat mökit myös. Sain se mukaani. Aikaa oli vierähtänyt niin, että koputin kelloa muistuttaakseni Tuomoa junanlähdöstä. Hetkinen vielä, ilman kauppaa ei lähdetä, hän kuiskasi. Neuvottelut jatkuivat, sahatavarasta oli kysymys ja nyt pantiin asiaa paperille. Se kesti kymmenen minuuttia ja sitten ostopäällikkö hyvästeltiin. Ulkona otin juoksuaskeleita autolle. Ajoin rautatieaseman eteen ja Tuomo meni juosten sisälle. Odotin autossa ja jännitin, ehditäänkö junaan. Kohta kuulin kuulutuksen, josta arvelin junan lähtöön olevan kymmenen minuuttia. Samassa Tuomo tuli autoon ja kysyin, myöhästyimmekö junasta.

– Emme, vaan lastauksesta, se oli suljettu puoli tuntia ennen junan lähtöä.

– Juna on vielä tuossa.

– Mutta auto jää tähän jos menemme junaan.

– Uusi tilanne, mitä nyt tehdään?

– Maantien kautta paluu Suomeen ja siitä Kilpisjärven kautta Tromsöön.

– Sinne on sitä kautta kuusisataa kilometriä.

– Onko parempia ehdotuksia?

– On, syömään ja tankille, sitten harkitaan mille aletaan.

Ruokapaikka löytyi pian. Tilasimme kalaa paikalliseen tapaan. Jutut olivat vähissä ja mietin tulevaa yötä. Kahdeksan tuntia ajoa, eli aamuyöllä kahden ja kolmen välissä ollaan perillä. Sitkaus palkittiin kaupalla, Tuomo totesi, mutta sinun rahkeita se loppumatka kysyy. Ruoka tuli, ja jututkin alkoivat pikkuhiljaa taas luistaa. Juotiin kahvit päälle ja käytiin tankkaamassa auto. Nyt kun sekä auton että miesten tankit olivat täynnä, lähdimme samaa reittiä takaisin, mistä olimme päivällä tulleet.

Aamuyö oli menossa. Katsoin mittarista, että sata kilometriä oli jäljellä. Uni painoi silmää ja piristeeksi otin muutaman Coca Cola -ryypyn. Sitten tulimme paikkaan, mistä näkyi Tromsö muutaman kilometrin päässä. Tie kaartui vuononrantaa oikealle poispäin kaupungista. Ajettuani tovin aikaa kaupunki näkyi taas, mutta jälleen se hävisi ja tie kaartui poispäin. Kysyin Tuomolta, näkikö hän saman vai oliko se kangastusta. Kangastusta se on, mutta anna mennä vain, Tuomo sanoi. Taas tulivat mutkan takaa kaupunginvalot näkyviin. Kello oli puoli kolme.

– Taas kangastus tuli näkyviin, näätkö sinä?

– Nään saman kangastuksen, mutta jos sieltä löytyy majatalo, niin väliäkö sillä, kun vain nukkumaan pääsee.

Nyt valot eivät enää hävinneet, vaan tuli iso siltakin näkyviin. Jatkoin ajoa ja viimein tulimme lähelle siltaa. Tuomo kysyi, tohdinko ajaa sillalle. Ihmettelin, miksen tohtisi.

– Jos se on kangastusta.

– Pian se nähdään, jos on kangastus, niin saadaan virkistävä kylpy.

Lähestyimme siltaa edelleen. Hiljensin vauhtia ja varovasti kävelyvauhtia ajaen tunnustelin, oliko pyörien alla pitävää. Oli sitä. Se oli pisin ja komein silta, mitä olin nähnyt. Nousi kuin isoa mäkeä. Tuomo ryhdistyi ja käski ajamaan hotellille, kun sellainen näkyy. Ajoin pääkadulle ja siellä oli Thon Hotel Polar. Pysäytin sen eteen. Tuomo meni sisälle. Odottelin. Kohta hän tuli takaisin ja aukaisi minulle oven. Otin laukun, lukitsin autonovet ja kiiruhdin Tuomon perään. Hotellihuoneeseen päästyäni istahdin sängylle ja muuta en päivästä muista.

Tunsin puistelua olkapäästä ja kuulin äänen, joka sanoi, että ei tänne nukkumaan ole tultu. Sanoin, että voisin kyllä vielä nukkua. Vai mitä kello oli?

– Kello on yhdeksän, Tuomo sanoi. – En ole ennen nähnyt kun mies riisuu vaatteita silmät kiinni ja kuorsaa kaatuessaan sänkyyn.

– Kerta se on ensimmäinenkin. Tuhat kilometriä meni rikki eilen.

– Meni ja kangastuksia näit loppumatkan.

– Olihan monen vuoren ja vuonon takana tämä kylä. Viimeinen tunti oli mahdoton pysyä hereillä.

– Nyt mennään aamupalalle ja sitten kaupantekoon.

Syötiin kala-aamiainen ja juotiin kahvit päälle. Kun olimme maksaneet huoneen, Tuomo otti kaupungin kartan ja selosti, että Tromsö Bygg on ison sillan toisella puolen ja muut löytyvät kaupungin tältä laidalta. Ajoimme sillan toiselle puolen. Heti sillan jälkeen vasemmalla oli puutavaraliike Tromsö Bygg As. Jätettiin auto parkkiin ja mentiin sisälle. Vastaanottotiskin takana olevalta neidiltä kysyimme Rikhard Björniä. Tulee kohta, odottakaa hetkinen. Katselimme näytteillä olevia mallikappaleita ja kohta Tuomo hihkaisi.

– Tulepa tänne! Mikä se tämä on? hän sanoi ja näytti tekemääni taulua.

– Sahayhtymä, Pudasjärvi, näyttää olevan esillä.

– Milloin tämän tänne olet tuonut?

– Trondheimin messuilla halusivat ottaa mukaan pari vuotta sitten.

– Tässä on esitemateriaalipäivitys, viedään tuonne oven luo ja lisätään esitteet.

Huomasin tutunoloisen miehen lähestyvän, kun kannoin esittelytaulua lähemmäs ihmisten kulkuväyliä. Huomenta, hän sanoi hitaasti. Huomenta, minä vastasin. Tuomokin tuli tervehtimään Björniä. Laskin taulun käytävän viereen. Björn kysyi Tuomolta, etten kai ollut viemässä pois sitä taulua. Tuomo vastasi, että ei viedä pois vaan pannaan näkyvämmälle paikalle. Neuvottelut alkoivat myymälän tiloissa ja kuuntelin sen menevän samaa rataa kuin edellisessä paikassa. Ensin matkakuulumiset, sitten suhdanteet ja harrastukset. Niiden jälkeen alkoi kaupankäynti. Meiltä oli tullut yksi kuorma kuusilankkua keväällä. Se kuului huvittavan molempia, kun Björn sen kertoi. Nyt minäkin muistin, että Veljekset Aittojärvet olivat tuoneet yhden kuorman eräänä perjantaina. Kun he olivat lähteneet matkaan, oli arvioitu, että tulee kiire joutua aukioloaikana tänne. Mutta kun olin nähnyt heitä maanantaina, niin olin ajatellut, että olivat ehtineet, kun eivät mitään sanoneet. Tuomo keskeytti neuvottelun, kun Björn meni puhelimeen. Tuomo kertoi, mitä oli tapahtunut. Paikat olivat olleet kiinni, kun kuorma oli tullut. Kuljettaja ja apumies olivat avanneet trukin oven jollain meisselillä, käynnistäneet trukin irrottamalla virtalukon ja kytkemällä johdot. Sitten he olivat purkaneet kuorman ja panneet trukin virtalukon ja oven niin kuin niihin ei olisi koskettukaan. Kohteliaina miehinä he olivat kirjoittaneet viestin ja pahoitelleet myöhästymistä, mutta kuorma on purettu, olkaa hyvä. Terveisin Sahatuotteen ajurit!

Björn palasi puhelimesta, ja kauppaneuvottelut jatkuivat keskusteluna sahatavaran hinnoista. Ymmärsin, että täällä käytettiin pääasiassa kuusilankkua ja -lautaa. Neuvottelut olivat lopuillaan kun Tuomo kysyi minulta, vieläkö on sama hinta mitallistetulla lankulla, mitä yhden kuorman olin toimittanut. Käskin kysymään, oliko saatavissa lisää hintaa. Tuomo teki niin. Olin kuulevinani, että kuusituumaisella lankulla voi nostaa hintaa, mutta ei muilla. Nousin kiertämään näytteillä olevia malleja ja löysin Jabopaneelin näytepalan. Otin sen käteen ja kysyin, meneekö tällaista. Tuomo käänsi kysymyksen Björnille ja vastasi kohta, että ensimmäinen kuorma on tulossa ja uskovat, että sitä menee täällä. Neuvottelu oli päättynyt ja oli sovittu, että toimitamme kaksi kuormaa kakkoskuutosta mitallistettuna viisi prosenttia paremmalla kuutiohinnalla kuin edellinen kuorma. Lyhyt keskustelu käytiin hirsimökeistä, mutta niihin heillä ei ollut mielenkiintoa. Hyvästelimme ja lähdimme seuraavaan liikkeeseen. Siellä ei ollut ostohenkilöä paikalla. Jätimme käyntikortit, ja Tuomo lupasi soittaa myöhemmin henkilölle, jonka nimen sai sihteeriltä.

Lähdimme ajamaan Trondheimia kohti. Kaupungin jälkeen näin mökkikylän, ja olimme jo ohi menossa, kun pysäytin auton ja käänsin takaisin. Kyltin kohdalta ajoimme vastaanottorakennuksen eteen. Tuomo meni kokeilemaan ovea. Kiinni oli, mutta kyltissä oli ajoreitti privaattiin. Palasimme tielle ja jatkoimme seuraavan talon pihaan. Tuomo meni koputtamaan, ja kohta harmaapäinen viikinki avasi oven. Hetken juteltuaan Tuomo heilutti kättä merkiksi tulla mukaan. Kun nousin autosta, hän käski ottamaan kamat mukaan. Otin laukun ja hirsinurkan ja menin sisälle. Tervehdin pitkää miestä, Gunnaria ja keittiöstä tulevaa saman ikäluokan naista, Sofiaa.

Tuomo alkoi esitellä hirsinurkkaa. Huomasin kuulijoidemme kiinnostuksen lisääntyvän, kun he vuorotellen silittivät hirren pintaa. Annoimme esitteen, ja he kysyivät pienen, kymmenen neliön saunan varustelua ja hintaa. Vastasin kysymyksiin, joita Tuomo käänsi. Hinnan kuullessaan Gunnar kiinnostui entisestään.

– Voidaanko jättää pois tuo väliseinä ja väliovi? Tuomo tulkkasi kysymyksen.

– Voidaan tehdä muutoksia.

– Miten se vaikuttaa hintaan?

– Lasketaan, minä sanoin ja otin esille laskimen ja ovihinnaston. – Monestako mökistä on kysymys.

– Suunnitelmissa on rakentaa kymmenen lisämökkiä tänä keväänä.

Vähensin oven hinnan, laskin kymmenen mökin hinnan ja sanoin, että tänne toimitettuna ne maksavat 43 000 Norjan kruunua. Gunnar ja Sofia katsoivat toisiaan ja sanoivat menevänsä perähuoneeseen neuvottelemaan. Sofia kysyi, maistuuko kahvi, ja kävi panemassa kahvin tulelle.

Tuomo iski minulle silmää.

– Satuttiin kreivin aikaan. Heillä on juuri tarjous norjalaiselta toimittajalta ja tarkoitus päättää lähipäivinä.

– Vedetään kauppa kiinni, minä sanoin. – Laskin että kun liikevaihtovero jää pois, niin se korvaa rahtikustannuksen.

– Kyllä ne kiinnostui, Tuomo totesi.

– Niiden mökit näkyi olevan kolmen tuuman hirrestä ja hiukan pienempiä.

– Ne ovat vain kesällä käytössä, mutta näitä voi käyttää talvellakin.

Sofia tuli keittämään kahvin ja kyseli yrityksestäni. Tuomo kertoi, että neljäs vuosi on menossa, ja tälle keväälle voidaan vielä toimittaa, mutta kesälle on jo kovasti toimituksia. Ymmärsin, että vähän Lapin lisää taisi olla. Käskin kysymään, olivatko he olleet kaksi vuotta sitten Trondheimin messuilla, mistä olin saanut Tromsö Byggin yrityksemme asiakkaaksi. Sofian mukaan he eivät olleet käyneet missään messuilla. Mökkitoiminta oli hitaasti kasvanut ja nyt kun molemmat olivat eläkkeellä, he olivat siinä "iltatöissä".

Isäntä tuli takahuoneesta, ja Sofia kertoi, että Tromsö Bygg on meidän asiakkaamme. Saimme kutsun pöytään, missä asetuimme vastapuolelle pariskuntaa. Kahvin lomassa Tuomo kertoi meidän hirren olevan neljän tuuman vahvuista ja soveltuvan myös talvikäyttöön, mikäli laittaa esimerkiksi sähköpatterit. Pariskunnan ilmeet kertoivat kaupan lähestyvän. Sanoin Tuomolle, että kohta ollaan maalissa, mutta ei kiirehditä. Gunnar kysyi maksuehdoista. Kerroin, että kolmasosasta tulee lasku sopimuksen teosta kaksi viikkoa ja loput toimituksesta kaksi viikkoa.

– Maistuuko vielä kahvi? Sofia kysyi.

– Kiitos, kyllä, me sanoimme yhtä aikaa.

Joimme kahvia hiljaisuuden vallitessa. Gunnar ja Sofia katselivat välillä hirsinurkkaa ja esitteitä ja välillä toisiaan vaihtaen jonkun sanan. Odotimme rauhassa ja kohta Gunnar kertoi, että sopimus voidaan tehdä, mikäli saamme toimituksen hoidettua kesäkuun alkuun mennessä. Heillä oli varattuna rakennusmiehet kesäkuuksi ja heinäkuun puoliväliin saakka.

– Kiirettä pitää, sanoin Tuomon tulkattua asian.

– Voinko sanoa, että ainakin viisi mökkiä kesäkuun alkuun ja loput kesäkuun loppuun mennessä?

– Voit. Yritetään saada kaikki, mutta varalta noin, jos ei keritä. Voidaan jakaa Tromsö Byggin kuorman kanssa.

– Kyllä sopii, Tuomo käänsi pariskunnalle. – Ja jos ei kaikkia ehdi kesäkuun alkuun, niin loput kesäkuun puolivälissä, sopiiko?

– Kyllä sopii, tehdään sopimus, Gunnar sanoi.

Kaivoin hankintasopimuslomakkeen ja aloin täyttää. Nimi, osoite, toimitussisältö, toimitusaika, maksuehto ja allekirjoitukset. Ojensin Tuomolle ja pyysin kirjoittamaan norjaksi kohtien alle samat asiat. Kun kohdat olivat molemmilla kielillä, kirjoitin nimeni Sahatuote Ky:n nimen alle ja varmistin, että kalkeeripaperi oli pysynyt paikoillaan. Ojensin sopimuksen Gunnar Nilsenille. Hän kävi läpi sopimuksen, allekirjoitti sen ostajan puolesta ja ihmetteli tilinumeron puuttumista. Sanoin, että molemmista maksueristä tulee lasku ja niissä on tilinumerot. Nousimme ja kiittelimme kaupasta. Tuomo pyysi soittamaan hänelle, jos tulee jotain kysyttävää. Kättelimme hyvästiksi ja lähdimme Trondheimia kohti.

Illalla olimme Trondheimissa. Etsimme samaa hotellia, missä majoituin messuilla käydessäni. Se löytyi pienen katselun jälkeen. Tilaa oli ja kirjauduimme sisään. Veimme laukut huoneeseen ja kävimme alakerran ravintolassa syömässä. Syötyämme alkoi juttukin jälleen luistaa. Tuomo kysyi, mitä tykkäsin päivän saldosta.

– Kyllä kelpaa! Oli helppo kauppa se kymmenen mökkiä.

– Niin ja vielä lankkuja lisäksi. Saatko ne sopimaan tuotantoon?

– Jos kaikkia mökkejä ei saa kesäkuun alkuun, niin pannaan toinen puoli kuormaa lankkuja.

– Niin, ne menee samaan kaupunkiin. Mutta missä ne tehdään? Tuomo kysyi.

– Pressun alla nyrkkipajassa. Siitä kokemusta on jo kahden mökin verran.

– Puoli mökkiä per vuosi, neljäs vuosi menossa. Niinkö se oli?

– Puunjalostustoimialalla. Sahaus on puunjalostusta ja mökin teko jatkojalostusta. Lievän optimistisesti sanottu.

– Niinkin voi sanoa, kerro aina myönteiset asiat, mutta puhu totta. Ympäristö pitää huolen kielteisistä asioista.

– Niin se menee. Yhteensattuma oli ajoituksessa. Viikkoa myöhemmin kauppaa ei olisi tullut.

– Huomenna on kaksi paikkaa, molemmat puutavaraliikkeitä. Sinun kapasiteetti taitaa olla täysi, mutta toimittajia riittää, Tuomo pohdiskeli.

Aamulla soitin Seijalle. Kysyin kuulumisia ja samalla tiedustelin, ovatko höylän hirsiterät tulleet. Niistä oli soitettu ja tulossa ovat, Seija totesi. Toimitin nyt, että sahaisivat mäntyjä ja nelosseiskoja kaikesta, mistä tulee. Tehtiin kymmenen pienen mökin kaupat ja niihin menee toistatuhatta metriä hirttä. Huh, huh, Seija totesi mutta jatkoi, että totta sinä tiedät mitä myyt. Tiedän, mutta tekemistä niissä on ja sitä ollaan hakemassa. Tulemme loppuviikolla, selviämisiä!

Trondheimin puutavaraliikkeisiin Tuomo sai hinta- ja kokotiedot, millä niihin voi toimittaa tavaraa. Samoin Mo i Ranassa, missä kävimme. Etelämpänä hintoihin tuli pieni korotus. Kaupat riittivät, oli toimituksiin keskittymisen aika. Ajoimme takaisin Trondheimiin ja siitä Ruotsin läpi Uumajaan. Laivalla tulimme Vaasaan, mistä Tuomo jäi pois kyydistäni ja suunnisti Tampereelle, ja minä ajoin kotiin.

14

Pyhänaika meni muuten palautumiseen, mutta lauantaina kävin Sahatuotteella tekemässä pikaisen katselmuksen. Tukit loppuu parin viikon päästä. Siihen pitää ensi viikolla paneutua. Nelosseiskoja oli tarhalle jäänyt, kun Kemi Oy lopetti ostot, joten niistä saadaan ainakin puolet mökeistä tehtyä, mutta lisääkin pitää saada. Muuta lankku- ja lautatavaraa on kysyntään riittävästi. Lopuista kolmoskuutoshirsistä voisi tehdä mökin sinne Seijan tontille. Niissä on vähän vajaasärmää, mutta kyllä ne meille luottaa.

Sunnuntaiaamuna heräsin pirinään. Menin lopulta unisella äänellä vastaamaan, kun tajusin mikä pirisee. Siellä oli Niska-Matti. Terästyin.

– Muistatko, kun kävit jauhamassa täällä meillä parina syksynä? Niska-Matti kysyi.

– Muistan, muistan, siitä on jo useita vuosia, siinä Jaskan talossa olin sisällä. Sillä seudulla meni koko viikko.

– Kolmantenakin syksynä olisi jauhatettu, mutta ajoit ohi.

– Nyt muistan, oliko se eräs lauantai-ilta?

– Oli, aika myöhään. Meillä ja kahdella naapurilla oli viljat jyvänä vielä ja laitettiin sanaa, että käydä talossa. Mutta ajoit ohi.

– Kyllä minä muistan, olin viikon ollut jauhamassa ja olin poikkiväsynyt.

– Poikonen sinä olitkin vielä, mutta me saatiin maanantaina Hetekylän mylläri.

– Hyvä kun saitte jauhatettua.

– Tunsin minä isäsikin, olimme samassa joukkueessa siellä Kiestingissä. Kerran oli niin kova paikka, että meitä vain kolme jäi eloon. Yritimme vallata sitä kuolemankukkulaa, mutta tulitus oli niin kova, että jouduimme perääntymään. On se varmaan isäsi siitä puhunut sinulle?

– Ei sanallakaan puhunut sotahommista, vaikka hänellä oli kolme kenkälaatikollista valokuvia sieltä.

– Vai ei puhunut. Oli se niin kova reissu, etten minäkään ole voinut puhua ennen kuin viime aikoina. Isäsi otti paljon kuvia varsinkin silloin asemasodan aikana.

– Poikosena usein katselin niitä. On ne olleet kovat ajat, mutta ilman teitä ei olisi itsenäisyyttä.

– Ei niin, mutta oli minulla asiaakin. Pehkosen Erkki kävi leimikon tekemässä tuonne Honkavaaran tievarteen ja lähin soittamaan ostatko tukkeja.

– Kyllä ostan. Mänty- vai kuusitukkeja sinulla on?

– Mäntyjä, isoja, ja vähän siinä on kuusiakin.

– Kyllä ostan, minkä kokoinen leimikko on?

– Toistatuhatta runkoa niitä oli jonkin matkaa.

– Sopiiko, että tulen tiistaina käymään?

– Sopii, olen kotona koko päivän.

Puhelun jälkeen olin helpottunut, kun hänelle ei ollut jäänyt pahaa mieltä siitä, että olin ajanut ohi. Se soitto tuli tarpeeseen. Panin kahvin tulelle ja kävin lehden postilaatikosta. Seija oli myös herännyt ja kysyi, kuka niin aikaisin soitti. Kerroin, että Niska-Matti oli tullut aamulypsyltä ja halusi puhekaveria.

– Eikö hänellä ollut asiaa sitten?

– Oli, mutta ensin käytiin kuusikymmentäluvulla jyvien jauhamiset ja sitten neljäkymmentäluvun Kiestingin taistelut. Sillä on iso leimikko, menen tiistaina käymään siellä.

Juotiin aamukahvit ja luettiin päivän lehtiä. Muistin ne kolmoskuutoshirret siellä sahalla ja kysyin, että mitä jos tehdään Livojoen rannalle niistä pienemmistä hirsistä saunamökki. Seija ei tiennyt, mitä hirsiä tarkoitin. Sanoin, että kahdesta ensimmäisestä mökistä oli jäänyt hirsiä, joissa oli vähän vajasärmää, eikä niitä asiakkaiden mökkeihin voi käyttää, sillä ne tehdään isommasta hirrestä.

– Voidaan tehdä, Seija sanoi. – Pitäisikö tänään käydä katsomassa sitä paikkaa?

Kun lapset olivat heränneet ja syöneet aamupalan, ajoimme Livon kylälle jokivarressa olevalle tontille. Aurinko paistoi rannan puolelta nyt aamupäivällä, ja kun tontti oli niemennokassa, niin käytännössä tontille paistoi koko päivän. Saunamökin paikka oli määritelty, ja kysyin Seijalta, pitäisikö törmää loiventaa.

– Jyrkkä se on, Seija myönsi. – Voiko sitä loiventaa?

– Pukkaa vain jokeen sitä maata, siinä se loivenee.

– Tuleeko siihen hiekkaranta?

– Kyllä, hiekkamaata tämä on. Ihanteellinen mökin paikka.

– Tähän se saunamökki ja tuonne taakse jää tilaa isommalle mökille jos joskus sellaista meinaa.

– Tässä on hyvä paikka. Pane lupahakemus sille kahdenkymmenen neliön saunamökille, niistä loppuhirsistä tulee sen kokoinen.

– Milloin meinaat tehdä sen? Seija kysyi.

– Ensi pyhän aikana nämä maatyöt ja perustuspilarit, sitten mökki kun on aikaa.

Mökin paikka oli katsottu. Kaksi vanhinta lasta kyselivät kiinnostuneina, mitä siihen tulee. Sanoin, että leikki- ja uintipaikka teille ja meille. Milloin? Tänä kesänä. Aloitetaan uimarannan teolla ensi lauantaina. Entä milloin leikkipaikka? Sitten kesempänä, kun ehditään. Milloin kesempänä? Sitten kun kielot kukkii. Mitkä kielot? Sellaiset missä on kauniit valkoiset kukat, mutta eikö lähdetä jo kotia kohti. Lähdetään vaan.

Maanantaina menin Sahatuotteella heti tapaamaan timpuria ja kysyin, voisiko hän salvaa kolmoskuutoshirsiä saunamökiksi. Timpuri lupasi, kun ei muuta kiireellistä juuri silloin ollut. Annoin kuvat ja pyysin laskemaan, minkä kokoiseen riittävät ne hirret, jotka jäivät kahdesta aikaisemmasta. Seuraavat mökit tehdäänkin sitten nelosseiskoista.

– Minä lasken ja teen niin ison kuin hirret riittää.

– Sano Seijalle sitten kun olet laskenut hirret, niin tietää hakea sen suuruiselle rakennusluvan.

– Selvä tämä sitten, vieläkö mökkejä tehdään tänä kesänä? timpuri kysyi.

– Ainakin kymmenen pientä mökkiä, kun saan kuvat muutettua, mutta ne tulee isommasta hirrestä.

Menin höylärin luokse ottamaan selvää, joko hän oli saanut nelosseiskan sivukutterit. Ne olivat tulleet, mutta hän ei ollut vielä tarkistanut, sopivatko ne Volgaan. Sanoin, että pitäisi sopia, sillä kyllä ne Rummakolla tunsivat Volgan.

– Kyllä ne sitten sopii, tuolla tarhalla on niitä hirsiäkin.

– Ne saat höylätä kun ehdit.

– Sitten ne tulee testattuakin. Mihin ne menee?

– Kymmenen pientä mökkiä Norjaan.
– Ei se hukkareissu ollutkaan.
– Ei ollut ja lisäksi lankkuja menee.

Tiistaina ajoin Jaalankaan Niska-Matin luokse ja tapasin isännän ja emännän sisätöiltä. Tervehdin ja kerroin terveiset Norjasta. Isäntä oli reissustani jo kuullutkin, kun oli minua torstaina tavoitellut. Menin leimikkoasiaan ja kuulin, että ”linkkariyhtiö” oli jo tehnyt siitä tarjouksen.
– Arvasin, niillä on kova kysyntä puista nyt, minä sanoin.
– Niin näyttää olevan, mutta minä en periaatteessa myy niille, jos muita on.
– Onko siihen jokin syy?
– Ne puhdisti niin monien asutustilallisten metsät puolenkymmentä vuotta sitten halvan hinnan aikana ja nyt ne tilalliset on vaikeuksissa.
– Niin, minullakin on siitä tietoa. Olin silloin ajamassa niitä leimikoita jäälanssiin. Nyt hinnat on yli kaksinkertaiset.
– Minä en myynyt, vaikka metsähoidollisesti olisi ollut järkevääkin.
– Sinä olet pärjännyt hyvin, nyt saat reilusti tuplatilin.
– Nytkin mietin, mutta jos ostan vanhuuden varalle kaksion kylältä.
– Siinä on järkeä, ja meillä riittää työtä kun sahataan ja höylätään niitä.
– Tuossa on leimikko ja arvio niistä puista, Niska-Matti sanoi ja antoi leimauspaperin.
– Tämä on ihan iso ja hyvä leimikko, sanoin katsellessani paperia. Menin sen läpi tarkemmin ja laskin, mitä siitä voi tarjota. Panin asiat hankintasopimukselle, näytin isännälle ja kysyin, miltä ehdotus näyttää.
– Ihan hyvältä, täytä vaan loppuun se lomake.
– Miten tuo maksu, onko sinulla kiire rahalla?
– Ei ole, voit maksaa miten sinulle sopii.
– Panen normaalin maksuajan ja jos menee yliajalle, niin sille koron.
– Sopii hyvin, vaikka ilman sitä korkoakin.
– No pannaan kuitenni, kyllä se on kohtuullista. Siinä se sopimusluonnos on.
– Mihin kohti pannaan nimi?
– Tuohon myyjän paikalle ja minä panen ostajan paikalle.

– Me lähdemme pojan kanssa tekemään sitä heti.

– Me tullaan Erkin kanssa mittaamaan kun tienvarressa on muutama sata puuta.

– Parin viikon päästä arvioisin, mutta minä soitan sitten.

Talon emäntä oli laittanut kahvit keittiön pöydälle. Menimme juomaan ja juttu kääntyi alueen kokemiin muutoksiin. Joka kolmannella tilalla oli pantu pellot pakettiin ja osa miehistä oli kortistossa. Muutamasta talosta oli lähdetty Ruotsiin töihin. Totesin minunkin kotitalon peltojen olevan paketissa, sillä isän kuoleman jälkeen ei ollut jatkajaa löytynyt. Kahvin jälkeen hyvästelin talonväen ja palasin Sahatuotteelle.

Toimistossa oli vielä edellisen viikon asioita, jotka kävin läpi. Ovi- ja ikkunatarjous, töiden kysyjä, tukin hinnan tiedustelija. Menin läpi ne laput, joissa oli puhelinnumero ja soittopyyntö. Hoidettuani ne menin Seijan luo ja kysyin, miten kassanhoitaja on selvinnyt.

– Tähän asti on mennyt hyvin, hän sanoi. – Tavaraa on mennyt ja raha on kiertänyt.

– Tuohon mökintekoon pitäisi saada halli ja koneet. Kauppaakin on jo malliksi. Kestääkö hankkia?

– Ilman lisärahoitusta ei. Niille pitää saada oma rahoitus.

– Onko ne aikaisempiin investointeihin haetut saatu sisään?

– On saatu, mutta sehän oli laihialainen jo haettaessa.

– Niin oli, ei siinä mitään löysää ollut, simuloitu jo lähtiessä tiukaksi.

– Tee suunnitelma, niin pannaan rahoitushakemukset menemään. Ei se ota jos ei annakaan.

– Ei kai ne entisiä vie, jos ei lisää annakaan, totesin. – Se on tämän homman varjopuoli, kinuta lisää rahaa.

– Niin, mukavampi olisi vähän liian kanssa pollistella.

– Oppii siinä lakin pyöritykseen. Mutta minä suunnittelen niitä ja katsotaan sitten.

Viimeiset pienet hirret oli Olli höylännyt ja ne oli siirretty salvamispaikalle. Kävin timpurin puheilla kysymässä, minkä kokoisen mökin niistä saa? Hän sanoi, että semmoisen 25 neliötä, missä on saunakamari, pesuhuone ja sauna, kyllä siihen vähän terassiakin saa.

– Tee sellainen kuin saa ja anna mitat minulle, niin käyn pilarit panemassa paikoilleen viikonloppuna, minä sanoin ja palasin toimistolle.

Puhelin soi, Seija vastasi. Miten se voi olla mahdollista, kuulin hänen sanovan. Höristin korviani, nyt on jotain erikoista menossa. Tiesin Manun eilen lähteneen viemään kuormaa Nilimalle Norjaan ja päättelin jotain sattuneen. Ei voi olla totta ja sinä et pääse mihinkään jos ei makseta sitä summaa. Yhdeksäntuhatta kruunua. Sinulla on tilinumero ja minne se maksu menee. Minä otan ylös, odota vähän, kuulin Seijan sanovan. Ei kai siinä muu auta kuin maksaa, niin pääset lähtemään, olivat viimeiset kommentit. Puhelu loppui.

– Onko Manu siepattu vai mistä on kysymys?

– Ei aivan, mutta oli yöllä jäänyt nukkumaan autoon ja aamulla herännyt ja nähnyt kun poliisit kiersi kuormaa mittakepin kanssa. Hän oli mennyt ulos ja poliisit oli pyytänyt sisälle. Siellä oli joku selittänyt suomen kielellä, että kuormassa on Norjan lakien mukaan puolet liikaa painoa. Manu oli ihmetellyt ja sanonut, ettei ole tiennyt, että siellä olisi eri määräykset kuin Suomessa. Jaa, jaa, oli kommentoitu, pitäisi tietää kun täällä ajaa. Siitä tulee 9000 Norjan kruunua sakkoa ylikuormasta, eikä autoa saa liikuttaa, ennen kuin sakko on maksettu. Nyt pitää lähettää pikamääräyksenä se raha.

– Saisihan se sieltä Nilimalta sekin, mutta niillä ei taida olla vastata siitä rahasta.

– Niin ja kun sitä kuormaa ei saa liikuttaa, ennen kuin maksaa.

– Onko sinulla millä maksaa?

– On, minä lähden hoitamaan, niin poika pääsee paniikista.

– Oliko Manu pahasti paniikissa?

– Ei, mutta kysyi, menenkö heti maksamaan ja lupasin mennä.

– Hyvä, ettei ollut kaapattu kuitenkaan.

Lauantaina menin BM Volvolla Livon tontille. Kauhassa oli perustuspilareita tarvittava määrä. Aloin tasata tontin pieniä epätasaisuuksia. Hiekkamaata oli helppo tasoitella ja muotoilla saunamökin pohjaksi. Seijan oli puhe tulla puoliltapäivin ja hänellä olisi mittakuvat pilareista sekä pitkä mitta, vesiletku ja lapio. Odotellessani työntelin rantatöyrästä loivemmaksi jokeen. Samalla tuli hiekkaranta hyväksi uimapaikaksi. Tunsin työn iloa parhaimmillaan näissä hommissa. Eikä ihme, sillä näitä töitä olin tehnyt poikasesta asti kotitalon traktorilla. Sain rannan valmiiksi ja nyt vasta huomasin, etten ollut pannut aamukahvin jälkeen mitään suuhun. Pysäytin koneen ja otin termospullon, kaadoin kahvia korkkiin ja nautin olosta, säästä ja kahvista.

Kohta Seija tuli ja aloimme mitata pilareiden paikkoja. Ensin nurkkapilarit ja niiden ristimitta tarkistettiin ja passattiin kepit oikeisiin paikkoihin. Sitten mitattiin ja merkittiin välipilarin ja terassin pilarin paikat, minkä jälkeen lapioin pilareiden montut. Tässä työssä huomasin kuntoni rapistuneen, kun aina vähän väliä piti seisahtua ja pyyhkiä hikeä. Pilareiden paikat oli kaivettu ja mittakepin sekä vesiletkun avulla vaakittu tasalleen sekä pölkyllä tiivistetty. Sitten oli pilareiden asettaminen ja vielä mitalla niiden paikkojen tarkistus. Lopuksi pilareiden sivujen täyttäminen hiekalla. Livon mökin perustus oli valmis. Seija lähti päästämään kotimiehenä olevan postineidin kotiin ja minä köröttelin BM Volvolla Sahatuotteelle ja sieltä autolla kotiin.

Elettiin syyskesää. Myynti ja toimitukset olivat menneet kohtalaisen hyvin. Kassa oli pysynyt tasapainossa ja muutoinkin tilanne oli vakiintunut. Mökkihallia olin luonnostellut sillä tietämyksellä, jota oli kertynyt kesän toimitusten aikana. Norjaan oli pienet mökit toimitettu, ja Livon mökki oli rakennettu ja muutama kerta oli siellä saunottukin. Mökkihallin suunnittelun olin antanut Syväniemen tehtäväksi. Nyt arvioin sen kustannuksia. Halli tulisi hiekkamaalle. Paikan tasaus ja perustus oli teolleen helpoimmat mahdolliset. Rakennus kuuden tuuman rungolle, ulkopuolelle pelti vinolaudoituksen päälle. Vuorivillaeristys, kosteussulku, harva vaakalaudoitus ja sisustuslevy. Kaksi isoa ovea ja sivuseinien yläosaan ikkunarivistö. Kattokannattajat naularistikoilla, alapuolelle höyrysulku ja harva laudoitus. Eristeet päälle ja vesikattoon pelti. Karkean luettelon mukaan laskin tarvikkeille hinnat ja arvioin työn osuuden.

Koneistuksena olisi jyrsin, joka tekisi lämpönurkan, mittavasteellinen pöytä, katkaisusaha ja porayksikkö. Ristikoiden valmistamiseen säädettävä pöytä ja naulaimet. Puruimurit ja hirsinippujen siirtovaunut. Laskin kustannusarvion, josta tuli isompi kuin tähänastiset investoinnit yhteensä.

Tarkistin hintoja, mutta budjetti ei siitä paljon muuttunut. Siinä se on, vaikka miten lasken. Tähänastiset investoinnit on tehty melkein talkoilla ja käytetyt koneet kerätty pitkin Ruotsia. Siksi tämä näyttää niin isolta aikaisempiin nähden, ja näillä numeroilla pitää Seijan kanssa alkaa suunnitella rahoitusta.

T-lomakkeet täytettiin niillä investointikustannuksilla, joita olin laatinut. Tavoitteena oli hakea kasvua mökkimyynnistä. Käyttöpääoma laskettiin niillä pääoman sitoutumisilla, joita oli kuluneena vuonna ollut. Investointiin ja käyttöpääomaan tarvittiin puoli miljoonaa markkaa rahoitusta. Nyt laskelmia ei tehty "laihialaisittain" eikä pääoman sitoutumisia "simuloitu" näyttämään pienempää kuin ne normaalitoiminnassa olivat. Siksi tämä rahoitustarve oli niin iso. Mistä rahoitus saadaan? Hakemukset on suunnattava niille rahoittajille, jotka olivat rahoittaneet tähänkin asti: paikallinen pankki, Kera ja KTM. Lähdin esittelemään rahantarvetta pankkiin. Olin kolmatta kertaa sillä asialla ja istuin Paloniemen oven takana odottamassa vuoroa. Vihreä valo syttyi ja menin sisälle, tervehdin ja sanoin, että meillä Sahatuotteella on jälleen lainan tarvetta, koska olemme laajentamassa mökkien valmistukseen ja siihen rakennamme hallin ja koneistuksen. Investointi on puoli miljoonaa markkaa. Ojensin investointiluettelon ja T-lomakkeet Paloniemelle.

– Vai sillä tavalla, se on aika iso laajennus.

– Se on isompi mitä tähän asti on investoitu.

– Niin näkyy olevan. Mikä olisi pankin osuus?

– Pankilta 200 000 ja Keralta saman verran, loput on avustuksia KTM:ltä.

– Tämä menee meidän luottorajan yli ja joudumme pyytämään keskuspankista yritystutkimuksen.

– Pitkäänkö sellainen vie aikaa?

– Ne tulee kyllä aika pian, luulisin viikon sisälle.

– Mikä siinä, pyydä käymään, niin saadaan se tutkimus ja voidaan aloittaa.

– Siitä on hyötyä yrittäjälle myös. Niillä on näkemystä ja useiden vastaavien yritysten tiedot, mihin vertaavat suunnitelmia.

– Sehän on hyvä. Jään odottamaan ja ilmoita kun tulee, tiedän olla paikalla.

Pankista tultuani tein sahalla kierroksen. Hommat näyttivät sujuvan hyvin. Mökkihallin paikalla oli merkit nurkkien kohdalla pystyssä. Toivottavasti ennen pakkasia ja lumen tuloa saamme halliin katon päälle. Hirren pätkiä oli lähellä paikkaa, missä tähän asti oli mökkihirsiin salvoksia tehty. Sahalla oli mäntytukkien sahaus menossa. Höylällä oli raakaponttien höyläyserä, joka meni paikalliselle rakennusliikkeelle. Olin tyytyväinen näkemääni ja menin toimistolle. Seija kysyi, miten pankissa oli mennyt. Sanoin, että lainahakemus ylitti Paloniemen valtuudet, joten yritystutkija tulee tutkimaan hanketta.

– Mitä se tutkii?

– Hankkeen rahoituskelpoisuutta. Siitä on hyötyä kuulemma yrittäjälle myös. Tulee mahdollisesti viikon päästä. Odotetaan Keran ja KTM:n hakemuksien kanssa, ei panna vielä menemään.

– Meinaatko, että jos ne ei suosittele rahoitusta, niin luovut hankkeesta?

– En luovu, vaan haetaan sitten Keralta enemmän lainaa.

Paloniemi soitti parin päivän päästä, että yritystutkija tulee maanantaiaamuna. Lupasin olla paikalla. Pitäisikö meidän hieman siivota paikkoja, ajattelin. Antaa se myönteisemmän vaikutuksen. Nykyinen mökkihirsien salvosten tekopaikka saa olla, niin näkee ainakin, että rakennuksen ja paremman tekniikan tarvitsemme.

Viikonloppuna pidimme siivoustalkoot alueella ja työpisteissä, ja maanantaiaamuna varasimme pullaa ja pikkuleipiä kahvin kyytipojaksi. Olin pannut aamulla puhtaan paidan ja farkut päälle. Odotin tutkijaa kopioidut mökkiesitteet pinkassa ja T-lomakkeet pöydällä. Kymmenen maissa tutkija tuli liituraidoissa. Menin ulos vastaan, tervehdin ja toivotin tervetulleeksi. Hän tervehti, esittäytyi ja kysyi, voimmeko aluksi tehdä kierroksen kentällä. Menimme ensin sahan vastaanottopäähän. Hän totesi, että vuorossa oli kuusen sahaus.

– Sitä menee Norjaan mitallistettuna kahdelta kantilta, sanoin.

– Mitä ne maksaa siitä?

– Viisisataa markkaa kuutio sinne vietynä ja laatu on läpisahattua.

Hän ei kommentoinut vaan osoitti, että lähdetään eteenpäin. Siirryimme höyläämön vastaanottopäähän, katsoimme siellä hetken ja jatkoimme matkaa tarhalle ja kuivaamon kautta toimistoon. Kysyin, maistuisiko kahvi.

– Kyllä kiitos. Onko täällä muuta teollisuutta kuin tämä saha?

– Poronlihajalostamo ja leipomo, siinä ne suurimmat.

– Sille jalostamolle näkyi raaka-ainetta tuolla tielläkin juoksevan.

– Niin varmaan, niitä saa hiukan varoa, niillä on etuajo-oikeus.

– Vai niin, ja paljonko leivänsyöjiä täällä on?

– Vähän toistakymmentätuhatta asukasta.

– Eli leipomon tuotteille on kysyntää.

– On ja tämä leipomo vie Ouluun joka päivä kuorman ja parhaina päivinä kaksi.

– Eli raaka-ainetta toisella ja asiakkaita toisella, mutta millä vahvuuksilla Sahatuote meinaa pärjätä?

– Meilläkin on raaka-aine omasta pitäjästä ja ahkeria työntekijöitä.

– Kovin suuria työllistäjiä yritykset ei kuitenkaan ole.

– Ei vielä, mutta tässä niitä työpaikkoja tulee kun saadaan rahoitus.

– Minulla on nämä hakemukset, sain Paloniemeltä. Näiden mukaan nyt on menossa neljäs vuosi ja sinä olet yrittäjä. Minkälainen koulutus sinulla on?

– Kansakoulu, maamieskoulu ja sahaajakisällitutkinto.

– Minkälainen työkokemus ennen tätä työtä?

– Rippikoulun jälkeen maatalon töissä ja myllärinä, armeijan jälkeen kuorma-autoilijana neljä vuotta, sitten alkoivat nämä sahahommat.

– Näistä kolmesta vuodesta ei voi vielä todeta muuta kuin että esimerkiksi Current ratiolla mitattuna toiminta on toimialan keskiarvoa heikompaa.

Mitähän tuo tarkoittaa? Kurreja kiusattiin kyllä poikasena ja ratiota kuunneltiin, mutta mitä se tähän kuuluu? En kehdannut sitä kysyä, mutta tiedustelin, mikä toimialan keskiarvo oli, ja sain kuulla sen olevan lähempänä kahta.

– Mikä se meidän Curre oli?

– Se on neljän paikkeilla ja minkäänlaisia puskureita ei ole. Mikäli kysyntä loppuu, niin heti on vaikeuksia.

– Totta kai jos kysyntä loppuu, niin kelläpä ei olisi vaikeuksia. Mitä ne puskurit on?

– Monella sahalla on kertyneitä varoja puskureina tai omia metsiä. Jos suhdanteet heikkenee, niin eivät heti ole kontallaan.

Minulla tuli mieleen kontallaan olo pankissa ja auton puskurit, mutta yritin johdattaa oleellisempaan ja kerroin, että on kysyntää ollut, kun sahatavara viedään melkein käsistä paikalliseen tarpeeseen ja Norjaan, missä kävin yksillä messuilla, ja myyntimatkalla myytiin kymmenen mökkiä.

– Missä te olette tehneet ne mökit?

– Tuossa kentällä ja halkosirkkelin akselista tehdyllä salvoskoneella. Tähän mennessä kolmetoista mökkiä on tehty, vaikka ei ole aloitettukaan vielä.

– Joka tapauksessa näiden tunnuslukujen valossa ja kilpailutilanteen huomioiden, ei näytä hyvältä.

– Minusta tämä näyttää mahdottoman hyvältä. Jos tunnusluvut alan vanhoilla yrityksillä näyttää paremmilta, niin tämä on hyvä toimiala. Paranee ne meilläkin kahdessakymmenessä vuodessa.

– Niillä on usein paremmat resurssit ja koulutettu henkilökunta. Tässä ennusteessa on kasvua aika lailla ja on oletettavaa, että pääomaa sitoutuu lisää ja tunnusluvut heikkenee vielä eli Current ratio menee viiteen, ja silloin on vaikeaa selvitä, jos suhdanteet heikkenee.

– Sahaajan kisällitutkinto ja merkonomin paperit on, ja niin hyvät työntekijät, että mennään läpi harmaan kiven, sanoin jo vähän kyllästyneenä. – Se on sama kun ajaisi autoa peruutuspeiliin katsomalla, kun kolmen tilinpäätöksen perusteella katsoo tulevia vuosia.

– Tämä teidän luottohakemus on isompi mitä tähän mennessä olevat luotot yhteensä. Näistä olette selvinneet juuri ja juuri, mutta lisärahoitus voi tuoda vaikeuksia. Tiedän sen kilpailutilanteen, se on kireä.

– Minä olen tehnyt kolmetoista mökkikauppaa enkä ole tavannut vielä kilpailijaa, se on huono tilanne, kilpailu piristäisi vähän.

– Kyllä meillä on täällä Pohjois-Suomessakin asiakkaita ja tiedämme kilpailutilanteen.

– Minä en usko, ettei mökin myynnillä ja teolla pärjää. Ne kilpailijat, joiden tekemistä olen käynyt katsomassa, ei tiedä kaikkea, millä voi kilpailla. Meillä on kehitetty moduulimittainen hirsijärjestelmä, joka tuo merkittävät kustannussäästöt valmistuksessa. Meillä on toimitettuna ensi vuoden loppuun mennessä sata mökkiä, sanoin vastineeksi tähän masentavaan jankutukseen.

– Miten sinä poikaparka meinaat pärjätä, kun ei vanhat tekijätkään tahdo pärjätä? yritystutkija sanoi.

En vastannut enää mitään, katsoin vain kun mies pakkasi laukkuaan. Tiesin tutkimuksen päättyneeksi ja lopputuloksen myös. Älyäisi nyt lähteä, ennen kuin annan vauhtia. Näin pohjoiseen ei saisi tuollaisia liituraitapellejä päästää. Hyvästely oli muodollinen ja ajattelin, että se sai olla minulle viimeinen hänen kanssaan.

15

Iltapäivällä menin kahvitauolla miesten luo ja kerroin, että yritystutkijan arvion mukaan täällä ei kannata mökkejä tehdä. Kilpailu on kuulemma niin kovaa, ettei tahdo vanhat osaajatkaan pärjätä. Minä olin toista mieltä ja kysyin, mitä he meinaavat, jos lauantaina valetaan mökkihallin perustus.

– Saatko tavaroita hommattua siihen mennessä? joku kysyi.

– Saan, jos saan miehiä valamaan. Timpuri tekee sokkelilaudoituksen ja raudoituksen tällä viikolla ja minä hommaan sementin, soran ja betonimyllyn.

– Kyllä löytyy, ainakin kolme miestä ja sinä voit olla kärrärinä, Oiva vastasi.

– Kahdella myllyllä jos tehdään, niin pitäisi olla vielä yksi.

– Minä voin tulla, Hente sanoi.

– Sovitaan niin, lauantaina kahdeksalta.

Lauantaina oli valuporukka paikalla. Timpuri oli laittanut sokkelilaudoituksen ja raudoituksen. Hän oli tullut myös valutöihin hämmentämään ja tasoittamaan massaa. Kaksi myllyä, kahdet kärryt ja neljä miestä. Tartuttiin innolla työhön. Tässä on yksi meidän kilpailukykytekijä: silloin kun päätetään, niin tehdään myös. Puolilta päivin pidettiin tauko ja valu oli jo yli puolen välin. Syötyämme teimme sen loppuun ja lähdimme kotiin.

Viikonloppuna lähdimme saunamökille Seijan ja lasten kanssa. Soitin lähtiessäni Jussille, että lähtekää tekin retkelle. Paistetaan makkaraa ja parannetaan maailmaa. Sain Jussilta ehdollisen lupauksen lähdöstä: Tullaan jos päällikölle sopii. Saunamökki ei ollut vielä valmis, mutta saunassa oli kiuas paikoillaan ja siinä oli jo kylvetty. Panin varalta saunan lämpiämään, jos joku innostuu saunomaan ja uimaan. Lapset olivat usein halunneet uida ja saunoa. Kohta Jussi ja Irma saapuivat lapsineen.

– Milloin tuo on nostettu pystyyn?

– Luulitko että talkoisiin pääset?

– Luulin että kurkihirren nostoon tarvitset apua.

– Tätä on iltaisin rakenneltu ja tässä ei ole kurkihirttä. Ota rennosti vaan.

– Kuorilleen tämä näyttää olevan kopillaan.

– Niin kuorilleen, mutta kesken tämä vielä on. Juttukaveria minä paremminkin.

– Ei ole juteltukaan muutamaan viikkoon. Mitä sitä kuuluu?

– Viikolla kävi yritystutkija sahalla eikä se uskonut ollenkaan yrityksen laajennushankkeeseen. Vertasi tähänkin mennessä ollutta toimintaa toimialalla oleviin jollain Current ratiolla.

– Mikä se semmoinen Current ratio on?

– Tunnusluku, mikä kertoo, meneekö hyvin vai huonosti. Meillä on mennyt niin huonosti, ettei uskonut mökkihomman parantavan menestystä vaan pahentavan.

– Jopa oli viisas kaveri, Jussi tuumasi. – Tunnusluvuthan on kymmeniä vuosia toimineista alan yrityksistä.

– Minä sanoinkin, että sittenhän tämä on hyvä toimiala. Jos toisilla on mennyt paremmin, niin varmaan kohta meilläkin.

– Mitä se siihen meinasi?

– Miten sinä poikaparka meinaat pärjätä, kun ei vanhat osaajatkaan tahdo pärjätä.

– Se piti sinua poikasena, siinä se oli. Ne on viisaita kavereita, pitäisi olla vähän ikää enemmän ja koulutusta. Sanoko se kuinka vanha ja suuri herra se oli?

– Metsänhoitaja, liituraitapuvussa, paljon papereita, mutta ei se niin vanha ollut, meitä vähän vanhempi ja oikein Helsingistä tuli.

– Sekin vielä. Etkö tiedä, että kehäkolmosen ulkopuolella ei sieltä katsottuna ole mitään mahdollisuutta.

– En minä tuotakaan tiennyt, mutta kohta se nähdään. Valettiin mökkihallin perustus eilen.

– Vaikka selvästi kielsi sen se metsänhoitaja?

– Minä en usko tuommoisiin liituraitapelleihin. Olen käynyt muutamilla hirsitehtailla ja nähnyt, missä ne on hyviä ja missä huonoja.

– Meinaat olla parempi, missä ne on huonoja, ja ottaa niiden hyvät asiat käyttöön.

– Niin justiin, sinä sen sanoit.

Noustiin nurmikolta, kun kuului kutsu, ja mentiin saunamökin terassille, minne Seija oli kattanut kahvit. Lapset olivat omissa leikeissään. Kaksi vanhinta lasta oli kummallakin saman ikäiset ja niillä käytti leikki keskenään. Kahvipöydässä Jussi kysyi, miten aioin rahoittaa mökkihomman. Vielä en osannut sanoa, mutta uskoin jonkun ratkaisun löytyvän. Jussi kehotti kysymään toisesta pankista.

– Katsotaan nyt, minulla on kaikki asiat siinä pankissa ja tähän saakka se on pelannut. Viimeksi haettiin laihialaisittain ja saatiin mitä pyydettiin. Nyt niissä hakemuksissa oli vähän reilusti haettu.

– Vyötä tiukemmalle ja löysät pois, niin ne voisi antaa pienemmän rahoituksen ilman noita lausuntoja.

– Paloniemi kutsuu käymään kun saa lausunnon ja sitten se nähdään.

Asia oli käsitelty. Vaimot tulivat terassille. He olivat kuulleet keskustelumme, ja Seija totesikin, että emme taida päästä irti arkisista asioista. Sanoin, että pitää ne käsitellä, se helpottaa hiukan.

– Ne menee niin kuin menee, ei niitä kannata setviä, Irma sanoi.

– Niin, meneehän ne jotenkin, mutta jos voi vaikuttaa niin vaikuttaa, Jussi totesi.

– Mikä teillä oli aihepiirinä? kysyin.

– Aihe joka ei teitä kiinnosta.

– Mistä sen tietää vaikka kiinnostaa.

– Kuuden vuoden kokemuksella voin sanoa, ettei kiinnosta, Seija totesi.

– Sinulla ei kuitenkaan ole tutkijan näkemystä tulevaisuudesta, tiedä vaikka alkaa kiinnostaa.

– Siihen ei tarvitse tutkimusta.

– Siinä olen samaa mieltä.

Jutustelu kävi yleisissä asioissa ja hiipui auringonlaskun kanssa. Alkoi tuntua kylmän väreitä. Lapset tulivat kysymään, milloin lähdetään. Kerättiin kamppeet ja ajettiin kotiin.

Maanantaina kävin katsomassa mökkihallin perustusta. Kuivanut oli ja illalla kannattaa ottaa muottilaudat pois, niin lähtee hyvin, ajattelin. Varalta pitää vyötä kiristää, joten käyn itse ne purkamassa. Kiersin tarhalla katsomassa, kertyykö sieltä jotain myytävää. Kuusilankut olivat menneet Norjaan saman tien kun kuormallinen kertyi. Mäntylankut olivat menneet Jabolle Ruotsiin. Oksattomia lautoja oli nuppikuormallinen, ne pitää panna Oulu Oy:lle.

Tiistaiaamuna olin Paloniemen luona kuuntelemassa yritystutkimuksen tuloksia. Tutkimuksessa oli arvioitu yrityksen kolmen vuoden historia. Lisäksi oli tarkasteltu mökkimarkkinoiden kilpailutilannetta. Arvioinnissa oli otettu huomioon myös meneillään oleva suhdannetilanne, ja toimintaa oli verrattu alan keskiarvoon tunnuslukujen valossa.

– Edellä olevien perusteella ei suositella hankkeen rahoittamista, Paloniemi totesi.

– Miten se on mahdollista, kun minusta näyttää kaikki niin hyvältä? Mökkihallin perustuskin valettiin lauantaina.

– Viime lauantaina?

– Lauantaina valettiin. Sinähän sanoit, että siitä yritystutkimuksesta on hyötyä yrittäjälle. Hän sanoi, että alan Current ratio on parempi, niin me lähdettiin heti tekemään perustus mökkihallille.

– Jaa, niin sanoin, mutta mistä siihen rahoitus löytyy?

– Kyllä se jostakin löytyy, hyvään tarkoitukseen aina löytyy. Minusta meillä on mahtava tulevaisuus edessä, sitä ei vaan Helsingin kuvakulmasta nähdä.

– Kyllä täällä työpaikkoja tarvitaan, Paloniemi sanoi ja pani tutkimuspaperit syrjään.

– Me ollaan niin innoissaan mökkihommasta. Moduulimittaisella hirsijärjestelmällä saamme tehtyä mökkejä viidenneksen edullisemmin kuin muut.

Paloniemi kiinnostui asiasta, ja minä kerroin tarkemmin Syväniemen kehittämästä rakennustavasta. Paloniemi kysyi, olinko tuonut nämä asiat myös tutkijalle tietoon. Olin tuonut, mutta vastaanotin oli ollut kiinni.

– Pärjäisitkö sinä 100 000 markalla ja saisitko kymmenen nimeä sille takaajaksi?

– Kyllä sillä halli saadaan pystyyn, mutta se on iso joukko takaajiksi.

Paloniemi sanoi, että jos saisin takaajat, hän koettaa viedä lainan johtokunnassa läpi. Lupasin yrittää, sillä hyvään tarkoitukseen laina tulee. Olin jo ovella menossa, kun Paloniemi kysyi, halusinko tutkimuksen mukaani. En halunnut, sillä jos luen sen, takaajat jäävät kysymättä.

Menin toimistolle ja kerroin Seijalle pankinjohtajan kanssa käydyn keskustelun. Nyt ei auttanut muu kuin kysellä kymmenen takaajaa. Seija muistutti energian tarpeesta niin isossa urakassa, joten käytiin ensin syömässä, sitten aloitin soittokierroksen suunnittelun. Aluksi soitan tutuimmille, jotka varmimmin lähtevät takaajiksi. Sukulaisia voisin pyytää ensin. Heistä voisi kertyä puolet. Sitten laskin muutamat autoilijat. Sen jälkeen en oikein löytänyt enää ketään. Ensimmäisen puhelun otin tädilleni.

– Timo soittaa täältä sahalta, hyvää päivää!

– Päivää, päivää, mitä sinulle kuuluu? Et ole käynyt moneen viikkoon.

– En ole, pieniä kiireitä on pitänyt.

– Se sahahommako niitä kiireitä pitää?

– Sekin ja kaikenlaista itse tehtyä. Nyt meinaan mökkejä alkaa tekemään ja sitä olen suunnitellut.

– Hirrestä vai laudoista? täti kysyi.

– Hirrestä, mutta niiden tekemiseen pitää rakentaa halli ja hankkia koneistus.

– Hirrestä ne ennen talotkin tehtiin, kestää sukupolvia.

– Niin tekee, mekin on muutamia jo tehty, mutta investoida pitää kun alkaa teollisesti tehdä.

– Onko iso investointi?

– Halli maksaa ainakin satatuhatta markkaa, tehtiin sille jo perustus mutta nyt pitäisi ottaa lainaa, että saadaan rakennus päälle.

– Oletko jo kysynyt lainaa?

– Olen ja kyllä sen saa, mutta pitää saada kymmenen takaajaa. Sillä minä vähän soitinkin, että tohditko lähteä yhdeksi takaajaksi?

– Tohdin ja kerran isällesikin olin pienen autolainan takaajana, täti sanoi.

– Se olisi kyllä hyvä, kun niitä pitää olla niin montakin. Kun olen kaikki saanut, niin soitan – Kyllä vain, soita niin käyn sitten panemassa nimen.

Siellä ainakin oltiin hyvän asian puolesta, minä ajattelin puhelun jälkeen. Mieleen juolahti sekin, että täti oli varmaan ollut takaajana silloin, kun setäni ei ollut lähtenyt isääni takaamaan. Seuraavaksi soitin äidille, ja hän oli varauksetta panemassa nimensä. Sitten soitin nuoremmalle enolleni ja kerroin hankkeestani, lainasta ja kymmenen takaajan vaatimuksesta.

– Vieläkö sopii joukkoon? eno kysyi.

– Sillä asialla minä vähän soitankin, mutta kun ei tahdo viitsiä pyytää.

– Minua ei tarvitse pyytää, minä pyydän päästä, jos vielä sopii.

– Toki sopii, on se niin vihonviimeistä hommaa, mutta muuten ei lainaa saa.

– Kyllä sitä on pitänyt autonostovaiheessa minunkin pyytää takaajaa. Tiedän sen pyytäjän osan.

– Hyvä kun lupauduit. Olit pojan kanssa tapuloimassa lautoja toissa kesänä.

– Niin oltiin, se oli terveellistä jumppaa ja vaihtelua jatkuvaan autossa istumiseen.

– Siinä se jälkipolvi saa tuntumaa ruumiilliseen työhön.

– Ilmoita vain missä ja milloin nimi pannaan, enoni sanoi.

– Kiitos paljon, ilmoitan kun saan kaikki tietoon, hei vaan!

Minulla oli monet mukavat muistot enosta. Hän asui mummilaa perheensä kanssa. Usein ukin eläessä olin siellä kesälomalla käymässä. Nukuin ukin ja serkkupojan kanssa aitassa. Illalla kisaillessamme ukki toimitti, että no, no pojat, nukutaan nyt. Kun ukki alkoi kuorsata, jatkoimme kisailua. Ukki heräsi ja sanoi: no, no pojat, nukutaan nyt. Joskus se toistui monta kertaa, mutta lopussa uni valtasi meidätkin.

Soitin Seijan vanhimmalle veljelle samalla asialla. Sieltä tuli heti vastaus, että sopii, ilmoita vain, milloin käydään panemassa nimi. Jatkoin soittelua ja valitsin samoilla työmailla olleet

miehet Kippi-Jaskan ja Valtsun. Molemmat antoivat myönteisen vastauksen. Nyt oli kuusi tiedossa. Vielä neljä tarvittiin, mutta niiden miettiminen oli jo vaikeampaa. Toinen enoni voi vielä lähteä takaamaan, mutta hän on jo siinä ensimmäisessä lainassa. Olisiko muita? Kaksi kuorma-autoliikennöitsijää on, pyytäisinkö niitä? Lähden käymään siellä, niin voin selostaa asian. Ajoin isomman liikennöitsijän pihalle. Autot olivat tulleet ajosta, laskin niitä viisi kappaletta, vauraan näköistä oli muutenkin. Menin sisälle. Ensin vaihdettiin kuulumiset, sitten kerroin asiani.

– Asia sinulla on oikea, mutta minulla on vastuita niin paljon, että en voi lähteä muita takaamaan, liikennöitsijä sanoi.

– Hyvä kun sanot reilusti, niin minä kysyn muita. Neljä minulla on vailla.

– Kannatan asiaa, siinä tulee työpaikkoja ja niitä täällä tarvitaan, mutta pankit ei ota riskejä, sen osoittaa takaajien lukumäärä. Toivotan menestystä.

– Kiitos.

Toisen liikennöitsijän pihalla oli kaksi autoa. Menin kysymään isäntää. Ei ole kotona, mutta tulee tunnin päästä, käy sitten, emäntä vastasi. Lähdin ajamaan ja menin leipomon kahvilaan. Kohta Jussi ilmestyi pihalle kahville ja totesi, että minulla oli alahuuli pitkällä. Sanoin sen venyneen viimeisen tunnin aikana.

– Vastuksia vai muuten vaan murjotat?

– En oikein tiedä, Paloniemi lupasi rahaa ja minä olen adressia keräämässä. Viimeinen, jolle tarjosin nimen paikkaa, antoi rukkaset.

– Heh, heh, menet sinä kaikilta kysymään, minulta et ole kysynyt.

– Sinun luokse minä olin tulossa, neljä ainakin puuttuu, mutta voi olla kolmekin.

– Kuin ihmeen paljon niitä pitää olla?

– Kymmenen.

– Miksi sinä annoit sen helsinkiläisen tulla taloon? Ilman sen käyntiä olisit selvinnyt viidellä nimellä.

– Tarkemmin kun analysoin sitä lausuntoa, niin se oli hyvä. Koska vanhoilla yrityksillä oli mennyt hyvin, meilläkin menee kun opitaan.

– Niinkin sitä voi arvioida, mutta jos et saa rahaa, niin et pääse vanhojen seuraan.

– Sillä minä tätä adressia kerään, että pääsen.

– Lähetäänpä käymään tuolla leipomon isännän luona.

Kiersimme ulkokautta leipomon ja menimme toimistoon. Leipomon isäntä lajitteli papereita ja kääntyi hetken päästä meihin päin. Tervehdimme ja hän kysyi kuulumisia. Jussi vastasi puolestani, että minulla on tiedossa lisää leivän syöjiä, mutta pitää ensin saada lainaa 100 000 ja siihen kymmenen takaajaa.

– Semmoiseen seuraan jokainen voi panna nimen, isäntä sanoi.

– Hyvä, ilmoitan paikan ja ajan kun saan kaikki nimet tietoon.

– Lykkyä vaan, leivänsyöjiä se tietää lisää, isäntä sanoi.

Hyvästelimme ja palasimme baarin puolelle, missä Jussin kanssa joimme vielä neuvoa antavat kahvit. Kerroin, että yhtä en ole tavannut, mutta hän on nyt kotona, joten voisin varmaan soittaa. Jussi näytti, missä oli puhelin. Soitin toiselle liikennöitsijälle ja esittelin asiani. Hän vastasi rauhalliseen tyyliin, että hänellä oli vastuita niin paljon itsellä, ettei mielellään ota ulkopuolisia vastuita. Tyydyin vastaukseen ja toivotin selviämisiä. Palasin Jussin luo ja sanoin, että kolme nimeä puuttuu.

– Joko kysyt minun nimeä?

– Onko se käytettävissä adressiin?

– No, kun noin sievästi pyysit, niin kyllä.

Aikamme vielä rupateltiin niitä näitä, sitten oli jatkettava kierrosta. Kaksi nimeä vielä, tämä on kovempaa hommaa kuin muu yrittämisessä. Menin kotiin. Alkoi olla ilta. Luettelin Seijalle kahdeksan nimeä ja sanoin, että pitänee nukkua yön yli, sillä oli se niin hevosenleikkiä ja nöyryyttävää.

– Mietitään, eiköhän siihen joku ratkaisu löydy, Seija rauhoitteli.

Aamulla ajoin työmaalle ja huomasin kaksi tuttua kuorma-autoilijaa huoltoaseman edessä. Toinen oli Sahatuotteen ajossa osa-aikaisesti ja toisen kanssa olin monta vuotta ollut samoilla työmailla. Ajoin heidän viereensä, avasin ikkunan ja kysyin, mihin he olivat lähdössä, kun olivat niin lähtevän näköisiä.

– KTK:lle kuulostelemaan ajoja, toinen vastasi.

– Eikö sinulla ole tarjolla minulle ajoja?

Ensiksi vastannut oli laittanut korokelaidat ja ajoi meiltä sahanpurut Ouluun. Ajoa ei ollut jatkuvasti, mutta hän luotti, että saa jatkuvan ajopaikan myöhemmin.

– Ei ole vielä jatkuvasti, mutta jos tulee, niin kyllä pidän mielessä. Laajennus on mökkipuolelle suunnitteilla, mutta rahoitus on vielä auki.

– Oletko hakenut rahoitusta? toinen kysyi.

– Olen, mutta tiukassa näyttää olevan, takaajista on kiinni. Kymmenen pitäisi saada, kahdeksan minulla on tiedossa, mutta ei riitä.

– Tässä meitä on kaksi, kelpaako meidän nimet?

– Kelpaa toki, mutta ei tahdo enää viitsiä kysyä, tämä on kuin kerjäläisen hommaa.

– On tässä tarvittu nimiä itse kukin, tiedän miltä se tuntuu, mutta jos kelpaa niin missä ja milloin kirjoitetaan?

– Vaikka heti, jos lähdette kyytiin.

Niin molemmat autoilijat lähtivät mukaani. Ajettiin pankin eteen ja mentiin sisälle. Pyysin heitä istumaan, menin Paloniemen ovelle ja painoin nappia. Vihreä syttyi, menin sisälle. Tervehdin ja sanoin, että nyt minulla on kymmenen takaajaa. Luettelin kahdeksan nimeä ja kerroin, että lisäksi kaksi istuu oven takana. Paloniemi pyysi minua kutsumaan heidät sisään, niin tehdään paperit. Kävin vinkkaamassa miehet peremmälle. Odotimme. Kun paperit olivat valmiit, Paloniemi kääntyi ja tervehti takaajia. Sitten hän istuutui takaisin, kertoi lainan sisällön ja näytti, mihin allekirjoitukset tulevat. Minä panin ensin nimeni velallisen kohtaan, ja sitten molemmat takaajat omien nimiensä kohdalle. Operaatio oli suoritettu ja ilmoitin, että muut käyvät tämän viikon aikana panemassa nimensä. Hyvästeltiin, lähdettiin takaisin ja mentiin huoltoaseman baariin kahville.

Kahvia juodessamme kerroin tarkemmin mökkihallin suunnitelmasta. Mikäli kaikki menee niin kuin on tarkoitus, ajoja on entistä enemmän. Muisteltiin vielä menneitä. Olimme olleet monissa samoissa savotoissa. Viitostien työmaalla olin törttöillyt ajamalla unissani ja toinen kavereista kysyikin, olenko nykyään harrastanut unissa ajoa.

– En ole, silloin nuorempana oli paremmat unen lahjat.

– Oli se hurjan näköistä, kun yhtenä yönä lähdit minun takaa lastausjonosta ja sivulaidan rimat hipoivat minun lavaa. Vauhdilla lähdit painamaan Kuusamon suuntaan ja me jännättiin kaverien kanssa, että mihinkähän se nyt lähti unissaan. Edellisenä yönä otit kuorman päälle ja käännyit montun perälle päin, minä juoksin ja huiskutin kättä, että pysähdy. Kun pysähdyit, avasin oven ja sanoin, herää jo, menet väärään suuntaan. Sinä havahduit ja sanoit: Mitä nyt?

– Siinä savotassa tuli yritettyä ajaa enemmän kuin jaksoi. Se oli kevät tulossa ja sai ajaa kolmea vuoroa.

– Se oli hullu savotta. Suurempia vahinkoja ei onneksi sattunut, muutama ojaanajo vain.

– Sitä on tullut yritettyä enemmän kuin jaksaa, totesin.

– Muistatko sen Määttälänvaaran savotan? toinen kysyi.

– Muistan. Kilpa-ajoksi siellä meni. Cummis Sisulla ajanut kuusamolainen tuli kerran vastaan siinä yhdellä suoralla. Luulin että sillä joku naftaletku vuotaa, kun sivulta suihkusi tielle, mutta kun peilistä katsoin, niin hän seisoi astinlaudalla ja kuskin letkusta se suihkusi.

– Minäkin kuulin siitä, että se kaveri ei pysäytä autoa, vaan panee vaihteen vapaalle, avaa oven ja menee kynnysaskelmalle ja siitä söhkäisee.

– Ne kaverit sanoi, että hän on aamulla ensimmäisenä ja illalla viimeisenä kuormaa ottamassa.

Savottamuistelot oli käyty ja kahvit juotu. Kukin lähti omille askareilleen. Kiittelin kavereita, huiskautin kättä ja lähdin Sahatuotteelle. Kerroin Seijalle, että kaikki takaajat on tiedossa ja käyvät tällä viikolla nimet panemassa. Sitä investointisuunnitelmaa pitäisi vähän pienentää ja sitten panna Keraan ja KTM:ään hakemukset.

– Paljonko sitä pienennetään?

– Pienennä 50 000 ja lisää siihen Keran hakemukseen puuttuva osa. Saatko sinä "laihialaisittain" tehtyä sen.

– Enköhän, mietitään niitä ratkaisuja vielä sakilla. Puristetaan investointi rahojen mukaan.

16

Rahoitushakemukset oli lähetetty, ja mökkihalli alkoi nousta. Parin viikon kuluttua runkotolpat näkyivät jo Ranuantielle. Eräänä aamuna töihin tullessani ajoin meijerin sahan ohi hitaasti ja katsoin, alkaako sahanpurukasa lähestyä. Ei vielä ollut uhkaa. Tukkeja oli isot pinot mäen päällä ja sahatavaraa kentällä tapuleissa. Liekö tämän sahan tulo vaikeuttanut meidän lainan saantia? En usko, rauhoittelin mieltä. Ajoin takaisin ja käännyin Sahatuotteelle. Ensi vuonna tehdään mökkejä, ja meidän sahatavara menee isolta osin niihin.

Toimistossa aloin etsiä papereita mökkihallin koneistuksen suunnitelmista ja laskelmista. Nyt on kustannusarvio supistunut, joten jostain pitää tinkiä. Kaikki koneet ja laitteet tarvitaan, mutta voiko ne saada halvemmalla tekemällä osan itse? Pohdinta katkesi, kun sain puhelun laitetoimittajalta, jonka laitteilla olin linjan budjetoinut. Rautiala tiedusteli, joko hankinta on ajankohtainen.

– Ei ole vielä, hallinteko on alkanut, mutta linjaan ei ole vielä rahoitusta tiedossa.

– Nyt on hyvä aika tehdä hankintasopimus, ettei tule kiire viime tingassa, Rautiala kehotti.

– Miten se teidän tarjous koostuu? kysyin.

– Runko on putkipalkista ja laakeroiduista rullista muodostuva perusosa, jonka päällä hirsi siirtyy pään tasaukseen ja sitten molemminpuolisen salvoksen tekoon. Hirsi jatkaa radalla matkaa, missä porayksikkö tekee reiät. Mittavasteet tulee sivulta esiin osoittamaan, minne tulee seuraavat salvokset, samoin katkaisu. Ohjausyksiköstä annetaan käskyt kulloinkin työstettävän hirsikuvan mukaan.

– Tuleeko siinä lämpönurkka sen molemminpuolisen salvoksen teon yhteydessä samalla kertaa?

– Kyllä tulee ja työstökelkat toimii hydraulisesti, ensin loveus tulee ylä- ja alapuolelle hirttä ja sen jälkeen molemmille sivuille tulevat työstöt, missä tulee tila eristeelle.

– Tuntuu toimivalle linjalle. Miten se hinta? Onko siinä paljon Lapin lisää?

– Se on tiukka hinta.

– Hyvä kun soitit, mutta minä soitan kun olemme siinä vaiheessa, että on valmius jatkaa neuvotteluja.

– Hinnat voi nousta, joten kannattaa kiirehtiä.

– Niin varmaan, mutta rahaa te olette heti vailla, kun tilataan ja sitä meillä ei vielä ole, kiitos ja kuulemiin, sanoin ja laskin luuria alas. Luurista ehti kuulua vielä, että jos nyt tilaatte, niin neuvotellaan vielä hinnasta.

Ei kun ei, ajattelin. Olin puhunut Seijan veljenpojan kanssa linjan teosta. Antti oli valmistumassa yliopistosta koneenrakennuspuolelta ja oli kiinnostunut lopputyönään tekemään valmistuslinjan paikan päällä. Katsotaan, mikä on kustannusarvio siinä vaihtoehdossa.

Kaksi viikkoa kului, eikä Keraan jätetystä lainahakemuksesta kuulunut mitään. Soitin sinne ja kysyin, kuka tietää Sahatuotteen hakemuksesta. Oikea henkilö olisi ollut yritystutkija Petäjä, mutta hän ei ole sinä päivänä tavattavissa. Entä onko tietoa, joko hakemus on käsitelty ja onko siitä päätöstä?

– Hetkinen, minä katson viimeisessä kokouksessa olleet hakemukset.

Odottelin rauhassa. Kyllä se sama tutkija oli kuin edellisellä kertaa. Silloin myönteinen päätäs oli tullut viikossa ja kohta sen jälkeen myös KTM:n päätös. Siellä oli tutkijana joku Laine vai oliko se Laineli, minä yritin muistella, kunnes henkilö linjan toisessa päässä palasi. Hän kertoi, että hakemuksemme oli ollut esillä edellisessä kokouksessa, mutta siihen on pyydetty lisäselvityksiä kilpailutilanteesta.

– Keneltä? Kilpailijoilta vai meiltä?

– Sitä ei ole tähän merkitty, mutta voinko pyytää yritystutkija Petäjää soittamaan teille?

– Kyllä voitte, sanoin ja annoin numeron. – Kiitos, kuulemiin.

Lähdin tavanomaiselle kenttäkierrokselle tukkipinon kautta sahan vastaanottopäähän. Kysyin toiselta vastaanottajalta, miten menee. Hän myönsi, että välillä on kiirettä, mutta yleensä ehtivät vetää tavarat tapuliin. Joskus tulee pieni läjä ketjun päähän, mutta tauolla ne pannaan oikeisiin paikkoihin. Kehuin heidän työtään ja jatkoin höylälle, missä oli menossa syksylle ominainen A-paneelin höyläys. Kesän rakentajilla on sisustusvaihe meneillään, ajattelin ääneen höyläkoneen ulvonnan sekaan. Jatkoin mökkihallityömaalle. Kaksi miestä nosti runkolankkuja pystyyn. Kattoristikot oli tehty valmiiksi. Arvelin runkovaiheen olevan ensi viikolla valmiin, ja vuoden lopussa lienee linjan rakentaminen ajankohtainen. Pitänee Antin kanssa puhua asiasta. Palasin lautatarhan kautta toimistoon nähdäkseni, oliko jotain ylimääräistä kertynyt myytäväksi. Ei ollut, kaikille on menoreikä tiedossa, muistelin sovittuja kauppoja. Puhelin soi, soittaja oli yritystukija Petäjä. Hän arvasi, että asiani koski rahoitushakemusta.

– Mökkipuolen kilpailutilanteesta ollaan johtokunnassa oltu huolestuneita.

– Se on tosiaan huolestuttava, minä sanoin. – Minä olen tehnyt kaksitoista mökkikauppaa, eikä yhtään kilpailijaa ole tullut vastaan.

– Mutta onhan siellä kilpailijoita, etkö tiedä niistä?

– Tiedän, Kemi Oy:lle ajoin nelosseiskoja ja kävin kuorman purkamisen aikana katsomassa, miten ne niitä mökkejä tekee. Viikossa tekevät kymmeneen mieheen kaksi mökkiä, sanoin vähän liioitellen.

– Ne on hyvännäköisiä mökkejä mitä ne tekee, Petäjä vastasi.

– Niin on, siitä olen samaa mieltä, mutta isotöisesti ne niitä tekee, minä sanoin ja kerroin, mitä olin Kemin Oy:llä nähnyt. Kerroin myös Rantasalmen hienosta tehtaasta, missä oli tekniikkaa ja tiloja mutta mökkihirret olivat joutuin kasvaneesta puusta, melkein läpi näki halkeamista.

– Tämä kilpailutilanteen selvitys koskee myyntitilannetta. Poljetaanko siellä hintoja? Petäjä kysyi.

– En ole yhtään polkijaa nähnyt, kauppa on tehty aina kun on mökkejä kysytty.

– Meidän johtokunnassa pelätään, että lisäkilpailijoiden rahoitus johtaa epäterveeseen kilpailuun.

– Kilpailu piristää! Kaikkien tulee tarkastella omia menetelmiään. Meillä on kehitetty moduulimittainen hirsijärjestelmä ja kattorakenteet, millä tehdään viidennes edullisemmin kuin vastaava mökki kilpailijoilla. Lisäksi meillä on hitaasti kasvaneet hirret, niistä ei näy läpi.

– Minä vien tämän hakemuksen uudelleen käsiteltäväksi näillä lisätiedoilla.

Hyvästeltiin ja toivoin suosituksia, jotta hakemus menisi läpi. Suosituksesta en saanut lupausta. Petäjä kommentoi vain, että sitten nähdään, miten käy.

Viikko vierähti ja KTM:n investointi- ja käynnistysavustushakemuksesta tuli myönteinen päätös. Päätös oli maksimiavustusmäärillä myönnetty. Kyllä sieltä kohta Kerastakin tulee myönteinen päätös, ajattelin. Viimein soitin yritystutkija Petäjälle ja kysyin, joko Sahatuotteen rahoituspäätös on käsitelty. Petäjä kertoi, että käsitelty on ja kielteinen päätös tehty. Ihmettelin, miten se oli mahdollista.

– Minäkin sitä odotin, että se tulisi myönteisenä, Petäjä sanoi ja kertoi kuulleensa yhden johtokunnan jäsenen perustelleen kielteistä päätöstä sillä, että ei haluta luoda epätervettä kilpailutilannetta.

– Silloinko se on epäterve kun sitä ei ole? minä ihmettelin. – Pelko se on niillä, joilla ei ole kilpailukykyä, ne joutaa hevonkuuseen, sanoin jo vähän tuohtuneena.

– Valitan, voitte tietenkin hakea uudelleen, mutta perustelkaa niillä kilpailutekijöillä, joita teillä on muihin valmistajiin verrattuna.

– Niin tehdään, uusitaan se hakemus.

Puhelun jälkeen mietin, mikä epäterve kilpailu voi syntyä, jos aloitamme mökkien teon. Se ei voi olla muuta kuin niiden nykyisten valmistajien aikaansaannosta, että pyrkivät estämään uuden valmistajan pääsyn markkinoille. Onkohan siellä joku samojen rahoittajien rahoittama yritys, joka on menossa nurin, koska se liituraitatutkija ja Keran johtokunta ei näytä hyväksyvän meidän tuloa mökkimarkkinoille? Jokin siellä mättää, KTM ja Petäjä olivat puolesta, muut haraavat vastaan. Menin kentälle katsomaan mökkihallin rakentamista. Runko oli pystyssä ja muutama kattoristikko paikoillaan. Timpuri oli kiinnittämässä vinolautaa. Huusin, että taitaa kohta olla harjannostajaiset.

– Parin päivän päästä, jos pidetään sitten kun ristikot on paikoillaan.

– Nopeaa se on noussut.

– Tämä karkea työ on näkyvää, mutta lopussa se hidastuu.

– Viimeistely ei tahdo näkyä, mutta aikaa menee. Mutta kun harja on ylhäällä, juodaan ainakin harjannostajaiskahvit.

Lähdin toimistoa kohti ja huomasin kunnanvaltuutetun pysäyttävän höylätavaravaraston luo. Menin kysymään, mitä saisi olla. Timo-Iikka kertoi korjaavansa kattoa ja tarvitsevansa siihen kolmiorimaa parikymmentä neljän metrin mittaista. Meillä ei ollut valmista, mutta pyysin häntä jäämään kahville siksi aikaa, että pojat sahaa rimat. Hän meni edeltä toimistoon, minä kävin antamassa ohjeet pojille.

Seija oli pannut kahvin tippumaan ja puhdisti pöytää ylimääräisistä tavaroista. Istuin toiselle puolen pöytää ja kerroin, että Kera ei meinaa myöntää mökkihallin koneistamiseen lainaa. Kaksi kertaa on ollut käsittelyssä, mutta hylkypäätös on tullut, koska tulee kuulemma epätervettä kilpailua.

–Saanko minä selvittää, mistä se panttaa? Timo-Iikka kysyi – Minulla on yksi tuttu siellä johtokunnassa.

– Totta kai! Me saamme hallin pystyyn, mutta koneistoon ei ole rahoitusta.

Kahvit oli juotu, ja sahuri toi tiedon, että kolmiorimat olivat valmiina. Menin ulos nostelemaan rimoja kyytiin ja kerroin vielä niistä syistä, joiden takia meillä oli viidenneksen edullisempi ratkaisu kuin vanhoilla tekijöillä. Valtuutettu kiitti tiedoista ja lupasi palata asiaan.

Illalla aloin muistella, että Liisa-siskoni olisi kerran sanonut tuntevansa opiskeluajoilta Ollilan, joka oli nyt Keran johtajana. Soitin siskolle ja kysyin, muistinko oikein, että hän tunsi Keran johtajan.

– Kyllä tunnen, olen ollut vähän politiikassa mukana täällä ja tapasin hänet jo opiskeluaikana.

– Keskustapuolueessa niin kuin sinäkin?

– Niin tietenkin.

– Minulla on vaikeuksia saada Kerasta luottoa, tutkija esittää hyväksyttäväksi, mutta johtokunta hylkäsi hakemuksen.

– Haluatko että kysyn syytä hylkäämiseen?

– Se olisi hyvä. Tuossa tänään kävi Timo-Iikka rimoja hakemassa ja hänkin aikoo kysyä puoluetoveriltaan, joka on siinä johtokunnassa.

– Se Iikka on järkimies, vaikka onkin vasemmistossa. Tiesitkö, että hän teki isälle aina veroilmoituksen?

– En tiennyt. Iikka oli verolautakunnassa ja tiesi verolait, kansanmies muutenkin.

– Onko se hankkeesi muuten järkevällä pohjalla, etten munaa itseäni?

– Ainakin minusta, ja se tutkija on esitellyt sen hyväksyttäväksi.

– Minä puhun sille, puuhun perustuva yritys on ainakin luonteista.
– Niin on ja jatkojalostuksesta puhutaan juhlapuheissa.

Tieto hakemuksen hylkäämisestä tuli postissa. Luin sen kahteen kertaan. Ei siinä ainakaan poikaparasta puhuttu eikä kurreja ollut arviossa otettu mukaan. Lausunto oli oikeastaan myönteisvoittoinen, vaikka oli hylkäävä. Kirjoitin kaikki perustelut, miksi meidän mökinvalmistus on kilpailukykyisempää kuin toisilla. Asiakkaan hyödytkin ovat suuremmat, kun saa enemmän neliöitä ja parempaa laatua samalla hintaa kuin muilta valmistajilta. Kyllä pitäisi rahoittajien ymmärtää, että meidän mökit ovat ylivoimaisesti parhaita. Kehut on kirjoitettu ja poliitikot on asialla, kohta se nähdään millä asialla on vaikutusta, vai onko kummallakaan.

Viikon kuluttua Timo-Iikka tuli kertomaan, että eiköhän se rahoituspäätös nyt tule myönteisenä. Hän oli soittanut yhdelle Keran johtokunnan jäsenelle. He olivat keskustelleet pitkään, ja esiin oli tullut se pelko epäterveestä kilpailusta, josta olin maininnut.

– Niin se on tullut esille kahdesta paikkaa, sanoin.

– Siinä nelostien varressa oleva mökintekijä on taloudellisissa vaikeuksissa.

– Olen kuullut siitä eräältä ikkunantekijältä, joka ei myy heille, kun ei saa rahoja. Minusta on kuitenkin väärin, että rahoittajat estää kilpailukykyisempien tulon markkinoille.

– Niin tämä toverikin myönsi, kun aikamme keskusteltiin.

– Kiitos, kun puutuit asiaan.

– Kyllä se nyt tulee hyväksyttynä, odota rauhassa. Yhteinen asia tämä on, ei niitä työpaikkoja synny, jos ei sakilla vaikuteta asioihin.

Muutaman päivän päästä Liisa soitti ja kertoi puhuneensa Ollilan kanssa. Ollila ei ollut luvannut mitään, eikä Liisa ollut mitään pyytänytkään. Olipahan vain kertonut niistä meidän kehittämistä ratkaisuista. Aikanaan nähtäisiin, oliko apua siitä, että Liisa saattoi nämä asiat Ollilan tiedoksi.

Mökkihallin harjannostajaiset pidettiin täytekakkukahvien merkeissä. Timpurit arvelivat, että halli on valmis vuodenvaihteeseen mennessä. Rahoituspäätös tuli parin viikon päästä myönteisenä. Soitin sekä Timo-Iikalle että Liisalle ja kiittelin avusta. Nyt tohdin käynnistää valmistuslinjan suunnittelun ja hankinnan. Pyysin Seijan veljenpojalta Antilta suunnitelman ja kustannusarvion. Muutaman palaverin jälkeen suunnitelma näytti toimivalta. Hinta-arvio oli sisällä olevaa tarjousta edullisempi, ja Antti käynnisti salvuulinjan rakentamisen yhdessä kurssikaverinsa kanssa.

Vuosi oli vaihtunut ja kevään ensimmäiset vesipisarat tippuivat räystäältä. Sahaus oli jatkunut läpi talven. Mökkihalliin oli valmistumassa uusi hirrensalvuulinja sekä kattoristikoiden osien katkaisusaha, naulain ja naulainpöytä. Koeajo ja säätäminen olivat menossa. Kalevaan ja Hesariin olin pannut mökkimainoksen, ja niillä oli saatu kaksitoista tiedustelua. Kyselijöille laitettiin kopiokoneella monistettu esite. Yksi tiedustelu oli Santalahden lomakylästä. Seija käänsi puhelun minulle. Lomakylässä oli suunnitelma valmistaa nyt keväällä kymmenen ja syksyllä mahdollisesti toiset kymmenen lomamökkiä. Tupa, keittokomero, makuuhuone, sauna ja pesuhuone. Noin kolmekymmentä neliötä sekä vähän terassia.

– Mikä hintataso sellaisen puuosatoimituksella teillä on?

– Yksi meidän malleista on lähelle kuvailemaanne ja sen puuosatoimitus on neljän tuuman mäntyhirrellä 16 500 markkaa.

– Onko hirret höylättynä ja salvettuna?

– On, asennusvalmiit ja luettelon mukaan helppo pystyttää.

– Missä tämä tehdas sijaitsee?

– Pohjois-Suomessa Pudasjärvellä.

– Oletteko pitkään toimineet alalla?

– Viides vuosi on menossa ja hirret on hitaasti kasvaneesta tiukasta pohjoisen puusta.

– Voitteko lähettää meille tarjouksen kymmenestä mökistä toukokuun toimitukseen ja option samankokoisesta määrästä syyskuun toimitukseen?

– Kyllä voin, minä sanoin. – Ja toimitettuna sinne Santalahteen?

– Niin ja siitä tarjouksesta tulisi näkyä toimitussisältö ja maksuehdot.

– Lähetän tarjouksen ja toivon pääseväni kauppoihin kanssanne.

Sain yhteystiedot ja menin heti mökkihalliin katsomaan, miltä näyttää valmius kymmeneen mökkiin toukokuun toimitukseen. Aikaa kaksi kuukautta tehdä, jos tilaus tulee viikon sisälle. Sitten kiersin tarhan ja laskin hirsimäärän. Puolet puuttuu. Menin sahurin puheille ja sanoin, että pitäisi sahata hirsiä kaikista puista mistä hirsiä tulee.

– Oletko saanut mökkikauppaa?

– Luultavasti saan viikon päästä ja toimitus on jo toukokuussa.

– Sahataan, niin kuin sanot, Oiva totesi.

– Hyvä, ja luulen että toistaiseksi sitä tarvitaan jatkuvasti.

– Sitten sahataan jatkuvasti.

Palasin toimistolle ja soitin Oulu Oy:lle, mistä meillä oli ikkuna- ja ovitarjoukset. Sain Huhtasen puhelimeen ja kerroin, että minulla on kahdenkymmenen mökin tarjous työn alla ja ovi- ja ikkunahinnoista pitäisi saada viidennes pois.

– Mahdotonta! Meidän kate on pienempi kuin viidennes niistä mitä on tarjottu, Huhtala vastasi.

– Tämä kauppa on meille tärkeä.

– Ymmärrän, mutta minun on mahdoton myydä alle omien. Mutta onko ne ovet ja ikkunat meidän vakiokokoja?

– On, kaikki vakiokokoja.

– Tiesitkö, että minäkin olen kotoisin sieltä Pudasjärveltä?

– En tiennyt, mutta sitä suuremmalla syyllä sinun pitäisi heivata hinnasta, saataisiin tämä kauppa. Nämä mökit menee Etelä-Suomeen.

– Minä teen minkä voin, mutta niin paljon en saa hinnasta pois. Odota hetki katson mitä voin tehdä.

Odottelin ja samalla katsoin heidän tarjoustaan. Se oli hieman edullisempi kuin toisen valmistajan, mutta heillä oli paremmat maksuehdot. Huhtala palasi linjoille.

– Kymmenen pinnaa tämän kaupan saamiseksi ja onko sinulle merkitystä hyvällä maksuajalla?

– Totta kai, mutta sen pitäisi olla hyvä.

– Kymmenen pinnaa hinnoista ja puoli vuotta maksuaikaa. Pannaanko kauppa kiinni?

– Pannaan vaan. Teen tilauksen kahdessa erässä, jos saan kaupan.

– Sopii, lykkyä tykö.

Hyvästeltiin ja palasin tarkentamaan tarjousta. Mietin, että kiire tulee toimittaa, jos ei saada tilausta viikon sisällä. Lisäsin tarjoukseen, että tilaus tulisi tehdä viikon sisällä, koska toimitusajat menevät pian täyteen. Tässä on kyllä riski, etteivät ne tilaakaan, mutta se pitää ottaa. Seija kirjoitti tarjouksen. Kävin sen läpi, panin nimen alle ja sanoin, että viedään heti postiin. Seija ihmetteli asiakkaiden kiirettä.

– Ei niillä, vaan meillä, että ehdimme tehdä toukokuuhun mennessä, jos tilaavat, minä sanoin.

– Nyt se kiireen pukkaa.

– Niin, siihen mahdollisuuteen pitää tarttua, kun kohdalle sattuu.

17

Tilaus Santalahden lomakylästä tuli viikon päästä. Tarjottuun mökkimalliin oli piirretty muutama pieni muutos ja esitetty toivomus, että ne huomioitaisiin. Tein muutoksen tarjottuun kuvaan ja ilmoitin, että muutos menee tarjouksen mukaisella hinnalla. Valmistuslinja oli viittä vaille valmis ja muutama päivä meni, kun Niska-Lassi aloitti hirsien työstämisen. Kun ensimmäisen mökin hirret valmistuivat, ne otettiin pihalle ja koepystytettiin. Hirsien tyyppinumero täsmäsi seinän piirustuksen mukaan. Hirsikehikko oli valmis ja päätykolmiot nostettiin paikoilleen. Ne oli verhoiltu hirrennäköisellä paneelilla. Tarkkasilmäinen näki sauman, koska päätyseinien hirret olivat puolikashirsiä, mutta ei huomannut, jos ei erikseen katsonut. Siitä vaan, antaa mennä, totesin tarkastettuani kehikon. Kymmenen samanlaista lisättynä ovilla ja ikkunoilla sekä muilla puutavaroilla, niin pannaan Santalahden lomakylään menemään.

Soitin viikon aikana kaikille niille esitteen pyytäjille, jotka olivat antaneet puhelinnumeronsa. Kaikki olivat saaneet esitteen, mutta harkitsivat ostopäätöstä, enkä saanut yhtään tilausta. Oli perjantai ja kello lähenteli neljää, kun ovesta tuli pihkaisissa vaatteissa metsurin näköinen mies.

– Myydäänkö täällä jo niitä mökkejä? Näin Kalevassa ilmoituksen.

– Kyllä myydään.

– Onko muun näköisiä mitä oli siinä ilmoituksessa?

– On, kymmenen erilaista mallia, sanoin ja annoin esitteen ja hinnaston.

Metsuri katseli esitettä, käänsi sivuja eteenpäin. Viimeiseen malliin päästyään hän palasi takaisin käännellen sivun kerrallaan. Sitten hän pysähtyi ja katsoi yhtä mallia usean minuutin. En häirinnyt hänen pohdintaansa. Viimein hän näytti sitä.

– Minä ostan tämän mökin. Milloin sen saa?

– Kesäkuun ensimmäisellä viikolla on seuraava toimitus.

– Mitä tämä maksaa? hän kysyi.

– 24 000 markkaa.

– Voiko sen maksaa heti?

– Voi maksaa ja se on noudettavissa kesäkuun toisen viikon tiistaina.

Aloin kirjoittaa hankintasopimusta, ja asiakas laski rahat pöydälle. Saatuani nimen ja osoitteen ojensin sopimuksen hänelle allekirjoitettavaksi. Sitten panin oman nimen ja kirjoitin kuitin maksusta. Kiittelin kaupasta ja tarjosin kättä, mutta hän oli jo menossa ovella toivottaen näkemiin. Istahdin alas. Tämä oli helpoin kauppa mitä olen koskaan tehnyt, tuumasin sopimusta ja rahapinkkaa katsellen.

Olin uhonnut liituraidalle, että toimitamme vuoden loppuun mennessä sata mökkiä. Siihen tavoitteeseen päästäksemme meidän olisi pidettävä esittelytilaisuuksia ja ilmoiteltava lehdissä. Asiakkaat toivoivat usein muutoksia vakiomalleihin, mutta niitä toivomuksia olin usein pyrkinyt ohittamaan tarjoamalla vain mallistossa olevia malleja. Tämän takia kauppa meni usein ohi, joten alkoi olla aika pestata osa-aikainen suunnittelija toteuttamaan muutoksia. Ruotsiin muuttaneita suomalaisia ajoi usein pihalle juhannuksen jälkeen, ja he halusivat saada mökin nopeasti. Nämä Volvolla tulleiden asiakkaiden mökit pyrittiin saamaan heti valmistukseen. Heinäkuun toimitukseen myytiin yhdeksän kappaletta heille. Kukaan ei tinkinyt hinnasta, tärkeintä oli saada mökki mahdollisimman pian.

Mökinajoon houkuttelin nuoren Pelto-Jussin. Hänen isänsä kanssa oli aikanaan ajettu soraa Livon tietyömaalla, molemmat tylppänokkaisella Betforssilla. Hänen sydämensä oli pettänyt, ja hän oli poistunut keskuudestamme. Liikennelupa oli käyttämättömänä. Viikon harkittuaan Jussi haki käytetyn Jyry-Sisun ja aloitti ensimmäisenä ajamaan mökkejä vakituisesti.

Syyskesällä hommat alkoivat puuroutua minun taakseni. Minusta oli tulossa yrityksen kehityksen rajoite. Eräänä iltapäivänä totesin hukkuvani hommiin. Tarjouspyyntöjä oli tekemättä iso pino. Aina aloittaessani niiden tekemisen puhelin soi. Ostatko tukkeja? Paljonko kakkosnelonen maksaa? Teettekö leikkimökkejä? Meni monta päivää, että en ehtinyt laskea tarjouksia, vaan aika meni juostessa paikasta toiseen ja asiasta toiseen. Otin puhelun Veijolle. Ihmettelin, että tämmöistäkö tämä yrittäminen on.

– Hyppäät paikasta toiseen ja yrität myydä mökkejä, sahatavaraa, höylätavaraa, sahanpuruja, ostaa tukkeja, torjua ilmoitusten pyytäjiä, selittää laskun karhuajille, että kyllä ne maksetaan, on vähän jäänyt perimättä itselläkin asiakkailta.

– Semmoista se on alussa. Oltava joka paikassa yhtä aikaa. Tehdä sitä ja tätä. Venyä ja joustaa.

– Minä luulin, että tämä helpottaa, kun saa alulle. Noissa kaikissa lomakkeissakin lukee, että toimitusjohtaja, mutta minusta tuntuu että muut johtaa ja juoksuttaa.

– Asiat kaatuu sinun päälle, mutta ne pitää lajitella ja kun niitä tulee paljon, niin delegoida ja organisoida.

– Olipa hienoja sanoja, mitä ne tarkoittaa?

– Jakaa tehtäviä muille ja ottaa lisää henkilöitä tekemään hommia. Et sinä tule kaikkia ehtimään ja yrityksen kasvaessa taidotkin loppuu kaikkien tekemiseen. Tulee uusia asioita.

– Mitä uusia? Minähän kävin sen laskentatoimen seminaarin Kuusamossa.

– Samanlaisen olen minäkin käynyt, siellä oppii laidasta tietämään, kuinka vähän tietää.

– T-lomakkeita siellä täytettiin ja simuloitiin numeroilla. Pantiin välillä kate isommaksi ja välillä pääomalle ja varastolle kiertonopeudet pienemmiksi ja päinvastoin. Niiden vaikutus kyllä näkyi tuloksessa ja rahan riittävyydessä. Mutta ei se näiden hommien paljouteen ja kiireisiin vaikuta.

– Ei vaikuta, ne numerot on seuraamusta jostakin, vain tehtävät toimenpiteet vaikuttaa. Sinä olet ensimmäisen kasvukynnyksen edessä.

– Niin minustakin tuntuu, että kasvaa ja keritä pitäisi paljon enemmän.

– Suosittelen sellaista yrityksen kokonaisvaltaista kehitysprojektia. Siinä käydään kaikki yrityksen toiminnot läpi. Se kestää muutaman vuoden.

– Numerojako siinä simuloidaan?

– Lopussa niitäkin, mutta se lähtee toimenpiteistä. Mitkä ovat yrityksen tuotteet, kenelle niitä myydään ja millä toimenpiteillä? Myynnistä seuraa tuotanto ja toimitukset. Lopuksi lasku, mikä on asiakkaan vastine saamalleen tuotteelle ja palvelulle.

– Tuossa on jotain järkeä. Toimenpiteiden jälkeen voidaan niillä numeroillakin leikkiä?

– Niin, alussa ne numerot monesti arvaillaan lähinnä rahoittajia varten, että saadaan rahaa liikkeellelähtöön.

– Tuossa on jotain tuttua, eli numeroilla leikkimällä saadaan homma näyttämään hyvältä. Onko sinulla tiedossa semmoisia konsultteja?

– On, meillä on menossa Mec-Rastorin kanssa sellainen kehitystyö, voin suositella. Ne tekee perustutkimuksen, jonka pohjalta tekevät ehdotuksen kehitystyöstä.

– Oletko tyytyväinen teillä tehtyyn kehitystyöhän?

– Olen, niillä on erilainen lähestymistapa. Ei lähdetä olevien vuosien numeroista, vaan selvitetään, mitkä markkinat tuotteilla on, missä ja ketkä niitä tarvitsee, minkälaisella markkinoinnilla ja myynnillä ne saadaan ostamaan meiltä. Sitten rakennetaan myyntiä vastaava toimitusvalmius. Seurantasysteemi on lopuksi järjestettävä, että tiedetään, onko hommat menneet niin kuin on ennakoitu. Toiminnan kehittyessä ja kasvaessa kehitystyö menee syvällisemmäksi, tulee vuosisuunnitelmat, pitkäntähtäimen suunnitelmat yms.

– Kuulostaa järkevältä. Minusta on jo tuntunut, että sahaajakisällitutkinto ei enää riitä kaikkeen.

– Se on hyvä tutkinto ja olet saanut homman alulle. Minulla on puuteknikon tutkinto ja se auttoi elementtien teossa kummasti, mutta jos meinaa kehittää yritystä pitemmälle, niin tarvitaan muitakin tietoja ja taitoja.

– Anna yhteystiedot sinne Mec Raktoriin vai mikä Rastori se oli, niin pyydän perustutkimusta.

Sain yhteystiedot ja henkilön nimen. Soitin heti. Pirteä naisääni vastasi Mec-Rastor, miten voin auttaa? Kysyin Teuvo Mikkolaa. Nainen pyysi odottamaan; hän tarkistaisi, oliko Mikkola paikalla. Vielä kuului hetkinen, olkaa hyvä, sitten vastasi Mikkola. Esittelin itseni ja kerroin, että lähestyin yritykseni kehittämisasioissa. Lisäsin vielä, että olin saanut suosituksen yrittäjältä, jolla oli kehityskonsultointi menossa, ja koin että meilläkin olisi kehittämistarpeita.

– Missä tällainen sahaustuotteita valmistava yritys on?

– Täällä Koillismaalla ja sahauksen jälkeistä tavaraa on myyty, viides vuosi menossa.

– Vai niin. Me olemme pienten ja keskisuurten yritysten kokonaisvaltaiseen kehittämiseen erikoistunut konsultointiyritys.

– Minä olen kiinnostunut sellaisen perustutkimuksen tekemisestä.

– Hyvä, sitten voidaan katsoa sopiva aika, Mikkola sanoi, ehdotti aikaa kuukauden päähän ja kysyi sopisiko se.

– Ennen kuin vastaan, vielä sellainen kysymys, että voiko se perustutkimus johtaa tilanteeseen, jossa ei nähdä mahdollisuuksia toiminnan jatkamiseen?

– Erittäin harvoin. Kaikista yrityksistä on tehtävissä menestyvä yritys, kun palikat saadaan kohdalleen ja tasapainoon.

– Mitkä palikat?

– Yrityksen eri toiminnot, markkinointi, tuotanto, taloushallinto ynnä muut sellaiset toimintaan vaikuttavat tekijät.

– Jaa, palapelistä ei kuitenkaan ole kysymys?

– Ei ole, Mikkola naurahti. – Usein on kysymys, että tehdään tavaroita, mutta ei oikein tiedetä kuka niitä tarvitsee ja missä ja jääkö niistä rahaa vai meneekö ja missä markkinasegmentissä.

Mietin, mitähän tuo viimeinen sana tarkoittaa, vaikuttaa saman tyyppiselle kuin Current Ratio. Kysyin, onko perustutkimuksen tekijöillä liituraidat päällä. Mikkolan mukaan ei ole, eikä hän ymmärtänyt, miten se asiaan vaikuttaa.

– Minä olen yhden yritystutkimuksen antanut tehdä ja se ei antanut mitään mahdollisuutta menestyä, kun tutkijan mielestä ei tekijätkään tahdo menestyä.

– Jaa, jaa. Oliko se pankin tekemä?

– Oli ja ei suositellut lisärahoitusta.

– Niillä tahtoo olla eri intressit niissä tutkimuksissa. Meillä on tavoite olla mukana kehittämässä yritys menestymään, Mikkola sanoi.

– Eikä teillä varmasti ole liituraidat päällä?

– Ei ole. Tavalliset puvut.

– Hyvä, minä olen allerginen liituraidoille. Sovitaan, että silloin tavataan.

Mikkolan näkemys, että kaikista yrityksistä on tehtävissä menestyviä yrityksiä, jäi soimaan korvissa. Istuin tovin ja mietin, miten niitä menee sitten nurin. Eikö palikat ole kohdallaan tai eikö yrittäjät käytä neuvonantajia? Sattumasta tämäkin yritys oli lähtenyt liikkeelle. Ensimmäinen kynnys oli saada laina sahavehkeiden ostoon. Toinen kynnys löytää paikka, missä voi voimanlähteenä käyttää sähköä. Kolmas kynnys laittaa saha ja höyläkoneet ympärivuotiseen toimintaan. Neljäs kynnys aloittaa mökinteko ja myynti pitäjän ulkopuolelle. Tässä nyt ollaan. On vehkeitä, joilla voidaan valmistaa saha- ja höylätavaraa ja tehdä mökkejä. Kiire on kova, kaikkeen kysyttyyn pyritään vastaamaan, mutta ei tiedetä, mistä jää rahaa ja paljonko. Kynttilä kuluu molemmista päistä.

18

Kuukauden kuluttua odottelin konsulttia Oulun lentoasemalla. Kone oli laskeutunut, matkustajia saapui jonossa terminaalin läpi ulos. Tuntomerkkejä ei ollut vaihdettu, mutta yksi pitkä tummatukkainen mies katseli sillä silmällä, että arvelin hänen olevan Teuvo Mikkola. Arvaukseni osui oikeaan. Menimme autolle ja lähdimme kohti Koillismaata. Matkalla keskustelimme yrityksistämme. Mikkola kertoi Mec-Rastorin aloittaneen Suomessa 1960-luvulla liikkeenjohdon konsultointitoimiston, jonka pienen ja keskisuuren yrityspuolen vetäjä hän oli. Hän luetteli referenssit, jotka kaikki olivat tunnettuja yrityksiä. Kerroin oman, sattumasta alkunsa saaneen yritykseni historian. Nyt oli viides vuosi menossa ja kiire oli kova. Tuotteita olivat ne, joita sahatuista tukeista tulee. Sahanpurua meni kuivikkeeksi hevosmiehille, lautaa ja lankkua rakentajille ja muutamia kymmeniä mökkejäkin oli tehty. Leivässä on pysytty, mutta ei ole vaahtoon lypsänyt.

Porotokka juoksi tielle niin, että jouduin jarruttamaan ja pysäyttämään auton. Mikkola ihasteli vapaana juoksevia hienoja eläimiä. Minulla oli toinen näkemys niiden hienoudesta ja vapaana juoksemisesta; hienous oli paremminkin poronkäristyksenä lautasella. En kuitenkaan kommentoinut hänen näkemystään, se on katsojan silmässä. Matka jatkui, kun porolauma oli mennyt metsän puolelle.

Saavuimme Sahatuotteelle, missä ensimmäisenä tuli vastaan kesällä valmistettu näytemökki. Pysäytin auton sen eteen ja totesin, että sen varaan olen mielessäni rakentanut tulevaisuutta.

– Hyvältä mökki näyttääkin. Näiden menekki tulee lisääntymään, kun ihmisten vauraus ja vapaa-aika lisääntyy, Mikkola totesi.

Menimme sisälle vihreään toimistorakennukseen, missä Seija odotti valmiin kahvin kanssa. Esittely jatkui kahvipöydässä, kun kerroin, että yrityksen omistus on siinä pöydän ääressä. Seija hoitaa toimistotyöt ja kirjanpidon, lisäksi toimihenkilöitä on osa-aikainen piirtäjä ja kaksi työhön osallistuvaa työnjohtajaa. Koko henkilökunta on viisitoista henkeä. Saha, kuivaamo, höyläämö ja mökkihalli tuottavat kaiken myytävän tavaran lukuun ottamatta ovia ja ikkunoita, jotka tulevat alihankkijalta.

– Omistus ja henkilöstö on näin, miten tuotteiden myynti? Mikkola kysyi.

– Paikallismyynti on suoraan, myy ja mittaa kuka sattuu ehtimään. Mökkejä on myyty, kun asiakkaat ovat tulleet ilmoitusten perusteella. Vientiin on muutama matka tehty agentin kanssa ja niistä reissuista on tullut kauppoja.

– Onko edustajia mökin myyntiin pestattu?

– Ei ole, kaikki on myyty suoraan.

– Tuotanto on tällä kentällä olevissa rakennuksissa, miten koneistus?

– Ne on rakennettu osin itse Ruotsista kerätyistä käytetyistä koneista. Höyläkone Volga ostettiin uutena, niin ja kuivaamokoneet.

– Miten työvoima? Onko paikallista? Entä koulutus? Mikkola kysyi.

– Paikallista on, itseoppineita. Seija on merkonomi ja Make vuoden käynyt teknillistä, niin ja minulla on sahaajakisällitutkinto.

– Työ se opettaa, kun motivaatio on kunnossa, Mikkola totesi.

– Niin tekee ja kun ei suojella liikaa. Kerran kävi työsuojelumies ja teki pitkän listan.

– Voitaisiinko käydä kierros tuolla tehtaalla?

– Voidaan, vaikka ei sitä muut ole vielä tehtaaksi sanoneet.

Kävelimme sahan kautta, siitä edelleen höylälle ja kuivaamoon ja lopuksi mentiin mökkihalliin. Siellä oli mökinteko meneillään. Niskavaari salvoi hirsiä, osaluettelo oli näkyvillä ja siihen oli merkitty, mitä hirsiä paketista puuttui. Vedin Mikkolan hieman sivummalle ja selostin, miten meillä mökit tehtiin. Seurasimme vielä, miten hirsipaketti täyttyi ja koko hallin väki tuli työntämään rulla-alustalla olevan paketin ulos.

– Kyllä tämä tehtaan kriteerit täyttää. Ei monessakaan yrityksessä ole nähtävissä tällaista johdonmukaisuutta tuotannossa ja ripeyttä tekemisessä.

Väkisellä muistui mieleen edellisen yritystutkijan lausunto: ”miten sinä poikaparka luulet pärjääväsi, kun ei tekijätkään tahdo pärjätä”. Mutta tämä Mikkola ei ollutkaan liituraidoissa, vaikka oli Helsingistä. Aikansa katseltuamme lähdimme toimistolle jatkamaan selvitystä.

– Miten tuotteiden, lähinnä mökkien myynti on järjestetty? Sanoit, että saha ja höylätavara menee lähinnä paikallisille rakentajille.

– Ilmoitukset Kalevassa ja Hesarissa on tuonut kyselyä, niille on lähetetty esite ja joskus soitettu perään.

– Onko se ollut sinun hommana?

– Lähinnä minun, on muutama matka tehty Norjaan ja Ruotsiin, mukana on ollut agentti.

– Entä mökkien suunnittelu?

– Malliston suunnitteli eräs insinööri Syväniemi ja nyt on Make ollut kesän piirtämässä muutoksia.

– Edustajia ei ole?

– Ei ole, kaikki on myyty suoraan.

– Paljonko arvioit tälle vuodelle menevän kappaleissa?

– Kuusi, enintään seitsemän kymmentä kappaletta, kun saunat lasketaan mukaan.

– Sehän on merkittävä määrä. Miten numerot aikaisemmilta vuosilta ja arvio kuluvalta kaudelta?

Nyt tarvittiin Seijaa, joka lupasi Mikkolalle kopiot edellisten vuosien tilinpäätöksistä. Kuluvan vuoden arviosta hän sanoi, että oli minun päässäni. Sanoin, että liikevaihto kasvaa edelliseen vuoteen nähden. Tuloksen pitäisi jäädä voitolliseksi, mutta kassan pohja kyllä tahtoo näkyä aika ajoin. Seija vahvisti kassatilanteen ja sanoi, että välillä pitää viivästyttää laskuja.

– Se on ymmärrettävää. Jos on voimakas kasvu, niin rahaa sitoutuu, Mikkola totesi.

Seija kävi kopioimassa tilinpäätökset. Olimme juuri saaneet valokopiokoneen, eikä enää tarvinnut käydä kunnassa kopioimassa. Samalla kun Seija antoi Mikkolalle tilinpäätöskopiot, hän antoi minulle telexin. Jabolta tiedusteltiin viimeisten kuormien aikataulua. Kaksi kuormaa pitäisi vielä toimittaa sinne, vaikka nyt saisi jo paremman hinnan Oulusta. Mikkola katseli tilinpäätöksiä ja sanoi niitä kohtuullisiksi.

– Investointien määrä on hämmästyttävän pieni, mitä on rakennettu ja koneistettu. Tulosta ei voi vielä isosti odottaa, koska toiminta on alussa.

Huokaisin helpotuksesta. Hän ei pyytänytkään heti kyytiä lentokentälle, vaan antoi varovaisen positiivisen kommentin.

– Tästä on hyvä jatkaa, sillä markkinaa näille tuotteille on rajattomasti, Mikkola jatkoi. – Eri liiketoimien jakaminen eri segmentteihin auttaa tarkastelemaan, mitä kannattaa painottaa, ja sieltä yleensä löytyy mielenkiintoisia ja tulosta parantavia alueita.

– Miten sillä segmentillä tulosta parannetaan, minä kysyin, vaikka en edes tiennyt, mitä hän sillä segmentillä tarkoitti.

– Kerroit aamusella kovasta kiireestä, Mikkola sanoi. – Sahanpurua, lautaa, höylätavaraa, mökkejä ja oliko siellä vielä jotain muutakin. Aina ei huomata, minne se aika menee, kaikilla tuotteilla on oma käyttäjäkuntansa eli liiketoiminta-alue. Monesti painottamalla resursseja parempikatteiselle alueelle samalla työmäärällä tulos paranee ja kiire vähenee.

– Tuo on tuttua monella tavalla. Me myydään, mitä kysytään, ja joskus tulee luvattua sellaista, mistä ei jää mitään katetta, mutta mikä vaatii paljon työtä. Kerran kävi eräs ostamassa lankkukuorman ja aikoi maksaa viikon sisälle. Kun rahoja ei kuulunut, niin kyselin, mutta turhaan. Viimein selvisi, että kaveri möi lankut puoleen hintaan tähän paikalliselle rakentajalle.

– Sehän oli selvä huijaus.

– Niin oli ja rahat jäi saamatta.

– Minä laadin ehdotuksen kehitysprojektiksi. Tässä on hyvät mahdollisuudet kehittyä merkittäväksi vapaa-ajanmökkien toimittajaksi. Markkina on käsittääkseni kasvava, mutta selvitetään sitä vielä. Valmistus näyttää olevan hyvässä valmiudessa. Tällä hetkellä henkilöstö ja organisaatio on aika ohut, sitä lienee vahvistettava, lähinnä jos myyntiä halutaan lisää, niin sinne jouduttaneen panostamaan.

Mikkolan loppukommentti oli kehittymismahdollisuuksia luotaava, joten olin innostunut näkemään ehdotuksen. Kysyin vielä lopuksi, miltä yrityksen Current Ratio näytti ja oliko niin huonoilla tunnusluvuilla mahdollisuus kehittyä.

– Kyllä toki, ne tunnusluvut on seuraamusta toiminnasta. Yleensä ne on alussa heikot, mutta muutaman vuoden kehitystyön myötä ne paranee, Mikkola sanoi.

– Miten tämä toimiala, onko tällä hyviä näkymiä edessä päin? kysyin vielä, vaikka tunsin kerjääväni positiivisia näköaloja.

– Suhdanteita on ja niitä menee alas ja ylös. Ne vaikuttaa enemmän isojen markkinaosuuksien yrityksiin. Pienessä yrityksessä niillä ei ole juuri merkitystä. Enemmän on vaikutusta sillä, että haetaan omille vahvuuksille sopiva toiminta ja tehdään oikeita asioita oikein. Tässä yrityksessä on hyvät mahdollisuudet. Ei ole ehditty urautua ja on tilaa kehittyä vaikka kuinka pitkälle.

– Jäämme odottamaan ehdotusta. Kiitos käynnistä.

Lähdimme ajamaan lentokentälle. Olin tyytyväinen käytyihin keskusteluihin. Loppumatkasta kautta rantain tiedustelin konsultin koulutusta ja kokemusta. Hän kertoi olleensa merkonomin koulutuksen jälkeen laskentapäällikkönä parissa yrityksessä, ennen kuin siirtyi pienten ja keskisuurten yritysten konsultin tehtäviin. Ei ole koulunkäynnin pilaama mies, minä ajattelin ja tiesin, että päästään hyvään yhteistyöhön.

Kehitysehdotus tuli viikon päästä. Luin sen useaan kertaan ymmärtääkseni sisällön kaikelta osin. Aluksi oli lyhyt katsaus yrityksen nykyiseen tilanteeseen. Yritys on harjoittanut puutavaran sahaus- ja höyläystoimintaa vuodesta 1972 alkaen. Toimintaan on tullut edellisenä vuonna mukaan hirsimökkien valmistus. Myynti on suuntautunut lähinnä kotimaahan, mutta vientiä Ruotsiin ja Norjaan on aloiteltu muutamien esittelymatkojen jälkeen. Myyntiä on mahdollista kasvattaa ilman suurempia investointeja tuotantoon. Toiminnan seuranta perustuu kuukausittaisiin kirjanpidon pohjalta tehtyihin raportteihin. Yrityksen henkilökunta on nuorta ja yrittävää, eikä vastuualueita ole määritelty. Ehdotamme käynnistettäväksi projektiluontoisesti laaja-alaisen kehitystyön, joka kattaa markkinoinnin nopean vauhdittamisen, tuotannon tehostamiset ja johtamisjärjestelmän rakentamisen sekä vastuualueiden määrittelemisen. Projektin kestoksi arvioimme kaksi vuotta. Kehitystyön vastaavaksi konsultiksi ja johtamisjärjestelmien konsultiksi ehdotetaan allekirjoittanutta, markkinointikonsultiksi Matti Hagmania ja tuotantokonsultiksi Jorma Hotasta. Kehitysprojektin johtavaan toimikuntaan ehdotamme valittavaksi yhtä ulkopuolista, yritystä lähellä olevaa kokenutta yrittäjää ja rahoittajapankin edustajaa yrittäjän ja konsulttien lisäksi. Projektin kustannusarvio on 170 000 markkaa. Ohoh! pääsi minulta ääneen. Kustannusarvio on kaksi kolmasosaa mitä kaikki investoinnit tähän saakka yhteensä. Onpa arvokasta hommaa.

Tutkin projektierittelyitä tarkemmin. Kaikissa projekteissa oli lähtötilanne kuvattu. Sitten oli tavoitteet ja etenemisvaiheet. Projektin kaikkia henkilöitä ei ollut nimetty, ja oli ehdotus, että seuraavalla tapaamisella käydään organisaatio läpi ja haetaan mahdollisiin puuttuviin tehtäviin henkilöitä. Kehitystyöehdotus tuntui suurelliselle, mutta tätä täytyy pohtia jonkin aikaa. Panin kaksikymmentäsivuisen ehdotuksen takaisin kirjekuoreen.

Lähdin tavanomaiselle kenttäkierrokselle. Kävelin lähelle meijerin sahan rajaa nähdäkseni, onko sahanpuruvuori lähestymässä. Yllätyksekseni huomasin naapurin puolella olevan hiljaista. Olin kuullut joltain puunmyyjältä, joka oli myös maidonlähettäjä, että meijerillä menee huonosti. En ollut uskonut, koska pidin juttua panetteluna tai minulle mielistelynä. Taitaa jutussa olla perää, kun saha ei pyöri ja tarha on melkein tyhjä tavarasta. Tästä ulkoisesta uhasta on selvitty. Naapuri oli myös aloittanut mökinteon, mutta se oli jäänyt muutamaan toimitukseen. Halpaan rahtiin perustuva kilpailukeino ei ollut toiminut.

Palasin meidän sahalle. Tukkeja oli silmämääräisesti viikon tarve. Sitä pidettiin riittävänä määränä. Sahatavaraa oli tarhalla normaali määrä. Höyläys oli käynnissä. Olli työnsi Volgan syöttöaukkoon seitenkasinelosen vajaasärmää, mistä tiesin raakapontin höyläyksen olevan menossa. Tapulista jäävät välirimat menivät siistiin pinkkaan siirrettävään kehikkoon. Mökkihallin väki veti isoa salvettua hirsinippua ulos hallista. Seurasin operaatiota ja menin kysymään, minkä mökin hirret siinä oli.

– Sen viisineljäkymmentä kanttiinsa olevan hirret, Niskavaari vastasi.

– Tiedätkö monesko mökki tämä on tältä kentältä?

– En tarkalleen, mutta viidenkymmenen ja sadan välillä se on.

– Se on kuudeskymmeneskahdeksas, kun kaikki otetaan lukuun. Onko tullut palautetta laadusta tai muusta?

– Muutama jälkitoimitus on ollut, joku hirsi on puuttunut, ei muuta mainittavaa, Niskavaari kertoi.

– Hyvää työtä olette tehneet, sanoin ja palasin toimistolle.

Vein Mikkolan kehitystyöehdotuksen Seijalle ja pyysin, että hän katselisi sen läpi ja ottaisi kantaa. Hän alkoi heti lukea. Odottelin vieressä. Päästyään viimeiselle sivulle hän hämmästyi. Seurasin, miten hän palasi toiseksi viimeiselle sivulle ja lopulta kysyi, että jos kolme konsulttia tulee yhtä aikaa, niin ketä ne kouluttavat.

– Sinua ja minua ainakin, ja tuotannossa on jo kaksi työhön osallistuvaa työnjohtajaa.

– Tuo hinta on aivan mahdoton, Seija sanoi painottaen aivan-sanaa.

– On se vähän iso minustakin. Ajattelin, että se olisi korkeintaan puolet.

– Millä rahalla tuommoisia kehitysprojekteja maksetaan? Vähän kun on saatu tasapainoon kassaa, niin nyt tuommoiseen pannaan noin paljon rahaa.

Pyysin suunnitelman takaisin, selasin sitä ja luin ääneen ”markkinoinnin nopea vauhdittaminen ja varmentaminen”. Sieltä alkaa tulla sitä rahaa, jolla maksetaan.

– Ei meillä ole markkinointipäällikköä, joka sitä panee vauhtiin.

– Aluksi olen minä ja pannaan haku päälle, kyllä niitä löytyy.

– Entä ne muutokset, joita tulee malleihin ja niin edelleen?

– Sama juttu. Sinne pitää hakea joku ammattilainen, sanoin. – Sitä ei tarvita heti, sillä Epe ja Markku voivat hoitaa tuotannon menetelmien kehittämisen ja työaikamittaukset.

– Entä markkinoiden segmentointi ja jakelutien rakentaminen, mitä luulet niiden sillä tarkoittavan?

– En oikein tiedä tuota ensimmäistä, hieno sana se on, mutta tarkoittaneeko se sitä, että sahanpurut myydään hevosmiehille, saha- ja höylätavara rakentajille ja mökit mökkiläisille. Jakelutiet kun rakennetaan, niin niitä pitkin ne mökin huilaa asiakkaille.

– Minäkö alan rakentaa myynti- ja toimituspohjaista tulosseurantaa? Eihän sieltä myyntipohjaisesta tuloksesta ole mitään hyötyä, kun ei siitä tule vielä rahaakaan?

– En minäkään ymmärrä tuota, ei ne maksa ennen toimitusta niitä tavaroita. Mutta tarkoittaisiko se sitä, että näkisi etukäteen, paljonko on tulossa liikevaihtoa ja katetta, kun on saatu toimitettua?

– Vuotuisen toiminnan suunnittelu, mikä tehdään yhteistyössä alkaen johdon tavoitteista. Sitten markkinoilla olevat mahdollisuudet kartoittaen markkinointi, ja sitten tuotanto selvittää, meneekö läpi, ja hallinto laskee ne yhteen, mistä nähdään tulos, Seija luetteli pääkohtia.

– Täällä lukee, että kun saadaan eri funktiot ja resurssit tasapainoon, yritys voi kasvattaa toimintaa hallitusti johdon asettamiin päämääriin. Mitä funktio tarkoittaa?

– Miten sen nyt sanon, voisiko se olla niitä eri osa-alueita, kuten markkinointi, tuotanto, hallinto ynnä muuta, Seija sivisti.

– Se voi olla paras arvaus. Lähdetäänkö hankkeeseen ja voiko tähän saada kehittämisavustusta?

– Sinä saat päättää, mutta pitää sen rahoituskin selvittää, nyt kun on vähän ollut helpompaa kassan kanssa, niin ei uudelleen siihen maksujen venyttämiseen menisi.

– Katso se kehittämisavustus, paljonko sitä voisi saada ja minä arvioin, saako noita varastoja pienenettyä, sieltä voisi irrota jotain.

Niin päätettiin pohdinta ja palattiin päivän askareisiin. Kävin läpi sovittuja kauppoja. Sitten otin vihkon ja menin tarhaa kiertämään uudelleen ja merkkasin ylös ison näköisiä sahatavaraeriä. Tukkivaraston arvioin aikaisempaa tarkemmin. Palasin toimistolle ja laskin varaston, jota voisi pienentää. Menin Seijan luokse ja sanoin, että ei sieltä isosti ylimäärästä myytävää löytynyt, mutta jotain tavaraa on makaamassa turhaan. Kysyin hänen arviotaan siitä, paljonko olisi mahdollista saada KTM:ltä kehittämisavustusta.

– Voisi saada kolmanneksen parhaimmillaan, Seija arveli.

– Varaston kiertoa voisi yrittää nopeuttaa ja saada sieltä neljänneksen pääomaa kehittämistyöhön. Siinähän olisi jo yhteensä reilut puolet. Eikä ne ennakkoon laskuta, vaan työn etenemisen myötä.

– Tämäkin avustus tulisi vasta, kun laskut on maksettu.

– Eiköhän oteta konsultit töihin markkinoinnin vauhdittamisen piikkiin ja sieltä tulevaan kassavirtaan luotetaan, että saadaan laskut maksettua.

– Voidaan siinä joutua ahtaalle, mutta siitä vain!

Niin homma jatkui. En saanut Mec-Rastorista Mikkolaa kiinni, mutta ilmoitin hänen sihteerilleen, että olemme hyväksyneet kehittämisehdotuksen, ja pyysin välittämään viestin Mikkolalle. Seuraavana päivänä soitin Veijolle ja kerroin, että olemme päättäneet aloittaa yrityksen kehittämisen Mec-Rastorin ohjauksessa. Kehittämisehdotuksessa suositellaan kutsuttavaksi johtavaan toimikuntaan ulkopuolinen yrittäjä. Olisiko Veijo käytettävissä? Hän lupautui heti ja kysyi toimikunnan aikataulua.

– Puolen vuoden välein kokoontuu, ja projektin kesto on puolitoista vuotta.

– Hyvä, kun on riittävä aika, niin organisaatio ehtii sisäistää ja soveltaa käytäntöön.. Meillä sellainen projekti on takana ja siitä on ollut arvaamattoman paljon hyötyä.

– Tuo projektiehdotus on ainakin syvällinen ja toimintoja läpikäyvä. Kallis se on kun mikäkin. Suurin yksittäinen investointi, mitä on tehty.

– Niinpä, niitä koneita ja rakennuksia kyllä on helppo hankkia kun ne on näkyvää ja ne käy vakuutena rahoittajalle, mutta tiedon ostamista ei kukaan arvosta, vaikka sillä on suurempi merkitys.

– Sitä tässä Seijan kanssa on pähkäilty, että mistä rahat.

– Alussa se voi vetää vähän tiukoille, mutta muutaman vuoden päästä helpottaa. Niissä kehitysprojekteissa on se hyvä puoli, että opitaan näkemään mikä on oleellista tekemisessä.

– Rahoitus minua eniten askarruttaa, vetääkö sen alijäämäiseksi.

– Mikä on lähtötilanteessa kassa?

– Tasapaino on juuri saatu ja vähän helpompaa on kuin alkuaikoina.

– Sinäkin olet niitä vehkeitä tehnyt ja kerännyt ympäri Ruotsia, mutta sitten opit näkemään mitä tuotteita, kenelle ja miten kannattaa toimittaa yrityksen edun mukaisesti, Veijo suomensi.

Puhelun jälkeen mietin, että minun pitää saada vielä rahoittajapankin edustaja, mutta mahtaako siellä olla ymmärrystä osallistua tällaiseen. Pitääköhän Paloniemellä olla keskuspankista lupa? Nimi siinä menee pankinjohtajalla, mikäli osallistuu ja yrityksellä meneekin huonosti. Mutta antoihan hän lainaa mökkihallin rakentamiseen. Soitin Paloniemelle, joka alkoi kysellä, miten yrittäjällä menee, kun ei ole pitkään aikaan kuulunut mitään. Vastasin hieman vähätellen, että kohtuullisesti on mennyt. Kauppaa on tehty ja tavaraa toimitettu, selviydytty päivästä toiseen.

– Se on hyvä, Paloniemi sanoi. – Olen joskus miettinyt, että se yritystutkimus oli hiukan kriittinen, kun ne vertasi aloittelevaa yritystä vanhoihin alalla toimineisiin.

– Se oli hyvä tutkimus joka kertoi, että alalla menee paremmin ja silloin meilläkin on mahdollisuuksia.

– Mutta olette kuitenkin selvinneet. Tarkistin eilen ja totesin, että asiat on hoidettu hyvin. Ainakin meille.

– On saatu hoidettua, vastasin, mutta Paloniemen viimeinen kommentti sai minut epäröimään toimikuntaan kutsumista. Olin jo keksimässä jotain muodollista asiaa, kun Paloniemi kysyi, miten hän voisi nyt auttaa. Kerroin kehittämishankkeesta ja kysyin, olisiko hän käytettävissä toimikunnan jäseneksi. Mainitsin vielä muut jäsenet, minkä jälkeen Paloniemi sanoi olevansa valmis lähtemään mukaan, jos aikataulut sopivat.

– Hyvä, pyritään järjestämään ajat niin että sopii. Ei tässä muuta, palataan sitten asiaan.

19

Paikallislehdessä oli juttu Jyrkkäkosken leirintäalueesta, jonne oli tarkoitus rakentaa kelomökkejä. Kyseessä oli kunnan investointi. Luin jutun ja hämmästelin, että emme olleet kuulleet asiasta mitään. Kunnassa oli vaihtunut kunnanjohtaja. Honkanen oli jäänyt eläkkeelle ja uudeksi kunnanjohtajaksi oli valittu Pikkuaho. Elinkeinoasiamies Hartikaisen olin tavannut muutaman kerran, ja nyt otin puhelun hänelle ja pyysin käymään Sahatuotteella. Hän lupasi tulla puolen tunnin sisällä. Puhelun jälkeen pyysin Seijaa panemaan kahvin tulelle. Tulee vieraita, sanoin ja menin käymään mökkihallilla. Työt olivat käynnissä. Kaksi miestä salvoi hirsiä, yksi teki ristikoita ja yksi pinkkasi lähteviä ovia ja ikkunoita. Työn meininkiä! Järjestelin muutamia tavaroita kulkureitiltä ja palasin pihalle. Toimiston eteen tultuani uusi Saab ajoi parkkipaikalle. Hartikainen nousi autosta. Menin tervehtimään ja ihastelin hienoa uutta autoa.

– Hienoudesta voi olla muutakin mieltä, Hartikainen totesi.

– Ainakin suosittu merkki ja näyttää vilkunlamppu kasvaneen ja ajovaloilla on pyyhkijät toisin kuin edellisissä malleissa.

– Joo, kyllä se silmät pesee ja perseen lämmittää, mutta ei tahdo kulkea niin kuin pitäisi.

– Tämä malli on kotimaista valmistusta, eli hienoa kun suosit suomalaista.

– Pitää yrittää olla kotiinpäin, Hartikainen sanoi.

Seija oli laittanut kahvit ja viinerit valmiiksi. Käytiin kaikki kolme pöytään ja kahvijuonnin ohessa rupateltiin vielä uudesta autosta, ilmoista ynnä muusta. Kahvin jälkeen otin puheeksi paikallislehden jutun ja ihmettelin, miten oli mahdollista, että kunta rakentaa mökkikylää Jyrkällekoskelle, mutta me emme ole siitä tienneet eikä meiltä ole pyydetty tarjousta.

– Siitä oli tosiaan kunnallislehdessä, sitä on teknillinen toimisto valmistellut.

– Etkö sinä elinkeinoasiamiehenä ole ollut mukana hankkeessa?

– En ole ollut, se on kunnan johdon valmistelema hanke.

– Eikö se kuulu mitenkään elinkeinopolitiikkaan?

– No, miten sen nyt ottaa, kyllä se matkailuun vaikuttaa, ilmeisesti siinä on matkailulautakunta ollut mukana.

– Minusta erikoista elinkeinopolitiikkaa, jos matkailu ei kuulu elinkeinoihin.

– Nyt kun asiaa ajattelen, niin kyllä se kuuluu.

– Mitä sinulla on virkaa jos sinä et meitä täällä olevia yrittäjiä tuo esille tällaisiin hankkeisiin, Seija sanoi suorasukaiseen tyyliinsä.

– Minä en valitettavasti ole ollut hankkeesta paljon sen enempää tietoinen kuin tekään, Hartikainen sanoi.

– Sinunhan pitäisi johtaa elinkeinopolitiikkaa, eikä seurata mitä tapahtuu sinun ympärilläsi, sinun reviirilläsi? sanoin.

– Mutta jos en saa hankkeista tietoa, niin miten minä puutun niihin?

– Voiko olla totta, että et saa tietoa? Mitä sinä sitten teet vai oletko ihan turha mies? Seija kysyi vähän ääntä korottaen.

– Minä teen mitä elinkeinoasiamieheltä kysytään, yrityksen perustamiseen liittyviä asioita ja sen semmoisia asioita. En minä turha mies ole, hoidan virkaani.

– Mitä olet meidän eteen tehnyt, meillä on viisitoista henkeä töissä?

– Annoin teidän viimeiseen kehittämishakemukseenne lausunnon Oulun piiripäällikölle.

– Oliko se lausunto puoltava? Seija kysyi.

– Kyllä oli, totta kai minä teen parhaani, että täällä yritykset menestyy.

– Jos olisit tiennyt Jyrkänkosken leirintäalueen rakentamisesta, niin olisitko suositellut oman pitäjän tuotantoa?

– Ky... ky... kyllä olisin, Hartikainen sanoi jo vaivautuneena.

– Nyt kun tiedät, niin sinä voisit vaikuttaa, että rakenteet muutetaan höylähirrelle niin päästään tarjoamaan.

Hartikainen pomppasi ylös tuolilta naama punaisena ja sanoi lähtevänsä heti puhumaan, että muuttaisivat rakenteet höylähirrelle. Sanoin, että täällä on kaksi valmistajaa, jotka tekevät mökkejä höylähirrestä, naapuri ja me.

– Niin, tekeeköhän ne enää mökkejä? Hartikainen tuumi.

– Sinunhan se pitäisi tietää.

Hartikainen lähti. Katsoimme Seijan kanssa toisiamme, ja totesin viimein, että taisi Hartikaisella vähän keittää lopuksi, kun lähti niin reippaasti selvittämään asiaa. Seijan mielestä sai siinä vähän keittääkin, sillä miehenhän pitäisi ajaa paikallisten yrittäjien etuja. Niin pitäisi, mutta miten ajaa, jos ei tiedä, mitä ja mistä kunnassa tehdään.

Tunnin kuluttua Hartikainen soitti ja kertoi käyneensä kunnanjohtajan luona puhumassa asiasta ja kysyneensä, eikö voitaisi ottaa paikallisilta valmistajilta mökkejä Jyrkänkosken leirintäalueelle. Ei tule kuuloonkaan, kunnanjohtaja oli sanonut. Höylähirsimökit sopivat sille alueelle yhtä hyvin kuin hunaja ja lihapulla yhteen. Niin ainutlaatuiseen paikkaan kelomökki oli ainoa vaihtoehto.

– Siellä pantiin halvasta paikallista tuotantoa, sanoin.

– Sellainen oli palaute, Hartikainen sanoi. – Vähän nolottaa kertoa.

– Meiltä on kelvannut leirimökit Kotkaan ja Norjaan, mutta ei omaan kuntaan.

– Mainitsin toisestakin valmistajasta, siitä naapurista, mutta epäili, että mahtaako ne mökkejä tehdä enää.

– Olisiko ne lopettaneet?

– En minä tiedä, mutta hiljaiselta siellä näyttää.

Asia tuli selväksi. Meidän mökit eivät kelvanneet niin hienoon maisemaan, ja siksi sieltä ei ole oltu yhteydessä. Myydään muualle, ulkopuolista rahaa täällä tarvitaankin, ajattelin. Kunnan sisällä pyörivä raha ei vaurastuta kuntaa, vaan ulkopuolelta tuleva.

Eräänä päivänä ajoin lounastunnin jälkeen kotoa takaisin työmaalle. Suojalinnan kohdalla huomasin autoja olevan pihalla paljon. Onkohan siellä jokin iso huutokauppa, ajattelin ja käänsin auton takaisin ja menin Suojalinnan pihalle. Siellä oli pukumiehiä yhdessä ryhmässä ja lähellä ovea ryhmä isäntiä tupakalla. Kysyin eräältä tutulta isännältä, mikä tilaisuus täällä oli. Kuulema meijerin hautajaiset. Kysyin vielä, oliko tämä avoin tilaisuus? Miltä näyttää? Täällä on koko kunnan väki. Menin sisälle. Sali oli täynnä. Jäin ovensuuhun muiden seisojien joukkoon. Tilaisuuden puheenjohtajana oli uusi kunnanjohtaja Pikkuaho. Salissa käytiin kiivasta keskustelua, ja äänessä olivat maidonlähettäjät. Keskustelua oli käyty jo pitemmän aikaa, koska kunnanjohtaja kuului toteavan, että kaikille meijerin maidonlähettäjille lienee tullut selväksi, että itsenäinen meijeritoiminta loppuu Pudasjärvellä.

– Kysyn vielä kokousväeltä, halutaanko maito lähettää Ouluun vai Kuusamoon?

– Kuusamoon, sanoi joku hetken hiljaisuuden jälkeen.

– Ouluun, sanoi toinen.

– Voidaanko kutsua Kuusamon meijerin edustajat kertomaan omista ehdotuksistaan? kunnanjohtaja kysyi.

– Voidaan kutsua, muuan isäntä vastasi.

Kunnanjohtaja pyysi ovensuussa seisoskelevia kutsumaan Kuusamon meijerin edustajat sisälle. Menin ulos pukumiesten luo. Kuten olin arvellutkin, he olivat Kuusamon meijerin edustajia. Sanoin, että kunnanjohtaja oli pyytänyt sisälle. Pukumiehet lähtivät ovea kohti ja minä lähdin autolle. Asia ei kuulu minulle, ajattelin, mutta tunsin kyllä itsetuntoni nousevan, koska pelko peittymisestä naapurin sahanpuruihin oli poistumassa.

20

Yhtenä päivänä hain Veijon Oulun linja-autoasemalta. Aikaisemmin oli sovittu, että kun syksy hämärtyy, niin hän tulee tuulastamaan haukia. Mäki-Antti oli luvannut järjestää tervastulilla nuotion veneenkeulaan katiskaverkosta tehtyyn häkkiin. Illaksi oli sovittu mennä Mäkitaloon ja lähteä kalaan. Nyt hän pyysi, että ajetaan Taivalkosken kautta, sillä eräs asiakas oli pyytänyt käymään. Ajoimme osoitteeseen, johon talotehtaan toimitus oli mennyt. Isäntä oli pihalla.

– Tuon ikkunan alla ei varmaan ole eristeitä, kun siinä kohti talvella oli kylmä, hän sanoi.

– Katsotaan, onko eristeet paikallaan, Veijo sanoi ja irrotti antamallani työkalulla ulkopaneeleita ikkunan alta.

Seurasimme isännän kanssa vierestä. Useita lautoja oli jo poistettu ja niiden alta tuli esiin tuulensuojalevy. Kun se oli irti, eristeet tulivat näkyviin aivan hyvin asennettuina. Kaikki oli niin kuin pitikin, ja eristevahvuus oli rakennusmääräysten mukainen

– Miksi siinä sitten juho käypi talvella? isäntä kysyi.

– Oliko paljon pakkasta, kun tuntui se juho? Veijo kysyi.

– Pakkanen pyöri siinä kolmenkymmenen kahta puolta koko talvisydämen, isäntä vastasi.

– Kyllä sillä pakkasella tuntuukin seinän vieressä juhoa. Tämä on niin kuin on luvattukin.

Ikkunan alta irrotetut tuulensuojalevyt ja vuorilaudat laitettiin paikoilleen ja työkalut pantiin takaisin autoon. Isäntä kysyi, voisiko siitä viimeisestä laskusta saada hyvitystä. Hän ei ollut sitä vielä maksanut, kun oli ajatellut, että sieltä on eristeitä pois.

– Nyt olette nähnyt, että eristeet on paikoillaan.

– Niin, mutta kun minulla on vaikeuksia saada se maksettua.

– Se on aivan toinen asia, jos pyydätte lisää maksuaikaa, niin voidaan neuvotella. Milloin voitte saada sen maksettua? Veijo kysyi.

– Voisin saada vuoden loppuun mennessä.

– Maksakaa sitten.

– Kiitos, sanoi isäntä kyyneleet silmissään.

Hyvästelimme ja toivotimme hyvää jatkoa. Matkalla totesin, että sinne jäi tyytyväinen asiakas. Veijo toivoi, että niin olisi. Hän kertoi, että tuollaisia valituksia tulee joskus, ja niissä tapauksissa ei kannata alkaa riitelemään.

– Riidan jälkeen kun ja jos hän häviää niin ei jää tyytyväistä mieltä, sanoin.

Ajoimme takaisin Pudasjärvelle ja menimme uuteen kotiini syömään. Seija oli tullut töistä ja laittanut ruuan pöytään. Kohteliaana vieraana Veijo kehui kaunista uutta puupintaa lattiassa, peräseinässä ja laipiossa. Kerroin vieneeni pienet näytepalat näistä materiaaleista aina Trondheimiin asti, kun olin käynyt siellä messuilla ja tehnyt sitä varten näytetaulun tuotteistamme.

– Minä olin ensimmäisillä messuilla mökkielementtiä ja Rasti-mallistoa esittelemässä. Ne pidettiin ulkotiloissa, Veijo kertoi. – Räntää satoi koko päivän. Aamupäivällä kävi yksi kysymässä, tiedänkö vessaa, ja iltapäivä oli hiljaisempi.

– Ne oli varmaan mielenpainuvat messut.

– Aina olen muistanut ne ja kertonutkin, että ei tämä homma niin ruusuisesti ole alkanut. Jälkeen on ollut parempiakin messuja, kun muutettiin talopuolelle.

– Minä sain sieltä lankkukuormatilauksen ja minulle se oli mahtava kokemus.

Keskustelu pyöri yrittämisessä. Illan hämärtyessä vedettiin kumisaappaat jalkaan ja lähdettiin ajamaan paikallisen venemestarin, Mäki-Antin luokse. Siellä oli itse mestari ja kaikki tuohusvehkeet valmiina. Rannassa Veijo katsoi venettä ja kysyi, että sillä nuotiollako pitäisi kalat nähdä. Venemestari sanoi, että nuotion valossa näkee kalat parhaiten, eivätkä ne pelkää luonnollista tulta.

– Kumpi haluaa ensin kokeilla onnea? venemestari kysyi.

– Annetaan Veijon aloittaa.

Vene työnnettiin vesille. Pelttarinjärven pinta oli rasvatyyni. Pimeys ei ollut vielä täydellistä, mutta sen verran hämärää, että järven pohjan näki matalassa vedessä. Lähdettiin kiertämään järveä vastapäivään. Venemestari meloi hiljalleen. Lähestyttiin lahtea, pientä melan ääntä kuului, mutta ei muuta. Istuin veneen keskellä ja tarkkailin etuvasemmalle, milloin kala näkyy. Kohta Veijo näki isohkon hauen toisella puolen venettä ja löi atraimen sitä kohti.

– Ohi meni, hän totesi, kun vesi selvisi eikä kalaa näkynyt.

– Kannattaa atrain laskea varovasti veden pinnan alle ja sitten iskeä nopeasti kalan päätä kohti, minä neuvoin.

– Jaa, jaa, sekö kerkisi häipyä, kun löin keskelle? Veijo sanoi.

– Se kerkisi alta pois, kun kuuli piikkien tulevan.

– Melon hieman lähemmäs rantaa, niin näkee paremmin.

– Uusi yritys, Veijo kuiskasi, laski atraimen piikit pinnan alle ja löi.

– Siellä on ja iso onkin, sanoin.

– Niin on. Voinko nostaa, pysyykö se kiinni?

– Pysyy, nosta vain veneeseen, venemestari sanoi.

Veijo nosti hauen veneeseen. Arvioitiin se kahden kilon painoiseksi.

– Jatka samaan malliin.

– Milloin vaihdetaan? Veijo kysyi.

– Antaa mennä tuolla häämöttävän kasvukotini rannan ohi ja siitä seuraavan kalan jälkeen.

– Sopii, ja nyt taas näkyy hauki, Veijo kuiskasi ja valmistautui lyömään. – Sinne ennen kuin jäät veneen alle.

– Kiinni on, nosta veneeseen.

Ilta oli tummunut, kun ohitimme lapsuuteni uimapaikan. Sieltä oli kerätty pois uiton poolat, joiden päältä Oulun serkut olivat opettaneet minut sukeltamaan. Olin heitä nuorempi, ja muistin ensimmäisen hyppyni kahden metrin korkeudesta. Poolan nokassa seisten olin tovin aikaa kuunnellut, että etkö uskalla hypätä. Lopulta olin hypännyt ja hiukan mahalleni. Kipeästi oli käynyt, mutta kun olin noussut rannalle ja serkkuni olivat tiedustelleet, kävikö kipeästi, olin vastannut, että ei yhtään. Oli pitänyt näyttää rohkeampaa, mitä olin. Mutta hienoja aikoja ne olivat.

– Nyt on sinun vuoro, Veijo sanoi ja kääntyi tullakseen keskelle.

– Kokeilen onnea minäkin, sanoin ja siirryin veneen keulaan polvilleni.

– Tässä on vähän syvempää, näetkö pohjaa? venemestari kysyi.

– Vähän huonosti näkyy, mutta sadan metrin päässä se madaltuu. Nyt alkaa näkyä, hiljennä hiukan niin ehdin nähdä niitä kaloja.

– Vielä lähemmäs rantaa ehkä, Veijo sanoi melojalle.

– Tuolla oikealla, kuiskasin ja terästyin atraimen kanssa. Panin jo piikit veden alle, mutta silloin kala lähti. – Ei onnistunut.

– Siitä nuotiosta putosi samaan aikaan hiili ja sitä se säikähti. Tulee niitä lisää.

Olimme jo setä Aatin talon kohdalla. Vene liukui hidasta vauhtia, oli pimeää ja hiljaista. Olin jo ehdottamassa toiselle rannalle menoa, kun huomasin edessäni hauen. Laskin heti atraimen piikit veden alle, odotin sopivaa etäisyyttä, löin ja nosti hauen veneeseen.

– Joka miehelle on yksi kala, joko mennään paistamaan? Veijo kysyi.

– Alussa tämä vasta on.

– Soudetaan toiselle puolen järveä ja mennään sitä puolta takaisin, venemestari esitti.

– Sopii. Näkee Veijokin vaimonsa lapsuudenkodin.

Niin soudettiin järven toiselle puolelle ja lähdettiin hitaasti palaamaan rannan tuntumassa takaisin. Venemestari kopisteli katiskaverkossa palavaa nuotiota, ettei tipu, sitten kun näkyy kala. Olin jälleen atraimen kanssa kontallaan veneen edessä. Varttitunnin sisällä sain kolme haukea veneeseen. Olimme tulleet Veijon vaimon syntymäkodin kohdalle.

– Tuolla näkyy katon ääriviivat.

– Hiljaista näyttää olevan. Siellä ei asu nykyisin ketään?

– Ei asu, venemestari sanoi. – Kun kävimme kansakoulua Timpan ja Hillevin kanssa, niin melkein joka talossa oli viidestä kymmeneen lasta. Nykyisin suurin osa taloista on tyhjillään. Korkeintaan joku vanhapoika jossain talossa.

– Aika on muuttunut. Kuntakeskuksiin, kaupunkeihin ja Ruotsiin on muutettu työn perässä.

– Me molemmat muiden mukana, venemestari totesi.

Vaihdettiin Veijon kanssa paikkaa. Järven eteläranta oli paikoitellen syvää rantaan asti, ja niissä paikoissa nykäisin airoilla nopeuttaakseni kulkua ja poistaakseni pienen vilun väreen.

1950-luvun kesinä olimme Liisa-siskoni kanssa usein sunnuntaiaamuna nousseet viideltä, kiertäneet samoja rantoja ja onkineet välillä kaloja. Joskus kotiin mentyä meillä oli satakunta kalaa mukana.

Jälleen oli tullut matalikkoa ja lopetin soutamisen. Haukia oli jo kaksitoista nostettu veneeseen ja ilta lähenteli puoltayötä.

– Kohta menee ryöstökalastukseksi. Joko alkaa riittää? kysyin.

– Kyllä alkaa riittää, vaikka harvoin on näin jännää ollutkaan. Aina kun on hiukan hiljaisempaa, niin taas näkyy kala, Veijo totesi.

Soudimme venemestarin kotitalon rantaan ja keräsimme hauet veneenpohjalta. Komea oli kalasaalis, pienin arviolta puolikiloinen ja isoin kolmekiloinen. Venemestari ehdotti, että ottakaa kalat matkaan, niin saatte ruuan jatketta. Minä otin vain kaksi kalaa, ja Veijo meinasi, ettei hänkään ota enempää. Linja-autossa voi herättää liikaa huomiota, jos kalat tuoksahtaa. Päätettiin jättää loput reissun isännälle. Se oli vähintä, mitä voimme tehdä. Tämä oli hieno kalareissu ja suurkiitos isännälle, me toivotimme ja hyvästelimme.

Aamulla muistin, että naapurin Yrjö oli tullut eräänä iltana puheilleni ja tiedustellut, olisiko minulla suhteita mihinkään talotehtaaseen. Olihan minulla, ja olin kertonut, että eräs tehtailija on tulossa tuohukselle jonkin ajan päästä. Haluatko tilata sieltä talon, olin kysynyt. Jos on sopivan kokoisia, niin voisin tilaa. Aamukahvilla kysyin Veijolta, oliko hänellä yhtään taloesitettä mukanaan.

– Kyllä löytyy. Onko sinulla jokin asiakas mahdollisesti?

– Naapuri aikoo rakentaa uuden talon ja kyseli, tiedänkö valmistaloja.

– Käydään esittelemässä ja jos on valmiutta päättää, niin tehdään kaupat.

Naapuri oli tätini mies. Hän oli nuorena oppinut suutarin ammatin ja oli taitava kengäntekijä. Pariskunta oli ostanut naapurista vanhan talon ja asui siinä. Nuorena, lapsettomana parina heille oli tarjoutunut tilaisuus hoitaa eräs vanha mummo aina tämän kuolemaan asti, minkä jälkeen he olivat perineet maat ja talon. Heillä oli hyvä varallisuus. Menimme sinne aamupalan jälkeen. Molemmat olivat kotona, esittelin Veijon ja sanoin Yrjölle, että tässä olisi nyt talotehtailija.

– Onko teillä mitään piirustuksia mistä näkisi, minkälaisia taloja olisi? Yrjö kysyi.

– Taloja on kuudestakymmenestä neliöstä sataanviiteenkymmeneen neliöön, Veijo sanoi ja kaivoi laukustaan esitteen. Yrjö selasi sitä, ja vaimo kurkisti vierestä. Muutaman sivun jälkeen Yrjö palasi takaisin alkuun toiselle sivulle. Hän kuului sanovan vaimolleen, että eikö tämä meille riitä. Tässä on olohuone, keittiö, kamari ja sauna-pesuhuone. Katsotaan vielä eteenpäin, saisi se vähän isompi olla, kuulin vaimon sanovan. Menee kalliiksi, ja lämmityskustannukset nousee, eikö me sovita tähän, kuului Yrjö sanovan. Seurasimme heidän valintaansa ja hiljaista keskustelua ja odotimme, tuleeko kysymyksiä. Vähän ajan kuluttua Yrjö kysyi, mitä toisella sivulla oleva talo maksaa.

– Se on 33 000 markkaa.

– Onko siinä kaikki tavarat?

– Ei ole perustus, kattohuopa ja yläpohjan eristeet, Veijo vastasi.

– Halpa se on. Mitä tuo neljännellä sivulla oleva maksaa? vaimo kysyi.

– Hetkinen, se on 110 neliötä ja sen paketin hinta on 46 000 markkaa.

– Paljonko se valmiina maksaa, kun on kaikki tekopalkat maksettu ja ne puuttuvat tavarat? vaimo kysyi.

– Teetättekö sen vierailla valmiiksi?

– Miten muuten?

– Sen toimitushinnan saa kertoa kahdella ja puolella, eli tämä isompi tulee noin 115 000 markkaa.

Yrjö laski jotain sanomalehden nurkkaan ja näytti sitä vaimolle.

– Ei me niin suurta taloa tarvita, pienempään me sovitaan ja se on kalliimpi lämmittää ja minä en kuule toiselle puolelle taloa mitä sinä puhut, Yrjö sanoi.

– No, ostetaan tuo pienempi talo sitten, vaimo sanoi.

– Onko siinä hinnassa tinkimistä, pienillä eläkkeillä kun ollaan?

– Rahti siihen tulisi vielä päälle, mutta annetaan se alennusta, Veijo sanoi.

– Uskalletaanko päättää, ennen kuin ne metsäkaupat on tehty? Yrjö sanoi hiljaa vaimolle.

– Onko teillä jo tehty se leimikko sinne Tolopanvaaraan? kysyin.

– On, vajaa tuhat runkoa.

– Sillä leimikon myyntihinnalla saatte jo melkein talon valmiiksi.

– Ostatko sinä kuusia? Niissä suurin osa on kuusia.

– Ostan, Norjaan menee kuusilankkua jatkuvasti.

Yrjö ja vaimo menivät kamariin. Tovin päästä tulivat pois ja Yrjö sanoi, että he tekevät kaupat kolmannella sivulla olevasta talosta. Katsoin esitteestä, että se oli hieman isompi kuin toisella sivulla ollut talo, ja hinta oli 37 000 markkaa. Veijo alkoi kirjoittaa hankintasopimusta ja kysyi ostajan tiedot ja osoitteen. Saatuaan sen muuten valmiiksi, hän tarkisti, sopiko toimitusaika. Saatuaan myönteisen vastauksen hän pani sopimukseen nimensä ja ojensi paperin ostajalle. Yrjö kirjoitti nimensä ja sai toisen kappaleen itselleen.

– Oletko varannut vielä timpuria tekemään taloa? kysyin.

– Olen puhunut Niskasaaren kanssa ja hän lupautui alustavasti.

– Hyvä! Siinä on erinomainen timpuri.

Talokauppa oli saatu tehtyä. Siirryimme kahvipöydän ääreen. Kahvin jälkeen kysyin Yrjöltä, haluaako hän, että teen tarjouksen siitä leimikosta. Hän halusi, koska oli joka tapauksessa myymässä sitä. Annoin hinnan, jota tarjoan pystykauppana, ja jos siitä syntyy sopimus, niin käyn joku ilta tekemässä. Yrjö hyväksyi tarjoamani hinnan, oli niitä jo muualtakin kysellyt.

Päivä oli jo puolessa, kun menimme meille. Seija oli töissä ja apulainen lasten kanssa kotona. Söimme puurot ja lähdimme sahalle. Kiersimme siellä koko alueen, ensin sahan, sitten höyläämön, kuivaamon ja lopuksi mökkihallin. Oli lauantaipäivä eivätkä työt olleet käynnissä. Kulkiessamme esittelin pintapuolisesti rakennukset ja koneet. Veijo totesi, että olen saanut paljon koneita ja rakennuksia pienellä rahalla. Kun teimme lähtöä, hän kysyi, milloin on sen johtavan toimikunnan kokous.

– Heti kun on saatu työ alulle, varmaan ehtii tälle loppuvuodelle.

– Nuo vehkeet käy ensi vuonna kovemmilla kierroksilla.

– Toivotaan niin. Siinä kehitysehdotuksessa oli markkinoinnin vauhdittaminen ensimmäinen asia. Mutta minua mietityttää, kun ei rahat loppuisi kesken.

– Pankit on sitä varten, sieltä sitä saapi.

Kierros Sahatuotteella oli käyty ja vein vieraani Oulun linja-autoasemalle. Menomatkalla pohdinta oli niin vilkasta, että sitä saattoi luonnehtia kehitystyön alkukeskusteluksi

21

Muutaman viikon päästä oli tukkien mittaus Tolpanvaarassa. Tämän metsäpalstan puut olin teettänyt ja ajattanut tienvarteen. Olin pyytänyt Pehko-Erkkiä mittaan. Hain ensin kyytiin Yrjön, sitten mittaajan ja sen jälkeen ajettiin Tolpanvaaraa kohti. Menomatkalla Yrjö kertoi tehneensä viidenkymmenen vuoden aikana ainakin 500 kengät ja olleensa taistelemassa ensimmäisessä ja toisessa maailmansodassa. Oli kätellyt Mannerheimiakin, minkä hän sanoi ääni väristen. Vilkaisin häneen ja huomasin liikutuksen kyyneleet silmissään. Ajoimme hiljaisuuden vallitessa, ja kun lähestyimme Siivikon siltaa, minullakin palasi mieleen eräs nuoruuden kokemus.

Olin ennen armeijaan lähtöä kyseisellä siltatyömaalla traktorin kanssa töissä. Silta valmistui armeija-aikanani. Palattuani siviiliin ostin Oulusta käytetyn Betforssin. Vanhan sillan purku oli tullut ajankohtaiseksi juuri samoihin aikoihin, kun olin tullut kotiin. Kotini oli muutaman kilometrin päässä siltatyömaasta. Joku oli nähnyt, että pihalla seisoi nosturilla varustettu kuorma-auto, soitti meille ja tiedusteli, voinko tulla nostamaan vanhan sillan arkusta paljastuneen räjähtämättömän lentopommin. Tulen heti, vastasin ja ajoin vanhan sillan päähän. Siltaa oli jo purettu osa ja vastassa ollut armeijan majuri viittoili ajamaan sillalle. Stop-merkin nähtyäni pysäytin auton ja menin ulos. Olin vähällä tehdä ilmoituksen niin kuin armeijan automiehenä ollessani, mutta hoksasin olevani jo pokkuroinnista vapaa. Majuri näytti, että alhaalla on räjähtämätön neljänsadan kilon painoinen lentopommi.

– Onko nostovoima riittävä? majuri kysyi.

– Se riittää moninkertaisesti.

Minun tuli nostaa lentopommi lavalle ja viedä se Tolpanvaaran taakse soramontulle, missä se räjäytetään. Aloin laittaa nosturia nostokuntoon. En ollut käyttänyt sitä vielä kertaakaan aiemmin. Irrotin vaijeria vyyhdiltä arviolta sopivan määrän, käänsin puomia sivulle ja laskin alas. Alhaalla oli kaksi pioneeria, jotka ottivat vaijerin vastaan. Vaijeri oli löysällä ja puomi hiukan ylhäällä, mutta arvelin nostokorkeuden riittävän. Majuri antoi sitomisohjeita.

– Sitokaa vaijeri sen pyrstön kaulalle niin se varmasti pysyy kiinni!

Merkin saatuani aloitin nostamisen. Pommi nousi melkein pystyasennossa ja jännitin, riittääkö nostovara. Sillalta alas oli matkaa viisi metriä paikkaan, mistä nosto oli alkanut. Pommi nousi kaiteen yli, mutta nostovara oli lähes lopussa. Käänsin nostopuomia lavalle päin, mutta sitten nostovara loppui. Sanoin majurille, että joudun laskemaan pommin takaisin ja pommi pitää kiertää keskeltä hirttosilmukalla, että se nousee vaaka-asennossa. Majurin ilme synkentyi ja naama punertui. Hän huusi alas pioneereille, että siirtykää alta pois. Taas merkin saatuani siirsin puomia sivulle ja aloitin laskemisen. Kun se oli alhaalla, majuri määräsi lapioimaan pommin keskiosan kohdalle tunnelin maahan ja panemaan vaijerin keskelle pommia. Odotellessani uutta kiinnitystä kiersin vaijeria yhden kierroksen kelalle, niin että nostokorkeus riittää. Majuri kysyi hetken kuluttua, että nouseeko se nyt varmasti lavalle. Tuimaan ilmeeseen ja terävään kysymykseen vastasin sanomalla, että nousee, jos se vain pysyy kiinni. Sain käsimerkin ja aloitin uuden noston. Pommi nousi lavanreunan yläpuolelle. Käänsin puomia siten, että saatoin laskea pommin lavalle. Majuri nousi lavalle ja kiilasi pommia niin, ettei se liikkunut. Hän pyysi vielä kiristämään vaijeria tiukalle. Mietin, oliko matkalla puhelin- tai sähkölankoja. En sellaisia muistanut. Kiristin vaijerin tiukalle. Majuri tuli hyttiin toiselta puolen. Lähdin peruuttamaan sillalta pois. Suunnatessani auton keulan Tolpanvaaraa kohti majuri sanoi, että nyt ajetaan erittäin varovasti, sillä pommit olivat räjähdysherkempiä nyt kuin 1944, jolloin saksalaiset niitä pudottelivat. Mielestäni ajoin hitaasti, mutta kaksi kertaa majuri pyysi ajamaan hiljempaa.

Saavuimme soramontulle, ja majuri näytti paikan, mihin pommin voi laskea. Tein työtä käskyn mukaisesti. Nyt voit poistua, majuri sanoi. Ajoin kilometrin, pysäytin auton ja menin ulos kuuntelemaan räjähdystä. Kymmenen minuutin päästä tuli armeijan Gatsi, ja majuri huusi ikkunasta, että kolme kilometriä vaaran alle ja joutuin! Ajattelin, että se oli hätävarjelun liioittelua, mutta ajoin Tolpanvaaran alle ja pysähdyin kuuntelemaan. Kahden minuutin päästä jysähti ja kuului sirpaleiden ujellus. Kyllä siellä isälläkin on ollut kovat paikat, ilmanko niitä sirpaleita oli kehossa ja otsassa vielä rauhan tultua, ajattelin.

Olimme saapuneet tukkitapuleille. Erkki otti sakset ja alkoi huutaa kokoja, tukin pituuksia ja latvan paksuuksia. Merkkasin ne ylös ja varmuudeksi näytin välillä merkkausta Yrjölle, jonka tiesin tarkaksi mieheksi. Kun mittaaja sanoi latvamitan olevan rajoilla ja huusi alemman mitan, minä merkkasin sen silti ylemmälle mitalle. Tukkeja oli melkein tuhat kappaletta ja iltakin pitkällä, kun lopetimme mitan ja lähdimme pois. Ensin vein mittaajan kotiinsa, sitten ajoin Yrjön pihalle. Sanoin, että hän saa tulokset suoraan Erkiltä, kun tämä on ne laskenut. Iso oli lanssi, toiseksi isoin mitä olen ostanut. Enemmän niitä oli kuin olin arvioinut tulevan, Yrjökin totesi. Hyvästelimme ja päiväni oli täysi.

22

Eräänä aamuna hain kolme puku päällä olevaa konsulttia Oulun lentoasemalta. Matkalla Pudasjärvelle selvisi, että Hagmanin alaan kuului markkinointi ja Hotanen työskenteli tuotannon kehittämisen alueella. Mikkolan tunsinkin jo entuudestaan. Minä kerroin historiani, työkokemuksen ja koulutuksen. Niitä näitä jutustellen saavuimme Sahatuotteelle suoraan Seijan kattamaan kahvipöytään. Mikkola kertoi, että päivän teema oli projektien läpikäynnit. Hän tiedusteli, oliko muita osallistujia tässä vaiheessa. Hain Epen ja Markun kentältä. Kun he olivat esitelleet itsensä, Mikkola aloitti.

– Kehitystyön tarkoitus on laaja-alaisesti käydä yrityksen toiminnot, markkinointi, tuotanto ja hallinto läpi niin, että yrityksen kaikkinainen kilpailukyky lisääntyy, ja rakentaa niille yhdessä teidän kanssa tarvittavat valmiudet. Seurantajärjestelmät luodaan siten, että voidaan hallitusti ohjata yritys tavoitteisiin. Teidän osuus on ratkaiseva. Me olemme laatineet eri toimintojen kehittämiseen projektierittelyt, jotka käymme tänään läpi. Markkinointi, Hagman ja onko Timo nyt siinä avainhenkilö? Selvä. Tuotanto, Hotanen ja Epe ja Markku. Seurantajärjestelmiä menemme läpi Seijan kanssa. Voinemme jakaantua omiin ryhmiin?

Ehdotin, että tuotannon henkilöt katsoisivat sieltä mökkihallista tilaa ja me muut omissa huoneissa menemme asioita läpi. Sitten hajaannuimme. Hagman aloitti kysymällä, miten meillä oli myynti järjestetty.

– Pääasiassa, kun on tultu kysymään, niin on myyty. Kerran olen käynyt messuilla Trondheimissa ja kerran erään agentin kanssa myyntimatkalla Ruotsissa ja Norjassa. Mökkipuoli kun tuli, niin kahdessa lehdessä on muutama ilmoitus ollut. Kysyjille on lähetetty esite ja soiteltu perään, jos olen ehtinyt.

– Niistä toimenpiteistäkö tämä liikevaihto on kertynyt?

– Niin. Ruotsinsuomalaiset kun tulivat lomille kesäkuun lopussa niin olisi enemmänkin mennyt heinäkuun toimituksiin, jos olisi ehditty tehdä.

– Minä ehdottaisin jakelutien rakentamista Suomeen. Sitä pitkin saadaan vauhditettua nopeimmin mökkimyyntiä. Se antanee parhaiten kasvua ja katetta lisää. Sitten tulisi suorittaa tuotemarkkinan lohkominen, jotta nähtäisiin, mikä tuo ja mikä mahdollisesti vie rahaa ja sen jälkeen segmentoitaisiin niitä, Hagman sanoi ja katsoi kysyvästi.

En oikein ymmärtänyt, miten voi lohkoa tuotetta ja markkinaa ja segmentoida niitä, mutta en viitsinyt kysyä, vaan sanoin, että muita voitaisiin kyllä lohkoa, mutta sahanpurut on jo aika pienessä muodossa.

– Minä tarkoitan sillä lohkomisella sitä, että mitkä tuotteet menee ja kenelle. Esimerkiksi ne mökit on menneet yksityishenkilöille, joilla on kesämökin tarve. Niitä muita tuotteita oli saha- ja höylätavara ja ne sahanpurut ja sahauspinnat. Voidaan kaikki lohkoa, mihin tai kenelle ne menee.

– Joo, kyllä nyt ymmärrän, siinä olisi järkeä, mutta miten niitä sitten segmentoitaisiin?

– Kun on tehty lohkominen, lajitellaan meitä kiinnostaviin osiin eli segmentoidaan. Noista amerikkalaisista oppaista tahtoo jäädä niitä englanninkielisiä ilmaisuja. Mutta hyvä kun sanot, niin pyrin puhumaan suomea.

– Eli lajitellaan mitä ja kenelle on mennyt ja onko siitä rahaa jäänyt vai onko sitä pitänyt kyytipojaksi panna.

– Juuri niin.

Käytiin läpi, mitä tuotteita on mennyt kahden viime vuoden aikana ja minne ja mihin tarkoitukseen ja kenelle. Tehtiin lomakemalli, jonka Hagman tekisi seuraavaan tapaamiseen puhtaaksi. Minun tehtäväksi jäi käydä läpi kaikki toimitukset. Tämän jälkeen Hagman arveli, että jakelutien rakentamiseen tarvitsen ilmeisesti päätoimisen henkilön, joka tulee vastaamaan sekä markkinoinnista että myynnistä.

– Minkälainen jakelutie niillä muilla mahtaa olla? kysyin. – Me ollaan suurin osan mökeistä pantu tuota Kuusamontietä pitkin menemään.

– Jakelutiellä tarkoitan edustajaverkostoa, esimerkiksi jakelua rautakauppojen kautta, Hagman sanoi jo vähän hymyillen.

– Hyvä kun termit tulee ymmärrettyä ensin, ne ei kisällitutkinnon tentteihin kuuluneetkaan.

– Ei varmaan, nämä on markkinoinnissa käytettyjä termejä ja valitettavasti englannista peräisin.

Menimme läpi, mihin tarkoitukseen ja minne maantieteelliselle alueelle tuotteet ovat menneet. Sain lomakkeet, jotta voin tehdä tarkemmat selvitykset seuraavan tapaamisen jälkeen. Tämä tarkastelu selvittää konsultin mielestä monta asiaa. Sitten siirryimme pohtimaan markkinointipäällikköasiaa. Konsultti kysyi, mitä edellytyksiä vaaditaan siinä tehtävässä menestymiseen. Sanoin, että pitää tuntea tuotteet ja osata myydä.

– Kyllä, niistä asioista se koostuu muun muassa, konsultti sanoi. – Lisäisin siihen ulospäin suuntautumisen ja mielellään tehtävään soveltuvan koulutuksen.

– Pitäisikö häneltä edellyttää niiden tunnuslukujen ja englanninkielisten markkinointitermien osaamista?

– Ei välttämättä, tunnusluvut on enemmin liikkeenjohdon asioita, niiden pohjalta siellä tehdään päätöksiä. Kielitaito on välttämätön viennissä ja ne termit tulee kyllä tutuksi ajan kanssa. Henkilökohtaiset ominaisuudet, kuten tavoitteellisuus, luovuus ynnä muut sellaiset on usein tärkeämpiä tavoitteiden saavuttamisessa. Oletko valmis etsimään vahvistusta myyntiin pestaamalla päätoimisen henkilön?

– Kyllä olen, sillä osaamme tehdä, mutta myyntiin tulisi saada lisää vauhtia.

Teimme listan niistä ominaisuuksista ja taidoista, joita valittavalta henkilöltä edellytetään. Sen jälkeen laadimme luonnoksen ilmoituksesta, jolla myyntipäällikköä haetaan.

Iltapäivällä kävimme sakilla syömässä, minkä jälkeen vedettiin yhteen kaikkien konsulttien ja osallistujien kanssa käynnistetyt projektit. Tuotannon alueella oli käyty läpi tavaran virtaus tukeista lähteviin tuotteisiin ja päätetty käynnistää toimenpiteet, jotta tavara kulkee vain eteenpäin, ei edestakaisin. Järjestelyt olivat jääneet Eeron ja Markun suunniteltaviksi ja toteutettaviksi. Seuraavaksi kerraksi piti pohtia samaa työpisteiden ja niille tulevien ja niiltä lähtevien tavaroiden osalta.

Taloushallinnon alueella oli selvitelty, miten nykyisen kirjanpidon kautta saadaan myyntiä ja tuotantoa palvelevia asioita ylös. Mikkola piti lyhyen luennon siitä, että yleensä tehdään kirjanpitoa vain verottajaa varten ja tilinpäätös kerran vuodessa. Silloin tilinpäätös ei palvele yrityksen ohjausta ollenkaan. Seurannan tulisi palvella yrityksen ohjausta ja kertoa vastuuhenkilöille kuukausittain tulot ja menot.

– Olemme nyt vuoden viimeisellä neljänneksellä ja käynnistämme seuraavan vuoden tavoitteiden asettamisen. Lähtötiedoiksi Seija kerää kuluvan vuoden saavutetut toimitusmäärät tuotteittain. Tämän jälkeen Timo arvioi, paljonko ja millä perusteella seuraavalle vuodelle myydään tuotteita. Nämä näkemykset on lähtökohta seuraavan vuoden myynniksi. Tuotanto selvittää sen jälkeen, onko määrät vietävissä tuotannossa läpi. Myytyjen tuotteiden hinnat ennakoidaan mahdollisuuspohjaisesti, mitä on saatavissa. Tuotanto selvittää myös, millä kustannuksilla se saa tuotteet valmistettua. Lomakemallit helpottavat selvitysten teossa. Onko kysyttävää myynnin alueelta?

– Pitääkö minun segmentoida, vai mikä se sana olikaan, sahanpurusta alkaen kaikki tuotteet.

– Voimme käyttää sanaa lajittelu, se tarkoittaa lähes samaa, Hagman sanoi. – Päätuotteita ovat mökit, höylätty puutavara ja sahatavara. Sahauksessa jäävät pinnat ja sahanpuru on sivutuote ja ne voi käsitellä yhdessä.

– Sillä tarkkuudella mikä on tarkoituksenmukaista tuotteittain, asiakkaittain ja alueellisesti, Mikkola tarkensi.

– Miten tässä kun puhuttiin ensi vuoden tavoitteista, niin se rahan riittävyys, tarkistetaanko se aina kassanpohjasta? kysyin.

– Se voi olla liian myöhäinen tapa. Kun myynti ja tuotanto on sopinut kuukausittaiset toimitusmäärät ennakoiduilla myyntihinnoilla ja ennakoiduilla tuotantokustannuksilla, laaditaan rahoitusbudjetti, josta nähdään, meneekö tavoite rahoituksellisesti läpi, Mikkola sanoi.

– Seija on tähän asti joutunut tiukoille. Jos ei Villeä ja Niska-Mattia olisi ollut, niin liian tiukoille. Olisi kohta vouti käynyt kylässä, totesin.

– Tämän kehitystyön tarkoitus on, että vaikka tavoitellaan kasvua ja lisätulosta, niin kaikki toiminnot on tasapainossa. Jos tavoitteen läpivienti jää rahoituksesta kiinni, niin silloin tutkitaan lisärahoitusmahdollisuus tai sopeutetaan toiminta sille tasolle, että rahoitus riittää.

– Simuloidaan kiertonopeuksilla, niinkö? kysyin

– Silläkin vähän, mutta niitä keinoja kyllä on muitakin, mutta puhutaan niistä seuraavalla kerralla, Mikkola totesi.

Päivä oli siinä vaiheessa, että oli lähdettävä lentokentälle. Matkalla Oulunsaloon esitin toivomuksen, että he voisivat käydä vuorotellen, niin pääsisimme paremmin mukaan, eikä tulisi niin paljon uusia asioita yhtä aikaa.

Sovimme, että seuraavalla kerralla tulee Mikkola. Hagmanin vuoro on sitten, kun myyntipäällikön haku on ollut ja voitaisiin haastatella muutamaa ehdokasta ja kenties valita heistä joku. Keskustelu syvensi minulle asioita, koska tein tarkoituksellakin välillä tyhmiä kysymyksiä. Tuotannon kysymyksiin halusin paneutua poikien kanssa, ennen kuin sovin jatkokäynnin Hotaselle. Oulunsalon lentokentällä hyvästelin konsultit ja lähdin ajamaan kotiin.

Seuraavana päivänä kävin tuotannon asioita läpi Epen ja Markun kanssa. Kysyin, mitä he olivat käsitelleet Hotasen kanssa ja oliko ollut sen tuntuista asiaa, mitä tarvitaan.

– Oli ja ei. Välillä oltiin tovin aikaa olympialaisissa, mutta se mikä liittyi tuotteen läpikulkuun se oli kyllä asiaa, Epe sanoi.

– Konsultti oli ollut Suomen olympiajoukkueessa kerran viisiottelijana, sen minäkin kuulin, mutta en sijoitusta, minä sanoin. – Miten sahalla ja kentällä?

– Kyllä siellä järjesteltävää tuli, tavarat pitäisi saada kulkemaan eteenpäin, ei taaksepäin, Markku sanoi.

– Mökkihallissa tulee ylimääräisiä askeleita. Salvuumies kävelee viisisataa ylimääräistä askelta päivässä, kun työpistettä ei ole suunniteltu.

– Puhuiko hän vielä kellokalle-hommista?

– Sen verran, että niiden aika tulee, kun karkeimmat ajansyöpöt saadaan kuriin, Epe totesi.

– Seuraava tapaaminen on sitten kun saadaan teille pohdittavaksi, meneekö ensi vuoden myyntitavoitteet läpi

23

Toimitettujen mökkien asiakkaille laadin kirjeen, jossa pyysin palautetta mökistä. Oliko toimitus ollut niin kuin odotitte? Vastasiko lopputulos sitä, mitä olitte toivonut? Miten tuotetta tulee mielestänne kehittää laadun ja toimitussisällön suhteen? Voisitteko lähettää palautteen mukana kuvan mökistänne ja itsestänne? Palautteen ja kuvan painamme luvallanne seuraavaan esitteeseen. Kiitos luottamuksestanne! Panin palautuskirjekuoren mukaan ja nimeni kirjeen alle.

Soitin Santalahden lomakylään ja tiedustelin, oliko toimitus vastannut odotuksia. Vastaus oli myönteinen, ja he pyysivät katsomaan mökkejä. Voitte yöpyä, niin tulette kokemaan leppoisan syksyisen tunnelman saunomisen ja uinnin kera, sieltä luvattiin. Kiittelin tarjouksesta ja lupasin palata asiaan pikapuolin. Olin yhteydessä Seijan veljeen Jormaan, metsänhoitaja Rauno Tuomaalaan ja kaveriini Penttiin, joiden kanssa oli kerran puhuttu Neuvostoliiton-matkasta. Passitkin oli hankittu, mutta matka oli silloin siirtynyt. Kerroin, että nyt olisi menomatkalla yöpaikka mökissä rajan lähettyvillä. Kaikki olivat valmiita lähtöön. Autokoulunjohtaja Pentillä oli uusi Peugeot 504. Hän tarjoutui kyytimieheksi ja lupasi hakea viisumit kaikille. Hän hoiti myös hotellivarauksen Leningradista.

Muutaman viikon kuluttua Pentti ilmoitti viisumien saapuneen ja sovimme lähdöstä. Soitin Santalahden lomakylään ja sovin tulostamme sinne. Aamupäivällä lähdimme ajamaan Kotkaa kohti ja iltasella olimme Santalahdessa. Vastaanotossa ollut rouva tunnisti minut äänestä ja toivotti meidät tervetulleiksi. Kerroin, että olemme menossa käymään rajan takana ja sen takia majoittuisimme mökkiin. Vaihdoimme muutaman sanan mökkien toimituksesta. Kaikki oli mennyt sopimuksen mukaan, ja he olivat oikein tyytyväisiä. Minulla oli tarkoitus ottaa muutama kuva, mutta oli liian pimeää. Sain avaimen ja kartan, jonka avulla löysimme meille varatun mökin, ja kävimme taloksi. Lepäsimme hetken, sitten lähdimme saunalle. Saunoimme ja uimme viereisessä Suomenlahdessa. Tunnelma oli niin kuin oli luvattu. Lämmin ilta ilman sääskiä ja muita häiriötekijöitä tuntui ihmeeltä. Mökissä oli neljälle hengelle tuotu iltapala teen ja kahvin kera, sillä aikaa kun olimme olleet saunassa ja uimassa.

Aamulla kävimme vielä uimassa ennen lähtöä. Kysyin vastaanotosta, mitä yö, iltapala ja aamupala maksavat, mutta selvittiin kiitoksilla. Matka jatkui itärajaa kohti. Vaalimaan rajamuodollisuudet kestivät kaksi tuntia ja molemmin puolin rajaa oli passintarkastus. Hymymme hyytyi, vaikka olimme tullessa leukailleet siitä, mitä olimme kuulleet. Rajanylityksen jälkeen näimme toisenlaisia rakennuksia, teitä ja kulkuneuvoja. Tarkastuspisteitä oli muutaman kymmenen kilometrin välein.

Perillä saimme auton vartioituun säilytyspaikkaan ja hotellista kaksi kahden hengen huonetta. Asetuimme majapaikkaan ja huokaisimme hetken. Sitten lähdimme tutustumaan kaupunkiin. Löysin suomea puhuvan taksinkuljettajan. Ennen kuin hän otti meidät kyytiin, hän kysyi, onko joku valmis painamaan pään alas, kun hän sanoo ”maantiemiliisi”. Hänen autossaan sai näet kuljettaa vain kolmea henkeä.

– Tuomaala on pienin, oletko sinä valmis?

– Olen, mutta mahdutaanko me siihen?

– Mahdutaan ja kun menet keskelle takaistuinta, niin näet kyllä nähtävyyksiä, kuljettaja sanoi.

– Jorma, mene sinä isoimpana eteen ja me Pentin kanssa takaistuimen reunoille, sanoin.

– Mitä haluatte nähdä? kuljettaja kysyi.

– Mikä on nähtävän arvoista? Jorma kysyi etupenkiltä.

– Eremitaasi, Iisakin kirkko, Ikuinen tuli, tunnin matkan päässä Katariinan palatsi...

– Riittää, riittää! Katsellaan nämä läpi ensin ja jos aikaa jää, niin sitten lisää, Pentti matkanjohtajana kommentoi.

Niin lähdimme ajamaan. Liikenne oli aika vapaata. Ajoimme pitkin Nevski Prospektia, missä välillä meni rinnakkain neljäkin autoa. Se sai autokoulun opettajan kysymään, että montakohan kaistaa tällä tiellä on yhteen suuntaan.

– Niin monta kun kulloinkin menee samaan suuntaan, kuljettaja vastasi ja painoi kaasua.

– Kolmesta neljään vaihtelevasti, Pentti totesi. – Mikä...

– Maantiemilisi, pää alas!

Tuomaala painoi pään alas. Vapautus-komentoa ei kuulunut toviin aikaan ja hän kysyi, pitkäänkö hänen pitää kyyköttää. Vihdoin kuljettaja ilmoitti, että vaara ohi, ja Tuomaala sai nostaa päänsä.

– Mikä täällä on jalankulkijan oikeus tai suoja? Pentti kysyi.

– Suositus on käyttää suojatietä katua ylittäessä.

– Kummalla on väistämisvelvollisuus, autolla vai jalankulkijalla?

– Jalankulkijalla ja sen syy jos jää auton alle.

– Niin minä vähän ajattelinkin, kun pyrähtelevät aina välillä. Saisiko täällä ajaa hiljempaa?

– Ei. On tien tukkona, jos ajaa hitaasti, se on vaarallista, kuski sanoi ja katsoi jo peilistä, kuka siellä tuollaisia kyselee.

Kerroin, että meillä kotona oli taksina 1960-luvun alkupuolella samanlainen Volga ja siinä sai olla neljä matkustajaa. Miksi ei täällä? Kuljettaja sanoi, että saa enemmän kyytejä, kun ottaa vähemmän matkustajia kerralla. Käyttöaste on parempi, minä totesin. Samassa saavuimme Eremitaasin eteen.

– Tämä on suosituin matkailukohde, kuljettaja sanoi. – Haluatteko, että odotan teitä?

– Jos mahdollista. Pyrimme tunnin sisällä jatkamaan matkaa, sanoin.

Poistuimme autosta, ostimme sisäänpääsyliput ja aloitimme kierroksen. Vaikka emme olleet erikoisia taiteenystäviä, kaikki oli upeampaa kuin mitä koskaan olimme nähneet. Etenimme hiljaa, ja joku jäi aina katsomaan tarkemmin jotain taulua. Tuomaala jäi usein jälkeen ja totesikin, että hän voisi olla siellä kaksi päivää. Tunti kävi lyhyeksi. Ehdimme käydä muutamassa huoneessa, ja 350 huonetta ja lähes miljoona esinettä jäi katsomatta. Pentti tiesi, että palatsin rakentaminen oli pantu alulle Pietari Suuren tytölle Keisarinna Elisabetille 1754, mutta tämä ehti kuolla ennen sen valmistumista.

– Olipa vahinko, häneltä jäi paljon näkemättä ja nauttimatta, sanoin.

– Mutta Katariina Suuri nautti senkin edestä, Pentti tiesi. – Onko nuo viettelevät alastontaulut hänestä? Hänhän oli varsinainen miestennielijä.

– Jos osattaisiin venäjää, niin voitaisiin lukea, keitä ne esittää, Jorma totesi. – Niitä tauluja oli paljon.

Olisimme voineet olla pitempään, mutta kun olimme luvanneet taksikuskille viipyä vain tunnin, meidän oli lähdettävä. Kuljettaja totesikin, että olimme nopeimmat Eremitaasissa kävijät mitä hän on nähnyt.

– Olisin minä viihtynyt, mutta kun ei, Tuomaala sanoi.

– Katariinan kuvia oli paljon, tuumasin.

– Oli siellä muutakin, sellainen loisto on ollut tsaarin aikana, Jorma sanoi.

– Mutta Stalin muutti meiningin tasa-arvoisemmaksi.

– Tämäkö näyttää tasa-arvoiselle?

– Alussa ainakin, mutta katsotaan kierros loppuun.

Istuimme autoon samaan järjestykseen ja lähdimme seuraavaan kohteeseen. Ajettiin taas Nevski Prospektia pitkin. Maantiemiliisi-käskyjä tuli aika usein, ja Tuomaala kyyristyi joka kerta tunnollisesti alas. Saavuimme Iisakin kirkon aukealle. Ihastelimme sitä autossa istuen ja kuuntelimme kuljettajan selostusta.

– Auguste Ricard de Montferrandin suunnittelemaa Iisakin kirkkoa alettiin rakentaa 1818 ja se valmistui 1858 eli sitä rakennettiin neljäkymmentä vuotta. Se oli aikanaan ja lienee vieläkin maailman suurin kirkko. Korkeus on 101 metriä ja lattiaa on yli 4000 neliömetriä.

– Eikö sisällä ole se heiluri, jolla osoitetaan maailman pyörimisliike? kysyin.

– On, kupolista riippuu 90-metrinen Focault´n heiluri, kuljettaja sanoi.

– Tämä maa on ollut maailman napa 1800-luvulla, Jorma sanoi. – Mutta jostakin tämä maa on sitten jäänyt kelkasta.

– Olisiko se jossain jäänyt? kysyin.

– Minä olen käynyt Suomessa ja se on kaikessa edellä, en tiedä missä on jäänyt näistä loiston ajoista, kuljettaja sanoi.

Jatkoimme matkaa ikuiselle tulelle. Liikenne oli lisääntynyt ja ihmisiä virtasi jalkakäytävillä ruuhkaksi asti. Työt olivat päättyneet ja oli kotiinmenon aika. Suojatiellä näkyi konkreettisesti se, etteivät autot sitä lähestyessään hiljentäneet, vaan jalankulkijat pinkaisivat juoksuun, kun oli uhkaava tilanne. Autokoulunopettaja pyöritti päätään ja sanoi hiljaa, että hulluja nuo kuskit täällä. Saavuimme Mars-aukiolle, missä oli Tuntemattoman sotilaan hauta. Kuljettaja pysäytti auton ja selosti, että siinä palaa ikuinen tuli, jonka luona hääparit käyvät kuvauttamassa usein itsensä. Huomasin, että yksi pari oli tulossa paikalle.

– Kuvauksen jälkeen he usein pyytävät Mendelsonin häämarssia, kuljettaja kertoi ja osoitti vuoroaan odottavia torvensoittajia.

– Täällä ne menee naimisiin torvensoiton tahdissa, meillä urkumusiikin.

Autonikkunaa koputettiin kuuluvasti, ja kuljettaja pomppasi ulos. Katsoimme juuri torvimusiikkia kuuntelevaa hääparia, emmekä huomanneet, että maantiemiliisi oli tullut auton vierelle.

– Nyt kuljettajalle kävi käry, kun ei huomattu miliisiä, Tuomaala sanoi.

– Ei sille mitään mahda, saithan sinäkin katsoa rauhassa tuota meininkiä.

– Kovasti ne kuuluu puhuvan toisilleen, pitääköhän meidän ottaa toinen taksi? Jorma tuumasi.

– Odotetaan, kyllä se kohta selviää.

Kuljettaja tuli viimein autoon ja sanoi otsahikeä pyyhkien, että vaara ohi, voimme jatkaa matkaa. Sakkoakaan ei ollut tullut, sillä kuljettajan velipoika oli maantiemiliisi ja teki yhden päivän tälle miliisille. Ihmeteltiin, miksi niin kova vääntö oli kuitenkin ollut. Kuljettajan mukaan se oli maan tapa. Ääntä ja eleitä pitää olla, niillä pärjää.

Ikuinen tuli jäi taakse. Ilta oli jo painamassa päälle. Pyysimme kuljettajaa ajamaan hyvään ruokapaikkaan. Hän ajoi tovin aikaa Nevski Prospektia, kunnes pysäytti erään ravintolan eteen ja sanoi, että monet suomalaiset kehuvat sitä. Sanoimme sen sopivan meillekin. Pentti tiedusteli taksikyydin hintaa. Kuljettaja kysyi, voimmeko maksaa Suomen rahassa.

– Voimme. Montako sataa markkaa?

– Olisiko kolmekymmentä markkaa paljon?

Ei ollut, joten Pentti maksoi ja me poistuimme autosta. Ravintola oli parhaasta päästä. Tarjolla oli lihavarrasta, saslikkia ja kalaa. Valitsimme turvallisemman tuntuisen lihavartaan. Juoman valinta olikin vaikeampaa, koska oli varoitettu, että mineraalivesi oli tehty hanaveteen. Jaffaa ei ollut. Kaikkia suositeltuja juomia emme käyttäneet. Sitten kysyimme Coca Colaa. Aluksi tarjoilija puisti päätään, mutta sanoi sitten etsivänsä. Vajaan tunnin odottelun jälkeen saimme lihavartaat ja Coca Colat. Ruoka oli suht'koht syötävää. Jälkiruokaa emme halunneet, ja Pentti pyysi laskun. Se oli 65 ruplaa, Suomen rahassa noin kaksi markkaa henkeä kohti.

– Tasapainossa makuun nähden, totesin. – Nyt taksia pyytämään. Kuka menee kadun varteen ja nostaa käden, kun näkee taksin?

– Minä menen ja valitsen isomman kun edellinen taksi, Tuomaala sanoi.

– Saa nähdä löytääkö. Zilit on isompia, mutta taitavat kulkea vain poliisisaattueissa.

– Pitkäsen Einolla oli Zili aikanaan taksissa, Jorma totesi. – Mutta täällä niitä ei ole näkynyt kuin poliisisaattueissa.

– Ei ole isompia, totesi Tuomaala, mutta enköhän minä kestä kyykytystä hotellille asti.

Niin kurvasi Volga luoksemme ja kuljettaja aukaisi paikaltaan takaoven. Pentti meni kuljettajan viereen ja me muut takapenkille. Hotellikortin luettuaan kuljettaja lähti päinvastaiseen suuntaan. Kohta hän pyörähti sivukadulle ja lähti kaartamaan laajaa kierrosta hotelliamme kohti. Ymmärsimme sivukatujen olevan turvallisempia, kun autossa on ylilastia. Kun saavuimme perille, kuljettaja näytti summaa, ja Pentti laski ruplia sen verran. Neuvoin antamaan tippiä saman verran, kun oli niin halpa kyyti. Pentti sanoi antavansa kympin markkoja, niin nähdään, kelpaako. Hyvin kelpasi ja hymy löytyi ensimmäisen kerran. Ruplilla ei olisi tullut. Pentti kiitteli ja sai kiitoksen suomeksi takaisin.

Nousimme autosta. Hotellin lähellä vastaan tuli kaksi nuorta miestä. Toinen meni Tuomaalan luokse ja toinen tuli minun eteen.

– Sinulla hieno pusero, minä ostaa se.

– Mutta minä en myy.

– Minä maksa hyvin.

– Mikä on hyvin?

– Minä maksa kuusituhatta ruplaa. Saat rahat heti kun riisut päältä tuolla eteisessä.

– Odota hetki, sanoin ja laskin päässäni Suomen rahaksi. Olin lähtiessäni ostanut puseron neljä kertaa halvemmalla hinnalla. Katsoin, miten toinen kauppias oli menestynyt Pentin kanssa. Näytti kauppa tulevan. Sanoin ostajalle, että selvä, mennään!

Menimme eteisaulaan sivulle, vinkkasin Jormaa tulemaan mukaan. Varmistin selustani, ettei takkini lähde ja rahat jää saamatta. Aulassa riisuin takin ja annoin Jormalle pidettäväksi siksi aikaa, kun lasken ruplat. Kuusituhatta oli. Nyökkäsin. Jorma antoi takin ostajalle, joka häipyi saman tien. Kohta tulivat Pentti ja Tuomaala ostaja perässään. Kehuin saaneeni puserostani 6000 ruplaa. Toinen ostaja tuli Pentin luokse ja kysyi, myisikö tämä ne toiset kengät.

– Voin myydä, mutta minun pitää hakea toiset kengät jalkaan tuolta sisältä.

– Minä odotan täällä aulassa, ostaja sanoi.

Lähtiessään Pentti pyysi Tuomaalaa jäämään aulaan. Minä lähdin Pentin kanssa huoneeseen. Siellä hän vaihtoi toiset kengät jalkaan ja laittoi pussiin myytävät kengät, joista hän oli saamassa kuusituhatta ruplaa, vaikka ne olivat jo vanhat. Ihmettelin, mihin me kaikkien ruplien kanssa joudutaan, kun tavaralle oli niin kysyntää.

– Se on sen ajan murhe, Pentti sanoi ja lähti.

Tovin kuluttua hän palasi Tuomaalan kanssa, ja kumpikin hymyili leveästi. Tuomaala sanoi, että olisi hyvät markkinat, jos olisi vaan myytävää. Minulta ostanut oli tullut Tuomaalankin luo, mutta tämä ei ollut keksinyt mitään myytävää. Jorma mietti, kannattaisiko myydä kaksista sukista toiset.

– On minulla kaksi paitaa, kysytään aamulla mitä niillä saisi, Tuomaala sanoi.

Illalla kertasimme päivällä nähtyjä tapahtumia ja kaikkien mielestä upeita nähtävyyksiä. Jorma oli katsonut jalkakäytävän vieressä olevan työmaan tellinkilankkuja ja sanoi, että pitkään oli sen työmaan lankkuja tepasteltu, kun oksat olivat melkein sentin koholla. Sanoin, ettei se ihan parissa vuodessa kulu pehmytkään puu niin paljon.

– Iisakin kirkon rakentaminen oli kestänyt neljäkymmentä vuotta, olisiko sen työmaan aika ollut puolet siitä?

– Ainakin! Ei vanhan pirtin lattialankuissakaan koskaan ollut oksat niin korkealla.

– Vaikka olivat kolmekymmentä vuotta tepastelleet.

– Sillä täällä ei ole työttömyyttä, kun työmaat kestää sukupolven.

– Vaikka paljon ne meidän isät niitä vähensi, kun ne meinasi tulla väärälle puolen rajaa.

– Minun isä jäi tälle puolen rajaa, oli ollut niin kova tulimeri, ettei saaneet omalle puolen haettua, Jorma sanoi.

– Kaikkien isät siellä oli torjumassa niitä tai näitä, Tuomaala sanoi.

Kävimme syömässä hotellin ravintolassa ja tulimme takaisin huoneeseen. Tuomaala ja Jorma lajittelivat vaatteita ja erottivat ne, mitkä voisi aamulla myydä. Joku mietti, mitä ostetaan tuliaisiksi kotiin. Pentti tiesi, että yleensä hankitaan samovaari tai maatuska.

– Berioska-kauppa oli tuolla alhaalla, katsotaan sieltä, sanoin.

– Mitä jos lähdetään aamusta ajamaan ja käydään Viipurissa syömässä, Pentti ehdotti.

– Sopii ainakin minulle, sanoin ja muut säestivät, että kyllä tämä riittää tällä kertaa.

– Mutta meillä Jorman kanssa on vaatekaupat tekemättä, Tuomaala sanoi ja keksi, että myytävät vaatteet voi ottaa mukaan.

Ulkona vaateostajat olivat asemissa. Kumpikin tiesi, kenellä voisi olla myytävää. Kaupankäynti alkoi, toinen ostaja oli Tuomaalan kimpussa ja toinen kysyi Jormalta ostettavaa. Myy, minä ostaa! Jorma aukaisi sukkapussin ja kysyi, mitä maksaa.

– Kaksi paria, kaksi sataa ruplaa, ostaja tarjosi.

– Neljä sukkaa, neljäsataa ruplaa. Ostatko?

– Paha hinta, kolmesataa ruplaa. Ei enempää.

– Anna ruplat, saat sukat.

Niin kauppa tuli. Tuomaala oli etempänä paitakaupoilla. Kuuluivat käyvän samaa tinkaamista kuin edelliset kaupantekijät. Odottelimme rauhassa, mutta kun tuntui viipyvän, niin huusin, että me menemme jo Berioskaan.

– Minä ostan! kuului ostajan hätääntynyt ääni.

– Laske ruplat.

Kaupat syntyivät ja ruplarikkaat lähtivät tuliaisten ostoon. Sitten palattiin hotelliin, luovutettiin huone ja lähdettiin vartijan perässä noutamaan autoa. Auto oli koskemattomana teräsverkkoisen, vartioidun aitauksen sisällä. Lastasimme siihen tavaramme. Annoin kymmenen markan tipin vartijalle ja lähdimme ajamaan. Olimme ajaneet varttitunnin, kun auto tuli takaa eteemme ja antoi pysähdysmerkin. Pysähdyimme, Pentti avasi ikkunan ja ihmetteli, mitä se meistä haluaa.

– Onko sillä puseron tarvis vai paidan, sanoin.

– Te menette väärään suuntaan, miliisiasuinen mies ilmoitti. – Seuratkaa perässä.

– Viipuriin ollaan menossa, Pentti sanoi.

– Tiedän, suunta on väärä, seuratkaa perässä.

– Selvä, sanoi Pentti ja pani ikkunan kiinni.

Käännettiin auto ja seurattiin miliisiä. Ajettiin takaisin samaa tietä, jota tulimme ja jatkoimme miliisin perässä. Noin viiden kilometrin päästä oppaamme pysäytti auton ja näytti suuntaa eteenpäin. Nostimme kättä joka mies ja lähdimme oikeaan suuntaan. Jorma nauraa röhötteli ja totesi, että kyllä meistä pidetään hyvä huoli, ei päästä eksymään.

– Eikö ole pitkällä tasa-arvo? kysyin.

– On, mutta minä haluan kotiin, Tuomaala sanoi.

Matkalla Viipuriin esitettiin maan demokratiasta monenlaisia mielipiteitä. Toinen puoli kyytiläisistä kehui ja toinen puoli vastasi nähdyillä esimerkeillä. Voi se olla parempi kuin Nikolai toisen aikana, mutta valvonta ainakin on tehokkaampaa. Kansa alistetaan propagandalla ja työväenlauluilla. Näittekö hymyä kellään suupielessä? Kyllä, sillä taksimiehellä, kun maksettiin kyyti markoilla. Huulenheiton lomassa kysyin, mitä teemme ruplilla, sillä tullissa ei saa olla enempää kuin tullessa.

– Siitä se nyt riesa tuli, siellä oli hyvä kurssi. Onneksi minulta se ostaja tinkasi, Jorma totesi.

– Käydään Viipurissa syömässä vatsa täyteen, Pentti esitti.

– Käydään ja katsotaan, voidaanko ostaa jotain kotiin vietävää, sanoin.

Tultiin Viipuriin ja katseltiin ravintolaa. Aikamme ajeltuamme menimme yhteen parhaaksi arvioimaamme. Tilasimme lihavarrasta, joka ruokalistalla vaikutti suomalaisimmalta. Ruuan ja kahvin jälkeen pyysimme laskun. Nuorehko tarjoilija toi sen. Panimme ruplia reilusti päälle. Matkanjohtaja Pentti totesi kuitenkin, että meillä oli edelleen niin paljon ruplia, että jos tulli tarkistaa, niin käry käypi.

– Mitä tehdään, ruplarikkaat? kysyin. – Ei voida mennä näin vauraana tulliin.

– Joku tekee kuulemma pankin puhelinpylvään juureen ennen tullia, Tuomaala sanoi.

– Hei, annetaan tuolle tarjoilijalle tippinä, ehdotin.

– Hyvä, saadaan toinen hymy tältä matkalta, Tuomaala sanoi.

Odotimme, että tarjoilija tulee tuomaan vaihtorahat. Sillä aikaa keräsimme kaikki ruplat omiin nyrkkeihimme. Tarjoilija tuli ja laski vaihtorahat pöydälle. Pyysin häntä laittamaan esiliinan eteen kupiksi. Hän ei ymmärtänyt tarkoitustani ja sanoi antaneensa rahasta oikein takaisin. Lopulta saimme hänet laittamaan esiliinan helman kupiksi, johon kukin vuorollamme pudotimme ruplamme. Viimeisen pannessa siinä oli iso körö ruplia. Tyttö nosti ruplakörön ylös, niin että hänellä oli iso pussi edessään. Kyyneleet alkoivat valua hänen silmistään. Hän katsoi taakseen, näkikö kukaan, ja kun ketään ei näkynyt, hän kipaisi takaisin keittiöön. Nousimme pöydästä ja olimme menossa ovelle, kun tarjoilija tuli vielä kiittämään ja hymyillen kertoi, että esiliinassa oli hänen vuoden palkkansa.

– Kiitos sinulle, palvelit hyvin, minä sanoin. – Hyvää jatkoa!

Selvisimme tullista hyvin, ja kotimatka alkoi. Kaksi hymyä olimme saaneet matkalla ja vahvan tunteen siitä, että meillä on hyvä maa.

24

Syksy eteni ja yöpakkasia alkoi olla. Aamulla kuura oli maassa, kun hain lehdet postilaatikosta. Siellä oli Kalevan lisäksi edellisenä päivänä tullut Iijokiseutu. Aikaisemmin ilmaisjakeluna ilmestynyt lehti oli keväällä muuttunut tilattavaksi paikallislehdeksi. Nyt siinä oli juttu Jyrkällekoskelle rakennettavista kelohonkamökeistä. Kumpia ne nyt lienee, lihapullia vai hunajaa sille alueelle, ajattelin. Asia ei enää harmittanut minua. Kauppa oli käynyt meidän mökeillä ihan hyvin ja sisu oli vain lisääntynyt. Muistin miten Münchenin kesäolympialaisissa 1972 Lasse Viren kaatui, mutta sisuuntui kaatumisesta ja voitti.

Juotiin aamukahvit ja luettiin lehdet. Kun lastenhoitaja tuli, lähdimme Seijan kanssa työmaalle. Siellä totesin sahalla olevan hiljaista. Menin katsomaan ja näin miesten vaihtavan sirkkelin pöydän vetovaijeria. Viisi miestä ja minun mentyä kuusi katsoi, kun kaksi vaihtoi vaijeria. Kysyin, oliko sama vika kuin ennenkin.

– Niin on, tämä sinun vaijerivetokeksintö kestää kuukauden ja on poikki, Oiva sanoi.

– Ettekö ole vaihtaneet sitä toiseen ratkaisuun niin kuin puhuttiin?

– Tämä on susi syntyessään, koko vetosysteemi pitää uusia.

– Pannaan seuraavan seisokin aikana uusiksi. Hammasvedolla se puupöytä oli, mutta ei sekään toimi ajolattian kanssa, sanoin ja menin höylälle. Sieltäkään ei kuulunut ujellusta niin kuin höyläyksen käydessä. Mikä täällä vastustaa?

– Asetteen teko ja odotellaan kuivia hirsiä, Olli vastasi.

Ei sen kummempaa, onneksi, mutta öljyn loppuminen on syynä siihen, että ei pysty höyläämään, minä ymmärsin. Jatkoin mökkihallille. Siellä olivat hirret loppuneet ja siivottiin hallia. Halli oli puhdas ja ajattelin sitä siivotun jo eilisestä alkaen. Menin toteamaan hirrensalvaajille, että puhtaus on puoli ruokaa, mutta onko hirret vähissä.

– Vähissä on, oli öljy loppunut kuivaamosta pyhän aikana ja huomenna saadaan höylältä lisää.

– Sitten ei ole muuta kuin huoltohommia, sanoin.

– Niitä kyllä on täksi päivää ja huomenna salvetaan jälleen, Niskavaari totesi.

Menin toimistoon ja mietin, kummat olivat pahempia: ylimääräiset askeleet jotka veivät tehollista työaikaa vai nämä aamulliset seisokit? Varmaan molemmat, mutta jos lämmitysöljy loppuu, niin höylä ja salvuu on seis. Jos sahan vaijeri on rikki, niin seitsemän miehen aika menee hukkaan. Soitin Hotaselle ja kerroin, mitä olin aamukierroksella nähnyt ja millaisia häiriöitä todennut. Niistä vain osa meni maanantain piikkiin.

– Pitää tehdä kartoitus niistä häiriöistä työpiste- ja konekohtaisesti ja kun saadaan toistuvuus selville, niin on tehtävä korjaavat toimenpiteet.

– Pojat on tähän asti huolehtineet, että työ käyttää, mutta nyt he on laskeneet niitä turhia askeleita ja katsoneet niitä virtauksia.

– Tärkeimmät asiat ei tahdo heti selvitä, mutta kyllä ne siitä korjaantuu. Seuraavalla kerralla menemme tärkeät ja merkittävimmät häiriöt läpi.

– Hyvä, minä vain toin tiedoksi, kun tuotanto yski tänä aamuna.

– Hyvä tietää, hyvä kun soitit.

Palasin toimistolle ja kysyin Seijalta, että pelaako edes laskukone, kun mikään muu ei tunnu tänä aamuna pelaavan. Seija sanoi laskukoneen pelaavan vähän liiankin hyvin. Hän oli laskenut maksettavat laskut, joiden joukossa oli ollut myös laskut kolmen konsultin käynnistä. Sitten hän oli laskenut saatavat ja todennut, että ne eivät riitä laskuihin.

– Liian hyvin se sitten toimii, kopauta vähän, ettei se pelaisi kahteen viikkoon.

– Muut ratkaisut pitää löytää, Seija sanoi.

– Kattele niitä jos löytyisi.

Tämäkin vielä, minä ajattelin. Etsin muutaman Kauppalehden ja katselin myyntipäällikköjen hakuilmoituksia. Kaikki oli suurellisen tuntuisia isojen talojen ilmoituksia. Niistä ei ollut malliksi. Yritin monta kertaa laatia hakuilmoitusta, mutta ei sujunut. Sitten ajattelin, että sen pitää olla yrityksen tarpeista lähtevä. Aloitin. Etsimme Myyntipäällikköä hitaasti kasvaneista puista valmistettujen mökkien myyntiin ja jakelutien rakentamiseen. Ruttasin alun roskakoriin. Luin taas muutaman ilmoituksen ja totesin, että kaikissa puhutaan houkuttelevasti myynnin johtamisesta ja kehutaan tuotteita ja haetaan kasvua. Jos haet uusia haasteita, olet meidän etsimä henkilö. Ei, ei, nyt ei juttu luista! Lähdin ulos tuulettumaan. Mietin ja kävelin. Työn äänet alkoivat kuulua sahalta, pöydän vetosinkki oli vaihdettu. Kuivaamon ovet oli aukaistu ja hirsiä purettiin ulos. Kyllä tämä käyntiin lähtee. Menin jatkamaan ilmoituksen laadintaa. Kohta soi puhelin. Siellä oli Haukiputaalta Osmo Sarajärvi.

– Kuulin viikonloppuna, että teillä avautuu myyntipäällikön paikka lähiaikoina. Pitääkö paikkansa?

– Pitää, juuri olen laatimassa hakuilmoitusta sunnuntain lehteen.

– Minä olen kiinnostunut.

– Missä hommissa olet ollut?

– Vientiprojektien myyntityössä, nykyinen työnantaja on iso rakennusprojekteja toteuttava yritys.

– Minkä tähden olet vaihtamassa työpaikkaa?

– Nykyisessä tehtävässä joutuu olemaan paljon matkoilla ja siinä on omat hankaluudet perheelliselle miehelle.

Sovimme, että hän tulee lauantaina puoliltapäivin käymään Sahatuotteella. Siinä se on! Ruttasin hakemusluonnoksen ja menin kertomaan Seijalle, että myyntipäällikköehdokas soitti juuri, kun olin laatimassa ilmoitusta, ja tulee lauantaina käymään.

– Etkö pane sitä ilmoitusta?

– En, katsotaan päästäänkö sopimukseen. Panitko sen laskukoneen mykäksi?

– En vielä, miksikä?

– Oliko siinä mukana se viimeinen iso puukauppa?

– Kaikki laskut ja mittaustodistukset oli.

– Sen viimeisen ison puukaupan voi maksaa kesään mennessä. Oli puhe, että sillä ei ole kiirettä, se on varalle, jos talontekorahat loppuu kesken.

– Sinä olet simuloinut.

– Niin olen, kysyin sen jo kauppaa tehdessä.

Kaksi asiaa oli ratkennut ja mieli oli hyvä. Kyllä tämä taiteilua on, mutta siinä mennä keikutaan. Kun saadaan vauhditettua markkinointia, sitten helpottaa.

25

Myyntipäällikköehdokas miellytti, ja sovimme, että hän tulee töihin, kun saa kesken olevat projektit päätettyä. Siihen asti tulee vahdittaa myyntiä omin voimin. Viime tapaamisella Hagmanin kanssa oli puhuttu jakelutiestä ja edustajaverkoston rakentamisesta. Olin ottanut sen puheeksi jo Osmon kanssa käydyssä neuvottelussa. Hänellä oli mielessä jo yksi edustaja ja sovimme, että hän ottaa tähän yhteyttä. Muistin, että Syväniemi oli puhunut veljestään Hannusta, joka asui Kauniaisissa ja oli rakennusalalla. Soitin Hannulle, ja hän muisti, että olimme tavanneet kerran.

– Niin olemme, hait lautaa toissa kesänä mökillesi, minä sanoin.

– Niin tein, meidän mökki on siinä Hirvaskoskella. Olemme kesät usein siellä, vaimoni on sieltä kotoisin.

– Veljesi suunnitteli meille mökkimalliston ja nyt kyselen edustajia niiden myyntiin.

– Tiedän, hän puhui kerran siitä minulle. Joko olette myyneet ja tehneet niitä?

– On aloiteltu, vajaa sata on tehty kotimaahan ja osa Norjaan.

– Vai edustajia. Onko täällä Uudellamaalla vielä ketään?

– Ei ole, se on vapaa alue ja siellä on päättäjiä eniten Suomessa.

– Kyllä minä voin alkaa tälle alueelle. Oletko käymässä täälläpäin, niin voidaan keskustella asiasta? Hannu kysyi.

Sovittiin tapaaminen Engelin kahvilaan kahden päivän päästä. Olin saanut postissa lomakkeita Hagmanilta ja Mikkolalta. Puhelun jälkeen selasin niitä. Toiset liittyivät markkinointiin ja toiset seuraavan vuoden tavoitteisiin. Markkinoinnin lomakkeet olivat T/M-lohkomiseen kahden edellisen vuoden tapahtumien pohjalta. Selasin pinkkaa ja ajattelin, että täytynee näihin kynähommiinkin opetella. Onneksi ei niitä sahanpuruja tarvinnut lohkoa, vain saha ja höylätavara ja mökit. Mitä, kenelle ja minne niitä on mennyt. En ollut vielä sisäistänyt kaikkien tarkoituksenmukaisuutta, mutta jospa se valkenee matkan varrella. Vein Mikkolan lomakkeet Seijalle ja sanoin, että hänen kuulunee ne täyttää.

– Ei kun sinun ne tavoitteet piti myynnille asettaa, Seija sanoi. – Minä katson vasta lopussa, meneekö ne rahoituksesta läpi.

– Mistä minä osaan tietää, paljonko niitä ensi vuodelle menee?

– Tiesithän sinä sille liituraidallekin sanoa.

– Tiesin ja melkein on mennytkin se määrä, mutta siinä oli uhoa hiivana, kun se pani niin halvasta.

– Käy se voimasta sekin, ilman uhoa ei oltaisi myyty niin paljon.

– Mahdollisesti ei. Mutta nyt näitä lomakkeita on turhan paljon. Minä sotkeudun näihin.

– Katsele muutaman kerran läpi ne lomakkeet, niin kyllä niissä järkeäkin on.

– Myynti kaksi edellistä vuotta tuoteryhmittäin ja seuraavan vuoden tavoitteet. Pitäisikö ne lohkoa myös, ajattelin ääneen. Ei niitä ole lohkottu kahtena edellisenä vuotena, koska on vain myyty ja sinä olet tehnyt kirjanpidon.

– Ei ole lohkottu, mutta muistat niiden myytyjen mökkien määrän ja loput on saha- ja höylätavaraa, Seija sanoi. – Minä voin poimia niitä kirjanpidosta.

– Tee niin, minäkin pääsen kiinni niiden edellisten vuosien tapahtumista ja alan pohtia tulevaa vuotta.

Sovittiin työnjako. Kun saan edellisten vuosien myyntimäärät, voin päätellä, millä toimenpiteillä tulevalle vuodelle saadaan kasvua ja tulosta. Aloin valmistella Helsingin-matkaa. Keräsin aineistoa, jota olin käyttänyt myynnissä. Valokopioesitteet mökeistä, hinnasto, luettelo toimitussisällöstä ja muutamia kuvia toteutetuista mökeistä. Näillä pitäisi Hannun päästä alkuun. Ilmoitin Seijalle, että lähden pestaamaan ensimmäisen edustajan Uudellemaalle. Ajaisin sinä päivänä Liisa-siskoni luokse yöksi ja seuraavana päivänä tapaisin Hannun.

– Se lähtö tapahtui nopeaan. Onko yöpuku ja hammasharja mukana?

– Ei, mutta otan mennessä. Onko meillä Helsingin karttaa?

– Ei ole, osta sieltä.

Pääkaupungissa olin käynyt ensimmäisen kerran hakiessani viimeisen kuorma-auton maahantuojalta. Lentomatka sinne oli myös ollut ensimmäinen. Sen jälkeen olin käynyt autolla kaksi kertaa perheeni kanssa lomamatkan yhteydessä. Nyt olin lähestymässä Tuusulantietä ja kello lähenteli puoltayötä. Olin sopinut Liisan kanssa, että kun saavun kerrostalon pihalle, heitän pienen kiven hänen asuntonsa ikkunaan, niin hän tietää tulla avaamaan alaoven. Olin hakenut osoitetta jo toista tuntia, kun mielestäni löysin oikean kerrostalon. Ikkunan piti olla kolmannen kerroksen neljäs ikkuna vasemmalta ja parvekkeiden puolelta. Parkkeerasin auton, menin talon takapihalle ja etsin siskoni ikkunan. Olin varannut peukalonpään kokoisia kiviä ja aloin heitellä niitä. Ensimmäinen ei sattunut kuin seinään. Heitin toisen kiven ja se sattui kyseiseen ikkunaan. Odottelin pari minuuttia, mutta ikkunaan ei syttynyt valoa. Uudistin heiton hieman isommalla kivellä ja hetken päästä syttyi valot. Menin alaovelle ja odotin, että sisko tulee avaamaan. Odotin monta minuuttia, mutta ei syttynyt käytävään valoa eikä kukaan tullut avaamaan. Menin uudelleen talon toiselle puolen. Valot olivat sammuneet. Uudistin ilmoituksen, että olen tullut. Kohta syttyi jälleen valot. Ikkunan viereisen parvekkeen ovi avautui ja parvekkeelle tuli mies.

– Mikä häirikkö siellä kivittää ikkunaa? Jos et häivy niin soitan poliisin paikalle!

– Anteeksi! Eikö siinä huoneistossa asu Liisa?

– Ei asu ja jos et häivy heti, niin tilaan noutajat! ärtynyt ääni sanoi.

– Onko tämä A-talo huoneisto 34?

– Ei ole, häivy! mies sanoi ja veti oven kiinni niin, että rämähti.

Lähdin nopeasti autolle ja ajoin takaisin samaa tietä, jota olin tullut. Pysäytin ja sytytin sisävalon. Katsoin osoitteen uudelleen. Kyllä osoite oli sillä kadulla, missä olin käynyt A 34. Lähdin uudelleen katsomaan. Ajoin ohi ja huomasin talon seinässä B:n. Väärä talo. Lähdin etsimään A-taloa. Pienen etsinnän jälkeen se löytyi. Toistin ikkunan etsimisen ja heitin kiven. Hetken kuluttua syttyi alemman kerroksen ikkunaan valo. Uudistin ilmoituksen ja sitten syttyi valo siihen ikkunaan, johon olin kiven heittänyt, ja näin Liisan katsovan ulos. Alemman kerroksen parvekkeelle ilmestyi nainen aamutakissa.

– Mikä kivittäjä siellä on? Ei saa nukuttua, kun kuuluu kiviä tippuvan pellille.

– Anteeksi, siskoni asuu siinä ylempänä ja olen sinne menossa yöksi.

– Siskoni? Vai siskoni! kuului vielä äkäinen ääni.

– Täällä olen, elä herätä koko taloa, tulen avaamaan, Liisa huusi omalta parvekkeeltaan ja sulki sen oven hiljempaa kiinni.

Huokaisin helpotuksesta. Hain tavarani autosta ja menin alaovelle odottamaan. Käytävään tuli valot ja ovi aukaistiin.

– Iltaa! Näin siinä käy kun maalaispoika tulee pääkaupunkiin.

– Huomenta paremminkin, siskoni sanoi. – Tuo alakerran asukas on vähän huonouninen.

– Tämä oli jo toinen talo, jonka herätin, edellisessä oli vielä vihaisempi mies.

– Jaa, sattuuhan sitä. Mennään nyt hiljaa, kyllä tämä tästä.

Minulle oli peti olohuoneen lattialla ja nukahdin välittömästi, kun menin pitkälleni. Aamulla heräsin Liisan puisteluun. Aamu oli jo pitkällä, kahvi oli valmiina ja hänen olisi kohta lähdettävä. Aloin vähitellen olla hereillä.

– Taisi olla värikäs yö, kun herätit toisenkin talon asukkaita.

– Olin jo alkaa autoon nukkumaan, kun en löytänyt koko katua alussa.

– Eikö sinulla ollut karttaa?

– Ei ollut, kysyin sitä muutamasta paikkaa, mutta niillä ei ollut myytävänä.

– Mihin olet menossa?

– Pestaamaan edustajaa mökkien myyntiin Uudellemaalle. Engelin kahvilassa on treffit kymmeneltä.

– Osaatko sinne? Se on kaupungin keskustassa.

– Enköhän, lähden hyvissä ajoin ja käyn vielä karttaa kysymässä, tuon tien varressa oli kirjakauppa ja siitä varmaan saa.

– Miten muuten menee?

– Hyvin, välillä on tiukempaa, mutta aloitimme yrityksen kehittämisen konsulttien johdolla.

– Mistä ne on?

– Täältä Helsingistä, amerikkalaisten oppeja syöttävät. On niillä hyvät referenssit, useat talot missä ne on olleet töissä, ovat markkinajohtajia alallaan. Miten sinulla menee?

– Ateneumia on käyty, voi sanoa että hyvin.

– Kiitos yöpaikasta ja siitä puolesta puhumisesta sinne Keraan.

– En tiedä oliko siitä puolesta puhumisesta apua, mutta hyvä kun olet selvinnyt.

– Eiköhän lähdetä?

– Lähdetään vaan ja kiitos käynnistä.

Lähdin samalla ovenavauksella. Liisa meni ratikalla taidetta opiskelemaan ja minä lähdin kaupunginkarttaa ostamaan. Autolle mennessäni näin alakerran ikkunaverhojen heilahtavan ja ajattelin, että siellä se naapuri tarkistaa, minkä näköinen häirikkö menee. Ei varmaan uskonut minun olevan Liisan veli, mutta silläpä ei ole väliä.

Kartta löytyi ja katsoin reitin Engelin kahvilaan. Olin siellä hyvissä ajoin. Melkein tunti oli sovittuun tapaamiseen. Lähdin jaloittelemaan, katselin hetken Senaatintoria ja sitten lähdin Aleksanterinkatua kävelemään. Täällä on eri kiireelliset ihmiset kuin kotipuolessa. Muutaman kadunvälin käveltyäni palasin takaisin autolle. Parkkimittari oli jo punaisella. Onpa hyvän hintaista parkkeerausta, ajattelin ja lisäsin markkoja mittariin. Otin laukun ja menin kahvilaan. Valitsin nurkkapöydän, mihin istuin odottamaan edustajaehdokasta. Hannu Syväniemi tuli muutaman minuutin päästä. Tervehdimme ja istuimme pöytään. Noudin meille kaksi kahvia ja aloitin kysymällä, mitä kuuluu ja tuliko kesällä käytyä mökillä.

– En tänä kesänä käynyt, sillä olen ollut Floridassa keväästä saakka ja tulin pari viikkoa sitten Suomeen.

– Sinulla on sielläkin liiketoimintaa?

– Ei varsinaisesti, minulla on siellä toinen asunto, missä vietän joskus pitkiäkin aikoja.

Heikki olikin puhunut, että tämä rakennusmestariveli oli myynyt maanrakennusliikkeen 1960-luvulla ja oleili paljon Floridassa. Hänellä oli Suomessa myös jokin huoltoasema. Kysyin, mikä oli hänen nykyinen päätoimensa.

– Aamulla vien vaimon töihin, ja päivä kuluu erilaisissa neuvotteluissa, lähinnä sijoittamiseen liittyvissä.

Kerroin vuorostani Sahatuotteen historiaa ja nykyistä tilannetta. Rakennamme parhaillaan jakelutietä mökeillemme. Heikki suunnitteli malliston ja olemme myyneet vajaan sata mökkiä tähän mennessä. Nyt oli tarkoitus rakentaa maan kattava edustajaverkosto. Muistin konsultin neuvon, että edustuksella tulee olla edustajalle todellista merkitystä.

– Miksi olet kiinnostunut mökkiedustuksesta?

– Olen rakennusmestari, ja aika käy joskus pitkäksi.

– Mutta onko siinä haastetta riittävästi?

– Luulisin, sillä niiden kilpailukyky on hyvä kuulemani mukaan, Hannu sanoi.

– Kyllä on, mutta tunnettavuus on heikko ja aineisto myös.

– Vien myyntiaineiston Rakennusmestarien talolle, siellä käy paljon vaikuttajia.

– Mitä arvioit myyväsi ensi vuodelle?

– Kymmenestä kahteenkymmeneen, vaikea arvioida.

– Sitoudutko kahdenkymmenen mökin myyntiin ensi vuodelle?

– Kyllä, jos ne ehdot ja kilpailukyky on hyvät.

Mentiin esiteaineisto vielä läpi, vaikka sitä oli selattu jo jutustellessa. Hannu piti myyntihintoja edullisina. Kerroin, että painamme paremmat esitteet, kun päästään alkuun ja mahdollisesti rakennetaan näytemökki tälle alueelle ennen kesää. Käytiin edustajanpalkkiot läpi ja sovittiin yhteistyöstä. Lopuksi kävimme syömässä.

Maanantaina Osmo soitti ja kertoi keskustelleensa Jyväskylässä toimivan yrittäjän kanssa mökkiedustuksesta. Osmo oli tuntenut miehen jo pitemmän aikaa ja nyt puhunut tälle mökkien edustuksesta Keski-Suomeen. Kiinnostus oli herännyt, ja he olivat sopineet, että tulemme tapaamaan hänet ensi tilassa. Nyt on ainakin kaksi edustajaa tiedossa, ajattelin puhelun jälkeen.

Seuraavan tilaisuuden tullen ajoimme Osmon kanssa Jyväskylään. Mennessä kävimme läpi tulevan vuoden tavoitteita. Edustajia olisi saatava ainakin suurempiin kaupunkeihin, että saavutettaisiin sadan mökin myynti. Myyntiaineistoa tulisi parantaa ja mahdollisesti muutama malli suunnitella lisää. Mainontaa on laitettava maakuntalehtiin, että saadaan jatkuvaa asiakaskontaktia ja työstettävää. Jyväskylä lähestyi. Osmo neuvoi ajamaan Esson huoltoasemalle.

– Onko hänellä sellainen, missä tehdään öljynvaihtoja ja korjauksia?

– On ja toinen asema myös. Tuolla alkaa näkyä kyltti.

Ajoimme pihaan ja saman tien dieseltankille, sillä matkaa oli taittunut jo tankillisen verran. Reipas huoltomies tuli tankkaamaan ja kysyi, laitetaanko täyteen.

– Täyteen ja voitko tarkistaa öljyt myös?

– Kyllä, menkää vain kahville, voin siirtää autonne parkkiin.

Kohtelias palvelu, ajattelin mennessämme sisälle. Osmo oli jo löytänyt isännän ja viittoili minua sinnepäin. Tervehdimme ja joimme kahvit. Sitten mentiin asiaan. Alustin historiasta ja nyt aloitetusta kehitystyöstä, jonka tavoitteena on kasvattaa mökkimyyntiä koko maahan. Niillä asioilla ollaan ja Osmo on aloittamassa myynnin johtamista mökkipuolella. Yrittäjä kertoi pitäneensä huoltoasemaa Rovaniemellä ja tuntevansa Osmon niiltä ajoilta. Kevättulvan mukana hän oli tullut keskemmäs Suomea ja piti siellä kahta asemaa. Lisäksi heillä oli Alajärven mökkiedustus ja asuntovaunuedustus, eli vapaa-aikaan liittyvää myyntiä, ja siihen sopisivat myös meidän mökit. Annoin kuvakansion mökeistä ja esitteet hinnastoineen. Taas muistin Hagmanin neuvon, että valitaan sellaisia edustajia, joille meidän mökkien myynnillä on iso merkitys.

– Miten sinun aika riittää kaikkien myyntiin? kysyin.

– Tässä kun asiakkaita pyörii, niin kyselen kiinnostusta ja esittelen samalla.

– Oletko myynyt paljon Alajärven mökkejä? Osmo kysyi.

– Ei vielä ole mennyt, mutta kiinnostusta on ollut, rakensimme tuonne Jyväsjärven rantaan näytemökin. Kyllä mökkimyynti vielä käyntiin lähtee ja teidän hinnat on edullisemmat.

– Meillä on moduulimitoitettu hirsijärjestelmä, jolla saavutetaan kustannusetu valmistuksessa.

– Onko siinä muuta etua asiakkaille?

– Seinissä olevista halkeamista ei näy läpi. Meidän mökit on tehty hitaasti kasvaneista puista.

– Paljonko te annatte mainosrahaa alussa?

– Yksi mainos Keskisuomalaiseen maksetaan kokonaan ja lisämainoksista puolet, mitä sinä haluat mainostaa.

– Mikäs siinä, tehdään sopimus!

– Teetkö sinä paperit? kysyin Osmolta.

– Voin tehdä. Palkkio on sovittu ennen tänne lähtöä, mutta myyntitavoitetta ei ole sovittu.

– Mitä sinä arvioit myytävän ensi vuodelle?

– Joka toiselle kuukaudelle mökki.

– Tehkää paperit, se on hyvä määrä aluksi.

Keski-Suomen myyntisopimus laadittiin ja allekirjoitettiin. Päätimme lähteä syömään sopimuksen kunniaksi. Missä auton avaimet? Ne saa maksua vastaan kassalta, isäntä naurahti ja näytti suuntaa. Kävin maksamassa dieselin, sain avaimet ja ajoimme Kissanviiksiin nauttimaan lounaan. Paluumatkalla jätin Osmon autolleen Ouluun ja jatkoin kotiin Pudasjärvelle.

Konsultit tulivat käymään vuorotellen. Ensin kävi Hagman. Palaverissa lohkottiin edellisvuosina toimitetut mökit käyttäjäryhmittäin ja toimitusalueittain. Suomen kartalle Hagman oli tehnyt kymmenen edustajapiiriä. Käyttäjät olivat yksityisiä loma-asunnon ostajia Santalahden lomakylää lukuun ottamatta. Merkittiin molempina vuosina menneet mökkitoimitukset. Merkintöjen valmistuttua Hagman nousi ylös ja piti luennon.

– Tässä nyt nähdään, että kymmenestä alueesta neljälle on toimituksia mennyt. Kuudelle alueelle ei ole mennyt yhtään. Kun tarkastellaan vielä esimerkiksi, missä on eniten väestöpohjaa, sinne ei ole mennyt yhtään toimitusta. Tässä on isot mahdollisuudet kasvattaa myyntiä, hän sanoi ja melkein pomppasi ylös, äänikin oli kohonnut. – Teillä on erinomaiset mahdollisuudet!

– Kyllä tässä on isot mahdollisuudet, totesin itsekin. ”Miten sinä poikaparka meinaat pärjätä, kun ei tekijätkään tahdo pärjätä”. Hymyilin itsekseni.

– Sitten kun tarkastelemme markkinaa asiakkaiden ostovoiman perusteella, voimme päätellä, mitä lehteä ne lukee ja suunnata mainontaa niiden lehtien kautta. Helsingin Sanomat, Turun Sanomat ja Aamulehti peittänee yli puolet niistä ostajista.

– Meillä on ollut ilmoittelua kahdessa lehdessä, Kalevassa ja Helsingin Sanomissa.

– Kummasta on tullut paremmin kontakteja?

– Molemmista yhtä paljon.

– Sijainti vaikuttaa Kalevan hyvään yhteydensaantiin. Vientiin teillä on mennyt myös, mutta se ei ole ilmeisesti päämielenkiinnon kohde?

– Norjaan ne pikkumökit meni, mutta ei meillä riitä sinne rahkeet.

– Tavoitteenne lienee, että mökeistä tulee avaintuote ja muut saha- ja höylätavara menee rakentajille?

– Kyllä näin on, tässä mökkimarkkinassa meillä on" kuokkimista" pitkäksi aikaa.

– Kun tavataan seuraavan kerran, teillä on silloin jo myyntipäällikkö töissä. Kun asetatte tavoitteita seuraavalle vuodelle, pohdi niitä muuttujia mitä on. Paljonko pestataan uusia piirimyyjiä ja mikä on niiden vaikutus? Mikä on kysynnän ja kilpailun kehitys? Mikä on suhdanteiden kehitys? Paljonko käytetään mainontaan ja messuihin? Niin ja yksi asia: suosittelen uuden esitteen laatimista. Tiedän, että asiakkaat tilaavat esitteen useilta valmistajilta, ja mikä jää parhaiten mieleen, niin siitä se valitaan.

– Taidan niiden sahanpurujen lohkomisen jättää.

– Niillä ei ole kovin suurta merkitystä, samoin niillä saha- ja höylätavaroilla. Niiden mökkien hinnoittelussa suosittelen käyttämään markkinoilta saatavaa mahdollisuuspohjaista hintaa.

– Millä se mitataan?

– Kaupankäynnillä. Ylihinnoittelu johtaa menekin vähenemiseen.

Tämän rautaisannoksen jälkeen lähdin viemään Hagmania lentokentälle. Puhetta riitti perille asti. Moniin kohtiin halusin tarkennusta ja vastauksia tuli. Tiesin, että nyt Sahatuote on oikealla polulla, painetaan menemään vain.

Pohdin tulevaa vuotta. Nyt pitäisi saada sekä tavoitteet että budjetti aikaan. Sitä ennen tulisi selvittää tuotteiden markkinalähtöiset hinnat. Tähän saakka hinnoittelu on ollut tuotantolähtöistä, eli aine- ja työkustannukset ja sitten vähän lisätty kiinteitä kuluja arvion mukaan ja vähän katetta. Pienillä kiinteillä kuluilla näinkin on tehty tulosta. Mutta nyt on laadittava tuotannon puolella jokaiselle mökkimallille ennakkokustannukset. Minkä verran ainetta ja työtä kuhunkin malliin menee. Saha- ja höylätavarassa samoin, mutta ei kuitenkaan dimensiokohtaisesti, vaan kuutiota kohti olevat kustannukset. Nämä on Hotasen, Markun ja Epen laadittava. Seijan tulee olla mukana, koska hän tietää kustannukset. Poikien pitää ennakoida, paljonko työaikaa kuhunkin työsuoritukseen menee. Se tuotantokonsultti puhui jostain kellokallesta, joka mittaa kaikki työvaiheet. Jonkun pitää sellaiseksi kalleksi alkaa. Olin soittanut konsultille yhtenä aamuna, kun mikään ei ollut pelannut, ja hän oli aikonut käynnistää häiriökartoituksen. Paljonko on hukka-aika, kun paikat ovat pysähdyksissä? Yhteenvetona tuotannon muuttuvat kustannukset muodostuvat aineen hinnasta ja määrästä sekä työn hinnasta ja määrästä. Näitä tulee tarkastella erikseen, jotta voi vaikuttaa tuotannon kustannuksiin ja kehittämiseen, oli konsultti sanonut.

Markkinalähtöiset hinnat saan, kun tilaan viideltä valmistajalta esitteet ja hinnat. Niihin voin vertailla meidän malleja ja hintoja. Sitten näytän muutamaa mallia viidelle asiakkaalle ja kysyn, mitä ovat valmiita maksamaan.

Mikkola tuli seuraavalla viikolla taloon. Olin hakenut hänet lentokentältä aamukoneelta. Tulomatka oli budjetin perusteiden kyselemistä. Ihmettelin, miten sitä voi ennakoida tulevaa vuotta, kun ei voi tietää, onko kysyntää. Mikkolan mukaan ennakointiin on useita menetelmiä. Voi seurata menevätkö suhdanteet ylös vai alas, ja samoin voi tehdä päätelmiä edellisten vuosien myynnistä ja uusien toimenpiteiden vaikutuksista.

– Kaksi edustajaa on pestattu ja tarkoitus on pestata vielä kahdeksan kevättalvella.

– Onko niillä kahdella elämä kiinni mökkien myynnistä? Mikkola kysyi.

– Toinen on hyvin varakas ja toisella on monta muuta edustusta ja kaksi huoltoasemaa. Viisitoista mökkiä he aikoivat myydä.

– Eivät ole kovin merkittäviä nuo myyntiprovisiot, mutta voi ne silti myydä. Kahdeksan on kuitenkin vielä haussa?

– Lapin, Oulun, Vaasan, Kuopion, Seinäjoen, Tampereen, Lahden ja Turun alueelle.

– Suosittelen ottamaan huomioon muiden hyvien ominaisuuksien lisäksi sen, että edustuksen pitää olla edustajalle tärkeä. Jos leipä on kiinni siitä, se panee yrittämään, Mikkola totesi.

Päivän teemana oli laatia seuraavan vuoden tavoitteet. Johdon asettamista tavoitteista lähdettiin. Päätuotteiksi sovittiin mökit. Ne olivat Seijan laskelmien mukaan tuoneet edellisvuonna kaksi kolmasosaa tuloksesta. Oltiin yhtä mieltä siitä, että mökeistä tulee yrityksen pääliiketoiminta.

Isommilla mökeillä oli ollut parempi kate kuin pienillä mökeillä. Asiakaskohtaisella tarkastelulla ei ollut eroa katteen osalta. Suurin osa mökeistä oli mennyt Oulun lääniin, eikä alueellisellakaan tarkastelulla ollut vaikutusta katteeseen. Edellisen vuoden toimitukset oli lohkottu lomakkeille, ja niistä tuli tehdä päätelmiä seuraavalle vuodelle.

– Mikä oli tämän tarkastelun saanto? Mikkola kysyi.

– Isoimmilla mökkeillä on tullut parhaiten tulosta.

– Mistä seuraavalle vuodelle saadaan kasvua?

– Valitsemalla uusia edustajia tyhjille alueille.

– Kyllä, ja kouluttamalle heidät myymään. Milloin uusi myyntipäällikkö tulee töihin?

– Ensi viikolla.

– Siinä hänelle on haastetta: juosta ensin lisää edustajia ja sitten kouluttaa heidät myymään.

– Aivan. Ensin tuotteeseen tutustuminen täällä tehtaalla ja sitten urut auki.

– Oletko ajatellut nimeä noille mökeille? Mikkola kysyi.

– Olen, mutta en ole loppuun asti sitä miettinyt. Karhua ja kontiota olen pyöritellyt mielessä, se kun on meidän kunnan vaakunassakin.

– Nimi on hyvä päättää mahdollisimman alussa, kun se tulee esille usein ja samalla tunnettuus lisääntyy.

– Sitten se on päätetty nyt ja nimi on Kontiotuvat.

– Se on hyvä nimi, kun alat käyttää sitä mainonnassa, tunnettuus lisääntyy ja tulee vetoapua myyntiin.

Käytiin läpi valmistukseen liittyvät asiat. Kun johto on laatinut tavoitteet eli mökkimäärät eri kuukausille, seuraavaksi tulee selvittää tuotannon kanssa, menevätkö määrät sieltä läpi ja millä kustannuksilla. Tämä tarkastelu tulee antaa tuotannosta vastaavien tehtäväksi, luennoi Mikkola ja jatkoi, että kun se tarkastelu on tehty, sen jälkeen hallinto eli Seija selvittää, meneekö tavoite rahoituksellisesti läpi ja tyydyttääkö tulos. Jos ja kun vastuuhenkilöt kaikki ovat todenneet osaltaan tavoitteiden läpimenomahdollisuuden, laaditaan budjetit. Myyntibudjetti, tuotannon budjetti, josta hankinta- ja työvoimabudjetti, ja lopuksi tulos- ja rahoitusbudjetti. Lomakkeita oli iso pino, ja suositus oli, että niihin paneuduttaisiin ja ne täytettäisiin. Pää oli niin täynnä uusia asioita, että juttua ei riittänyt matkalle, kun vein Mikkolan lentokentälle.

Hotasen käynti oli sovittu loppuvuodelle. Hain hänet lentokentältä ja matkalla muisteltiin sitä, kun olin soittanut eräänä aamuna, että mikään ei pelannut. Hotanen sanoi, että tällä kertaa aiheena onkin häiriöiden kartoitus ja poisto. Meidän täytyy tehdä konekohtainen tai ainakin työpistekohtainen seuranta häiriöistä ja syiden selvittyä mietittävä korjaavat toimet. Kerroin, että meillä oli seuraavan vuoden tavoitteet työn alla ja osa ajasta käytetään mökkien tuotantokustannusten laskemiseen. Kun ne on saatu selville, voidaan tehdä budjetti. Tänään keskittyisimme siis siihen, että mylly pyörii, virtaukset ja askeleet voivat jäädä Hotasen seuraaville käynneille.

Toimistossa oli Seijalla kahvit valmiina ja kutsuin myös tuotannon pojat mukaan. Alustin päivän aihepiiriä toteamalla, että teemana on saada seuraavalle vuodelle ennakoitua joka mökkimallille aine- ja työkustannukset. Muut kustannukset saadaan pääteltyä edellisvuoden pohjalta. Seijalta löytyy lisätietoa työn sivukustannuksista ynnä muusta.

Siirryin omalle kustannuspaikalle ja levitin pöydälle tavoiteasetantaan ja budjetointiin liittyvät lomakkeet. Selattuani niitä aikani tulin siihen tulokseen, että en voi mitenkään ennustaa mökkikohtaista myyntiä seuraavalle vuodelle. Näistä pitää laatia jokin keskimääräinen yksikkö, jota käytetään myynti- ja toimitustavoitteissa. Tuotemarkkinalohkomisesta olin saanut ahaa-elämyksen, että mitä, kenelle ja minne edellisvuoden toimitukset olivat menneet. Mutta ennakointiin tarvitaan jokin keskimääräinen yksikkö, jonka toimitusmääriä ennakoidaan ja seurataan. Menin kysymään toisilta, voidaanko mökeistä tehdä jokin laskennallinen keskimääräinen standardiyksikkö.

– Samaa täällä mietittiin koska se olisi helpompi seurata ja antaisi kuitenkin riittävän tarkkuuden.

– Mikä kuluneena vuonna on keskikokoinen mökki ollut?

– Laskimme sen juuri. Se on kolmekymmentä neliötä, Hotanen sanoi.

– Siinä se sitten on, mikä niiden myyntihinta on ollut?

– 960 markkaa neliö, Seija vastasi.

Menin jatkamaan omaa osuuttani. Myynnin toimenpiteillä ja toimivien edustajien määrällä on suurin vaikutus menekkiin, oli myyntikonsultti luennoinut. Laskin kahdeksan lisäedustajaa. Nämä kaksi valittua myyvät 15 mökkiä ja uudet edustajat 75 mökkiä. Ruotsinsuomalaiset ostavat kymmenen mökkiä ja tehtaalta myydään vientiin 20 mökkiä. 120 mökkiä yhtensä. Olipa tämä myynti helppoa näin paperilla. 120 mökkiä tuosta noin vaan. Myyntipäällikölle on valmiit tavoitteet, kun tulee töihin. Pitää miettiä, millä toimenpiteillä ne voisivat toteutua. Kolmeen suurimpaan sanomalehteen ja kaikkiin maakuntalehtiin mainokset kaksi kertaa keväällä ja syksyllä ja jalkatyö päälle. Sillä nuo kaupat pitäisi irrota, jaa, mutta pitäisikö vielä messuta kerran kotimaassa ja kerran Ruotsissa? Tavoiteltavat toimitukset jaoin huhtikuusta joulukuuhun. Alkuvuodesta ei mene muuta kuin rahaa. Kävin ilmoittamassa tuotannon pojille ja Seijalle, että 120 laskennallisia mökkejä huhtikuusta joulukuun loppuun mennessä tulisi saada tuotannosta läpi. Meneekö?

– Me selvitämme ja annamme vastauksen parin tunnin päästä, Hotanen vastasi ja katsoi Epeä ja Markkua. Pojat nyökyttelivät.

– Millä se alkuvuosi eletään? Seija kysyi.

– Sehän selviää niistä pääoman ja varaston kiertonopeuksista, mitä ne näyttää.

– Niin ja simuloinnista lopuksi.

– Sinäpä sen sanoit.

– Työpalkkojen nousun minä tiedän, mutta mikä on tukkien, ovien ja ikkunoiden hinnannousu?

– Pankaa yleiskorotuksena kymmenen prosenttia ja jos nousee enemmän niin nostetaan myyntihintoja.

Jatkoin omaa osuuttani tavoitteiden määrityksestä. Jaoin mökkien toimitukset niille kuukausille, joista olin pyytänyt tuotannon selvittämään, meneekö läpi. Nostin nykyisiä myyntihintoja minäkin kymmenellä prosentilla. Mutta sahatavaran myyntiin jääviä määriä en tiennyt ja menin kysymään toisilta, paljonko sahauksesta jää mökkeihin menevien tavaroiden jälkeen saha- ja höylätavaraa myytäväksi.

– Osaa jää ja osaa pitää ostaa lisää jos ei sahata vain hirsipuita. Ei tiedetä vielä. Odota hetkinen.

– Voidaan ostaa hirsiä, ne ei varmaan riitä sillä tukkikoolla mitä on tarjolla.

– Miltä se mökkimäärän läpimeno näyttää?

– Kesken on senkin selvitys, kuivasta puutavarasta voi tulla tiukkaa, Markku vastasi.

– Se määrä niinä kuukausina on 0,7 mökkiä päivässä ja hirsiä menee neljä ja puoli kuutiota niinä päivinä.

– Voiko sitä tukin ostoa lisätä isompiin puihin?

– En usko, mutta sitä saa ostamalla kuivanakin, kuivaus lienee niukin kohta, mistä jää läpimeno kiinni.

Odottelin rauhassa ja kävin panemassa kahvin tulelle. Muuan puunmyyjä soitti. Tuomaala oli käynyt leimikon tekemässä. Kuusisataa runkoa, tukkivaltainen leimikko ja tienvarteen ajettuna. Myyjä kysyi, menenkö katsomaan vai voinko tehdä tarjouksen katsomatta. Kysyn Tuomaalalta, minkälaista puuta nyt on tarjolla, ajattelin. Lupasin myyjälle, että soitan seuraavana päivänä.

– Kyllä tavoite menee läpi tuotannosta määrällisesti, jos saadaan hirttä kuivana ostettua lisää, Hotanen ilmoitti.

– Sitten minä vedän nämä myyntimäärät yhteen ja mutta paljonko myytäväksi jäi saha- ja höylätavaraa?

– Jos sahataan läpi vuoden sillä kapasiteetilla, mitä tänä vuonna on sahattu, niin puolet jää myytäväksi, Hotanen sanoi. – Kun häiriöseisokit saadaan pois, sahausteho nousee viidenneksen.

– Mutta sitä vaijeria tarvitsi uusia vain kerran kuussa.

– On siellä muutakin häiriötä, turhia askeleita ja tavaran laahausta eteen ja taakse. Tehokas työaika paranee rationalisoinnin ansiosta paljon.

– No mutta, se on hienoa kuulla. Jatketaan tulevan vuoden ihmettelyä.

Iltapäivä oli pitkällä ja aloin laskea kellosta, että pitää lähteä tunnin kuluttua viimeistään, jotta Hotanen ehtisi koneeseen. Minulla oli toimitusmäärät ja hinnat lomakkeilla. Myynnin mainos- ja muita edistämiskuluja ei ollut, mutta selvitän ne huomenna. Kysyin toisilta, voidaanko tehdä yhteenveto, sillä aikaa oli enää tunti. Seija sanoi, että muuten voidaan, mutta vielä puuttuu ovien ja ikkunoiden hinnat, henkilöiden sosiaalikulut ja jotain muuta pientä.

– Mutta määrät menee tuotannosta läpi siellä olevalla henkilöstöllä?

– Kyllä menee, mutta määrät on sitä luokkaa, että tarvitaan päätoiminen suunnittelija ja toimitustapaselostus ja tarkat tavaramenekit, niin ei tarvitse kahta tai kolmea toimitusta panna menemään, Epe totesi.

– Hyvä huomio. Pitääkö investoida puukkoa tai meisseliä isompaa?

– Jotain virtauksien oikaisuun ehkä tulee mutta ei mitään isoja, Hotanen sanoi.

– Odotusaikoja voi tulla salvamisessa tai höylällä, kun on mökin lastaus menossa, Markku totesi.

– Varataan toiselle trukille ja kuskille kustannusvaraus, totesin.

– Onko se kehitys- vai kapasiteetti-investointi? Hotanen kysyi. Pojat katsoivat minua.

– Kehityskapasiteetti-investointi se on.

– On syytä eriyttää, mikä on kehitysinvestointi ja mikä lisääntyvään kapasiteettiin liittyvä investointi.

– Eikö ne ole sama asia?

– Ei ole. Monesti tehdään investointeja, vaikka kehittämällä menetelmiä saavutettaisiin sama lopputulos. Investoidaan huvin vuoksi, Hotanen sanoi.

– Meillä ei onneksi ole rahaa tehdä muita kuin välttämättömyysinvestointeja.

– Asiat on tältä päivää käsitelty, niin että voidaan tavoitteet ja budjetit seuraavalle vuodelle laatia. Jos tulee jotain kysyttävää, soitellaan puolin ja toisin.

Vein konsultin lentokentälle ja kuuntelin sujuvasti hänen kokemuksiaan Tokion kesäolympialaisista 1964, missä hän osallistui nykyaikaiseen viisiotteluun Suomen joukkueessa. Sijoitusta en saanut tietooni, mutta siitä sain valaisevan selvityksen, että neukuilla oli sellaiset miekat, joilla voivat antaa miekkansa kahvasta pisteitä itselle, vaikka osumia ei ollut.

– He ilmeisesti voittivat ottelun?

– Ei voittaneet, kyllä me niiden vilppi paljastettiin.

– Se oli oikein, kyllä siellä rehellisesti pitää mitalit saada.

– Niin pitää, se oli oma prosessinsa, mutta niin räikeää se oli, että helppo se oli paljastaa. Miekoissa oli nappi mistä he painoivat, kun miekka meni läheltä vastustajan miekkaa. Siitä tuli pisteitä tauluun joka painalluksesta.

Olympiatunnelmissa olimme saapuneet lentokentälle. Juttua olisi voinut jatkaa, mutta koneen lähtöaika alkoi olla, ja Hotanen otti laukun ja hyvästeltyään lähti juoksemaan terminaaliin.

26

Tavoitteet ja budjetit tulevalle vuodelle oli saatu tehtyä. Myyntipäällikkö ei ollut vielä aloittanut töitä, mutta oli jo toisella jalalla mukana. Menimme läpi tavoitteet. Edustajien hakuilmoitukset oli laadittu mutta lehtiin ei vielä pantu. Hakijoita tuli tarjolle mökkimainoksien johdosta, ja otin muutamia koeajalle. Kehityskonsultointia jatkettiin ja markkinointikonsultti esitti, että pitäisi suunnitella vinttimalleja isompiin mökkeihin, sillä niillä voisi olla kysyntää. Olin siitä Syväniemeen yhteydessä.

– Tehdäänkö nekin ristikkoratkaisulla?

– Jos mahdollista, niin kyllä. Tee yhden päähän terassi ja kaide.

– Mikä on aikataulu?

– Saatko huomenna, niin vien taiteilijalle esitteen tekoa varten?

– Ei, menee siinä muutama päivä joka tapauksessa.

– Kun saat kolme vintillistä, niin soita.

– Selvä, teen parhaani ja panen yötä matkaan, saat loppuviikolla.

Olin kysynyt paikalliselta taiteilijalta Paavolta, voisiko hän maalata perspektiivikuvat ja pohjapiirrokset mallistosta, niin painatan kirjapainossa uuden neliväriesitteen. Hän lupautui. Soitin kahteen kirjapainoon, annoin sivumäärän ja niistä nelivärisivut erikseen. Sivut 120 ja kannet 160 gramman vahvuiselle paperille, painos 5000 kappaletta.

Hain vinttimallien piirustukset Syväniemeltä ja vein ne saman tien Paavolle. Hän oli aloittanut jo ensimmäisten kuvien maalaamisen. Menossa oli suosittu malli talvisessa pakkasaamumaisemassa. Mökin edessä oli kaksi miestä lähdössä metsälle, toisella ase kainalossa ja toisella ase selässä. Toinen miehistä oli hyvin tukeva, solmio kaulassa, metsästystorvi narussa rinnan päällä. Koira nuuski lumessa näkyviä jälkiä ja veti niiden perään. Johtajan näköinen mies katsoi tuimasti siihen suuntaan. Kuvaa ei voinut nauramatta katsoa, niin huvittava se oli.

– Laitoin mukaan huumoria ja harrastuksen mitä mökillä usein tehdään.

– Tuo mökkikin on hyvän näköinen.

– Ehkä vähän isommalta näyttää mitä onkaan, mutta ei liene haitaksi?

– Ei ollenkaan, mutta nämä kaksi veijaria on huvittavan näköisiä.

– Heidän kuvaaminen huvitti minuakin.
– Voitko sille Kontio-nimelle piirtää jonkunlaisen logon?
– Siitäkö tulee mökkien nimi?
– Niin tekee, Kontio ja mökin koko perään.
– Piirrän muutaman luonnoksen ja valitse niistä jos tykkäät, Paavo sanoi.
– Hyvältä näyttää, tässä loput mallit. Milloin lupaan kirjapainolle, että saavat painaa?
– Kyllä näissä kaksi viikkoa ainakin menee.

Kalevan kirjapainon kanssa olin sopinut esitteiden painamisen. Olin vienyt aineiston aikaisemmin, ja nyt oli värierottelu tehty ja mallikappale nähtävänä. Selatessani sen läpi tulin aina pysähtyneeksi muutamien mallien kohdalle, missä oli humoristinen tapahtuma tai jotain muuta katsetta sitomassa. Huomautettavaa ei ollut ja annoin luvan jatkaa. Viikon päästä sanottiin olevan valmista.

27

Kevättalvi oli alkanut hieman ennakoitua niukemmalla kaupankäynnillä. Sahatavaraa meni entiseen tapaan samoille asiakkaille kuin edellisvuosina. Myyntipäällikkö oli kouluttanut edustajia. Kevättalven ilmoituskierros oli tuonut hyvin asiakaskontakteja, mutta mökkikauppaa ei tullut tavoitteiden mukaisesti. Pidimme useita palavereja tilanteesta, mutta emme saaneet tuntuvaa korjausta aikaan. Varasto kasvoi ja kassatilanne kiristyi. Kehityskonsultointia jatkettiin suunnitelman mukaisesti. Markkinoinnin konsultti kävi palaverit myyntipäällikön kanssa. He tapasivat myös edustajat yhteispalaverissa. Siellä porukka oli aina innostunut, ja sen jälkeen tuli muutama kauppa, mutta merkittävää kaupan lisääntymistä sai odottaa. Olin jo huolissani, koska tilanne tiukkeni kevään aikana niin, että Seija kävi selvästi kireämmäksi. Kassantilanne oli jo huolestuttava, kun maksuja joutui venyttämään.

Tuotannon puolella toimitusvalmius oli hyvä ja kustannukset olivat alentuneet. Ylimääräiset askeleet olivat vähentyneet ja edestakaiset tavaran virtaukset olivat poistuneet. Lisäksi siellä oli tehty joitain pieniä tuottavuutta parantavia hankintoja. Muutostoivomuksiin olisi kaivattu suunnittelijaa, mutta Osmo insinöörinä teki niitä, vaikka ei ollut vielä meillä päätoimisesti töissä. Suunnittelijan pestausta siirrettiin tuonnemma. Huhtikuussa mökkitoimituksia oli sen verran kuin oli toukokuun tavoitteen mukaisesti budjetoitu.

Toukokuun alussa Tuomo soitti ja kysyi, onko tarve myydä sahatavaraa.

– Voi olla, minä teen inventaarion kentällä.

– Olen tulossa ensi viikolla Kuusamoon ja voisin katsoa sinunkin tarhan.

– Sopii. Onko valikoimat samat kuin ennen?

– Leveämpääkin lankkua menisi, mutta teillä taitaa mennä hirreksi.

– Niin tekee, mutta kuutoslankkua ja siitä alaspäin mahtaa olla, selvitän ja soitan.

– Voitko tulla vastaan junalle, niin jatkan siitä Kuusamoon?

– Voin tulla, mikä juna se on?

– Pohjoiseen menevä pikajuna P 61 on aamulla Oulussa, tulen sillä.

– Selvä, tulen vastaan.

Katselin muutama päivä aiemmin Kemiralta tullutta tarjouspyyntöä 30 neliön mökistä, jonka rakennuspaikka tulisi olemaan Jongunjärven ranta. Tarjouspyyntö oli avaimet käteen -toimitus. Osmo ei ollut vielä töissä, joten ajattelin, että samalla kun haen Tuomon Oulusta, käyn hänen kanssaan tekaisemassa kaupan. Sovin tapaamisen tarjouspyynnön lähettäjän kanssa.

Viides päivä olin aamulla odottamassa Oulun rautatieasemalla etelän pikajunan saapumista. Otin kahvit, koska juna oli myöhässä. Kotona aamukahvi oli kiireessä jäänyt juomatta. Junaa ei näkynyt, ja menin kysymään, milloin se mahtaa saapua. Lipputiskin rouva oli hyvin järkyttyneen näköinen ja vastasi, että siitä tulee kohtaa kuulutus. Menin takaisin odotustilaan ja viimein tuli tyrmistyttävä kuulutus:

– Pohjoiseen matkalla ollut pikajuna 61 on törmännyt Kempeleen rajalla etelään matkalla olleeseen malmijunaan. Onnettomuuspaikkaa raivataan. Vielä ei ole tietoa henkilövahingoista, siitä tiedotetaan myöhemmin.

Miten Tuomon on käynyt? Kempeleessä? Pääsenköhän autolla lähelle turmapaikkaa? Menin lipunmyyjältä kysymään, onko törmäyspaikka lähellä nelostietä. En saanut vastausta, lipunmyyjä katsoi vain järkyttyneenä eteensä. Uusin kysymyksen, mutta lipunmyyjä lähti pois tiskin takaa. Menin autolle ja lähdin ajamaan nelostietä etelään päin. Kempeleen kohdalla alkoi olla väkeä ja autoja joka paikassa. Parkkeerasin auton ja menin väkijoukon luokse kuuntelemaan. Joku kertoi törmäyksen olleen Kuivalan mutkassa. Onnettomuuspaikalta on tuotu jatkuvasti potilaita paareilla tiellä odottaviin ambulansseihin. Kuunneltuani aikani kysyin, onko onnettomuuspaikka lähellä tietä.

– Ei siitä pitkä matka ole, mutta ei ne päästä sinne, joku sanoi.

– Eikö se juna tänne enää tule? Minulle oli vieras tulossa.

– Se onnettomuus on Oulun ja Kempeleen rajalla, sieltä voit mennä katsomaan, jos päästävät.

– Kiitos tiedosta, sanoin ja lähdin.

Ajoin Kempeleen suuntaan. Ambulansseja tuli vastaan. Ajoin, kunnes autoja oli pysäköitynä molemmin puolin nelostietä. Väkeä tuli ja meni peltoaukealla. Lähdin menemään radan suuntaan. Lähestyessäni onnettomuuspaikkaa ja katsellessani hetken kuulin huudon väkijoukosta:

– Timo! Tännepäin!

– Hengissä on! sanoin ääneen ja lähdin vauhdilla väkijoukon suuntaan.

– Tuolta tulee minun noutaja, kuului Tuomo sanovan lähellään olevalle sairaanhoitajalle.

– Teidät pitää tarkastaa, koska selässä tuntuu kipua. Lähdetään keskussairaalaan, sairaanhoitaja sanoi.

– Minä en lähde mihinkään sairaalaan, kaupantekoon minä lähden.

Viimeinen lause tuli niin kovalla äänellä, että hoitaja otti kaksi askelta taaksepäin. Minulle Tuomo sanoi, että nyt mennään. Kysyin, oliko hän varmasti kunnossa. Hän vakuutti olevansa. Menimme autolle ja kerroin, että olin sopinut mökkikaupanteosta Kemiralla, mutta, mutta… Tuomo sanoi, että ei mitään muttia, vaan ajetaan sinne, jos kauppaa on tulossa. Hän on kyllä kunnossa. Ihmettelin, kuinka hän niin vähällä selvisi. Hän kertoi olleensa viimeisessä vaunussa, selkä menosuuntaan. Rytinää se oli ollut, mutta vain selkä oli vähän kipeä, muuta ei sattunut.

– Paljon oli ambulansseja tien päällä kun tulin. Kuoliko paljon?

– En tiedä, saattoi joku kuolla etumaisissa vaunuissa, mutta loukkaantuneita oli paljon.

– Olisi ne sinutkin vieneet tarkistukseen, vai mitä se valkotakkinen meinasi?

– Eivät meinannut päästää lähtemään, mutta oli hyvä kun tulit. Aja nyt sinne Kemiralle, äläkä jahkaile. Tästä ei puhuta siellä mitään.

Ajoin Kemiralle ja keskus soitti, että olimme saapuneet. Kohta kiinteistöistä vastaava henkilö tuli ja vei meidät neuvotteluhuoneeseen. Siellä odotti kaksi rakennusinsinööriä. Asetuimme pöydän ympärille, ja otin esiin esitteen ja hankintasopimuslomakkeen. Varmistin, että se oli Kontio 30, jonka toimituksesta oli kysymys.

– Sitä käsiteltiin vapaa-ajantoimikunnassa. Siinä oli sauna, pesuhuone, olohuone ja keittokomero sekä makuualkovi, kiinteistöpäällikkö sanoi.

– Siitä minä laskin sen tarjouksen, pystytettynä sinne Jongunjärven rannalle. Tässä on valmiiksi täytetty sopimus.

Vastapuolen miehet katsoivat toisiaan. Hetken kuluttua toinen insinööri kysyi, olimmeko käyneet sillä tontilla vielä. Sanoin, että ei ole käyty, mutta se on vanhaa peltoa, ja sille on hyvä pystyttää mökki. Toinen insinööri kysyi hirsivahvuuden k-arvoa. Sanoin, että sitä ei ole mitattu, mutta kyllä se kesällä riittää, ja jos haluaa, niin sisäpuolelta voi lisäeristää. Sitten se on talvilämmin. Kysymyksiä tuli vuorotellen kaikkien kolmen rakennusasiantuntijan suusta. Vastailin niihin maallikon termein, jotka olivat tähän asti riittäneet.

Kolmas tunti oli menossa, välillä oli saatu kinkkuvoileipäkahvit. Aloin huolestua Tuomon liikehdinnästä, sillä näin, että selkään koski. Viimein sanoin, että voisin pyytää meidän insinööriä lähettämään vastaukset kaikkiin teknillisiin kysymyksiin. Mikäli Kemiran neuvottelijat voivat näillä tiedoilla tehdä sopimuksen, niin minulla oli valmis luonnos. Työnsin sopimuspaperin ja kynän toiselle puolen pöytää. Kiinteistöpäällikkö katsoi muita ja totesi, että kyllä he varmaan voivat sen allekirjoittaa. Toiset nyökkäsivät, ja kukin pani nimensä paperiin.

– Kiitos kaupasta, sanoin, panin oman nimen sopimukseen ja ojensin toisen kappaleen takaisin herroille. Hyvästelimme asiakkaamme ja lähdimme ajamaan. Hieman harmissani pahoittelin Tuomolle, että hän oli joutunut selkäkipuisena viipymään neuvotteluissa kolme tuntia, vaikka olin luullut, että käymme vain laittamassa nimet paperiin.

– Ei se mitään, Tuomo sanoi. – Tiedätkö miksi siinä meni niin kauan?

– Yhtiö on valtion ja nämä herrat olivat varanneet koko päivän tähän asiaan.

– Osa kysymyksistä olikin vähän teennäisiä.

– Olivat jo tullessaan päättänet sen kaupan, mutta piti saada aika kulumaan. Mutta kauppa on kiinni. Miten sinun selkä jaksaa?

– Jaksaa se, aja lentoasemalle, lähden Tampereelle.

– Etkö menekään Kuusamoon?

– Sen verran ajatukset on siinä aamullisessa ryminässä, että päätin palata kotiin. Palataan niihin kauppoihin myöhemmin.

– Ymmärrän hyvin, että haluat kotiin, minä sanoin ja ajoin Oulunsalon lentoasemalle, mistä Tuomo lähti seuraavalla lennolla kotiin.

Aamulla luin lehdestä Kempeleen junaonnettomuudesta. Kaksi matkustajaa oli kuollut ja 68 oli loukkaantunut. Onnettomuus tapahtui, kun etelään matkalla ollut tavarajuna oli lähtenyt liian aikaisin matkaan Oulusta ja etelästä tullut pikajuna tuli samalla raiteella vastaan Kempeleessä. Molemmat veturinkuljettajat olivat selvinneet hengissä. Tavarajunankuljettaja oli hypännyt pois veturista ja matkustajajunan kuljettaja oli suojautunut huoltotunneliin. Molemmat veturit olivat vaurioituneet käyttökelvottomiksi ja molempien junien vaunuista useat olivat kärsineet pahoja vaurioita.

28

Mökkikauppa oli lisääntynyt niin, että kesä- ja heinäkuulle oli jo yli kolmannes ennakoiduista toimituksista kauppoina. Lisää tulisi saada varsinkin kesäkuun toimituksiin. Heinäkuun toimitukset menevät ruotsinsuomalaisille. Soitin molemmille ensiksi valituille edustajille motivoidakseni heitä myymään kesäkuun toimituksiin. Syväniemi oli vienyt aineiston Rakennusmestarien talon näyttelytilaan ja totesi, että kauppaa ei ole vielä tullut, mutta kyllä ne tytöt ovat jakaneet esitteitä.

– Montako myyntineuvottelua olet päässyt tekemään?

– Minä sovin tyttöjen kanssa, että jos on tosi kiinnostunut mökkiasiakas, niin soittavat ja menen tekemään kaupat.

– Eivät ole soittaneet, vai?

– Ei vielä, mutta siitä ne soitti, että neukkukävijät on vieneet kaikki ne uudet taiteelliset esitteet. Soitin tehtaalle, että lähettävät lisää.

– Meillä on tilaa vielä kesäkuun toimituksiin, voisit myydä kolme mökkiä sille kuulle ja sitten elokuulle mahtuu useampia.

– Minäpä käyn joku päivä siellä RT-keskuksessa motivoimassa tyttöjä, niin saadaan sinne muutama kauppa.

Lopetin puhelun toivotuksiin, että tulen heti käymään, jos tarvitaan neuvotteluapua. Sitten soitin Jyväskylän-edustajalle ja viestitin samasta asiasta kysymällä, miten menee koulukaupungissa. Hän kehui, että hyvin menee; asuntovaunukauppa on lähtenyt mainiosti liikkeelle.

– Nyt on aika hankkia mökki kesälomalle, että ehtii saada, yritin ystävällisellä äänellä sanoa. Samalla ajattelin, että muistaakohan mies edes, että Kontiotupien edustus on hänellä.

– Mökkien kysyntä on ollut hiljaista, niitä en ole saanut vielä myytyä.

– Montako neuvottelua on ollut?

– Ainakin viisi, hän viimein vastasi. – Niiden aika tulee vähän myöhemmin.

– Milloin siellä maa on sulanut?

– Kyllä se alkaa olla jo, mutta kesälomilla ne alkaa rakentaa.

– Oletko päässyt niin pitkälle, että mökkimallista on neuvoteltu?

– Yhden kanssa olen, mutta hän oli kiinnostunut pyöröhirrestä tehdystä mökistä.

– Eli menee Alajärven mallistoon?

– Niin tekee, mutta minulle on tulossa puhelu, niin palataan myöhemmin asiaan.

Keskustelu loppui siihen. Varmaan oli kyse asuntovaunuista tai pyöröhirsimökeistä. Laskin luurin paikoilleen. Näillä edustajilla muut asiat ja kiireet ovat tärkeämpiä kuin Kontiotupien myynti. Miten ihmeessä voisin myyntiä vauhdittaa? Panen Kalevaan kahden kierroksen ilmoituksen. Talvilämpimät Kontiotuvat, vielä ehtii tälle kesälle. Tilaa esite!

Esitteitä tilattiin paljon. Lähetimme niitä ja vielä soittelin perään. Muutamille useamman kerran hehkuttaen, että vielä kerkiää saada kesän toimituksiin. Kalevaa oli mennyt ruotsinsuomalaisille, ja sieltä sain useita yhteydenottoja. Kun viikon keskityin myyntiin, sain sopimuksia kesäkuulle niin paljon, ettei enää sopinut kuin kaksi toimitusta. Toukokuu oli jo puolivälissä, kun Tuomo soitti ja muistutti, että meillä oli liput Finnjetin kolmannelle matkalle Travemundeen Saksaan, Hannoverin messuille. Laiva oli saanut paljon julkisuutta, koska se oli maailman suurin ja nopein matkustaja-alus, Suomen laivanrakennusteollisuuden ylpeys.

– Olen muistanut ja olen hullun lailla yrittänyt myydä mökkejä, että voisin lähteä.

– Oletko saanut kauppaa?

– Kyllä, mutta viikko sitten en olisi voinut lähteä, nyt voin. Onko selkä parantunut?

– On, on, se oli vain säikähtänyt sitä äkkipysähdystä.

– Mutta jos olisit ollut etumaisessa vaunussa, et olisi lähtökunnossa.

– En mene koskaan junassa enkä lentokoneissa muualle kuin takimmaiseen penkkiin, jos voi valita. Siellä reissumiehen henkiriepu säilyy parhaiten.

– Siinä piilee viisaus. En ole jututtanut Tuomaalaa lähiaikoina, mutta hän varmaan lähtee mukaan.

– Ihme olisi jos ei ilmainen matka kiinnosta.

Toukokuun 19. päivänä Tuomaala oli valmiina, kun hain hänet kotiportilta kyytiin. Ajoimme Oulunsalon lentokentälle, parkkeerasimme auton ja menimme lunastamaan liput. Kun odottelimme konetta, Tuomaala kysyi, että onhan se DC-9-suihkukone? Niin minulle oli kerrottu, kun olin varannut lippuja.

– Minä en olisi voinut lähteä, jos se olisi ollut moottorilentokone OH-LCC, Tuomaala sanoi.

– Eikö ne koneet ole jo poistettu käytöstä?

– On luultavasti.

– Mikä sinulla on kun et lähde sellaiseen koneeseen?

– Olin armeijassa, kun Kokkolasta Vaasaan matkalla ollut OH-LCC-potkurikone putosi alas ja 25 henkeä kuoli. Me sotilaat jouduimme keräämään niitä palaneita jäänteitä säkkeihin.

– Sellaisesta jää varmaan pahat muistot.

– Eikä vain muistot, vaan traumat.

– Ymmärrän hyvin, muistaakseni niiden kapteenin ja perämiehen veressä oli yölliset juomingit.

– Niin oli, mutta minusta se konekin oli vanha ja nykyiset suihkukoneet on turvallisempia.

Menimme lähtöä odotellessamme juomaan kahvit. Puhe meni laivaan, jolla olimme lähdössä Saksaan. Se oli ensimmäinen potkuriturpiinilaiva, joka saavuttaa jopa kolmenkymmenen solmun nopeuden. Matka Travemundeen kestää vain 22 tuntia. Se ainakin on huippunykyaikainen ja turvallinen, pohdiskeltiin. Lennon lähtöaika lähestyi ja menimme odotustilaan. Kentällä oli yksi kone, mutta se oli juuri samantyyppinen moottoripotkurikone, joka oli pudonnut Kokkolan ja Vaasan välillä. Hetken kuluttua tuli kuulutus.

– Lento Helsinkiin kestää nyt puoli tuntia pitempään, koska käytössä on tilapäisesti moottoripotkurikone. Matkustajia pyydettiin siirtymään lähtöaulaan.

Tuomaala kalpeni. Hän vakuutti, ettei nouse siihen koneeseen vaan jää pois. Sanoin, ettei ole muuta mahdollisuutta, sillä autolla emme enää ehdi. Hän toisti, että kone oli samanlainen, joka tuli alas Mustasaareen.

– Mutta silloin kapteenilla ja perämiehellä oli promilleja veressä. Katso, miten kaksi terävännäköistä lentokapteenia menee koneeseen ja ohjaamoon. Kyllä se on turvallinen lento.

– Minä olen päättänyt, että en nouse tuommoiseen koneeseen.

– Meinaatko tosissaan jäädä pois?

– En voi lähteä, pyörryn jännityksestä, jos nousen ilmaan tuossa rakkineessa.

Viimeinen kuulutus oli ollut, muut matkustajat olivat koneessa, me olimme ainoat portilla. En tiennyt mitä tehdä, mutta kokeilin viimeistä keinoa ja sanoin, että hän voi pyörtyä ihan rauhassa, minä kyllä herätän ennen Seutulaa. Hän ei tykännyt vitsailustani, vaan sanoi, että tämä on totinen paikka.

– Niin on, mutta nyt koneeseen, muuten jäämme pois, minä sanoin ja työnsin metsänhoitajaa portilla odottavaa lentoemäntää kohti. Lentoemäntä hymyili ja toivotti hyvää matkaa. Toivotus oli niin positiivinen, että huomasin Tuomaalan hieman rentoutuvan. Istuimme ensimmäiseen vapaaseen paikkaan. Kuulin muminaa, että pitääkö minunkin tällaiseen koneeseen kuolla. Varjelkoon Luoja, ettei niin kävisi. Kiinnitimme turvavyöt. Kone aloitti rullauksen kohti kiitorataa. Kiitoradan päässä se kääntyi ja lisäsi kaasua ja olimme kohta ilmassa.

Olimme lentäneet puolitoista tuntia ja odotin ilmoitusta laskeutumisesta, mutta sitä ei kuulunut. Katsoin ikkunasta ja huomasin koneen kiertävän laajaa ympyrää. Ihmettelin, miksi emme laskeudu kentälle. Kuulin usean kerran laskeutumistelineiden nostosta kuuluvan kolahduksen ja kohta laskeutumisen viivästyminen selvisi. Tuli kuulutus.

– Hyvät matkustajat, koneemme toisen laskutelineen merkkivalo ei sammu, joten joudumme varotoimenpiteenä laskeutumaan niin sanotussa hätätila-asennossa.

– Arvasinhan minä miten tässä käy! Että pitikin nousta tähän rakkineeseen! Tuomaala parahti.

– Olkaa rauhallisia, on mahdollista, että häiriö on vain merkkivalossa, mutta varaudumme silti pahimpaan, lentoemäntä sanoi levollisella äänellä.

– Ei, ei! Miksi pitikin lähteä tälle matkalle, kuului vierelta.

– Rauhallisesti vaan, vika on vain merkkivalossa, yritin rauhoitella.

– Nostakaa istuimen selkänoja pystyasentoon, sitten nojautukaa eteenpäin kyyryasentoon... pankaa kädet pään päälle... nojatkaa edessä olevan istuimen selkänojaan, hengittäkää rauhallisesti, lentoemäntä ohjeisti.

Olin jo tovin aikaa tuntenut koneen laskeutuvan. Katsoin sivulle nähdäkseni, olemmeko lähellä kenttää, mutta en nähnyt mitään. Kone kallistui hiukan ja kohta tuntui pehmyt kosketus kenttään alemmalla laskutelineen pyörällä, sitten koneen toinen pyörä kosketti kenttää niin pehmeästi, että sen juuri ja juuri tunsi. Kun koneen keula laskeutui ja nokkapyörä kosketti maata, alkoivat taputukset ja huudot. Takana joku kuului vaativan drinkkiä yhtiöltä, koska noin peloteltiin.

– Olipa pehmeä lasku, sanoin Tuomaalalle.

– Hengissä ollaan, ihme kyllä, hän vastasi hiljaa.

– Taitavasti kapteeni veti ensin terveelle pyörälle, sitten keveästi sille toiselle pyörälle, jonka lukkiintumisen merkkivalo paloi ja lopuksi nokka painui kevyesti alas. Kaikki hyvin.

– Niin on, mutta en ikinä nouse enää tällaiseen lentokoneeseen, en ikinä, en koskaan!

Koneen rullatessa terminaalille kuului iloisia huokauksia, mutta myös järkyttyneitä kommentteja. Useita lentoyhtiön arvostelijoita kuului olevan, mutta myös lentokapteenin ihailijoita. Menimme bussilla kaupunkiin ja satamaan. Odottelimme laivaterminaalissa hetken aikaa, ja väkimäärä sisällä alkoi lisääntyä. Laivaan menijät muodostivat jonon, mutta Tuomoa ei näkynyt missään. Hän oli matkanjohtaja ja liput olivat hänellä. Viimein kuului ääni kaiken puheensorinan yllä.

– Hei herrat, tulkaa jonoon! Äänestä ei voinut erehtyä. Menimme Tuomon taakse jonoon ja esittelin herrat toisilleen: puutavara-agentti Juntunen ja metsänhoitaja Tuomaala.

– Puupäitä molemmat, sinä niitä kasvatat ja minä myyn maailmalle, Juntunen sanoi.

– Niin ollaan, pihkaisia sellaisia, Tuomaala vastasi.

– Menikö matka hyvin?

– Elossa ollaan, selitetään myöhemmin, se on pitkä juttu.

Liput ja hyttinumeron saatuamme nousimme uutuuttaan hohtavaan laivaan. Hytit olivat kolmannella kannella. Veimme matkalaukut sinne ja palasimme kannelle. Oli hienoa katsella korkeuksista merta ja saaristoa, joka avautui eteemme. Laiva irtautui laiturista ja otti suunnan ulapalle ja lähti hiljalleen kiihdyttämään. Kovaäänisistä kuului tervetulotoivotus ja seisovan pöydän kattausajat. Matka Travemundeen kestää kaksikymmentäkaksi tuntia. Hyvää matkaa!

Travemundestä menimme junalla Hannoveriin. Junan lähtö ja saapuminen oli minuutilleen ilmoitetun aikataulun mukainen. Saksalainen täsmällisyys näkyi joka paikassa, niin näkyivät myös väenpaljous ja teollisen maan hiilenmustat katot. Hannoverissa otimme taksin, ja Tuomo pyysi ajamaan messualueella olevaan hotelliin. Tunnelma Mercedeksen takapenkillä oli ylellinen. Pyysin Tuomoa kysymään kuljettajalta, saako autossa polttaa.

– Kann ich rauchen? Tuomo kysyi.

– Auf keinen Fall, ich habe ein neues Auto!_

– Ei missään tapauksessa, minulla on uusi auto, Tuomo käänsi.

Ajoimme hetken matkaa. Tuomaalalla oli päällystakin vyö jäänyt ovenrakoon. Hän käytti takaovea auki, että sai vyön irti. Kuski hermostui kovasti ja Tuomo joutui tulkkina neuvomaan meitä.

– Olkaa kunnolla ja hiljaa. Tämä kuski on hullu ja jättää meidät tielle kohta.

Olimme kuin kusi sukassa. Ei tohdittu puhua enää mitään. Näytin sormella ulos, että sataa ja toisen käden sormella suun eteen, että hiljaa. Kaveri nyökytti päätä, oli selvästi huvittuneen näköinen ja suun liikkeillä sanoi, että hulluja nämä saksalaiset. Viimein saavuimme Mol-hotellin eteen. Tuomo maksoi kyydin ja poistuimme ulos. Ulkona totesin, että täällä on eri kulttuuri kuin meillä. Liekö preussilaista vai mitä.

– En tiedä, mutta hullu tämä kuski ainakin oli, Tuomo totesi.

– Äänen voimakkuudessa pärjäsi sinulle, sanoin.

– Se siitä, mennään sisälle!

Kirjauduimme hotelliin ja asetuimme taloksi kahdeksi vuorokaudeksi. Aamulla menimme messualueelle, missä oli viisi hehtaarihallia. Lähdimme ensimmäisen hallin ensimmäistä käytävää menemään. Hallissa tuotteitaan esittelevät puualan yrittäjät olivat saksalaisia, tanskalaisia, hollantilaisia ja itävaltalaisia. Kävelimme verkkaisesti ja katselimme yritysten valmistusteknologiaa, jota esiteltiin filminauhoilla valkokankaalle. Pääasiassa olivat fyysiset tuotteet, joita yritys valmistaa, markkinoi ja myy. Tanskan osastolla oli hyvä esitys raaka-aineesta valmiiksi tuotteiksi.

Pysähdyimme Tuomon pyynnöstä katsomaan ja kuuntelemaan, kun hän suomensi esitystä.

– Tanskan markkinaosuus on Euroopan puuhuonekaluista yli puolet. Perinne on vanha, viime vuosisadalta alkanut. Myyntiorganisaatiot tunnustelevat tuotesuuntaukset hyvissä ajoin laajasti koko Euroopan alueella. Saatuaan hajun, minne kehitys on menossa, vievät heti tiedon tuotteiden suunnittelijoille sekä valmistusorganisaatioille. Tällä hyvällä "hajulla" tuotteiden uudet mallikappaleet ovat ensimmäisinä markkinoilla ja Tanskassa tuotannossa. Tuotanto on jakaantunut eri osien valmistukseen niissä yrityksissä, joissa on paras konekanta kyseiselle osalle. Yhtä tuolin jalkaa voi tehdä sadan hengen yritys niin tehokkaasti, ettei mikään muu yritys siihen pysty. Eri tehtaissa valmistuneet osat kootaan siihen tehtaaseen, joka toimittaa valmiin tuotteen maailmalle. Tanskassa ei ole omia metsiä, kaikki puutavara tulee Suomesta ja Ruotsista. Tässä on Tanskan huonekaluteollisuuden ylivoimaisuus. Tanskasta parhaat huonekalut, olkaa hyvä.

Tuomo lopetti kääntämisen ja kysyi, jäikö takkiin mitään.

– Ei takkiin jäänyt, mutta takin sisälle jäi.

– Entä metsänhoitajalle? Sinäkin kasvatat puita tanskalaisille, jotka tekevät ne tuotteiksi.

– Herää kysymys, miksi meillä ei tehdä niitä tuotteiksi.

– Sano muuta, miksi ei? Tuomo sanoi ja oli menossa seuraavaan käytävään. Menimme perässä.

– Kyllä sillä meidän kunnan kiukaantekijällä oli jäynääkin, minä kerroin. – Häntä vastaan tuli kylällä eräs valtuutettu ja kun kiukaantekijä kysyi minne matka, sai vastauksen, että valtuuston kokoukseen. Kiukaantekijä kysyi, milloin olet käynyt Oulussa. Valtuutettu ei muistanut. Mene ensin käymään Oulussa ja mieluummin Helsingissä ja mene sitten vasta sinne kokoukseen. Siinä vähän jäynää.

Tuomaala kysyi, miksi se kiukaanteko oli loppunut. Sanoin, että kiukaan tekijä teki mieluummin konkurssin kuin tilinpäätöksen.

– Vaikka reissasi paljon ja tiesi mitä kysytään.

– Kirjanpitopuolella oli puutteita ja lopuksi ei saanut tavaraa ja kun ilmoittelun hoiti vouti Kauppalehden takasivuilla, niin loppui asiakkaat.

– Kaikki toiminnot pitäisi suurin piirtein olla tasapainossa.

– Kyllä ja kruunulle mitä sille kuuluu ja tilinpäätökset niin kuin tulee tehdä.

Tuomo oli jo menossa toiseen halliin, missä oli ruotsalaisia yrityksiä esittelemässä tuotteitaan. Jatkoimme verkkaisesti, välillä pysähdellen katsomaan tuotteita. Seuraavalla käytävällä oli suomalaisia yrityksiä. Puolivälissä käytävää edellä mennyt Tuomo oli pysähtynyt ja näkyi taputtavan olalle erästä henkilöä.

– Täällä on tuttujakin, Mattinen, Kiannon kunnasta. Terve mieheen! Mitä se mies esittelee?

– Kato, Juntunen... samalta suunnalta... mitä... mitä... sinä... sinä... täällä?

– Messuilla niin kuin sinäkin, mutta asiakkaiden kanssa terävänä.

– Messuilla... täällä... esitellään... tuotteita, pöytiä ja... penkkejä.

Huomasin tehtailijan vaikeuden terästyä emmekä menneet esittäytymään. Katselimme Tuomaalan kanssa ympärillä olevia tuotteita. Mentiin hiljalleen eteenpäin pitäen näköyhteyttä Tuomoon. Kohta oltiin taas kolmistaan katselemassa osastoja. Suomalaisia tunnettuja tuotteita oli hyvin esillä. Tuomo totesi, että nämä muut suomalaiset enimmäkseen muistaa huomennakin ketä tapasivat tänään, mutta Suomussalmen mies ei muista.

– Ei taida muistaa. Vaikea on ostaa tuotteita tuollaiselta myyjältä, totesin.

– Punahongasta se pöytä oli tehty ja hyvän näköinen, Tuomaala sanoi.

Mentiin seuraavalle hallille. Siellä esiteltiin myös leirintä-aluetta ja niillä olevia mökkejä. Esittelijä oli vanha mies, jota Tuomo jututti tovin aikaa. Sitten hän vinkkasi minulle ja sanoi, että nyt olisi mökintekijälle asiakas.

– Guten tag! sanoin ja ojensin käden.

– Guten tag! Ich bin Herr Schneider hier aus Hannover.

– Tällä herr Schneiderillä on täällä kaupungin liepeillä mökkikylä, jonne hän on hankkimassa lisää mökkejä syksyllä, Tuomo sanoi ja kysyi, kiinnostaisiko minua. Totta kai kiinnosti. Tuomo otti laukustaan Kontiotupa-esitteen ja näytti siinä olevia malleja. Schneider selasi esitettä ja katsoi kuvaa, jossa mökin pihalla oli kaksi metsästäjää lähdössä jahtiin. Hymy kävi hänen suupielissään, mutta hän jatkoi selaamistaan. Kohta hän pysäytti sormen kolmikymppisen kohdalle ja kysyi sen hintaa.

– Mitä sanot hinnaksi? Tuomo kysyi.

– Mäntyosina 23 000 markkaa muistaakseni.

– Tarkasti? Tuomo ärähti.

– Riippuu sisällöstä, siinä on monta muuttujaa, sanoin. – Mutta ota yhteystiedot, niin lasketaan tarkasti ja lähetetään tarjous. Jos on viisi mökkiä, rahti tulee edullisemmaksi.

Tuomo neuvotteli ja pani ylös sisällön sekä milloin ja montako mökkiä. Vielä käytiin läpi puun laatu ja kosteus, piirustukset ja asennusohjeet. Viivyimme osastolla pitkään ja viimein hyvästelimme Schneiderin.

– Siinä on Kontiotuotteelle hyvä asiakas, kun hoidatte kaupat kotiin. Tällä herralla on maatila ja peltojen keskellä iso lampi, jonka läheisyyteen hän rakentaa useita kymmeniä mökkejä. Hyvät kuvat oli alueesta ja muutama mökki on jo rakennettu.

– Sinä voisit alkaa meille vientipäälliköksi? kysyin.

– Minulla on Englanti paras ostajamaa ja pysyn puutavara-agenttina. Harkitaan, jos perustetaan yhteinen vientiyritys ja siihen pestataan kielitaitoinen vetäjä.

– Pannaan mietintämyssyyn.

Kävimme välillä syömässä gulassisopan ja jatkoimme toiseen halliin. Iltapäivällä alkoi tuntua jaloissa ja muutaman levähdyksen jälkeen olimme kypsiä palaamaan majapaikkaan.

Seuraavana päivänä kävimme yhden hallin läpi. Siellä oli lähinnä koneiden esittelijöitä ja esillä oli myös niillä valmistettuja tuotteita. Tekniikka oli korkeatasoista verrattuna meidän Volga-höyläkoneeseen. Sitten kun rikastutaan, tullaan uudelleen. Messut olivat avanneet paljon uusia näköaloja. Rajansa se on kaikella, myös uuden oppimisella.

Matkasimme junalla Travemundeen ja nousimme laivaan. Sen kannella seisten katsoimme lähtöä satamasta. Köydet oli irrotettu ja laiva oli jo kaksikymmentä metriä irti laiturista, kun laiturille tuli kaksi hätääntynyttä tyttöä.

– Laiva ei saa lähteä, me olemme vielä tulossa! Ette voi jättää meitä, joudumme tuuliajolle.

– Odottakaa! Noudamme teidät, kapteeni huusi.

Hän oli tullut joko kutsusta laivan ulokkeelle tai oli siellä katsomassa lähtöä. Laivan kannella väki alkoi taputtaa ja hurrata kapteenille. Laiva liukui lähelle laituria ja kävelysilta laskettiin alas. Tytöt nousivat laivaan matkustajien taputtaessa. Olipa hienosti tehty kapteenilta.

29

Kesä- ja heinäkuulle oli tullut kauppaa ja toimituksia niin kuin oli suunniteltu. Elokuulle toimitukset hiljenivät ja kassanpohja alkoi näkyä uhkaavasti. Henkilöstöä oli tullut lisää, Osmo myyntipäälliköksi ja Jussi suunnittelupäälliköksi. Kehitystyö oli jatkunut suunnitellulla aikataululla. Heinäkuun lopussa pidettiin johtavan toimikunnan kokous. Veijo ja Paloniemi olivat mukana konsulttien, Seijan ja minun lisäksi. Kokouksessa käytiin läpi projektien tilanne markkinoinnin, suunnittelun, tuotannon ja taloushallinnon osalta. Toin esille huoleni tulevasta talvikaudesta myynnin ja rahoituksen osalta. Näihin tähänastisiin panostuksiin ei ollut rahoitusta haettu ja talvikausi oli edessä. Kukaan ei vastannut osoittamaani huoleen, jonka suuntasin lähinnä Paloniemelle. Hetken hiljaisuuden jälkeen Veijo totesi, että voisin tehostaa myyntiä ja varaston kiertoa, kyllä se aikanaan helpottaa. Palaveri oli päättynyt ja arkiset toimet jatkuivat.

Tuomo soitti ja ehdotti yhteisen vientiyhtiön perustamista ja kielitaitoisen myyntimiehen pestaamista. Hannoverissa on valmista kauppaa, kun käy vain tekemässä. Sanoin uskovani sen, mutta rahat olivat vähissä ja vientiyhtiöstä tulisi lisäkustannuksia.

– Puhuit reissulla jotain markkinoinnin vauhdittamisesta vai muistanko oikein?

– Muistat. Myyntipäällikkö on pestattu ja edustajien haku on käynnissä.

– Se tuo viiveellä kauppaa, mutta siellä Hannoverissa on valmiiksi puhuttua kauppaa, Tuomo hiillosti.

– Tarjous on pantu, mutta ei ole kuulunut mitään.

– Lähtikö se saksaksi?

– Ei, kun englanniksi.

– Schneider ei puhu muuta kuin saksaa.

– Mutta meillä ei ollut saksankielen ymmärtäjää. Rahatkin alkaa olla vähissä.

– Mitä ihmettä sinä valitat, nouse ylös, kontallaan ei hypätä pituutta, Tuomo moitti.

– Istualtaan tässä haastelen ja kuluja siitä vientiyhtiöstä ja kielimiehestä tulee.

– Niin tekee, mutta niillä toimenpiteillä myyntiä vauhditetaan. Ei kait se vouti ole käynyt vielä ovella?

– Ei ole, mutta rahaa pitää saada lisää, tässä on panostettu kehittämiseen ja henkilöitä pestattu lisää, rahaa menee enenevässä määrin.

– Sinulla on sama pankki vai oletko vaihtanut?

– Sama pankki, jonka keskuspankin tutkija teki sen yritystutkimuksen.

– Joko se sauna siellä joenvarressa on valmis?

– On valmis ja saakin kovat löylyt.

– Tunnetko sen oululaisen pankinjohtajan?

– Tunnen, mutta mitä sinä meinaat?

– Minun isä on pankinjohtajana samassa pankkijärjestelmässä. Kutsu se oululainen pankinjohtaja ja oma pankinjohtaja saunaan ja lämmitä se oikein kuumaksi, niin kyllä ne lämpenee antamaan lisää käyttöpääomaa. Minä tulen isän kanssa. Kylvetetään ne kunnolla.

– Auttaako se saunominen?

– Sitten nähdään, minulla on hyviä kokemuksia. Järjestä saunailta niin pian kun mahdollista, minä katselen sitä kielimiestä tekemään kanssasi kaupat Schneiderille.

Otin yhteyden Oulussa olevaan tuttuun pankinjohtajaan Lassi Vesalaan. Selitin, että meillä on kehitetty yrityksen toimintoja ja pestattu lisäresursseja. Kauppaa on neuvoteltu Saksaan, mutta rahat alkavat uhkaavasti loppua. Hänellä kun on laajaa näkemystä yrittämisestä, niin olisiko mahdollista, että voisin esitellä tilannetta saunanlauteilla viikonvaihteessa.

– Kyllä on mahdollista, olen tulossa sinne mökille, niin sopii hyvin. Voinko kutsua meidän uuden yritystutkijankin saunomaan? Vesala kysyi.

– Minulla on vähän huonoja kokemuksia yritystutkijoista.

– Tämä on fiksu kaveri ja ymmärtää yrittäjän vaikeuksia.

Soitin Paloniemelle, kerroin tilanteen ja esitin kutsun saunomaan. En heti saanut myönteistä vastausta. Kerroin, että saunailtaan olivat tulossa Vesala Oulusta ja Juntunen Suomussalmelta sekä Oulun pankin yritystutkija ja meidän vientiagentti. Iltapalaa ja kahvia varaan muonaksi. Paloniemi pyysi hakemaan hänet kyytiin. Niin oli saunaillan vieraat kutsuttu.

Lauantaina iltapäivällä kävin lämmittämässä Livon rantasaunan ja veden, että illalla saisi nopeasti saunan kylpykuntoon. Seija laittoi iltapalan ja kahvit valmiiksi, niin että ne olisi helppo laittaa nautittavaksi. Seitsemältä hain Paloniemen ja Vesalan ja ajoimme mökille. Kohta saapuivat Juntuset ja yritystutkija Korhonen. Elokuinen ilta oli lämmin. Toivotin kaikki tervetulleiksi. Sitten kävin sytyttämässä jo lämpimän saunan uuniin tulen. Alkupalan ja juotavat laitoin pihan pöydälle. Vieraat tulivat sen ääreen yksitellen, sillä joku paperi oli luettavana Vesalalla ja Korhosella. Tuomo sanoi, että pankkijärjestelmän viesti saapui ja sitä tuolla tutkitaan.

– Siinähän oli se innostava lause, että toimialalla menee meidän yritystä paremmin. Sekös sai meille vauhtia, valettiin heti talkoilla mökkihallin perustus.

– Sisäinen informaatio pelaa, varoitetaan riskeistä, Tuomon isä sanoi ja naurahti päälle.

– Nyt tarvitaan kovat löylyt, Tuomo sanoi.

Kävin lisäämässä puuta saunan uuniin ja arvelin löylyä riittävän puolen tunnin päästä. Kaikki olivat saapuneet pöytään. Tarjoilin kahvia ja olin mahdollisimman kohtelias, vaikka hieman sen viestin saapuminen oli pilannut minun tunnelmaa. Tuomo rykäisi.

– Me olimme Timpan kanssa Hannoverin messuilla. Siellä tavattiin asiakas, joka oli kiinnostunut ostamaan useita kymmeniä mökkejä leirintäalueelleen. Nyt meillä on tarkoitus perustaa yhteinen vientiyritys. Viime vuonna myimme Norjaan useita kymmeniä mökkejä ja asiakas on tyytyväinen. Tiedätte hyvin, että yrityksen kasvu vaatii käyttöpääomaa ja sitä haluaisimme tänä iltana tiedustella.

– Oli mukava saada teidät tänne rennompaan ilmapiiriin. Huomasin, että saitte luettavaksi yritystutkijan raportin. Se aikoinaan innosti meitä niin, että aloitimme heti mökkihallin teon. Mökkejä on tehty jo toista sataa kappaletta. Ensi vuonna varmaan ylitämme jo alan tunnusluvut.

– Yrittäjä tietää parhaiten mitä tekee. Tuon paperin lukaisin ja moni olisi jättänyt homman siihen, niin matalalle oli tutkija tulevaisuuden arvioinut, Vesala totesi.

– Me myönsimme ilman keskuspankin suositusta satatuhatta markkaa ja sillä se halli tuli teillä tehtyä, Paloniemi sanoi. – Yrittäjä on tiennyt mitä tekee ja asiat on hoituneet.

– Te olette tehneet rohkean päätöksen, se laina tarvitsi kymmenen takaajaa, Tuomo sanoi ja iski minulle silmää.

– Kyllä täytyy auttaa, kun näkee tositarvetta olevan, Paloniemi sanoi.

– Nyt tarvitaan lisärahoitusta, jotta voidaan käynnistää myynti Saksaan.

Korhonen sanoi ymmärtävänsä. Se oli häneltä ensimmäinen toteamus sen jälkeen, kun oli lukenut keskuspankin yritystutkimuksen. Kehuin, että Saksasta saisi hyvää hintaakin.

– Niin varmaan, Korhonen sanoi. – Näissä lausunnoissa on vaan se huono puoli, että niiden suositusta vastaan on vaikea tehdä myönteistä päätöstä.

Kävin saunassa viimeistelemässä paikat ja lisäsin puita uuniin. Tarkistin, että kaikille oli laudeliinat, ettei kuusilauteista paikoin sula pihka tartu karvoihin. Menin sisälle ja sanoin, että sauna on lämmin ja joen vesi vielä uintikelpoista. Naapureita ei ole lähellä, joten uimaan voi mennä Aatamin puvussa. Tuomo lähti ensimmäisenä.

Riisuimme vaatteet. Pitkälle lauteelle menivät ensimmäisinä Paloniemi ja Juntunen, sitten Korhonen ja Vesala, sitten Tuomo ja lopuksi minä. Sauna oli niin kuuma, että heittelin varovasti, pienin annoksin löylyä, etteivät korvalehdet pala. Tuomo kysyi isältään, tilaako tämä aina keskuspankin tutkijan, kun ei halua rahoittaa hanketta.

– Tilaan, jos oma asiantuntemus ei riitä arvioimaan hanketta ja yritystä.

– Milloin se ei riitä? Minusta sinä olet kaikkitietävä.

– No esimerkiksi se yritys, jonka tapasit siellä messuilla. Siitä pyysin tutkimuksen ja se oli myönteinen laajennuksen rahoitukselle.

– Mutta sehän paloi sen laajennuksen jälkeen! Tuomo sanoi.

– Niin teki ja kun muut juoksivat palopaikalle, minä juoksin pankille katsomaan, vastaako vakuutukset lainoja.

– Miten oli, vastasiko? Paloniemi kysyi.

– Vastasi ja palasin rauhassa kotiin, silloin oli jo iltayö.

– Nyt on aika antaa meille Timpan kanssa vastaus, tarvitsemme satatuhatta markkaa Saksan- myynnin käynnistämiseen.

Tuli hiljaisuus, vain tuli uunissa humisi. Sauna oli niin kuuma, että minua halutti jo mennä uimaan. Heitin vähän kiukaalle vettä ja useat painuivat kumaraan. Nyt Tuomo otti vesisangon itselle ja karjaisi, että tuleeko sitä rahaa vai. Ja karjaisikin niin kuuluvalla äänellä, että korvat menivät lukkoon vieressä. Kukaan ei sanonut mitään.

– Aika loppui nyt! Tuomo sanoi ja kaatoi koko sangollisen vettä kiukaalle.

Lauteilla tuli hetkessä sellainen ryysis päästä pois, että olin jäädä tulijoiden alle, mutta hyppäsin edestä ja juoksin suoraan jokeen. Sinne tuli isä Juntunen ja totesi, että pojan otteet ovat joskus rajuja, eikä niillä neuvotteluasema parane. Arvelin Tuomon heittäneen sangollisen vettä vain leikillään. Juntusen mielestä kaikki eivät sellaista leikkiä ymmärrä.

– Ainakin tahtotila on ilmaistu, minä sanoin.

Tuomo ja Vesala tulivat uimaan, mutta Paloniemi ja Korhonen seisoskelivat saunanterassilla vähän loukkaantuneen näköisinä. Menin kysymään, vieläkö saunotaan. Paloniemi sanoi, että hänelle riitti. Korhonen oli samalla kannalla.

– Sitten keitän kahvia, niin kahvitellaan ja syödään iltapala.

Iltapala oli pöydässä ja kutsuin miehet sisään. Jutut olivat vähenneet ja iltapala meni hiljaisissa merkeissä. Rahoitusta ei otettu enää esille, vaan jutut liikkuivat lähiajan tapahtumissa. Haukotuksiakin alkoi näkyä. Siivoilin paikkoja, kulkeuduttiin ulos, lukitsin oven. Juntuset olivat lähdössä ensimmäisinä. Tuomo toivotti hyvää illan jatkoa ja kysyi, oliko ymmärtänyt oikein, että emme saisi myönteistä rahoituspäätöstä Saksan vientipanostuksiin. Vesala sanoi Tuomon ymmärtäneen oikein mutta lupasi keskustella vielä minun kanssani. Korhonen hyvästeli ja toivotti menestystä hankkeelle.

Kotimatkalla keskusteltiin rahoituksen mahdollisuudesta, mutta mitään konkreettista lupausta ei tullut kummaltakaan pankinjohtajalta. Vakuuksista se on kiinni, ja pankin ohjeiden mukaan ei voida ottaa riskejä. Palli heiluu herkästi, jos tulee luottotappioita. Toinen säesti, kun toinen valitteli pankinjohtajan pieniä valtuuksia. Olin vähällä esittää osanottoni heidän valtuuksiensa pienuuteen ja riskien suuruuteen. Kuulin loppumatkasta, miten toinen peräpenkillä totesi, ettei ole selvinpäin ennen tullut saunaillassa oltuakaan. Toinen sanoi, että kerta se on ensimmäinenkin. Vein Vesalan mökilleen ja Paloniemen kotiin ja toivotin molemmille hyviä pyhiä.

Tiistaina Tuomo soitti ja esitti, että perustetaan Interwood Oy markkinoimaan ja myymään ulkomaille Kontiotupia ja palkataan vientipäälliköksi Tuomon tiedossa oleva nuori, juuri äsken valmistunut ekonomi, joka osaa hyvin saksaa ja on tavoitteellinen tyyppi. Hän voisi toimia Tuomon toimistosta käsin. Suostuin heti ja kysyin, milloin ekonomi voisi lähteä kanssani Schneiderin luo tekemään ne kaupat.

– Ensi viikon maanantaina.

– Mutta mistä rahaa? Se saunailta ei tuonut lupauksia rahoituksesta.

– Kyllä minä ihmettelen, miten sinä olet saanut yrityksen pyörimään ilman pankkia, Tuomo sanoi.

– On minulla pankki, mutta jos yritystutkija ei suosittele rahoitusta, niin ei ne voi ottaa riskiä, kuulithan sinä.

– Kuulin, kuulin ja sillä minulla petti hermotkin, ei me voida kun plääp, plääp.

– Kyllä minua nauratti kun pääsin jokeen. Sitä paniikkia ei voi nauramatta muistella.

– Paluumatkalla isä kertoi, että pankin hallussa on sadan hehtaarin metsäpalsta, jonka voisivat myydä 20 000 markalla perustettavalle yhtiölle. Sitä vastaan saadaan 50 000 markkaa lainaa, kun molemmat taataan se. Käykö tällainen ratkaisu?

– Kyllä käy, milloin mennään tekemään paperit?

– Nyt on tiistai, ollaan huomenna pankilla kello kaksitoista, niin pääsette maanantaina Saksaan. Sovin Schneiderin kanssa tulostanne ja varaan lentoliput.

Keskiviikkona olimme Iki-Kiannon maisemissa. Ostimme perustettavan yhtiö nimiin lähes tyhjäksi hakatun sadan hehtaarin metsätilan. Yhtiöpaperit pantiin Interwood Oy:n nimellä kaupparekisteriin. Toimitusjohtajaksi merkittiin Tuomo ja hallituksen puheenjohtajaksi minut. Osakepääoma merkattiin puoliksi kummankin nimiin, osakepääoman puolikas maksettiin yritykselle avatulle tilille. Nostettiin myönnetty laina ja maksettiin sillä metsätila. Metsätilaan oli vapaana olevat haltijavelkakirja samalle summalle kuin nostettava laina ja ne pantattiin vakuudeksi lainalle. Metsäammattilaisen arviokirjan mukaan tila oli arvoltaan 60 000 markkaa. Valittiin Mauno Ruusu yritykseen vientipäälliköksi.

Maanantaina tavattiin Maunon kanssa Seutulan lentokentällä. Ennen lähtöä kävimme läpi Schneiderille lähetettyä aineistoa, ja matkalla tutkailtiin toimitettavien mökkien sisältöä. Illalla laskeuduimme Hannoverin lentokentällä, missä Schneider oli vastassa. Hän toivotti meidät tervetulleiksi ja ohjasi odottavaan Mercedes Benziin. Keskustelu Ruusun kanssa käytti hyvin ja he ymmärsivät toisiaan.

Tunnin kuluttua saavuttiin Schneiderin tilalle ja ajettiin rakennusten ohi menevälle tielle, joka kulki peltoaukeita pitkin. Vastaan tuli iso lampi, jonka läheisyyteen oli rakennettu kymmenen mökkiä sekä vastaanotto- ja peseytymistilat. Kädellä osoitellen Schneider selosti, mitä millekin alueelle oli suunniteltu. Esittelyn jälkeen ajoimme päärakennuksen eteen ja menimme sisälle. Siellä Schneider näytti meille varatun huoneen. Jätimme sinne matkalaukut ja jatkoimme saliin, missä rouva Schneider odotti ruokailemaan. Esittelyn ja tervetulotoivotusten jälkeen alkoi ruokailu. Ruokapöytä oli uskomattoman herkullinen. Alkuruokana oli savukalaa, paahdettua lampaanlihaa, salaattia, juustoja ja hedelmiä. Vaihtoehtona oli gulassisoppaa. Pääruokana oli rosvopaistia ja paistettuja perunoita. Söimme hyvällä ruokahalulla välillä keskustellen. Herra Schneider kysyi suomeksi:

– Onko kylmä Suomessa nyt?

– Ei vielä, mutta kahden kuukauden päästä on.

– Olin siellä talvella vierundvierszig ja Suomen sotilaat ajoi pois, herra Schneider sanoi sanoja hapuillen.

– Jaa, jaa, Lapin sodassa, siellä minun isäni oli, sanoin hitaasti.

Ilmeisesti Schneider oli ollut upseerina saksalaisjoukoissa, ikä sopi ja suomeakin vähän osasi. Aiheesta ei jatkettu, koska se ei ollut ajankohtainen eikä kaupantekoa edistävä. Mauno lausui muutaman toteamuksen ja jatkoi kiittelemällä erinomaisia ruokia. Olin nousemassa pöydästä, kun rouva Schneider pyysi istumaan vielä. Hän keräsi ruokailulautaset pois ja toi hedelmäsalaattikulhon pöytään. Nautitimme vielä jälkiruuan ja menimme saliin jatkamaan seurustelua. Minun saksan taito ja Schneiderin suomi ei riittänyt suoraan kommunikointiin, joten keskustelu jäi Maunon ja Schneiderin väliseksi.

Aamulla söimme aamupalan ja joimme kahvit. Sen jälkeen lähdettiin tutustumaan alueeseen lähemmin. Ajoimme maastoautolla leirintäalueelle, minne oli rakennettu mökkejä. Niiden ohi menimme lammenrantaan. Siellä Schneider näytti tulevien mökkien paikan. Sileää, vanhaa peltoa, hyvä rakentaa. Pyysin Maunoa kysymään, millaista perustusta mökeille oli suunniteltu.

– Mikä perustus on saksaksi? Mauno mietti.

– Kysy mitä mökin alla on.

– Was ist unter dem Haus?

– Die Grundpfeiler.

– Siellä on perustuspilarit, Mauno suomensi.

– Kysy, voiko meidän mökit panna samanlaisilla pilareilla.

– Kyllä voi, hän sanoi sen äsken.

Alueelle on hyvä panna mökit pystyyn, totesin, ja Mauno käänsi sen isännälle. Lähdimme kulkeutumaan autoa kohti. Mauno sanoi, että isäntämme haluaa esitellä alueita laajemmin. Se sopi minulle, kunhan vain jää aikaa kaupantekoon. Oli kuulemma ollut jo puhetta, että kun palaamme esittelykierrokselta ennen ruokailua, tehdään kaupat. Hyvä, sillä sitä vartenhan me siellä oltiin.

Ruokailun jälkeen teimme kaupat viidestä Kontio 30 -mallista toimitettuna syyskuussa kuluvana vuonna. Lupamenettelyä varten lupasimme kääntää aineiston saksankielelle ja lähettää ensitilassa Schneiderille. Asennustyön tekee Schneiderin vakiorakennusporukka. Lähtiessämme kiittelimme rouva Schneideriä erinomaisesta tarjoilusta ja majoituksesta. Kun lähdimme Schneider valitsi seitsemästä autostaan hienon S-mallin Mercedeksen. Pyysin Maunoa kysymään, ovatko kaikki autot eri tarkoituksiin. Selvisi, että Schneider oli nuorena miehenä ollut Mersun tehtaan uusien mallien koeajaja ja sen johdosta niitä harrasti. Varastointitilaa on autoille riittänyt karjan hävittämisen jälkeen, ja Schneider sanoi ajavansa mielellään eri malleja harrastuksena.

– Varallisuutta ei liene syytä tarkistaa, totesin Maunolle.

– Ei varmaan, hän lupasi maksaa sopimuksen mukaan.

Kun lentokentällä oli asiakas hyvästelty, käveli tyytyväinen, kielitaidoton yrittäjä ja kielitaitoinen nuori ekonomi kohti lähtöselvitystä.

30

Syksyn merkit näkyivät muutamina keltaisina lehtinä koivuissa. Ajoin aamulla Sahatuotteelle ja kävelin vakioreittini ensin sahalle, sitten kuivaamolle, sieltä höylälle ja lopuksi mökkihalliin. Mökkihallissa kerroin, että saatte kohta tehdä Saksaan viisi mökkiä. Salvuumies raotti kuulosuojainta ja nyökkäsi. Kaikissa työpisteissä oli työt käynnissä. Toimistolla otin puhelun eläkkeellä olevalle kunnanjohtaja Honkaselle ja kerroin kuulleeni, että hänen tyttönsä asuu Saksassa. Olisiko mahdollista saada yhteystietoja? Odottelin muutaman minuutin, kun Honkanen etsi tietoja. Hän kysyi, olenko käymässä Saksassa. Sanoin käyneeni siellä edellisviikolla ja myyneeni viisi mökkiä, ja nyt tarvitsisin tietoja saksalaisista rakennuslupa-asioista. Honkasen tyttö oli miehensä kanssa rakennusalalla ja varmasti tiesi näistä asioista.

– Miten se muuten on mökkikauppa lähtenyt käyntiin? Honkanen kysyi.

– Kesälle on toimitettu ihan hyvin, mutta syksy ja talvi on myymättä. Myyntipäällikkö rakentaa edustajaverkostoa, se tulee lisäämään keväälle myyntiä.

Sain tiedot ja kiittelin niitä. Honkanen toivotti menestystä yritykselle ja sanoi soittavansa tytölle illalla ja kertovansa, että tulee piirustuksia käännettäväksi. Menin suunnittelijan luo ja kerroin kaupasta. Annoin hänelle mökin piirustukset ja pyysin lähettämään saamaani osoitteeseen.

Maksuvalmiustilanne oli huolestuttavasti kiristymään päin. Kysyin Seijalta tarkempaa tilannetta. Hän sanoi vetävänsä ensin yhteen ja näyttävänsä sitten. Tiukkaa taitaa olla, auttaisiko simulointikaan enää, mietin puoliääneen. Kohta Seija tuli ja antoi laskelman. Alijäämä oli 115 000 markkaa! Laskelmassa oli tiedossa oleva laskutuksesta tuleva raha ja eräpäivilleen maksettavat maksut. Ei näin tiukalla ole oltu ennen. Kysyin Seijalta, onko saatu kehittämistoimiin avustusta. Päätös oli kuulemma tullut, mutta ei ollut vielä pantu maksatukseen.

– Miten on, voiko vielä simuloinnilla saada kevennystä?

– Sinä ja sinun simuloinnit, olet kuin mikäkin maailmankiertäjä! Kuluja niistä reissuista tulee eikä rahaa!

– Elä hätäile, viimeinen matka pannaan vientiyrityksen kuluiksi ja maksetaan kaupasta provisio.
– Milloin sieltä kauppaa tulee?
– Heti kun saadaan toimitettua. Toimitus on syyskuussa. Onko muualta tullut rahat sopimuksen mukaan?
– Suurin piirtein, mutta toimitukset on vähentyneet ja kiinteät kulut on kasvaneet. Tilanne talvea kohti kiristyy.
– Mikä tässä muukaan auttaa kuin myydä varastoja vähemmäksi ja puhua maksuaikoja pitemmäksi.
Seurasi hetken hiljaisuus, mietittiin molemmat, että mitenhän tässä käy. Hiljaisuuden katkaisi puhelu. Seija meni vastaamaan. Kuulin huoneeseeni kuka soitti ja kohta soi minun puhelin. Vastasin, että täällä ollaan erääntyneiden laskujen keskellä.
– Siellä ollaan kuin hautajaisissa, mikä hätänä? Tuomo kysyi.
– Rahat on kaikki ja mieli maassa.
– Ei ne sieltä penkin alta lisäänny, nouse ylös, juuri saitte kaupan Saksaan.
– Niin saatiin, mutta kun selvittäisiin sinne asti.
– Paljonko se matka maksoi, panen rahat tulemaan Interwoodin tililtä?
– Minä lasken ja panen faksin.
– Kyllä se siitä, minä myyn varastossa olevat tavarat, kun panet luettelon.
– Lasken ja panen samaan faksiin luettelon.
– Selvä! Ei pituutta hypätä polvillaan, kuulemiin.
– Nousen ylös, kuulemiin.
Tarvitsin sykäyksen, niin elämä lähti jälleen käyntiin. Kävin laskemassa varaston ja ilmoitin sen Tuomolle samalla faksilla kuin Saksan-matkan kulut. Parin päivän kuluttua tuli luettelo sahatavarasta, mitä sai Jabolle panna menemään. Pyysin heti Markkua laittamaan pakettiin kaikki viiden ja kuuden tuuman lankut ja ilmoittamaan, montako kuormaa tulee. Neuvoin Seijaa maksamaan vain pakolliset maksut ja siirtämään muut tuonnemmas. Toimintojen tasapaino puuttuu, tuotanto pelaa parhaiten, myynti toimii nykien ja rahoitus edellisten takia hyvin tai huonosti tai niin kuin nyt, hyvin huonosti. Mutta tästä tämä lähtee pelaamaan, kun ei pitkiä luppoaikoja tule maksuihin, ajattelin ja lähdin ulos kävelylle. Suunnistin

lautatarhalle, nousin tarhalta mäkeä ylös nähdäkseni, oliko naapurin puolella vielä toimintaa. Ei ollut minkäänlaista liikettä, toiminta oli loppunut, ja saha seisoi hiljaisena. Kävelin saha-alueelta meijerille päin ja sekin oli hiljainen. Tunsin pientä vahingoniloa ja ajattelin, että ainakin naapuri kaatui ennen meitä. Palasin toimistolle ja sanoin Seijalle, että naapurin puolella oli hiljaista, lienee mennyt konkurssiin. Seija sanoi lukeneensa siitä Kauppalehden takimmaisilta sivuilta.

– Siellä ne viimeiset ja halvimmat ilmoitukset yleensä on, minä sanoin.

– Helpottiko sinua?

– Vähän hymyilin sisäänpäin. Sahanpuruihin ei ainakaan peitytä.

– Ei peitytä sahanpuruihin, kun ei peityttäisi näihin karhukirjeisiin.

– Ei peitytä, tässä vain toiminnot on epätasapainossa. Kyllä ne tasoittuu kun saadaan myynti pelaamaan tuotannon tahtiin.

– Mistä sinä sen toimintosanan olet saanut päähäsi?

– Konsulteilta olen kuullut. Yrityksessä on eri toimintoja, kuten myynti, tuotanto, hallinto ja niin edelleen. Meilläkin tulee seuraavaksi suunnittelu ja mahdollisesti hankinta.

– Hoidanko minä hallintoa? Seija kysyi.

– Kyllä, kaikki ne laskut kertyy sinun hallittavaksi, olet varmaan huomannut?

– Olen huomannut, mutta millä kursseilla tätä laskujen viivytyshallintoa saa lisää?

– Kokemus sitä opettaa ja kun Mikkola tulee käymään pyydetään konsultointia.

Muutama päivä meni, ja sain Markulta luettelon viiden ja kuuden tuuman lankuista. Soitin heti Tuomolle ja kerroin, että löytyy kolme kuormaa kuivia lankkuja Jabolle. Hän käski panna menemään ja sanoi, että ottavat Jabolla enemmänkin, jos on mitä panna.

– Selvä, lähtee viikon sisällä.

Kuormat Jabolle pantiin matkaan. Samaan aikaan taloon tuli toisen pankin paikallinen johtaja mukanaan yritysrahoituksen edustaja. He halusivat esitellä heidän omia rahoitusmuotojaan. Ensin olivat vuorossa pitkäaikaiset ja tilapäisluotot, sitten tuli tavaraluottojen vuoro. Myydyt tavarat voidaan rahoittaa niin, että yritys saa rahat heti toimituksen jälkeen.

– Stop, mitä sanoitkaan?

– Toimituksen jälkeen yritys voi saada laskun myytyä meille ja heti rahat käyttöön, yritysrahoituksen edustaja sanoi.

– Meiltä lähti juuri kolme kuormaa tavaraa, voiko niistä saada rahat teidän kautta heti?

– Kyllä, kun ostaja on luotettava.

– Me on toimitettu sinne jo useita kuormia ja rahat on aina tulleet kolmen viikon sisällä. Asiakas on iso ruotsalainen yritys.

– Onko laskut lähteneet niistä kuormista jo?

Seija kertoi, että laskut ovat vielä hänen pöydällään. Konsultti pyysi saada nähdä ne. Seija kävi hakemassa. Konsultti katseli niitä hetken ja sanoi, että he voivat ostaa laskut ja maksaa meille heti. Meidän piti vain ilmoittaa asiasta Jabolle. Sopisiko tällainen järjestely, konsultti kysyi. Ehätin sanomaan, että kyllä sopii. Konsultti pyysi saada käyttää puhelinta ja meni Seijan huoneeseen soittamaan. Odotimme muutaman minuutin, kunnes hän palasi ja totesi, että asia on selvä. Seija kysyi, mitä tällainen järjestely maksaa.

– Me otamme siitä kolmen prosentin palkkion laskun summasta.

– Antaa mennä, sanoin.

– Asia on selvä, me olemme kiinnostuneet muustakin yhteistyöstä kanssanne.

– Aloitetaan tästä ja katsotaan paremmalla aikaa jatkoa.

Kiiteltiin puolin ja toisin, hyvästeltiin ja toivottiin menestystä alkavalle yhteistyölle. Olin heti yhteydessä Tuomoon ja pyysin ilmoittamaan Jabolle järjestelystä. Helpottuneen ilmeen näin hallinnosta vastaavan silmissä. Sanoin, että maksaa nyt vähän kuin nuukasti niin selvitään_vuodenvaihteen yli. Seijan mukaan selvitään kyllä, mutta kitkuttelu jatkuu, vaikka helpottaa vähäksi aikaa. Muistutin taivaan linnuista, jotka elävät päivän kerrallaan.

– Lohdutus se on tuokin, Seija sanoi.

– Alijäämä ainakin huomenna on pois.

Käytiin välillä syömässä ja kun palasin työmaalle, Tuomo soitti ja kertoi, että asia on hoidettu Jabon suuntaan. Samalla hän ehdotti käyntiä siellä. Jabo on hyvä asiakas, ja siellä olisi varmasti jotain opittavaa. On kohteliasta tehdä asiakasvierailuja, ja kun joulukin lähestyy, voisi muistaa pienellä joululahjalla. Kiitin tarjouksesta, mutta sanoin, että kun ajelen autolla pitkin ja poikin, hommat jäävät jälkeen tavoitteesta, enkä muutenkaan välittäisi saada Reissu-Timpan nimeä. Tuomo muistutti, että yritys oli pystyssä ja rahaa tulossa, joten ei se niin huonosti ollut mennyt. En ollut siitä niinkään varma, sillä mökkimyynti laahasi jäljessä. Tuomon mielestä se asia kuului myyntipäällikölle.

– Ei hän tyhjästä voi sitä loihtia, minä sanoin. – Tämän vuoden myynti on minun vastuulla.

– Mieti, ehdotus on voimassa joulukuun alkuun.

Tilanne oli hiukan helpottunut, kun maksuviiveet saatiin melkein kaikki pois. Osmo oli pestannut uusia mökkiedustajia ja kyseli, miten minun värväämilläni edustajilla meni. Oli pakko myöntää, ettei heiltä ollut tullut yhtään kauppaa, mutta suoraan kysyville olen muutaman kaupan tehnyt. Osmolla oli sama tilanne, mutta hän uskoi, että ainakin kolmelta edustajalta alkaa kauppaa tulla. Totesin, että ajankohta oli huono, ja jotain pitäisi tehdä talvitoimitusten saamiseksi. Mietittiin jotain porkkanaa, esimerkiksi porrastettu, pieni alennus voisi houkutella asiakkaita. Esitettäkin pitäisi uusia. Nykyisestä oli tullut palautetta, että kuvat ovat hyviä taideteoksia, mutta huumorikuvilla ei mökkejä myydä. Sen sijaan voisimme ottaa mallia taloesitteestä, jossa mallit oli piirretty viihtyisään ympäristöön valokuvamaisella tarkkuudella. Lupasin ottaa selvää piirtäjästä ja pyysin laittamaan talviehdot tiedoksi edustajille, niin nähdään, purevatko ne.

Palaverissa tuotannon kanssa Eero kertoi, että välillä menee hyvin ja välillä hyvin huonosti. Kun kysyin tarkemmin, hän arveli, että enimmäkseen meni hyvin, mutta hyvin huonosti silloin kun ei tiedä mitä tehdä. Se oli tilauksista kiinni. Joko niitä ei ollut, tai kun tuli, valmista pitäisi olla seuraavana päivänä.

– Mahdotonta, sahatavaraa saa, mutta ei mökkejä, sanoin. – Onko muuta?

– Muutokset aiheuttaa sen, että jotakin menee liikaa ja jotain puuttuu. Jälkitoimitukset tulee kalliiksi.

– Suunnittelijan paikka, sitä myyntikin kaipaa. Entä sahapuolelle?

– Välillä kiire ja välillä työt katselussa, Markku totesi.

– Silloin on kiire, kun on kuivaamon täyttö, kuorman lastaus, tukin lastaus ja sahatavaran siirto tarhalle.

– Näytät tietävän.

– Milloin työt on katselussa?

– Kun sahalla tukit on kaikki ja asetteenteko höylällä ja trukkikin on tankattu. Voi jopa varttitunti olla työt katselussa.

– Ei kovin pitkiä katseluita. Miten ne virtaukset, onko edestakaisia tavaran laahauksia?

– Niitä on muutettu ja häiriökortitkin tehty.

– Ihan työpistekohtaisesti?

– On, on ja ennakoitu jo joku häiriö ja korjattu aiheuttaja.

– Sahanpöydän vetovaijeri?

– Se justiin ja höylän puruimurin tukkeentuminen.

– Nämä lienee niitä kehittämisinvestointeja.

– Niitä ne on Hotasen hoksaamia.

– Työn iloa, siitä nämä kehittyy, ennakkohuolloilla häiriöt poistuu. Lentokoneetkaan ei pysyisi ilmassa, jos niitä ei ennakkoon huollettaisi.

Menin Seijan luo tiedustelemaan, helpottavatko paineet. Hän näytti verottajan karhukirjettä. Sellaisia ei ollut ennen tullut, vaikka on maksuissa muutaman päivän viiveitä ollut. Luin kirjeen läpi ja soitin verojohtaja Korpikarille. Olin ajatellut pyytää tapaamista, mutta Korpikari oli lähdössä ja halusi hoitaa asian puhelimessa. Kerroin ennakonpidätyksistä tulleesta maksumuistutuksesta ja ehdotin maksuaikaa. Korpikari pyysi odottamaan sen verran, että hän katsoisi tilanteemme. Odotin pari minuuttia, jännitti hiukan. Korpikari palasi linjoille ja totesi, että aiemmin olemme maksaneet aina ajallaan. Selitin talvikauden tiukkuudesta sekä henkilökunnan lisäämisestä ja kehitysprojektista, jotka alussa vievät kassavirtaa, mutta tuonnempana helpottaa. Korpikari kysyi, milloin voisin maksaa. Kerroin, että kun mökkitoimitukset lähtevät lisääntymään huhti- ja toukokuussa, rahoitus alkaa helpottaa, joten voisimme maksaa ennakonpidätykset puolivälissä kesäkuuta. Korpikarin mielestä se olisi liian pitkä lykkäys.

– Me kyllä hoidetaan kuukausittain tulevat maksut ajallaan ja vain tämä siirrettäisiin.

– Tekö pystyisitte muuten kuukausittain tulevat maksaman ajallaan? Korpikari kysyi.

– Tämän rahoitusbudjetin mukaan kyllä, minä sanoin ja tarkensin, että aloitimme kehitystyön vuosi sitten ja siinä budjetissa on pysytty. Myynti on budjetoitu ja toimitukset ennakoitu menevän suunnitelluilla kustannuksilla ja aikataululla. Niistä seuraa rahoitusbudjetti, jossa näkyy yli- ja alijäämät kuukausittain. Lisärahoitus on vakuuksista kiinni.

– Mitä se rahoitus näyttää toukokuun lopussa, ettekö siihen saisi maksettua? Korpikari kysyi jo pehmeämmällä äänellä.

– Siinä touko-kesäkuun vaihteessa muuttuu ylijäämäiseksi, mutta kesäkuussa vasta helpottaa ratkaisevasti.

– Voidaanko sopia, että kesäkuun viidenteen päivään siirrän tämän maksun, Korpikari sanoi terävästi. – Mutta jos viides päivä toukokuuta ette maksa, niin sitten panen sen eteenpäin.

– Kiitos, tämä oli hyvä päätös. Maksamme viides päivä toukokuuta. Kiitos vielä kerran, kuulemiin.

Menin heti Seijan luokse ja käskin panna maksumuistutukseen lapun, että viides toukokuuta pakko maksaa. Seija kysyi, mitä tehdään, jos ei ole, millä maksaa. Sanoin, että se on sen ajan murhe, eivät linnutkaan puolen vuoden päähän murehdi.

Menin muutaman päivän kuin lintuperspektiivissä. Kun teemme oikeita asioita oikein, kyllä tämä lähtee nousuun. Monet konsulttien esiin nostamat asiat olivat tuntuneet vierailta tai liian kaukaisilta meidän saavuttaa, mutta jos selviämme ensi kesään, niin sitten helpottaa. Tuomon yhteistyö oli ollut konkreettista ja tulokset olivat näkyneet välittömästi. Matkoilla oli saatu yhteyksiä ja kauppaa, mikä nykytilanteessa oli elinehto. Kehitystyö ei näy heti, mutta sen vaikutus on pitkäaikaista ja ulottuu koko porukkaan. Sieltä nousee sellainen voima, että sillä päästään pitkälle. Muistin Mikkolan puhuneen yrityksen kasvukatoista ja siitä, että joskus näkee yrittäjän itse muodostaneen sen katon. Minä en halua muodostaa kattoa, vaan katto on auki taivasta myöten, päästän porukan kasvamaan. Organisointi lisää alussa byrokratiaa ja kustannuksia, mutta kun siitä vaiheesta pääsee ohi, niin kasvu alkaa. Lähden vielä yhdelle matkalle Tuomon kanssa ja sitten keskityn johtamaan organisaatiota. Otin puhelun Tuomolle ja sovimme matkasta Jabolle ja Osloon. Puhelun jälkeen kerroin Seijalle, että lähden Tuomon kanssa käymään Ruotsissa ja Norjassa.

– Kuulin jo. Milloin pitää pakata laukku?

– Ensi sunnuntaiksi ja viikoksi valtuutan sinut johtamaan täällä.
– Kiitos luottamuksesta, paljonko kruunuja pitää varata?
– Ei yhtään, menee vientiyhtiön piikkiin.
– Mikä se sellainen yhtiö on?
– Interwood Oy, meidän Tuomon kanssa yhteinen vientiyhtiö. Perustettiin silloin kun oli tarve saada saksankielinen vientimies ja matkarahaa Schneiderin luokse. Etkö ole kuullutkaan?
– Nyt kuulin.
– Delelekointi, vai mikä se sana oli, on jäänyt vähemmälle.
– Nythän sinä minut delegoit ensi viikoksi, kiitos vaan.
– Ole hyvä ja pidä putiikki pystyssä.

Ajoin sunnuntaina Tampereelle, mistä Tuomo lähti kyytiin. Sieltä ajoimme Turkuun ja matkasimme edelleen laivalla Tukholmaan. Aamulla olimme Ruotsinmaalla. Matkaa Örebrohon oli 200 kilometriä ja kerran tankilla ja kahvilla käyden olimme Jabolla puolenpäivän aikaan. Tuomo meni sisään kuin kotiinsa.
– God morgon! hän karjaisi ovelta.
– God morgon, keskustyttö vastasi.
Oikeanpuoleiselta käytävältä tuli ulos harmaatukkainen, pitkä herrasmies. Hän oli kuullut Tuomon tulon ja kiirehti tervehtimään. Tuomo esitteli meidät toisillemme ja Edlund ohjasi saman tien huoneeseensa, missä istuuduimme kahvipöydän ääreen. Kuulumiset vaihtuivat äänekkäiden naurujen säestyksellä. Ihailin Tuomoa, joka otti huumorin mukaan keskusteluun ja vapautti tunnelman, niin että jutustelu kävi vuolaasti. Toimitukset olivat tulleet ja niiltä osin kaikki oli kunnossa. Nyt huomasin keskustelun kääntyvän jatkotoimituksiin ja minulta kysyttiin, miten tavaraa tulee. Sanoin, että kyllä tulee, mutta voisimmeko tuoda pitemmälle jalostettuna. Olimme tulomatkalla puhuneet siitä mahdollisuudesta, että voisimme katsoa, miten he kuumentavat laudan pinnan ja jyrsivät pehmeän puunsyyn syvemmälle. Olin sanonut, että mekin voisimme valmistaa samanlaista ja saada kolminkertaisen hinnan. Tomas kysyi Edlundilta, voimmeko toimittaa valmiin polttoharjatun tuotteen, mutta Edlund sanoi, että hoitavat jalostuksen itse ja ostavat vain lankkua. Tomas muistutti Suomen halvemmasta työvoimasta.

– Voitte käydä katsomassa, miten me sen tuotamme, sen valmistus on vaativa prosessi.

– Kiitos, käymme lähtiessämme, mutta mikä on lankun hinta seuraaviin toimituksiin?

– Samana on pysynyt ja sillä hinnalla saa toimittaa, Edlund sanoi ja vastasi puhelimeen. Hetken kuluttua hän painoi luuria kädellään ja sanoi, että asiamme lienee käsitelty, mutta työnjohtaja opastaisi meidät katsomaan höyläämöä.

Menimme työnjohtajan kanssa ulkokautta höyläämöön. Auton sivu mennessäni panin laukun takapenkille ja otin kameran mukaan. Kiiruhdin toisten jälkeen ja saavutin heidät ennen tuotantolaitosta. Paneelitehtaassa oli useita höyläyslinjoja. Suunnistimme sille, missä valmistui polttoharjattua paneelia. Sain luvan ottaa muutamia kuvia. Polttoharjauslinjan alkupäässä oli tavallinen kuusikutterinen Jonsered-listahöylä, laudansyöttäjänä ollut nuorehko mies nyökkäsi hymyssä suin, kun otin ensimmäisen kuvan. Jatkoimme linjan sivussa ja seuraavaksi tuli tunneli, jonka alkupäästä paneeli meni sisään. Sivulla olevista ikkunoista näkyi laudan kulku. Paneelin päällä palo liekki, joka tummensi höylätyn laudan pinnan. Otin muutaman kuvan. Tunneli jatkui ja paneeli meni väliseinän jälkeen pyöriville teräsharjoille, jotka leikkasivat pinnasta pehmenneen puun pois. Olipa yksinkertainen työstöprosessi. Linjan loppupäästä otin vielä muutaman kuvan. Valmiit paneelit vastaanottaja pani pinkkaan. Jatkoimme matkaa työnjohtajan perässä. Ovella kiittelimme ja hyvästelimme työnjohtajan.

Ulkona tuli vastaan tuiman näköinen mies, joka kohteliaasti pyysi filmirullaa kamerastani, koska he haluavat valmistaa sen puolestamme. Ihmettelimme, eikö meidän filminvalmistukseen luoteta. Kysymys oli kuitenkin siitä, että he halusivat varmistaa, ettei tehtaasta tehdä huonolaatuisia kuvia. Tuomo neuvoi minua antamaan filmin. Otin filmin loppukuvat herroista ja pyysin hymyä. Hymy oli filmin pyytäjällä hieman väkinäinen, mutta helpottui, kun ojensin filmirullan hänelle. Tuomo antoi kortin ja pyysi lähettämään valmiit kuvat siinä näkyvään osoitteeseen.

– Tack, jag skickar.

– Kiitos, teillä on hyvä palvelu.

Jatkoimme matkaa Norjaan. Edellisellä matkalla Oslo jäi käymättä ja nyt se oli toinen käyntikohteemme. Matkaa oli 260 kilometriä. Päätimme ajaa lähes perille, niin saamme aamulla nukkua hieman pitempään. Matka taittui niin hyvin, että katselimme hotellia jo ennen puolta yötä. Se löytyi melkein heti kun saavuimme kaupunkiin. Tilaa oli, joten kirjauduimme sisään ja saimme avaimen. Otimme laukut ja lähdimme menemään, mutta vastaanottaja pyysi takaisin. Sisääntuloilmoitus oli kuulemma puutteellinen, se pitäisi täyttää oikein. Hän näytti puuttuvia kohtia. Mistä tulemme? Ruotsista. Mistä tarkemmin sieltä? Örebruusta. Tarkemmin, mikä hotelli, oletteko suomalaisia?

– Jabo hotel, Sverige, sydost och fem grader östlin longitud.

– Nyt riittää, hyvää yötä, vastaanottaja toivotti.

– Tästä teidän antamasta kuitista puuttuu veronumero, olkaa hyvä ja pankaa se, Tuomo sanoi terävästi ja ojensi kuitin.

Vastaanottaja meni takahuoneeseen, palasi tuli kohta hämillään ja sanoi, että valitettavasti hän ei sitä löytänyt. Pyysin vielä etsimään, sillä meillä oli niin valpas verotarkastaja, että veronumero pitää näkyä kuitissa. Vastaanottaja meni uudelleen takahuoneeseen, tuli viiden minuutin päästä takaisin ja sanoi, että veronumero oli konttorilla, missä ei ollut ketään siihen aikaan. Tuomo muuttui entistä terävämmäksi ja vaati rahoja takaisin, koska emme voi majoittua hotellissa, jonka kuitissa ei näy veronumeroa. Nöyrän näköinen vastaanottaja sanoi, että saisi kyllä veronumeron aamuksi. Tuomo kysyi, sopisiko se minulle. Silmäni alkoivat jo lupsahdella, joten sanoin suostuvani tämän kerran. Näille puheilla lähdimme kohti huonettamme. Matkalla pohdiskeltiin, niuhottaisiko virkailija seuraaville suomalaisille. Olimme varmoja, että ei niuhota. Niin hyvin hänet opetettiin, että muistaa vielä eläkkeelläkin meidät.

Hyvin nukuttiin ilman verottajan numeroa kuitissa. Aamulla kävimme suihkussa ja menimme aamupalalle. Vastaanotossa oli henkilö vaihtunut. Hän nousi ylös, mutta kävelimme ohi. Aamupalan jälkeen Tuomo sai kuitin ja kiitti siitä nyökkäyksellä. Haimme tavarat ja lähdimme hakemaan puutavaraliikkeitä. Kolmen liikkeen nimet olivat etsinnässä ja saavuimme niistä ensimmäiseen, Bear timmer Ltd luki kyltissä. Pysäköin auton, otin laukun ja lähdin Tuomon perään. Vastaanottoaula oli hienosti sisustettu paneeleilla. Peräseinällä tunnistin Jabo-paneelin ja jäin sitä ihailemaan. Käännyin ja huomasin täytetyn karhun, jolla oli tukki olkapäällä. Havahduin, kun Tuomo kysyi, paistanko kontion kanssa särkiä. Niin tein, sillä kontio oli hypnotisoinut minut. Tuomo käski irrottautua, sillä ostopäällikkö odotti. Katsahdin vielä karhua ja sitten kiiruhdin helakan äänen suuntaan.

Menin ovelle ja tervehdin pitkää norjalaista. Nimestä en saanut selvää, mutta istuuduin osoitetulle paikalle. Panin oman korttini pöydälle ja otin minulle tarkoitetun kortin itselleni. Tuomo oli jo hyvässä kuulumistenvaihdossa ja keskustelussa. Minun ajatus pysyi karhussa ja tukissa. Kontiotupa on jo, ajattelin. Pudasjärven vaakunassa on karhun kuva. Me sahataan tukkeja ja tehdään niistä Kontiotupia. Tässä se on! Kontio nousee kahdelle jalalle ja nostaa tukin olalle. Yrityksen nimi pitää muuttaa Kontiotuotteeksi ja liikemerkkinä on tukki olalla seisova kontio. Nostin käden huomaamattani ja napsautin peukalolla ja keskisormella äänekkäästi. Molemmat kääntyivät katsomaan, ja Tuomo kysyi, mitä tapahtui.

– Loksahti tuolla päässä.

– Sattuuhan sitä.

Kun puutavarapuheet oli hoidettu, otin mökkiesitteet laukusta ja panin ne näkyviin. Kohta Tuomo alkoi esitellä tupia. Selatessaan mallistoa ostopäällikkö pysähtyi metsästäjien sivuille, ja meitä kaikkia hymyilytti. Tämä firma ostaa, myy ja välittää puutavaraa, oli Tuomon loppulausunto neuvottelusta. Hyvästelimme ja lähdimme. Aulassa ihailin tulevaa yrityksemme liikemerkkiä vielä hetken aikaa, ennen kuin jatkoimme matkaa seuraavaan liikkeeseen.

Huomasin Jabo-paneelia myös seuraavissa puutavaraliikkeissä, ulkovuorilaudat ja sisäpaneelit olivat enimmäkseen kuusta. Kaksi asiaa oli nyt mielessäni: polttoharjattu paneeli ja liikemerkki. Oli aika palata Suomeen.

Kotona odotti Jabon valmistuttamat kuvat ja kiitoskirje käynnistä. Seija tiedusteli, mihin kuvat ja kirje liittyivät. Kerroin, että olivat halunneet valmistaa kuvat omassa laboratoriossaan. Seija kysyi, emmekö muka olleet vakoilemassa niiden menetelmiä. Ei, mehän toimitimme lankkuja ja he halusivat olla kohteliaita. Näkeehän sen kuvistakin, joissa oli niin hymyileviä miehiä. Seija ei ymmärtänyt, enkä minäkään, mutta ehkä ruotsalaiset vain ovat kohteliaita.

31

Kolme mökkiä oli lähetetty Schneiderille Hannoveriin. Vientiyhtiöstä Mauno oli saanut käännettyä mökkien rakennuslupakuvat ja leikkaukset, toimitustapaselosteen ja asennusohjeet. Mökit olivat saapuneet ennen saksankielistä aineistoa. Sen saatuaan asiakas oli mennyt jättämään rakennuslupahakemusta paikalliseen virastoon. Tarkastaja oli aikansa katsellut aineistoa ja tiedustellut seinien tuulikuormalaskelmaa sekä kattokannattajien lujuuslaskelmia. Schneider soitti Maunolle ja sanoi niiden puuttuvan. Mauno ei tiennyt mitään sellaisista. Niitä ei Suomessa tarvita, eikä meillä ollut niitä lähettää. Schneider totesi, ettei lähetä rahaa, ennen kuin saa laskelmat, ja sulki puhelimen. Mauno ilmoitti Tuomolle, ja Tuomo ilmoitti minulle ja minä soitin Saksaan Honkasen tytölle ja kerroin pyydetyistä laskelmista. Hän kertoi, että niitä vaaditaan majoituskäyttöön tulevista tiloista ja niiden tulee olla sikäläisen arkkitehdin tekemät. Tiedustelin, voisiko hän pyytää jotain tuttua arkkitehtiä niitä tekemään. Hän lupasi ja antoi minulle osoitteen, mihin lähetän täältä piirustukset ja rakenneselosteen. Lähetin ne ja pyysin Maunoa ilmoittamaan Schneiderille, että asia on pantu jalalle. Mauno lupasi tehdä niin ja tiedusteli, voisiko hän etsiä lisää asiakkaita Saksasta. Sanoin, että katsomme ensin, miten tämä koetoimitus menee. Taisimme lähteä merta edemmäs kalaan, ajattelin ja lähdin tuulettamaan ajatuksiani kentälle.

Kierroksen tehtyäni menin kustannuspaikalleni, jota olin vielä eilen luullut tuloksentekopaikaksi. Viennin käynnistäminen vaativille Saksan markkinoille oli ymmärtämätön yritys. Uskalluksen ja ymmärryksen summa on vakio. Jos toista on enemmän, niin toista vähemmän, nyt ymmärrystä oli vähemmän. Taidamme keskittyä sille markkina-alueelle, missä paremmin osaamme kielen ja lainsäädännön. Menin kysymään Osmolta, joko talviehdot ovat purreet mökkikaupassa.

Muutama kauppa on tullut, hän sanoi. – Ja mikä parasta, uusilta edustajilta Rovaniemeltä, Kuusamosta, Kemistä ja yksi Turusta.

– Se on hyvä alku. Onko Helsingistä ja Keski-Suomesta kuulunut mitään?

Osmo oli kerran yrittänyt soittaa Syväniemelle, mutta puhelu oli kääntynyt Rakennusmestarien talolle, ja sieltä oli vastattu, että Syväniemi on Floridassa ja tulee ehkä keväällä ilmojen lämmettyä. Koska mökkimyynnillä ei tuntunut olevan Syväniemelle merkitystä, päätettiin katsella uusi edustaja sille alueelle. Keski-Suomen edustaja oli mukava kaveri mutta liian kiireinen eikä ehtinyt paneutua mökkikauppaan. Katsoimme parhaaksi, että mies saa keskittyä öljynmyyntiin, ja Osmo katselee hänenkin tilalleen uuden edustajan. Lisäksi sovimme, että piirustusten muutoksiin palkataan joku, sillä ne veivät liikaa Osmon aikaa. Hänellä oli tiedossa vastavalmistunut insinööri Juhani Ahonen, jolla oli terävä kynä ja joka etsiskeli töitä. Sanoin, että kaveri voisi tulla ja ottaa jonkin työn mukaan niin nähdään kynän terävyys.

Sahalla oli puut vähissä. Olin vähän unohtanut niiden oston. Soitin leimaajille ja kysyin, onko myymättömiä leimikoita ja tienvarsivarastoja. Pehko-Erkki lupasi kysellä ja soittaa kun saa selville, arveli jotain jo tietävänsä. Tuomaala tiesi yhden tienvarsivaraston ja antoi nimen ja osoitteen. Tunsin isännän, joten soitin heti. Esittäydyin entiseksi mylläriksi ja kyselin kuulumiset. Käytiin läpi lehmien poikimiset ja sonni- ja lehmävasikat. Molempia oli edellisellä viikolla tullut. Sitten on lisää sekä lypsäviä että siementäviä. Isäntä muistutti, että ”möö” siementää nykyjään, mutta lypsäviä tarvitaan lisää. Kun oli vielä käsitelty ”möön” autonvaihto pikku-Fiatista 127-Fiatiin, puitiin vielä meijerin sahan kohtalo, josta mieleemme muistui kaksi sananlaskua: Jos toiselle kuoppaa kaivaa, niin itse siihen lankeaa, ja suutari pysyköön lestissään. Siitä pääsimme sitten tukkiasiaan. Isännällä oli tienvarressa muutama sata tukkia, jotka hän oli halukas myymään minulle. ”Linkkariyhtiö” ja Repola olivat niistä jo tarjouksensa jättäneet, mutta saisin ne siihen samaan hintaan. Yhtiöillä oli kuutiohinnassa viiden pennin ero. Sanoin, että tulen loppuviikosta Tuomaalan kanssa mittaan. Kuulin, että Tuomaala oli myös tehnyt isännän leimikon.

Tukin saanti oli lyhyellä tähtäimellä hoidettu, mutta seuraavana vuonna tarve lisääntyy. Hankinta alkaa olla yhden henkilön homma. Seijan velimies oli kerran tiedustellut töitä. Kysyin Seijalta, mitä mieltä hän olisi, jos otetaan Esko puunostajaksi. Seija ihmetteli, miksi sitä häneltä kysyn, kun tunsin Eskon itsekin. Arvelin, että Seija tuntisi paremmin. Häntä arvelutti, miten hän mahtaisi sopia veljensä kanssa samalle työmaalle, sillä heillä oli aikoinaan kotona ollut usein erilaisia näkemyksiä asioista. Olin sitä mieltä, että ainahan sisaruksilla on kahnauksia, itsekin olin monta kertaa tapellut vanhimman siskoni kanssa. Seija jätti Eskon palkkaamisen minun ratkaistavakseni.

Menin mökkihallille katsomaan, onko siellä jotain mielen päällä. Paketti oli juuri täyttynyt. Molemmat salvosten tekijät panivat suojapaperia sen päälle ja sitoivat kiinni. Niskavaari kysyi, että kuinkas johtajalla on reissut menneet. Kauppoja on varmaan tuliaisina? Olin jo ajatellut, että kohta saan reissumiehen maineen, ja tässä kysymyksessä oli vivahdetta siitä. Sanoin, että viime reissulla ei tullut mökkikauppaa, mutta muutaman idean sain.

– Edellisellä tuli viisi mökkiä, tässä on viimeinen paketoitavana. Kolme on mennyt ja nyt saa nämä kaksi viimeistä panna menemään, Niskavaari sanoi.

Kerroin, että Osmolle on tullut tilauksia, joissa on tekemistä tammikuulle. Saksaan menevien kanssa teettää lisätöitä, kun pitää laskettaa seinien tuulikuorma ja kattokannattajien kantavuus. Niskavaari sitä ihmetteli ja arveli, että Saksassa voi olla kovempi tuuli, mutta koskaan ei katolla ole metriä lunta, mille kuormalle ristikot on tehty.

– Merta edemmäs mekin lähdettiin, minä sanoin. – Ruotsi ja Norja on lähempänä ja rakentamismääräykset samankaltaiset kuin meillä.

Vuosi vaihtui ja vastuuhenkilöt olivat laatineet alkavan vuoden luvut. Myyntibudjetin oli tehnyt Osmo. Markku ja Epe olivat hyväksyneet tuotannon toimitusaikataulut ja kustannukset. Seija oli laatinut rahoitusbudjetin, mutta todennut, että se oli jo vuoden alusta alijäämäinen. Edellinen vuosi oli ollut tähän saakka raskain. Tulos oli jäänyt pakkaselle reilusti ja perintönä oli runsaasti maksuviiveitä. Siitä seurasi, että jo lähtökassatilanne oli kireä. Konsulttien käyntiä olin siirtänyt keväämmälle, ettei niiden uusia laskuja tulisi edellisten, vielä maksamattomien lisäksi. Toimintaa ylläpiti sahatavarakauppa ja talviehdolla myydyt mökit. Mökkikauppaa tuli jo kevään toimituksiin, lähinnä ruotsinsuomalaisille. Heille ehdotimme, että voimme valmistaa ne ostajan varastoon alueellemme ja heille sopivaan aikaan toimittaa tontille. Näin saimme laskuttaa toimituksien mukaan, mistä tuli iso helpotus kassavirtaan.

Sain helpotusta puunhankintaan, kun Esko tuli alkuvuodesta tukinostoon. Suunnittelijaksi tuli Juhani, jonka terävä kynänjälki alkoi heti näkyä komeampina mökkeinä, mikä yhdessä muutoskuvien kanssa piristi mökkikauppaa. Alkuvuosi meni silti kuin jäitä polttaen. Maksujen alijäämää sain selitellä lähes joka viikko. Vatsanpohjaa kirpaisi aina kun soitin pyytääkseni maksuaikaa. Tästä selittelystä tuli melkein päätoiminen homma, kun lähes päivittäin piti jotain selityssoittoja tehdä. Kevättä kohti mökkikauppa vilkastui, mutta rahoitus pysyi kireänä. Mikkola soitti pääsiäisen alla ja tiedusteli, joko kehitysprojekteja jatketaan. Sanoin, että meillä on edellisvuodeltakin heille laskuja maksamatta. Se ei Mikkolaa haitannut. Hän oli sitä mieltä, että kyllä ne tulee joskus hoidettua. Sovittiin, että hän tulee toteamaan tilanteen.

Ja niin olin taas eräänä aamuna häntä terminaalissa vastassa. Hän tuli iloisena ja puheliaana, itse olin hiukan vaisumpi. Sanoin, että turhaa ajelemme yritykseen, se alkaa olla konkurssitilassa. Vouti ei vielä ollut kimpussa, mutta maksamattomia laskuja oli paljon. Mikkolan mielestä oli kaikki hyvät mahdollisuudet onnistua eikä hyvää alkua voi jättää kesken.

Mikkola kertoi nimiä mainitsematta kokemuksiaan tiukoista paikoista, joissa yrittäjällä on tullut väsymys viittä vaille ennen käännettä parempaan. Rahoittajista ei tahdo olla tiukassa paikassa apua, koska he eivät näe yrityksen kehittämien valmiuksien nousua, vaan katsovat vain aikaa, jolloin niitä on rakennettu. Silloin monesti tulee tappiota, kun meidän kirjanpitolaki ei tunne yrityksen ylösajoa taseessa omaisuutena vaan kustannuksina. Eräässä yrityksessä laadullinen tase oli noussut hyvälle tasolle, mutta kirjanpidollinen oli painunut miinukselle, ja pankki pisti sen nurin. Tähän väliin totesin, että meillä oli sama tilanne, pankki ei uhkaa, mutta verottajan kanssa on jouduttu sopimaan maksujen siirtämisestä.

– Niiden kanssa usein saa sovittua, mutta pitää noudattaa luvattua aikataulua.

– Kesäkuun viides meillä on ratkaiseva päivä. Sinne on siirretty viimevuotisia palkkaveroja.

– Niitä ei voi aktivoida, vaikka ne on ylösajoajalta maksetuista palkoista.

– Ei niin, ja Korpikari aikoi panna ne eteenpäin, jos ei makseta, minä totesin.

Mikkolan mielestä sinne oli vielä pitkä aika. Minusta se oli melkein huomenna. Mikkola kertoi tapauksesta, jossa yritys oli pitkään taistellut maksualijäämän kanssa ja sitten saanut isohkon lisärahoituksen tilille. Sihteeri oli nähnyt tulleen suorituksen ja maksanut kaikki laskut pois. Toimitusjohtaja tuli seuraavana päivänä ja toi pinkan pakollisia maksuja ja pyysi maksamaan ne. Minä maksoin eilen tilin tyhjäksi, sihteeri oli sanonut. Siinä oli totinen paikka, kun siirrettävät oli maksettu, mutta maksamatta jäivät pakolliset, jotka olisivat mahdollistaneet toiminnan jatkumisen.

Saavuimme vihreän toimistorakennuksen luo ja menimme tutustumaan tilanteeseen. Kahvin jälkeen Mikkola pyysi fläppitaulun huoneeseen ja alkoi piirtää ja selostaa, että usein nähdään ongelma yhtenä möykkynä, esimerkiksi maksamattomat laskut. Möykky voidaan purkaa tarkasteltavaksi, jos Seija panee sisään tulevat maksut ylös ja sitten katsotaan, mitä pitää maksaa. Hän jakoi paperin ylhäältä alkaen neljään osaan:

1. Pakolliset maksut, että toiminta jatkuu eikä mitään mene protestiin.
2. Palkat ja toiminnan ylläpitoon tarvittavat maksut.
3. Siirrettävät maksut.
4. Siirrettävissä sopimuksella.

Mikkola kysyi, mitä pannaan ensimmäiselle riville. Aloin luetella: trattoja kaksi, erääntyvät viikon päästä. Öljy kuivaamoon. Metsurin palkka. Vesilasku kunnalle ja siirretty palkkavero. Toiselle riville tulivat viikon päästä henkilökunnan palkat, ikkuna- ja ovilasku, automiesten laskut, sähkö- ja puhelinlasku, puunmyyjien kaksi laskua. Kolmannelle riville luettelin ison määrän laskuja, jotka olin jo siirtänyt. Mikkola kehotti tutkimaan pinkkaa ja päättelemään, vieläkö voi siirtää. Rivillä oli kaksi puunmyyjää, joiden laskut olin jo siirtänyt ja joille voisin vielä kerran soittaa, mutta muut oli jo kesälle siirretty.

Seija oli tehnyt luettelon, millä viikolla tulee rahaa ja paljonko. Mikkola repäisi fläppitaululta kirjoittamansa paperin ja kiinnitti sen teipillä seinälle. Sitten hän teki uuden taulukon, jossa oli seuraavien viikkojen rahalähteet. Sitten hän laittoi taulukkoon äsken luettelemani maksut. Lopuksi hän laski, paljonko kukin viikko oli ali- tai ylijäämäinen. Katseltiin tulosta. Sanoin, että selvitään vielä kuukausi, mutta sitten siirretty palkkavero kaataa yrityksen. Mikkola käski pohtimaan, miten sille viikolle saadaan lisää rahalähteitä. Pankista? Nopeuttamalla myyntisaatavia? Pankista emme saa, mutta myyntisaatavista voi vähän kertyä, jos myy ne toiseen pankkiin.

– Miten se Paloniemen pankki? Eihän tuo velkamäärä niin iso ole? Mikkola kysyi.

– Niillä ei ole keskuspankin lupaa rahoittaa ja nimien kerjuulle en lähde. Myyntilaskuja on kerran myyty, mutta sitä rahoitusmuotoa ei ole jatkuvasti käytetty.

Mikkola kysyi, voiko siirrettäviin maksuihin laittaa lisää toukokuun alussa. Seija totesi, että tuleehan sitä laskutuksesta siihen mennessä ja niitä hän ei ole arvioinut. Siinä oli ratkaisu, jos ne eivät vielä olleet sisään tulevissa rahoissa. Taidetaan välttyä konkurssilta. Mikkola oli samaa mieltä. Hän oli nähnyt pahempiakin tilanteita, joista yritys on selvinnyt. Ylitsepääsemättömältä näyttänyt tilanne oli järjestelyllä saatu kuntoon.

Vein Mikkolan lentokentälle. Hyvästellessämme muistin, että heidänkin laskunsa menivät siirrettäviin, mutta elokuussa ne viimeistään saadaan maksettua. Mikkola kertoi, että häneltä joskus kysytään, miltä kehitys meillä näyttää, ja hän aina vastaa, että hyvältä näyttää, olkaa rauhassa. Lupasin sopia Hagmanin ja Hotasen vierailut vielä ennen kesälomia. Mikkola piti ajatusta hyvänä, ettei tulisi liian pitkiä katkoksia. Maksujen kanssa ei kuulemma olisi kiirettä.

32

Kevät ja kesä menivät rimaa hipoen laadittuihin budjetteihin nähden. Rahoitus oli tiukalla, mutta luovimalla selvittiin. Tiukimpien selityspäivien jälkeen minulla laukesi migreeni ja se vei päiväksi tai pariksi lepoon. Yrityksen nimeksi oli muutettu Kontiotuote Ky ja liikemerkkinä oli kontio tukki olalla. Myynti antoi palautetta, että tulisi saada taiteellisen esitteen sijasta myyvempi esite ja lisää vintillisiä malleja, sillä niitä kysytään. Jussi alkoikin suunnitella uusia vinttimalleja. Hän kävi usein näyttämässä niitä, ja ne olivat niin komeita, että minäkin innostuin. Sitten tuli kaunis parvekemalli, jossa oli yläkerrasta ovi ulkoterassille ja siellä oleskelutila. Malli oli hyvä lukuun ottamatta kaidetta, jota piti vielä miettiä.

Aloin etsiä mainospiirtäjää. Vaasasta löysin Hammarströmin, joka oli piirtänyt eräälle talotehtaalle kolmiulotteiset, kuvankauniit taulut, jotka näyttivät valokuvilta. Ympärille oli piirretty valmis hieno piha ja perhettä harrastuksiin. Olin yhteydessä häneen ja sain aikataulun, milloin hänellä on aikaa piirtää meidän mökeistä taulut. Vaatimattomat asennusohjeet päätin myös uusia, jotta niissä näkyisi mökin kokoaminen alusta loppuun. Oulusta löysin Tomperin, joka oli piirtänyt muutamalle talotehtaalle selkeitä asennuskuvia.

Uudet mallit innostivat, ja kävin usein Jussin luona katsomassa niitä. Suurin, kartanomalliksi nimetty oli upean näköinen. Kävisi vaikka omakotitaloksi, ajattelin. Parvekemalliksi nimetty oli kaksikerroksinen, jonka päässä oli ulos ulottuva terassi. Pyysin piirustuksesta kopion ja menin käymään taiteilija Paavon luona. Ateljeessa ihastelin ensin hänen uusia töitään. Yhteen ihastuin niin, että lupasin ostaa, kunhan sen verran rahatilanne löysää, että voin nostaa palkkaa. Hän sanoi pitävänsä sen minulle varattuna. Kerroin, että meillä oli uuden malliston suunnittelu meneillään, ja pyysin, että hän katsoisi yhtä kaidetta. Siihen pitäisi saada ilmettä. Paavo lupasi katsoa ja luonnostella jotain jo sillä viikolla.

Parin päivän kuluttua Paavo soitti, että ehdotus oli valmis. Lähdin heti hakemaan sen. Kyllä ilmettä oli löytynyt. Paavo oli kruunannut mallin niin, että asiakkaat eivät voi olla ihastumatta. Taiteilija totesi vaatimattomasti, että hänestäkin kaide näytti hyvältä. Kiitin työstä ja pyysi lähettämään laskun perään.

Toimistolla kiiruhdin heti näyttämään kuvaa Jussille, joka antoi sille hyväksyntänsä ja kysyi, laitetaanko samanlaiset kaiteet myös muihin parvekkeellisiin malleihin. Ilman muuta! Mallistosta tulisi upea, kun Jussi oli suunnitellut hyvät mallit ja Paavon kaide oli ihan nappiin. Seuraavalla viikolla voisimme toimittaa ainakin suurimman osan mainospiirtäjälle ja loput lähetetään postin kautta.

Keräsin piirtäjälle kuvia ja erilaista piirustusaineistoa. Valokuvissa ympäristö oli usein törkyinen eikä sellaista voinut esitteeseen panna. Ainoastaan toimistosta kesällä otettu kuva oli kelvollinen. Keksin laittaa kirjeen niille asiakkaille, jotka olivat ostaneet mökin kesällä, ja kyselin, olivatko ne mahdollisesti kuvauskunnossa. Kuvia ja kokemuksia Kontiotuvista tuli kymmenkunta. Osa kuvista oli niin vaatimattomia, ettei niitä voinut esitteeseen panna. Hyvällä kameralla ja säällä otettuja oli onneksi useita.

Olin sovittuna päivänä aineiston kanssa Vaasassa, missä Hammarström esitteli tekemiään töitään. Talojen kuvat olivat lähes valokuvamaisia, ja ympäristönä oli sekä kesä- että talvimaisemaa. Yksi oli hämärtyvässä illassa niin tunnelmallinen, että ehdotin sellaista tunnelmaa myös Kontio 71 -pirttimallin miljööksi. Samaten halusin, että kaikkien mallien ympärillä olisi jotain harrastustoimintaa. Piirtäjä lupasi toteuttaa toiveeni ja sai luvan itse valita, millaista toimintaa kuviin tulisi. Sanoin, että loput kolme mallia tulevat postissa. Hammarström kehui, että mallit on suunniteltu hyvin, ja hän pyrkii siihen, että taso ei laske.

Lähdin ajamaan Ouluun Tomperin mainostoimistoon. Huomasin ajan kuluneen niin, että menee tarkalle, ehdinkö sinne ennen toimiston sulkemista, syömään ainakaan en ehdi. Lisäsin nopeutta toiselle sadalle. Olin kymmentä vaille lähellä toimistoa, kun huomasin kukkakaupan. Jarrutin ja pysähdyin. Menin kauppaan ja pyysin kimpun kukkia, sillä vaimollani oli syntymäpäivä. Tuo on hyvännäköinen, sanoin ja osoitin lähintä kimppua valmiiden kimppujen valikoimasta. Sain kukat, maksoin ja kiiruhdin sadan metrin päässä olevaan toimistoon. Otin aineiston ja menin puolijuoksua sisälle, missä tein tilaukseni vaiheistetusta kuvasarjasta perustuksen teosta vesikaton aluslaudoitukseen. Myös rakenneleikkaukset tehtäisiin ja kuvat väritettäisiin kevyesti.

Asia oli hoidettu ja päätin käydä vessassa, ennen kuin lähtisin ajamaan kotiin. Olin toimittanut asiani ja aloin pestä käsiäni, kun äkkiä pimeni. En nähnyt mitään ja kopeloin, sammutinko valot. Tavoittelin katkaisijaa, löysin sen ja napsutin alas ja ylös, mutta mitään ei tapahtunut. Haparoin oven kahvaa ja avasin oven. Yhtä pimeää oli toimistossa. Nyt on jotain tapahtunut. Kutsuin Tomperia ja kysyin, oliko valot edelleen päällä.

– On, miksi kysyt? kuului huoneen periltä.

– Minulla sammui valot, en näe mitään. Voitko lähteä viemään minut OYKS:iin ? Autoni on tuolla parkissa, sanoin ja ojensin avaimia.

– Ilman muuta, otanko tuon laukkusi mukaan?

– Ota autoon, anna käsi ja taluta minut, en tosiaan näe mitään, kaikki on mustaa.

– Hyvänen aika, lähdetään!

Tomperi lähti taluttamaan minua ensin ovesta ulos ja sitten autoon. Istuuduin vänkärin puolelle, ja mainospiirtäjä lähti ajamaan. Matka kesti vain kymmenkunta minuuttia, mutta ehdin kelata elämäni läpi. Tässäkö tämä oli? Kesken jäi, mutta kyllä ne muut jatkaa. Tunsin auton pysähtyvän ja kohta oveni aukaistiin. Nousin autosta ja lähdin taluttajani mukaan.

Vastaanottoaulassa Tomperi kertoi tilani ja heti alkoi tapahtua. Viereeni tuotiin paarit, mihin pyydettiin menemään pitkälleen. Tunnustelin paarien reunaa, nousin niille istumaan ja kävin edelleen pitkälleni. Sitten muistin Tomperin. Kiitin häntä, kun oli tuonut minut sairaalaan, ja pyysin soittamaan vaimolleni ja kertomaan tilanteeni. Hän lupasi soittaa ja toivotti vointia.

Minut vietiin paareilla johonkin huoneeseen. Siellä kysyttiin nimeni ja selviteltiin, mitä oli tapahtunut. Kerroin pimeyden tulleen noin viisitoista minuuttia sitten. Mustaa on, vaikka silmät ovat auki. Paarien ympärille kuului tulleen useita henkilöitä, osa antoi tehtäviä ja toiset alkoivat ottaa kokeita ja antaa muutamia pistoksia. Hetken kuluttua minut vietiin toiseen huoneeseen, missä vaivuin uneen.

Aamulla havahduin hoitajan puisteluun. Heräsin vähitellen, näin pystyviivoista valoa ja kääntelin päätäni. Hoitaja kysyi vointiani. Sanoin, että voin muuten hyvin, mutta näen vain pienesti. Hän halusi tietää, miten pienesti näen. Näenkö hänen kätensä? Käsi vilahteli, mutta vain pienellä alueella.

Sain aamupalan. Voinnissani ei ollut heikkoutta, joten saatoin nousta istumaan. Näin pöydällä kahvikupin, mutta minun piti kysyä, kummalla puolella oli puuro ja voileipä. Ne olivat oikealla puolen. Löysin puurolautasen. Käänsin lisää silmiäni. Nyt löytyi voileipäkin. Näin vuorotellen, mutta en yhtä aikaa. Siispä haeskelen ja syön aina näkemäni, minä päättelin. Sängynlaidassa oli kutsunappi siltä varalta, että tulisi ongelmia, mutta uskoin selviäväni aamupalasta yksinkin.

Olin varmaan illalla saanut jotain rauhoittavaa, kun oli väsähtänyt heti sänkyyn päästyäni ja nukahtanut. Nyt olo oli pirteä, mutta sain varoa liikkeitäni. Syödessäni kaadoin kerran maitolasin ja toisen kerran kahvikupin. Käsiä ei voinut liikuttaa, jos ei katsonut viivasta, mihin kättä siirsin. Seija tuli katsomaan ja oli täynnä kysymyksiä. Mitä oli tapahtunut? Menikö näkö kerralla ja kokonaan? Oliko kipuja? Onko selvinnyt, mitä sen aiheutti?

– Illalla kun ne piikitti ja tutki alustavasti, niin jostain tukoksesta kuuluivat puhuvan, mutta tänään on jokin kuvaus eikä ne aikoneet heti päästää kotiin.

– Ei taida päästää, ota nyt levon kannalta.

Seuraavan päivänä oikea näkökenttä avautui, mutta vasen puoli pysyi pimeänä. Viikko meni ja jos jonkinlaista tutkimusta tehtiin. Mitattiin verenpainetta ja otettiin aivosähkökäyriä. Varjoainekuvauksen jälkeen sain väliaikatiedon, että aivoinfarkti on tuhonnut näköhermoja ja vauriosta on seurannut vasemman näkökentän menetys. Viikon kuluttua olin väsyneempi kuin viikon alussa. Toisella ja kolmannella viikolla kartoitettiin jäljellä olevaa näkökenttää. Pieni muutos tapahtui, kun vasemman puolen keskeistä näkö palautui hieman, mutta ei merkittävästi.

Kuntohoitaja opetti liikkumaan käytävällä ja ovista. Alussa törmäilin oviaukon vasempaan pieleen, ja käsivarsi meni mustelmille. Lukemaan opeteltiin kirja ylösalaisin aloittaen alhaalta ja oikealta vasemmalle lukien. Silloin näin tulevia sanoja paremmin. Epälooginen tapa, en halunnut käytäntöä ottaa tavakseni, vaikka hieman opin lukemaankin. Palautin kirjan oikeinpäin ja luin aluksi hitaasti, vähitellen hiukan nopeammin. Neljännellä viikolla pyysin joka aamu kotiinpääsyä ja viimein sain luvan. Seija oli käynyt usein katsomassa ja nyt soitin, että hän voisi tuoda vaatteeni, sillä pääsen lääkärikierron jälkeen pois.

Lounas tuli ja söin hyvällä ruokahalulla. Olin kävellyt käytävällä ja muutaman oven olin ottanut harjoituskohteeksi. Ennen oviaukkoon astumista katsoin molempia ovipieliä ja tiesin, että on mentävä lähempänä oviaukon oikeaa reunaa. Kyllä opin kulkemaan, niin etten törmäile. Viimeinen silmälääkärin lausunto kielsi autolla ajon. Neurologi oli sanonut näkökentän voivan vielä laajeta.

– Seuraavalla käynnillä otamme uuden kartoituksen, ja mikäli siinä on avautumista tapahtunut, niin muutan lausuntoa. Se on pari astetta alle autonajoon lain mukaan.

Seija tuli ja toi siviilivaatteet, jotka puin päälleni. Sain reseptit, kiittelin hyvästä hoidosta ja toivotin hyvää joulunodotusta. Autossa tuntui oudolta mennä apumiehen puolelle. Muistin kukkakimpun ja kysyin, miten sen oli käynyt. Liekö paleltunut?

– Ei paleltunut. Hain auton samana iltana ja kävin katsomassa sinua sairaalassa, mutta olit jo muissa maailmoissa.

– Miten siellä kotona ja Kontiolla on mennyt?

– Pärjätty on, kotona on ollut joskus selittämistä lapsille, että kyllä se isä paranee.

– Entä työmaalla, vieläkö se on pystyssä?

– On, on, mikäs siellä, on saatu uusi esite ja se on nostanut porukan viilistä.

– Miten kassanpohja? Paistaako?

– Välillä, mutta selvitty on. Muutama karhukirje on tullut ja olen saanut maksettua ne.

– Minä joudun olemaan muutaman kuukauden sairaslomalla.

– Elä huolehdi yrityksen asioista, siellä kyllä pärjätään, lapset odottaa sinua mäenlaskuun.

– Sepä mukava, mehän voidaan pulkalla laskea sinne joelle.

Sairauslomalla liikuin joka päivä. Kävelin ja hiihdin. Kunnon kohotessa lisäsin lenkin pituutta. Yleensä tulin samaa reittiä takaisin ja varoin teiden ylittämistä. Musiikin kuuntelu tuli tutuksi. Olin saanut neuvon, että klassinen musiikki auttaa myös palautumisessa. Joulu ja uusivuosi menivät ilman käyntiä yrityksessä, mutta sitten kävin muutaman tunnin päivässä ja se oli myös kävelylenkki. Vähitellen opin puolikasnäköäni käyttämään niin, että vasen olkapääni ei enää kolissut ovenpieliin. Puolen vuoden kontrolliin olin pannut toivoni, että näkökenttä laajenisi ja saisin luvan autolla ajoon. Toiveeni ei toteutunut, muutosta ei ollut tullut. Kaisu-siskoni oli aloittanut opiskelun oikeustieteellisessä, ja hänen käydessään lomalla harmittelin, että eivät anna lupaa, vaikka pystyn kyllä sillä näöllä autoa ajamaan. Kaisu tiesi, että liikenneministeriö voi antaa poikkeusluvan, jos se on vähästä kiinni. Muutamasta asteestahan se vain oli. Kaisu kehotti hankkimaan silmälääkärin lausunnon. Minulla oli jo keskussairaalan silmälääkärin lausunto, mutta se oli ehdoton eikä sallinut ajolupaa. Kaisun neuvosta päätin soittaa yksityiselle silmälääkärille.

Seuraavana arkena soitin summassa puhelinluettelosta löytämälleni silmälääkärille. Sain ajan ja menin vastaanotolle. Kerroin, että olin puoli vuotta aiemmin saanut aivoinfarktin, jonka jäljiltä näkökenttäni on nyt pienempi kuin laki sallii autolla ajamiseen. Lääkäri kysyi, olinko ajanut sen jälkeen. Sanoin ajaneeni sen verran, että tiesin selviäväni.

– Onko tullut vahinkoa? silmälääkäri kysyi.

– Ei ole, ajoin neljä vuotta kuorma-autoa ja sen jälkeen kahdeksan vuotta henkilöautoa.

– Tuliko silloin kolaria?

– Kerran poro juoksi alle yhtenä aamuyönä, mutta ei muuta.

– Katsotaan mitä siitä näöstä on jäljellä?

Menin samanlaisen kopan sisään kuin keskussairaalassa. Lääkäri alkoi antaa valomerkkejä ja pyysi painamaan kädessäni olevasta napista, kun näen valon. Valopisteitä tuli vuorotellen molemmilta sivuilta, ylhäältä ja alhaalta. Oikealta tulevat valopisteet näin kaikki, mutta vasemmalta puolen vain lähellä keskeistä aluetta. Lääkäri printtasi tuloksen, näytti minulle ja kysyi, näyttääkö kuvio tutulta. Sanoin, että se oli samannäköinen kuin sairaalassa. Hän halusi testata vielä reaktiokykyni. Alkoi erilaisten esineiden tuonti eri paikoista näkökenttääni. Pelehtimistä ja esineiden havainnointia kesti aikansa, kunnes lääkäri totesi, että näkökenttäni oli vähän alle sen, minkä laki edellyttää ajolupaan, mutta reagointi- ja havainnointinopeus oli hyvä, joten sillä voin kompensoida näkökentän puutteen.

– Selviytyminen liikenteessä on näiden kaikkien asioiden summa.

Olin samaa mieltä, ja olihan minulla ajokokemustakin melkein miljoona kilometriä ilman kolaria. Lääkäri tiedusteli, tarvitsinko vielä rekkakorttia. Sitä en tarvinnut, mutta henkilöauton ajokortti olisi tarpeen. Hän sanoi voivansa suositella sen myöntämistä, ja liikenneministeriö sitten päättää, saanko erivapauden. Ministeriössä on kaikki viisaus, joten yritän saada ajoluvan, kunhan saan silmälääkäriltä todistuksen. Hän lupasi sen kirjoittaa ja lähettää suoraan ministeriöön.

Siskoni pani hakemuksen liikenneministeriöön. Mielialani nousi kohisten. Palasin työmaalle ja menin asioita läpi. Uusi mökkiesite oli tullut painosta ja lisännyt kaupan tartuntaa ja innostusta porukassa. Osmon valitsemat uudet edustajat olivat tehneet kauppaa hyvin. Suunnitteluun oli tarvittu lisähenkilö, ja Jussin sisko oli valmistunut sopivasti insinööriksi ja tullut töihin. Tuotanto oli hyvin työllistetty ja talvitoimituksia oli mennyt hyvin. Seija oli neuvotellut kausiluottoa samalta rahoittajalta, joka oli ostanut Jabon myyntilaskut edellisenä vuonna. Ensimmäisen työviikon lopussa totesin Seijalle, että hommat ovat menneet paremmin, kun olen ollut poissa.

– Kaikkien oli pantava parasta, että pysytään pystyssä.

– Hyvin olette selvinneet ja täällä on menestymisen meininki.

– Selvitty on, mutta kyllä täällä sinua on kaivattu. Tulee kysymyksiä jos minkinlaisia. Isännät kysyy, samoin alihankkijat ja isompien projektien ostajat.

– Jaa, jaa, minä jo luulin ettei kukaan ole kaivannut.

– Niin ja kaikki kannatusilmoitusten pyytäjät, ne kysyy vain sinua.

– Ne on tärkeitä, muilta ne ei saa ilmoitusrahaa.

– Onneksi pysyttiin pystyssä, vaikka ne ei saaneetkaan ilmoitusrahaa sairauslomasi aikana, Seija virnuili.

– Mille minä sitten alkaisin?

– Meillä on nyt vastuualuekuvaukset, katso sieltä omat vastuusi ja tehtäväsi.

– Sinäpä sen sanoit, niitä kuvauksia en ole nähnytkään. Niissä taitaa olla osasyy uuteen menestykseen.

33

Kevät oli pitkällä. Myynnissä oli selvää kasvua edellisen vuoden vastaavaan aikaan. Tuotannossa oli kasvun tuomia tasapaino-ongelmia. Sinne valittiin Eero Lahtinen tuotantopäälliköksi. Tuotanto oli jakautunut niin, että päätuotteena oli mökkien valmistus. Toinen puoli oli se muu, mitä jää sahauksesta, siis lautaa ja vähän lankkua. Sen puolen jalostusastetta pitäisi nostaa. Epe oli toiminut kellokallena, jotta saataisiin määriteltyä oikeat suoritusajat eri työpisteisiin. Lähdin hänen luokseen ja kysyin, olisiko mahdollista höylän jälkeen liekillä polttaa paneelin pinta tummaksi ja sen jälkeen pyörivällä metallipiikkisellä harjalla jyrsiä pehmeä puunsyy syvemmälle. Epe piti sitä mahdollisena, mutta kokeilua niin tulenarka homma vaatisi. Höylätessä syntyy puupölyä ja lastuja, jolloin pienikin kipinä voi sytyttää tulipalon. Halusin silti, että kokeilemme, ja annoin projektin Epelle hoidettavaksi.

Kahden kuukauden kuluttua oli höyläkoneen jäljessä eristetty huone, minne paneeli meni pienestä aukosta. Polttoharjaus oli käynnissä. Kävin katsomassa joka päivä hankkeen etenemistä. Monien säätöjen ja harjojen vaihtojen jälkeen uudenlaista paneelia alkoi tulla. Leveämpi oli antiikkipaneelin mallinen ja kapeampi A-paneelin mallinen. Nyt täytyy käydä testaamassa, onko kiinnostusta ja millä hinnalla.

Liikenneministeriöstä oli tullut myönteinen päätös, joten menin nimismies Vesalan luo ja sanoin, että ajokorttiani pitäisi pienentää, koska näkökenttäni on pienentynyt enkä saa ajaa enää rekkaa. Vesala katsoi minua tuimana ja kertoi nähneensä minun ajavan henkilöautoa. Annoin hänelle liikenneministeriön päätöksen. Aikansa sitä luettuaan hän otti ajokorttini ja uudet kuvani ja meni sihteerin luo. Odottelin aulassa kymmenen minuuttia, kunnes sihteeri oli kirjoittanut minulle uuden ajokortin. Maksoin sen kanslistin luukulla, kiittelin ja lähdin kävelemään kotiin.

Valmistelin polttoharjatun paneelin markkinatiedustelumatkaa. Pakkasin laukun näytekappaleilla ja sovin tapaamisen kahteen talotehtaaseen. Ajoin ensimmäiseksi Veijon puheille. Hän tutki näytepaloja kiinnostuneena. Kerroin valmistustavasta ja kysyin, mahtaisiko paneeleille olla kysyntää. Veijo ihasteli pintaa ja tiedusteli hintoja. Tein vastakysymyksen, eli mitä se voisi maksaa, jotta hän sitä tilaisi. Veijo sytytti piipun, veti pari nautinnollista imaisua ja sanoi, että enemmän kuin tavallinen paneeli. Mutta minkä verran enemmän? Hän sanoi, että kaksinkertainen se ei kestä olla, silloin ostavat vain erikoisuutta hakevat, mutta puolet siitä.

– Eli, jos tavallinen maksaa markan metriltä, niin tämä voisi maksaa markka viisikymmentä penniä, niinkö?

Veijo vahvisti, että sillä hintaa hän voisi tilata erän. He laittaisivat paneelit muutamien Jukka-talopakettien saunoihin. Jos palaute on hyvä, niin voisivat laittaa sellaisen paneelin kaikkien talopakettien toimituksiin. Kysyin, montako kuormaa pannaan tulemaan. Veijo toppuutteli, että ei nyt mahdottomia koe-erään. Hän latasi uuden piipullisen ja sytytti sen, ja viidennen imaisun jälkeen päässälaskunsa oli valmis: 2000 metriä riittää viiden saunan sisustamiseen. Kiitin ensimmäisestä polttoharjatun saunapaneelin tilauksesta ja arvioin, että voimme toimittaa sen kahden viikon kuluttua.

Lähtiessäni katselin pihalla toimiston edessä olevaa polkupyörää. Ei ollut tämän talon johtaja vielä hankkinut autoa, vaikka ajokortin saamisesta oli kulunut jo kymmenen vuotta ja Pentti oli parin tunnin opastuksella palautellut mieliin liikennesääntöjä. Ajoin Vedenojalle Jeo-talotehtaalle tapaamaan Kalevi Hietaniemeä. Kun esittelin paneelinäytettä, Kalevi ihmetteli, miten se pinta on saatu aikaan ja miksi en ollut aiemmin sellaisesta mitään puhunut. Kerroin, että tuote oli uunituore, vasta edellisviikolla olimme aloittaneet valmistuksen. Tekotavasta paljastin vain Volgan ja antiikkipaneelin terillä tehdyn höyläyksen, mutta muun halusin pitää vain omana tietonamme. Kalevin mielestä heillä oli Suomen parhaat talopaketit, ja esittelemäni paneeli kruunaisi olohuoneet ja täyttäisi erikoisuuksia hakevien asiakkaiden toiveet. Hintaakaan hän ei pitänyt liian kalliina, joten teimme kaupat 500 neliöstä kolmen viikon toimitusajalla. Olisin vielä halunnut seurata talotehtaan tuotantoa, mutta sellaiset esittelyt oli ylin johto kieltänyt. Sen sijaan kävimme katsomassa lähteviä toimituksia kentällä. Kun palasimme sieltä parkkialueelle, huomasin alueen laidassa hienon Cadillacin. Se oli kuulemma toimitusjohtajan auto. Kalevin mukaan auto oli ollut hyvä investointi, sillä sen hankinnan jälkeen kukaan ei ollut kysynyt takauksia ennakkomaksuille. Kalevilla olikin tapana kävelyttää asiakkaat auton vierestä, ja monet ottivat auton puheeksi aivan kuten minäkin.

Vilkaisin omaa rapaista ja likaista autoani ja muistin vanhan traumani. Nuorena kuorma- autoilijana en ollut pessyt pyhänaikana autoani niin kuin muut. Maanantaiaamuna sain siitä kuulla. Poika ei ole pessyt autoa, uusi auto ja niin paskanen kuin olla voi! Sen jälkeen aloin pestä auton joka viikonloppu ja pilkkaaminen loppui, mutta trauma jäi.

Kiittelin kaupasta, hyvästelin ja lähdin ajamaan Tamperetta kohti. Saavuin sinne illalla ja sain yöpaikan rautatieaseman lähellä olevasta hotellista. Söin ja menin sen jälkeen kävelylle. Etsin puhelinkioskin ja katsoin luettelosta puutavaraliikkeitä. Löytyi Rantaperkiön Puu. Otin osoitteen ylös ja olisin ottanut alueen karttalehden, mutta joku oli tarvinnut sen ennen minua. Aamulla olin kahdeksan jälkeen Rantaperkiön Puun ovenkahvassa kiinni. Sisällä oli keski-ikäinen mies, joka kysyi, mitä saisi olla. Menin ensin vähän hämilleni, mutta sitten otin paneelinäytteen esiin ja sanoin, että hän ammattimiehenä varmaan voisi sanoa, miltä se näyttää. Hän halusi katsoa sitä tarkemmin. Pyöritteli käsissään, katsoi kauempaa, vei sen lähelle valoa ja katsoi uudelleen, kunnes lopulta kehui pintaa todella kauniiksi ja kysyi, missä sellaista tehdään. Sanoin, että teemme sitä hitaan metsänkasvun alueella. He olivat aiemmin myyneet vain omaa tuotantoa, mutta nyt häntä alkoi kiinnostaa tämä paneeli niin, että päädyttiin puhumaan hinnoista.

– Kaksikymmentäviisi markkaa neliö vapaasti täällä 500 neliön erissä, sanoin.

Hän näki, että kyseessä oli kuusituumaisesta höylätty paneeli, mutta ei osannut sanoa, mitä sille on höyläyksen jälkeen tehty. Sanoin, että jälkikäsittelyn erikoistekniikan yksityiskohdat eivät ole julkista tietoa. Hän tiedusteli, oliko tarkoitukseni pyytää kommentteja kaikilta Tampereella. Sanoin sen riippuvan hänestä. Jos hän tilaa 500 neliötä, on hänen vuoronsa kysellä, mitä se näyttää. Mies nousi ylös, ojensi käden ja sanoi, että tässä on räpylä, saat lähteä kotiin. Sitä vastausta olin odottanutkin ja lupasin, että kuorma on neljän viikon kuluttua trukkipaketeissa pihalla. Jätin pöydälle näytepalan, josta mies ei saanut katsettaan irti, ja lähdin paluumatkalle kohti hitaan metsänkasvun aluetta.

Aamulla huomasin, että mäen päällä naapurin sahan lähellä rekka-auto purki tukkikuormaa. Ajoin ohi ja näin, että siellä oli tukkeja jo ennestään. Kyllä siellä sahaus alkaa, ajattelin ja käänsin auton takaisin. Onko uusi yritys vai ovatko isännät käynnistäneet meijerin? Kuorma-auton ovessa oli tuttu nimi, Metsäliiton sopimusajuri. Toimistossa kysyi Seijalta, oliko hänellä tietoa, kuka siellä alkaa sahanpuruvuorta kasvattaa. Seija oli edellispäivänä nähnyt tukkirekan kääntyvät naapuriin mutta ei tiennyt asiasta enempää. Reissulla oli uusi tuotteemme saanut hyvän vastaanoton, mutta työmaalla nousi uusi uhka päälle. Seija vakuutteli valoisin silmin, että emme peity sahanpuruihin, sillä kauppaa tulee monelta suunnalta. Hänen valoisuutensa vakuutti minutkin. Mökkikauppa oli käynyt hyvin, ja Ruotsin Luulajaan pyydettiin edustusta, ja myös Tukholman alueelle joku ostaisi näytemökin, jos saa edustuksen. Sanoin, että edustuksia kyllä saa, mutta näytemökistä pitää vähän maksaa. Seija oli kääntänyt edustusasiat Osmolle, joten minun ei tarvinnut niihin enempää puuttua.

Menin Epen puheille ja sanoin, että polttoharjattua saunapaneelia saisi panna 2000 metriä Pyhännälle kahden viikon sisällä. Siitä viikon sisällä Vedenojalle kuuden tuuman levyistä antiikkia samalla pinnalla 3500 metriä. Epen ihmetteli, miten hyvin kauppa oli käynyt. Mutta siinä ei vielä ollut kaikki, sillä neljännellä viikolla pitäisi toimittaa samanlaista antiikkia myös Tampereelle. Epe alkoi epäillä, onko meillä kuuden tuuman lautaa. Mentiin ulos katsomaan varastoa. Siellä oli karkeasti laskien 4000 metriä valmiina. Sitten katseltiin tukkipinoa ja mentiin sahurin puheille. Kysyin, voisiko hän sahata latvatukeista kuuden tuuman pelkkaa niin, että saa 3000 metriä lautaa kahden viikon sisällä. Piti käydä katsomassa puut, ennen kuin varmistui, että tarvittava määrä lautaa saadaan ajoissa.

Jatkoin Epen kanssa neuvottelua tuotannon suunnittelusta. Siitä oli jo karkea luonnos, mutta pikakaupat panevat kyllä toiminnan sekaisin. Samaan tapaan kuin mökeillä on toimitusaikataulu pidemmälle ajalle, myös uudelle tuotteelle on sellainen saatava. Pikatoimituksissa oli sekin ongelma, että kesällä tahtovat mökkikaupat puskea väliin. Nyt oli kyseessä vasta näyte-erät, mutta määrien kasvaessa pelisääntöjen ja suunnitelmien merkitys kasvaa, jolloin tuotantoa suunnitellaan vain tilauskannan pohjalta.

Polttoharjatun paneelin kate oli sama kuin mökkimyynnissä ja sen menekin lisäämiseen olisi panostettava. Sovin tapaamisen jo samalle päivälle mainostoimistoon, missä olin teettänyt viimeiset mökkimainokset. Ajoin Ouluun H&K:lle, missä Kauppinen oli vapaana. Esittelin kaksi paneelimallia ja sanoin, että kyseessä on uutuustuotteemme, josta asiakkaat eivät tiedä vielä mitään, joten nyt olisi löydettävä keino, jolla voidaan kertoa heille, kuinka kaunista paneelia on saatavana Kontiotuotteelta. Kauppinen oli vakuuttunut, että aina niin kauniille keinot ja sanoma löytyy. Häntä kiinnosti, miten pinta on saatu aikaan. Kerroin hiukan ylimalkaisesti paneelin poltosta ja harjauksesta. Lisäsin vielä, että kolmelle asiakkaalle on jo myyty ja palaute on ollut hyvä.

– Tästä saadaan repäisevä mainos! Kauppinen sanoi ja pyysi luonnosta varten kolme kappaletta kaksi metriä pitkää näytepalaa leveämpää paneelia. Hänellä kuulemme oli jo joku idea päässään.

Seuraavana aamuna olin kolmen antiikkimallisen polttoharjatun paneelin kanssa Kauppisen luona ja vein ne heidän studioonsa. Pidimme toimistossa palaverin. Mukana oli Kauppisen lisäksi myös mainostoimiston AD, joka esitteli mainoksen luonnoksen ja sanoman. He olivat lähteneet liikkeelle huomiota herättävästä kuvan ja sanoman yhteisvaikutuksesta. Luonnoksessa paneelin nimi oli Kontiopaneeli. Kuvassa kontio punainen viitta yllään ja kruunu päässään pitää paneeleita kädellään niin, että kauniit puunsyyt ovat hyvin näkyvissä. AD arveli, että vastaavaa tuotetta ei ollut Suomessa muilla valmistajilla. Ei ollut Suomessa, mutta Ruotsissa kyllä, minä sanoin ja kysyin, oliko mainos viittoineen ja kruunuineen hiukan yliampuva.

– Mainoksen pitää erottua kilpailijoista, AD sanoi. – Vaatimattomuus on mainonnassa rahojen tuhlausta. Tässä on hyvin erottuva uusi tuote ja sen pitää näkyä mainoksessa.

– Olkoon menneeksi, minä sanoin ja pyysin saada kopiot valmiista mainoksista. Sovittiin vielä, missä ilmoitukset julkaistaan, ja niine hyvineen lähdin työmaatani kohden. Nyt pelataan upporikasta tai rutiköyhää. En ollut kysynyt mainoskierroksen hintaa, mutta ehdin tinkiä vielä. Tuotteen kate on hyvä ja nyt tehdään laskelma, paljonko pitää tulla kauppaa, että mainoskulut peittyvät. Mainoksella olisi vaikutusta myös mökkikauppaan, kenties se lisäisi luottamusta enemmän kuin Cadillac.

Muutaman päivän päästä sain postissa lopullisen luonnoksen ja kävin näyttämässä sitä Seijalle ja Osmolle. Nauru pääsi molemmilta. Seijan mielestä nyt mentiin jo korkeammalla profiililla, ja hän ihmetteli, mistä lennokkuus oli peräisin. Kun mainitsin mainostoimiston, Osmo arveli, että Kauppinen on ollut idean takana. Lisäsin siihen vielä toimiston AD:n. Seijaa kiinnosti, kuinka paljon mainostus maksaa. Hinta on suhteellinen käsite, minä sanoin. Kahteen lehteen kolme kierrosta, mutta sillä edistetään menekkiä ja lisätään luottamusta myös mökkimyyntiin. Hinnasta sanoin, että se on edullisempi kuin Cadillac ja tulee katteena takaisin muutamassa kuukaudessa.

– Heti kun vähän menee paremmin, niin kuninkaita ollaan ja Cadillacista puhutaan, Seija totesi ja siirtyi omalle puolelleen. Kun myöhemmin nakkasin hänelle tarjouksen, kuulin perästä huokauksen.

– Voi että on kallis mainos!

34

Menin katsomaan oikeaa työntekoa. Sahalta kuului teräviä sahanterän ääniä. Höyläyskin oli käynnissä ja mökkihallista kuului aina kutterin ääni, kun salvos tuli hirteen. Menin mökkihallin toimistohuoneeseen ja kysyin uudelta tuotantopäälliköltä, miltä hommat näyttävät. Hänellä ei ollut valittamista, työntouhua oli kaikkialla. Sanoin, että lisää tulee, kun metsien kuningasta aletaan mainostaa. Parin kolmen kuukauden kuluttua nähtäisiin, kuinka paljon paneelia tulee menemään. Lisääntynyt paneelikauppa tulee kyllä kuormittamaan höyläystä. Kuulin myös, että sahauspintojen menekki on tyssäämässä, mutta hakkeena sitä menisi, joten hakkurin hankintaa pitäisi harkita. Lupasin kysellä Villeltä ja hoitaa asian, ennen kuin sahauspinnat täyttävät kentät.

Soitin Villelle. Hänellä ei ollut hakkuria mutta hän käski kysymään Hannekselta. Sain yhteyden Hannekseen, mutta vanha mies ei varmaan muistanut minua, joten kerroin, että ostin häneltä muutama vuosi sitten kanttisahan ja nyt ostaisin hakkurin. Nyt mies muisti minut mutta sanoi, että silloin olin ollut eri firmassa. Selitin, että sama firma, mutta nimi on vain muutettu Kontiotuotteeksi. Hän kysyi, muutettiinko vapaaehtoisesti. Ihan vapaaehtoisesti, ei tehty konkurssia, vaikka edellisenä vuonna tiukalla oltiinkin.

– Nytkö on helpottunut ja hakkuri pitäisi saaha? Hannes kysyi.

– Niin on, tuo Veitsiluoto ja Kemiyhtiö lopetti sahauspinnan oston.

– Lopettiko pöllin oston myös?

– Lopetti, mistä arvasitte?

– Ne täällä on sopineet jo aikaisemmin, että pannaan pienet sahat ja hintarikkurit kuriin, häirihtevät markkinoita.

– Vai niin, siitäkö se johtuukin. Mutta hakkuri pitäisi saada, kenttä täyttyy sahauspinnoista.

– Ei minulla ittellä ole, mutta olen tälle alueelle hommannut tuolta etelästä. Voin minä kysellä sinullekin.

– Olisi hyvä jos löytäisit.

– Soita viikon perästä, niin tiedän onko niitä ja minkä hintaisia löytyy.

– Selvä, minä soitan, kuulemiin.

Esko tuli käymään toimistossa ja sanoi, että pöllit jäävät käsiin, kun yhtiöt eivät enää osta. Mitä niiden kanssa tehdään? Emme mekään niitä voi enää ostaa, jos emme saa menemään mihinkään. Tätä menoa tukin osto vaikeutuu, sillä kaikki haluavat myydä samaan paikkaan sekä tukit että pöllit. Esko oli kuullut, että Ruotsin puolella joku ostaa pöllejä. Käskin kysellä sieltä, että saadaan pöllit rahaksi.

Viikon päästä soitin taas Hannekselle, joka kertoi, että Ari-sahauslinjalta poistettu hakkuri oli myynnissä Norrköpingissä, jonne oli Tukholmasta matkaa toista tuntia autolla. Pyytävät 12 000 kruunua, mitä Hannes piti ihan kohtuullisena. Hänellä olisi siellä katsottavana toinenkin kone, joten päätimme, että lähdemme yhdessä ja minä otan tuotantopäällikön mukaan. Lentäisimme Luulajan kentältä Arlandaan, ja siellä meitä tultaisiin hakemaan. Hannes lupasi hankkia liput. Kysyin, pitääkö hakkuri maksaa siellä, jos sen ostaa.

– Ei tartte, minä tunnen jo sinut ja minä maksan ne lennot, niin sovitaan sitten jos tullee kaupat.

Perjantaina olimme Luulajan kentällä sovittuna aikana. Hannes lunasti meno- ja paluuliput. Aamukahvin ja kinkkusämpylän saimme koneessa. Vaihdoimme matkan aikana kuulumisia ja minulle selvisi, että hekin ovat tehneet höylähirsimökkejä. Määrät olivat pieniä, mutta puolet niistä oli luhtimallisia aittoja. Olinkin nähnyt kanttisahaa noutaessani pihalla hienoja luhtiaittoja. Laskeuduimme Arlandan kentälle. Gunnar Carlson tuli terminaalissa vastaan ja johdatti meidät alueelle, missä oli pienkoneita parkissa. Oli hyvä lentosää ja meitä oli tultu hakemaan yksimoottorisella, nelipaikkaisella Piper Cheroec -koneella. Hannes oli sitä mieltä, että hän ei yksimoottorisella lähde ilmaan. Gunnar vakuutteli, että se oli turvallinen kone; hän oli lentänyt kolme vuotta ilman mitään häiriötä. Se ei Hannesta vakuuttanut, vaan hän sanoi olevansa vanha eikä ole koskaan noussut ilmaan, jos lentokoneessa ei ole ollut vähintään kahta moottoria. Ei ollut muuta vaihtoehtoa kuin ottaa taksi, sillä muussa tapauksessa Hannes olisi lentänyt seuraavalla reittikoneella takaisin.

Menimme taksiin kaikki neljä miestä. Keskusteluyhteys oli katkennut ruotsalaisten välillä. Etupenkillä kuului kuljettajan ja Gunnarin keskustelua, mutta takapenkillä oli hiljaista. Puolentoista tunnin kuluttua saavuimme hallille, missä oli valtava määrä kaikenlaisia koneita. Menimme ensin hakkuria katsomaan. Hyvin oli puhdistettu. Terät ja vasteet oli uusittu, ja käsin tunnustellen päättelin, että laakerit olivat kunnossa. Hannes ja Gunnar olivat uudehkon, ison pyöräkuormaajan ympärillä. Seurasimme etäältä kaupantekoa. Taksimies odotti kävellen hallissa edestakaisin. Viimein Hannes tuli ja kysyi, oliko hakkuri meille sopiva. Sanoin, että kyllä oli, mutta kenen kanssa tehdään kaupat.

– Minun kanssa tehdään kun päästään takaisin.

Lähdettiin samalla taksilla kohti Arlandan lentokenttää. Gunnar lähti hakemaan Piperiaan ja oli selvästi tyytyväisempi kuin tullessa. Varmaan kaupan saanti kohotti mieltä. Saa nähdä, kumpi taksikyydin maksaa, mietin. Gunnar maksoi taksikyydin, hyvästelimme ja menimme syömään. Luulajaan lento kuulutettiin ja kiiruhdimme portille. Lennon aikana menimme läpi kaupan yksityiskohdat. Hakkurin Hannes aikoi tullata, ja se oli haettavissa Haaparannasta. Kun kysyin maksua, hän sanoi, että se tulee postissa. Luottamus on lisääntynyt, ajattelin.

Seuraavana päivänä Seija käänsi minulle puhelun.

– Mitä p....leen hommaa teillä on? Tukkikauppaa tehtäessä luvattiin ostaa pöllit myös ja nyt kun mittaaja kävi, niin jätti ne mittaamatta.

– Milloin hän kävi mitassa?

– Eilen kävi ja sanoi, että ei saada enää menemään niitä kuin ennen.

– Kaksi viikkoa sitten meille tuli ilmoitus, ettei meiltä enää osteta pöllejä. Me ollaan vaikeassa tilanteessa. Monta lanssia on jäänyt käteen. Tehtiinkö niistä pölleistä kauppa samaan aikaan kuin tukeista?

– Suullisesti sovittiin molemmat ja sitten mitatessa tehdään paperit.

– Nyt hän ei alkanut tekemään papereita?

– Ei alkanut ja kun tukit oli mitattu, sanoi, ettette saa niitä menemään entiseen tapaan.

– Niin se asia on, mutta me voidaan saada niille Ruotsiin reikä auki. Voitko odottaa viikon, niin soitan. Kyllä me ne otamme kun niin on sovittu.

– Niin ne pitää tehdä, muuten minä en koskaan myy enää teille puita! vihainen isäntä sanoi

– Minä soitan kun saadaan menekki eteenpäin, sanoin, mutta se oli turhaa, koska isäntä oli jo lyönyt luurin kiinni.

Hakkuri saatiin ja asennettiin heti. Timo-Tane laittoi hakeperävaunun ja sai lähes jatkuvan sahanpuruajon tehtaalle. Pöllikauppaa tiedusteltiin Ruotsiin, mutta siitä ei saatu heti selvyyttä. Muutamat sahapuiden toimittajat myivät suuryhtiöille, jotka ottivat sekä tukit että pöllit. Me jouduttiin tukkien käydessä vähiin maksamaan korkeampaa hintaa kuin ostajat, joilla oli sellutehdas. Heidän keskinäisissä ostohinnoissa oli jopa viiden pennin ero. Tilanne laukesi kun soitin Hannekselle ja kiittelin hyvästä hakkurista.

– Oletko jo saanut kuitupuulle reikää? hän kysyi.

– En ole, on jouduttu osto lopettamaan.

– Voisit kysyä Karlsborgin ja Kalixin tehtaalta. Mie luulen, että sinne ottavat.

– Minun on vähän huono kysyä, kun tuo kieli taipuu vain suomeksi. Onko mahdollista, että sinä kysyisit, maksan palkkion siitä.

– Voin minä kysyä, tuleeko molempia kuusia ja mäntyjä?

– Enemmän mäntyä kuin kuusta, mutta molempia tulee. Meillä on jo useita rekallisia heti panna tulemaan.

Kävin illalla Eskon kanssa läpi, paljonko kuusi- ja mäntypöllejä on ostettuna ja paljonko myyjillä on niitä, mitä ei ole ostettu ja mutta voidaan ostaa, jos saadaan reikä tietoon. Esko luetteli määrät ja panin ne ylös. Mukana olivat myös sen isännän pöllit, joka ensin noitui Eskolle ja sitten minulle. Liekö kukaan meitä niin tuttavallisesti puhutellutkaan. Soitin seuraavana päivänä Hannekselle ja kysyin, onko kuitupuulla kysyntä.

– Kyllä ne Kalixissa ostaa, sama yhtiö minne poika myy hakkeen ja kuitupuun. Minä olen jo eläkkeellä, mutta harrastan tätä konekauppaa ajankuluksi.

– Nekö ostaa meiltäkin?

– Niin ne lupasi, kysyin tutulta mieheltä ja siellä maksavat kymmenen kruunua enemmän kuin Kemin hinta. Se puhuu suomeakin, että voit soittaa hänelle.

– Sitten se on rahdin verran parempi kuin täällä. Kiitos kovasti, mitä olen velkaa avusta?

– Ei ollut kulujakaan, ei mitään, kun tarviit koneita, niin soittele.

Kiittelin ja hyvästelin. Kävin heti katselemassa, näkyykö metsänostajaa. Saab 96 oli pihalla ja menin tuotannon toimistoon. Sieltä hänet löysin ja sanoin, että pöllit kelpaa Kalixiin ja mottihinta on kymmenen kruunua parempi kuin Kemin hinta. Annoin asiaa hoitavan henkilön nimen ja numeron. Sanoin, että ostavat kaiken, mitä meille tulee, joten metsänostaja saisi nyt soittaa myös jongulaiselle isännälle ja ostaa pöllit, jos ovat vielä myymättä.

– Sillekkö joka sinutteli, sinuakin? Esko kysyi.

– Sille juuri.

35

Osmo oli valinnut suurimmille talousalueille edustajat, ja kauppa oli sujunut ennakoidulla tavalla. Uusi mallisto ja esite olivat tuoneet myönteistä palautetta. Erityisesti näyttävä parvekemalli oli herättänyt kiinnostusta. Meidän Talo -lehdeltä tuli pyyntö lähettää haluamamme mökkimalli lehden Vuoden kesämökki -kilpailuun. Lehti oli valinnut siihen kymmenen valmistajaa. Menin Osmon luo ja sanoin, että meidät on huomattu ja laitettu kymmenen mökintekijän joukkoon. Olimme samaa mieltä siitä, että kannattaa osallistua kilpailuun. Voitto tietäisi hyvää mainosta ja lisääntyvää kauppaa. Muiden valmistajien mallejakin olin katsellut sen verran, että uskoin mahdollisuuksiimme. Jätin lehden Osmolle, joka lupasi hoitaa osallistumisen.

Kävin Jussin luona ja kysyin, minkä mallin hän suunnittelijana lähettäisi kilpailuun. Komeimman tietenkin, hän vastasi ja ehdotti, että kisaan lähtisi uusista malleista kysytyin eli Kontio 64+25 -parvekemalli, jonka tilaratkaisuja oli kehuttu. Olin samaa mieltä. Siitä se vuoden paras kesämökki tulee, katsohan vaan. Jussi toivoi samaa ja hymyili leveästi.

Mökki- ja paneelikauppa oli lisääntynyt niin paljon, että tiloja tarvittiin lisää. Mökkihalli kävi pieneksi, samoin toimistotilat. Muiden tavaroiden kuin hirsien keräilyyn oli tarve saada tilat ja menetelmä, joka nopeuttasi keräilyä. Tilojen puutteesta alkoi tulla rajoite kasvulle. Lisää väkeä tarvittiin suunnitteluun sekä paneeli- ja vientimyyntiin. Asiaa käytiin läpi vastuuhenkilöiden kanssa. Jussi oli aloitteellinen ja luonnosteli lisärakennukset ja laajennukset yhdessä asianomaisten vastuuhenkilöiden kanssa. Kustannusarvio nousi korkeaksi. Kun tasapaino rahoituksessa oli vihdoin saavutettu, olin hidas syttymään uusiin rahoitusneuvotteluihin. Minulle laukesi usein kova päänsärky, kun jännitin neuvotteluissa. Nytkin pelkäsin lähteä keskustelemaan hankkeen rahoituksesta. Edellisen vuoden tulos oli ollut hyvä ja rahoitus oli tasapainossa. Mikkolan konsultointipäivä oli edessä. Oli sovittu, että käydään läpi pitkän tähtäimen suunnittelua ja katsotaan, miltä yrityksen ulkoiset tekijät näyttävät. Edellisellä kerralla oli aihetta tutkailtu nelikenttäkuviolla: mitä ulkoisia mahdollisuuksia ja uhkia on näköpiirissä ja mitä vahvuuksia ja heikkouksia yrityksessä on. Mietin ja listasin niitä.

Ulkoisia mahdollisuuksia on lisääntynyt mökkien ja paneelien kysyntä. Suhdanteet ovat suotuisat ja kun ay-liike lyhentää työaikoja ja nostaa palkkoja, vapaa-aika ja ostovoima lisääntyvät. Raaka-aineet eli tukit ovat alueella kohtuuhintaisia. Kilpailu on laimeaa. Ulkoisia uhkia on jälleen peittyä sahanpuruihin, kun naapurin saha on lähtenyt käyntiin. Onko todellinen uhka? Siitä pitää puhua Mikkolan kanssa. Yrityksen vahvuuksia ovat hyvä mökkimallisto ja tulella harjattu paneeli sekä nuori, yrittävä henkilökunta. Heikkouksiakin on. Pitäisi laajentaa, mutta mistä saa rahoituksen? Minun paineensietokykyni on heikentynyt. Päätä särkee ja näöstä on puolet poissa. Rahoittajan yritystutkijaa en voi sietää enää nähdä.

Tässä niitä onkin aluksi. Katsotaan sitten, miten konsultti asiat näkee. Mikkola oli usein nähnyt vain mahdollisuuksia eikä ollut tuonut heikkouksia esille. Oliko se ollut hienotunteisuutta, vai mitä?

Hain Mikkolan Oulunsalon lentokentältä. Matkalla aloitin jo keskustelun yrityksen toiminnan kehittymisestä, niin että pysytään budjetissa. Mökki- ja paneelikauppa ja toimitukset menevät hyvin. Pieniä jälkitoimituksia on ollut. Ennakkosuunnittelulla on ollut vaikutusta, ja sehän näiden käyntien tarkoitus onkin, että opitaan etukäteen miettimään asiat, kuten Mikkola oli sanonut. Jotain ihmeellisyyksiä joskus tuli ilmi. Yhdellä myyntialueella puuttui aina jotain ja aloimme sitä jo ihmetellä. Sitten oli mennyt pelkkä hirsitoimitus ja ikkunat. Lähettäjä oli viimein laskenut, että sille alueelle oli aikaisemmin lisätoimituksena mennyt ovet, jotka olivat ilmoituksen mukaan rikkoontuneet ja kaikista muista tavaroista oli jälkitoimituksena mennyt yhteen keskikokoiseen mökkiin menevät tavarat ilmaiseksi lukuun ottamatta hirsiä ja ikkunoita. Sen alueen edustaja oli rakentanut oman mökin ikkunoiden ja hirsien hinnalla. Oli erehtynyt kehumaan naapuripiirin edustajalle ja tämä oli kertonut kuljettajalle. Ei osannut olla hiljaa. Joillekin tulee tarve herättää huomiota vaikka vilpinteosta. Vaihdoimme edustajaa ja hävikki pieneni.

Muisteltiin vielä Saloran takaovelta myyntiä muutama vuosi aiemmin. Siitä oli ollut paljon tiedotusvälineissä. Verovapaa myynti oli mennyt niin pitkälle, että poliisiautonkin väki oli takaovella TV-ostoksilla. Siinä oli tullut ensin vilppi, sitten ahneus ja lopuksi sokeus.

Toimistolla juotiin kahvit ja käytiin edellisen tapaamisen asiat läpi. Mikkola totesi, että sekä johto että organisaatio ovat sisäistäneet vuosisuunnittelun. Aikaisemmin laaditut vastuualue- ja tehtäväkuvaukset ovat jakaneet vastuuta sinne, minne se kuuluukin. Poikkeamiin reagoidaan siellä, missä niitä tulee, jolloin vastuuhenkilö käynnistää oma-aloitteisesti korjaavat toimenpiteet ja informoi mahdollisista ketjuuntuvista vaikutuksista. Nyt tämä vuosi on mennyt jo suunnitellulla tavalla. Toimintojen välillä on tasapaino, sähläykset ovat lähes hävinneet ja tulos on hyvä. Kaikesta näkee, että tyytyväisyys vallitsee.

– Mutta nyt alkaa tilat käydä ahtaaksi ja niistä tulee kasvulle katto, sanoin johdatellen.

Tällä tapaamisella on tarkoitus käynnistää strateginen eli pitkän tähtäimen suunnittelu. Mikkola nousi ja otti tussin. Fläppitaululle alkoi tulla tekstiä ja neliö, jonka hän jakoi neljään osaan. Hän selitti, että tarkastelemme asioita nelikentän avulla. Alla vasemmalla oli kysymysmerkki, ylhäällä vasemmalla tähti. Oikealla ylhäällä ovat lypsylehmät ja oikealla alhaalla kuoleva koira. Kysymysmerkkituotteet ovat ideoita tai uusia tuotteita, jotka eivät tuota vielä mitään. Tähtituotteisiin panostetaan, sillä ne ovat kasvavia markkinoita varten. Lypsylehmässä ovat tulosta tuottavat, mutta ei panostettavat tuotteet. Kuolevissa koirissa ovat poistettavat tuotteet. Missä ovat meidän tuotteet ja tuoteryhmät? Tähtenä molemmat mökit ja paneelit. Kumpi on isompi? Mökit on jo puolet liikevaihdosta ja tuloksesta myös, paneelit on juuri ylittänyt kysymysmerkistä tähtituotteeksi, mutta vain viidennes liikevaihdosta ja tuloksesta neljännes. Mitkä ovat lypsäviä? Saha- ja höylätavara, ne menee omalla painolla, mutta niihin ei panosteta. Loput sahauksesta ja jättää vähän katetta. Kuolevissa koirissa oli sahauspinnat, mutta kun laitettiin hakkuri, ne lähti vähän tuottamaan, kun ajetaan ne Kemin sellutehtaalle. Pöllit oli monta kuukautta kuolevina koirina, mutta nyt ne ovat päässeet ylemmälle lohkolle.

Mikkolan mukaan tarkastelu osoitti, että meidän päätuotteet ovat kasvavilla markkinoilla ja niihin kannattaa panostaa. Ajan kanssa osa siirtyy lypsämään ja tulos paranee. Erinomainen kuvio. Mutta edessä on kasvun edellyttämiä investointeja, enkä mielelläni pankin puoleen kääntyisi. Muistissa oli vieläkin, miten mökkihallin lainaan oli pitänyt hakea kymmenen takaajaa.

– Paljonko ne lisäinvestoinnit maksavat?

– Kaksi miljoonaa markkaa. Kaksi kertaa enemmän kuin tähänastiset yhtensä. Tilaa pitää saada lisää toimistoon, sitten keräily-, tuotanto- ja varastohalli.

– Ne on kapasiteetti-investointeja, niinkö?

– Niin on, tämä vuosi selvitään, mutta kysyntä näillä äsken ristityillä tuotteilla kasvaa kohisten.

– Niillä on se paha puoli, että syntyy niin sanottua kasvuaukkoa, jos ei pystytä tyydyttämään kysyntää.

– Niinpä niin, innostuttiin mainostamaan tiukkasyisiä Kontiotupia ja etelän asiakkaat ovat hullaantuneet niihin.

– Harvalla näin hyviä on tarjolla.

– Niin ja vielä kun mainostettiin tulella harjattuja Kontio-paneeleilta, ja menekki yllätti.

– Kyllä teillä poikkeavat mainosväittämät on ja kun tuotteet vastaavat väitteitä, niin kysyntä kasvaa. Ei sille mahda mitään. Mutta niitä kasvuaukkoja ei kannattaisi jättää kilpailijoille.

– Kapasiteettiin pitää investoida, mutta mistä rahat? kysyin.

– Muutaman vuoden kuluttua voitte investoida kassavaroilla, mutta kasvuaukon ovat täyttäneet kilpailijat. Useat kunnat rakentavat lisää tilaa yrityksille, oletko kysynyt sieltä?

– En ole kysynyt, mutta täällä on kyllä toimihenkilöt nuortuneet, lähtisikö nuo rakentamaan tiloja?

– Kannattaa kysyä, useissa maaseutukunnissa ollaan varovaisia, mutta täällä tämä taitaa olla ainut kasvunäkymiä omaava yritys. Katsotaanko ne viime kerralla puhutut pitkätähtäimen suunnitteluun liittyvät asiat?

Annoin paperin, johon olin listannut ulkoiset mahdollisuudet ja uhat sekä sisäiset vahvuudet ja heikkoudet. Mikkola katsoi minuun hetken aikaa ja kysyi, oliko naapurin sahanpuruihin peittyminen todellinen ulkoinen uhka. Myönsin, ettei se ehkä ole uusien yrittäjien tavoite. Mikkolan mielestä ulkoisia mahdollisuuksia kannatti muuttaa hiukan. Kummallakin päätuoteryhmällä oli kasvava markkina. Kilpailu oli laimeaa, mikä tarjoaa kehittyneille tuotteille hyvät kasvun mahdollisuudet. Markkinaosuudet olivat pienet, joten voimakas kasvu olisi mahdollista. Olin samaa mieltä, että mahdollisuuksia riittää.

Siirryttiin käsittelemään ulkoisia uhkia. Mikkolan mukaan kasvuaukkojen syntyminen on kilpailijoille mahdollisuus ja meille uhka. Jos me luomme kysyntää, johon emme voi vastata, kilpailijat eivät ole niin tomppeleita, etteivät tuota kysyntää täytä. Siitä niitä uhkia syntyy, sen sijaan naapurin uhkaa Mikkola ei pitänyt todellisena. Suhdanteiden merkitystäkään hän ei pitänyt suurena, sillä pienillä markkinaosuuksilla on suhdanteiden laskua enemmän merkitystä sillä, mitä teemme. Sisäisinä vahvuuksina hän piti yrittävää nuorta henkilökuntaa, vanhat kalkkeutuneet osaajat eivät olisi tätä nousua saaneet aikaan. En minä mikään poikaparka ole, ajattelin enkä voinut olla muistamatta liituraidan pelottelua. Sen olisin voinut panna tyhmyyden tiliin, mutta en sitä, että hän meni henkilökohtaisuuksiin. Sitä virhettä ei voi hyväksyä lukeneelta keskuspankin tutkijalta.

Kerroin, että vahvuutemme oli tuotekehitys, mikä näkyi mallistosta ja valmistusmenetelmästä. Mikkola oli samaa mieltä. Entä heikkoudet? Rahoitus. Nykyisten investointien rahoitus oli saatu yhteensä viidentoista takaajan nimellä. Tai ehkä heikkous onkin sidosryhmien luottamuspula. Mikkolakin oli huomannut rahoittajapankin johtajan kommenteissa varovaisuutta, joten luottamuspulaa voidaan pitää heikkoutena. Laskin myös oman terveyteni heikkouksiin. Kärsin kroonisesta päänsärystä, kun en kestä paineita. Mikkola ei pitänyt sitä heikkoutena, koska organisaatio on toiminut hyvin. Myönsin, että toissavuonna alkoi nousu, kun olin sairauslomalla, mutta Mikkola totesi, että minun vahvalla otteellani yritys on alkanut ja noussut.

Pohdittiin vielä markkinan kehittymistä. Yrityksen päätavoitteena oli toinen sija mökkimarkkinassa. Mikkola oli ehdottanut markkinajohtajuutta, mutta minusta se ei ollut realistinen, sillä Hongalla oli pitkä etumatka. Kakkossija kahden vuoden päästä, siinä oli sopiva tavoite. Paneelipuolen tavoitteeksi olin asettanut merkittävän aseman saavuttamisen sisustuspaneeleissa ja listoissa. Toimenpiteiden suunnittelu hoidetaan yhdessä organisaation kanssa seuraavalla kerralla. Mikkola muistutti, että kun toimenpiteitä suunnitellaan, on tarkasteltava erikseen tuotteista ja toimintatavoista johdettuja kilpailutekijöitä, sellaisella tarkastelulla saa terävyyttä lisää toimintaan. Nyt oli johdon tavoitteet kirjattu ja niistä seuraa markkinointi ja eri toimintojen osastrategia, jossa tavoitteisiin päästään. Toimenpidevaiheiden jälkeen on numeerinen yhteenveto.

Päivä oli mennyt ja lähdin viemään konsulttia lentokentälle. Matkalla otin puheeksi laajennusvaiheen ja lisähenkilötarpeet. Mikkola kehotti tunnustelemaan kunnan halukkuutta tulla mukaan rakentamiseen, mutta minulla olisi iso kynnys mennä kysymään. Lisätakaajia en lähde pyytämään, sillä siellä on jo tutut, sukulaiset ja entiset autoilijakaverit. Mikkola harmitteli, että valitettavan monessa maaseutukunnassa korostetaan keskuudesta nousevien yrittäjien heikkouksia ja ulkoisia uhkia. Sellainen lähestymistapa on masentava eikä johda kehittämishalukkuuteen. Pitäisi korostaa markkinoilla olevia mahdollisuuksia ja yrittäjien vahvuuksia.

Olin samaa mieltä ja muistin, miten jossain oli ihmetelty, kun ei Suomesta nouse kansainvälisiin tehtäviin johtajia. Vironperän Jussilla oli ollut selitys: jos joku yrittää nousta, niin joku on kintussa kiinni, että mikä luulet olevasi. Tässä on vähän sama asia. Ikänsä täällä kasvaneet eivät näe, mikä on kehitys muualla maailmassa. Nurkkakuntaisuus vallitsee. Mikkola ymmärsi, miksi vierastin rahan hakemista, mutta kehotti kaikesta huolimatta käymään keskusteluja. Luulisi, että viime vuoden tulos ja nyt hyvät näkymät muuttaisivat suhtautumista myönteiseksi.

Juhannusviikolla Seija tuli leveästi hymyillen Meidän talo -lehteä selaillen luokseni ja sanoi, että sen sisältö voisi kiinnostaa myös minua. Olin muutamista soitoista viikon aikana päätellyt, että Kontiotupa voisi sijoittua lehden mökkikilpailussa kärkipaikoille, ja Seijan ilmeestä päättelin, että taisi olla ihan voitto. No joo, Seija sanoi vaatimattomasti ja ojensi lehden minulle. Selasin sivulle, missä komea Kontiotupa oli puolen sivun kokoisessa kuvassa. En ollut voitosta oikeastaan yllättänyt, sillä olin sitä uumoillut, kun olin nähnyt kilpailijoiden mökit. Lähdin heti näyttämään lehteä Jussille.

– Voitto tuli! Tässä on Suomen suosituin kesämökki. Sinun käsialaa, onneksi olkoon!

Osmo ei ollut paikalla, mutta jätin lehden hänen pöydälleen ja päätin ottaa siitä kopion tuotannon miehille. Seuraavina päivin kuulin esitepyyntöjen moninkertaistuneen. Iltasella olin jo kotiin lähdössä, kun puhelin soi ja palasin vastaamaan. Soittaja esitteli olevansa Satu Procope ja pyysi saada puhua johtajan kanssa.

– Sen tapainen on puhelimessa.

– Näin, että teidän hieno kesämökki on valittu Vuoden kesämökiksi ja olen nyt kiinnostunut markkinointiyhteistyöstä.

– Minkälaisesta yhteistyöstä? Lehti vai jokin muu yhteistyö?

– Kontiotupa on varmaan esillä messuilla ja voisin toimia esimerkiksi messuemäntänä.

– Kyllä meillä heinäkuussa on mökit Piteössä ja Oulussa esillä. Mitä sellainen messuemäntäpalvelu kattaa? Oletteko rakennusalan ihmisiä?

– En, mutta olen voittanut Miss Suomi -kilpailun 1966. Ja olen ollut useiden yritysten messuilla, hän vastasi hieman loukkaantuneen oloisena.

– Aivan eli esittelette itseänne?

– Minun ei tarvitse itseäni esitellä, kaikki minut tuntee ja idea on siinä, että saatte osastollenne paljon väkeä käymään, jos olen messuemäntänä.

– Jaa, jaa, mutta meillä on siirrytty tavoitejohtamismalliin ja myyntipäällikkö vastaa mökkipuolen myynnistä ja menekin edistämisestä, minä sanoin. – Mitä tuollainen kolmen päivän messuilla esiintyminen maksaa?

– Tuo teidän voittomökki oli kaunis ja haluaisin sellaisen palkaksi kolmen päivän messuesiintymisestä.

– Kauniita molemmat olette. Puhun myyntipäällikön kanssa tarjouksestanne.

Osmo oli matkoilla. Jätin pöydälle lapun. ”Oletko kiinnostunut saamaan missin messuosastolle?” Saman viikon perjantaina soitti muuan pääjohtaja yhtiönsä mökiltä Kuusamosta. Hän oli kiinnostunut Meidän Talo -lehden voittomökistä ja kysyi, mitä sellainen mahtaa maksaa. Kerroin, että hinta oli puuosatoimituksena 26 000 markkaa, ja siihen sisältyy kaikki paitsi eristeet, kattohuopa ja kiinnitykseen tarvittavat naulat. Niiden osuus olisi 10 % lisää paketin hintaan, ja päälle vielä rahti ja asennustyö. Pääjohtaja kyseli henkilökuntamme määrää ja sitä, miten me hoidamme motivoinnin ja palkitsemisen. Keskimäärin meillä oli töissä kolmekymmentä henkeä, joille annamme tilipussin kahden viikon välein ja tarjoamme vuoden lopussa pikkujoulun, missä leikitään ja lauletaan.

– Minä olen kiinnostunut tilaamaan sen mökin puuosatoimituksena lisättynä niillä rautakauppatarvikkeilla.

– Hyvä, minä voin lähettää teille hankintasopimuksen allekirjoitettavaksi. Mikä on osoitteenne?

– Hetkinen, tämän kaupan maksaisin mielelläni edustamani matkatoimiston lomamatkoilla.

– Minun täytyy keskustella myyntipäällikön kanssa maksutavastanne, koska myynnin edistämiskulut ovat hänen vastuullaan, minä selitin, koska kummeksuin outoa maksutapaa.

– Mutta johtajan vastuulla on henkilökunnan motivointi?

– Niin on, mutta meillä ei ole budjetoitu sellaista motivointipalkkiota. Minun täytyy keskustella joka tapauksessa myyntipäällikön kanssa asiasta.

– Odotan vastaustanne, voitte soittaa tai lähettää sen kirjallisena.

Tapasin uuden kunnaninsinööri Timosen kentällä. Hän oli hakemassa lautaa omalle omakotityömaalleen. Menin tervehtimään ja toivottamaan tervetulleeksi. Vaihdoimme ajatuksia, ja kohta hän kysyi, miten meillä menee. Kerroin, että kauppa käy hyvin. Mökkejä menee jo Ruotsiin ja Norjaan, mutta tilat alkavat käydä ahtaiksi. Olisiko kunnalla valmiuksia rakentaa meille lisätilaa. Meillä on jo suunnitelmat valmiina, mutta rahoituksen hakemiseen on iso kynnys.

– Kenen tämä maapohja on?

– Kunnan maata ja meillä on vuokrasopimus.

– Sitten tämä on helppo järjestää. Pankaa hakemus kuntaan siitä laajennuksesta ja rakentakaa itse kunnalle ja vuokraatte tilat sitten käyttöönne.

Mentiin toimistolle katsomaan laajennussuunnitelmaa. Jussi levitti kuvat pöydälle. Sanoin, että nykyiset tilat muodostavat katon toiminnan laajentamiselle. Jos saamme lisää tilaa, voimme palkata heti yhden suunnittelijan, vientipäällikön, paneeleille tuotepäällikön ja tuotantoon neljä henkeä. Yhteensä seitsemän henkeä heti lisää, Timonen totesi ja pyysi suunnitelmista kopiot mukaan, jotta voisi käydä seuraavassa kunnanhallituksen kokouksessa esittelemässä laajennuksen. Sen jälkeen saisimme kunnan kannan asiaan.

Kunnaninsinöörin lähdettyä jäin juttelemaan Jussin kanssa. Todettiin, että Timonen oli tullut teollisemmasta Suomesta eikä nikotellut ollenkaan laajennuksesta. Kohta nähtäisiin, saadaanko isäntiä mukaan hankkeeseen. Syytä olisi, sillä Jussillakin olivat työt lisääntyneet, ja pöydällä oli iso pinkka muutoskuvapyyntöjä. Uusia sopimuksia tuli melkein joka päivä ja tarjouksiin pyydettiin kuvia. Tiloja totisesti tarvittiin lisää.

Heinäkuu oli kiireinen kuukausi. Isoilla Volvoilla lomille tulleet ruotsinsuomalaiset olivat täyttäneet kuukauden mökkitilaukset. Useat halusivat saada mökkiin vähintään katon päälle ennen lomien päättymistä. Kiirettä piti höyläys- ja salvuupuolella. Lomia oli pyritty järjestämään syksymmälle, mutta osalle se ei ollut mahdollista. Niskavaari oli mennyt heinäntekoon, ja lomittamaan oli tullut insinöörioppilas Jalo Poijula. Sukunimestään arvelin, että hänen isänsä oli ajanut sinisellä Kontio Sisulla, jossa oli ollut rekka perässä. Kun Jalo vahvisti, että isänsä oli ajanut rahtia Oulun ja Pudasjärven välillä, kerroin tapauksen armeija-ajoiltani.

Pääsin keväällä lomille ja kävelin Oulun kasarmilta linja-autoasemalle ja näin kadunvarressa rekan, jonka ovessa luki nimi ja alla Pudasjärvi. Avasin oven ja kysyin, pääseekö solttu kurenalle.

Pääsee, sinne tässä olen lähdössä, kuski sanoi ja raivasi tilaa istuimelle. Olin kiitollinen, kun ei tarvinnut odottaa linja-autoa. Kiipesin kyytiin ja matka alkoi. Sinä aikana tuli kyseltyä Sisun tekniikka, ajomäärät ja remonttitarpeet. Kuski kysyi, missä komppaniassa olin, kun niin auton tekniikkaa kiinnosti. Kerroin olevani tykistössä automiehenä, ja oma ajokkini oli neliveto Vanaja kuorma-auto, ison tykin veturi. Arvasin oikein, että Sisussa oli Leylandin moottori, 135 hevosta, se oli samanmerkkinen ja kokoinen kuin omassa ajokissani. Mentiin tovin aikaa, kun kuski kysyi, oliko pitkä loma. Pyhän aika, ei sen pitempi.

Innostuin kertomaan kuskille muutaman viikon takaisen tapahtuman. Lomat olivat palaneet, kun olin auttanut kaveria ja hinannut hänen autonsa pois ojasta. Tielle oli jäänyt pahat jäljet ja vääpeli antoi pk:ta molemmille pyhänajaksi. Sunnuntai oli kaunis päivä ja hoksasimme kaverin kanssa lähteä liftaamaan Kemiin. Peukalo pystyyn nelostiellä ja heti tärppäsi. Kemissä käytiin kahvilla ja sitten palattiin takaisin nelostielle liftaamaan Ouluun. Paluuliikenne oli vilkas, mutta kukaan ei pysähtynyt. Tuttu pikku Fiat OLI-4 meni ohi, eikä kuski edes päätä kääntänyt. Ilta alkoi olla käsillä, kun viimein eräs auto pysähtyi kohdallemme. Menimme helpottuneina takapenkille. Kuljettaja oli keski-ikäinen mies, jolla oli vaimo vierellä. Mies oli mukavan oloinen ja puhuimme niitä näitä matkan aikana. Kun lähestyimme Oulua, paljastimme, että olimme omalla lomalla, koska olimme saaneet poistumiskieltoa, ja mielestämme aivan aiheetta. Vähän rehvastellen kerroimme, että turhan pk:n takia olimme lähteneet Kemiin kahville. Kuljettaja ei puhunut hetkeen mitään, mutta lähestyessämme kasarmia hän kysyi, kenen patterista olimme. Kun mainitsin Kilpi-Kallen, kuljettaja pysäytti sen rakennuksen kohdalle ja toivotti hyvää illanjatkoa. Kiittelimme kyydistä ja poistuimme autosta. Ulkona kaveri sanoi, että kuljettaja oli ollut toisen patterin päällikkö. Odotimme koko viikon kutsua puhutteluun, mutta sitä ei tullut. Sehän helpotti molempia, rekkakuski totesi ja naurahti päälle.

Palasin muisteluista nykytilanteeseen ja totesin, että Jalosta ei tullut isänsä työn jatkajaa. Ei tullut, sillä hän oli lähtenyt kouluun, josta oli vielä vuosi jäljellä. Mökin salvamisessa ei hänellä ollut valittamista, kyllä se hommista käypi. Toivotin työn iloa ja jatkoin matkaa.

36

Kunnanhallitus oli esittänyt valtuustolle lisätilojen rakentamista. Kunnaninsinööri oli pannut toimeksi ja pyytänyt heti tekemään päätöksen. Kustannusarvion insinööri oli laatinut hieman korkeammaksi kuin mitä meidän laskelmissa oli, mutta se ei haitannut, kun saamme tehdä sen itse. Valmistelimme hankkeen aloittamista, koska pidimme valtuuston päätöstä aika varmana. Syksy tulee painamaan päälle ja olisi hyvä saada perustukset valmiiksi ennen pakkasia.

Valtuuston päätös oli myönteinen, mutta yksi ammattivalittaja oli jättänyt valituksen, koska urakkaa ei ollut kilpailutettu. Soitin huolestuneena kunnanjohtaja Pikkuaholle ja kysyin, mitä hän arveli valituksen mahdollisuuksista. Hän oli sillä kannalla, että valitus ei tule menemään läpi, mutta päätöksen saaminen kestää varmasti useita kuukausia. Kunta on joka tapauksessa jättänyt investointiavustushakemuksen KTM:lle

– Voidaanko me aloittaa?

Pikkuahon mukaan riski oli meidän. Sanoin, että kyllä me aloitamme ainakin perustusten teon. Siihen ei kuulemma ollut estettä, mutta jos valitus menee läpi, niin sitten saamme rakentaa omillamme. Lupasin seurata tilannetta ja harmittelin jarrutusta, joka oli vahingollista juuri nyt, kun tilantarve painoi päälle.

– Tehkää niin kuin parhaaksi näette, kunnanjohtaja sanoi.

Osmon kanssa otin puheeksi missin ja pääjohtajan mökkitarpeet. Molemmat haluaisivat Kontiotuvan, mutta maksaisivat oravannahoilla. Missi tulisi Osmolle kaveriksi messuille kolmeksi päiväksi, pääjohtaja veisi meidät viikoksi Kanariansaarille. Tulosvastuullisena myyntipäällikkönä Osmo totesi, että ehdotukset kuulostavat muuten hyviltä, mutta tulos heikkenee kummassakin tapauksessa. Myös vastuu kauppojen laillisuudesta vaivasi. Missistä Osmo ei innostunut ensinkään, vaan sanoi, että hänellä oli missi kotona ja messuilla esitellään tuotteita eikä missejä. Viikko Kanarialla luita lämmittelemässä ja pintaa paistamassa kuulosti jo paremmalta, mutta kun myyntikate oli vielä vajaa ja tällaisilla kaupoilla vaje sen kun suurenee. Loppuvuodelle tulisi saada lisää myyntikatetta paljon.

Sovittiin, että laitetaan normaali tarjous kirjallisena ja kahden prosentin käteisalennus, jos maksavat tilauksen yhteydessä koko kaupan. Minä saisin hoitaa asian, kun minulle ovat soitelleetkin. Saattavat kyllä loukkaantua, etenkin missi, kun en ollut heti häntä tuntenut. Osmo naureskeli sivistykseni aukoille, joita syntyy, kun ei seuraa missikisoja. Juteltiin vielä laajennushankkeesta, jota Seijan entinen opettaja jarrutti valituksellaan. Mutta siitä huolimatta aloitetaan ja tehdään ainakin perustukset, ennen kuin maa jäätyy.

Minä kirjoitin niin kohteliaan tarjouksen kuin osasin. Kiitos kiinnostuksesta Kontiotupaa kohtaan, olemme suuresti otettuja saadessamme tarjota teille Meidän Talon vuoden 1980 voittajakesämökkiä vapaa-ajan asunnoksenne. Tulemme saattamaan kaikkien asiakkaidemme tietoon juuri teidän valinneen omaan käyttöönne kyseisen mallin. Tarjoamme sitä teille vielä vanhalla hinnalla syyskuun loppuun mennessä olevaan toimitukseen. Valitettavasti ehdottamanne, hyvin kiinnostava maksutapa ei ole mahdollinen, mistä olemme kovasti pahoillamme. Tilatessanne tämän syksyn toimitukseen annamme teille kahden prosentin käteisalennuksen sen lisäksi, että tarjoamme vanhalla, kymmenen prosenttia edullisemmalla hinnalla. Toivomme ehdotuksemme sopivan Teille ja kiitämme vielä kerran mielenkiinnostanne tiukkasyiseen Kontiotupaan. Parhain terveisin. Allekirjoitukset. Myyntipäällikkö..............Toimitusjohtaja................Liitteenä Kontiotupa-esite ja hinnasto

Kävin Osmolle näyttämässä tarjousta ja kysyin, olisiko hänellä mitään lisättävää. Hän oli tyytyväinen kirjeeseen, joten kirjoitutin sen puhtaaksi, minkä jälkeen laitettiin nimet alle ja kuoret menemään.

Laajennuksen rakennuslupa myönnettiin, joten aloitimme perustusten laudoitukset. Timpureiksi tuli kaksi Kosamoa ja Koppelo. Kolmen K:n työporukka oli tunnettu ripeästä toiminnastaan ja muutaman viikon päästä perustukset olivat valmiina. Sitten soitin kunnaninsinöörille ja kysyin, jatketaanko töitä. Hän sanoi, ettei kyseisen valittajan yksikään valitus ole mennyt läpi eikä mene tämäkään, mutta päätös voi kestää vielä kuukauden.

Voisimme jatkaa omalla vastuulla, meillehän ne tilat tulee. Niin tulevat, mutta maksupostia kohta tarvitaan. Kiireellisintä oli saada toimisto ja sen voimme tehdä. Kysyin, voisiko hän kiirehtiä valituksen käsittelyä, mutta ne menevät kuulemma omalla painollaan, eikä hoputtamisesta ole apua. Sanoin, että teemme toimiston valmiiksi, ja katsotaan sitten, mikä on tilanne.

Tilauksia ja kokonaisuutta katsoimme myynnin, tuotannon ja hallinnon kanssa. Alustin tähän saakka olleista toimituksista. Mökkipuoli oli hieman edellä budjettia. Tulella harjatuilla paneeleille ei ollut erikseen tavoitetta, mutta niiden myynti ja toimitukset olivat nekin menneet ennakoitua paremmin. Viivan alla oli jo elokuun lopussa edellisvuoden tulos. Kerroin myös laajennuksen tilanteen ja kysyin, miltä tilauskanta talvelle näyttää. Hyvältä, osa on jo keväälle, mutta kaikille kuukausille sopii jotain.

Mökit menivät hyvin. Tulella harjattua voisi mennä enemmänkin, mutta minulla myyntityö oli pätkissä. Kun tilaa saadaan, etsitään oma henkilö sitä vetämään. Tekopuolella oli tiedossa kaikki kapeikot, toista höylää ja trukkia lähinnä odoteltiin. Ennakoiduilla kustannuksilla on ainakin suurin osa tuotettu.

Reklamaatiot olivat pysyneet alle ennakoinnin ja jälkitoimituksia tuli jonkin verran. ”Varjomökkejä” ei kukaan ollut enää tehnyt, mutta yksi kuorma mökkejä meni Taalainmaalle, kun kuljettaja ajoi liikenneympyrän suoriksi ja hirsiä ja lautoja oli ollut isolla alueella tiellä ja pellolla. Auto ja kuorma menivät vakuutuksen piikkiin, ja kuski selvisi naarmuilla. Auto oli ollut ruotsalainen, ja asiakas oli tilannut uuden mökin, joten siinä ei meille vahinkoa tullut.

Kassanhoitajallakin oli syytä hymyyn. Vuosi on mennyt juhannuksesta saakka hyvin ja jopa ylijäämääkin oli kassassa. Mutta jos tippuu sadantuhannen markan laskuja tiheään, niin ei mennä pitkään, kun kassa kiristyy rakennustöiden takia. Toimitustahti hiljenee syksyä mentäessä ja kassavirta myös. Sanoin, että kuukaudessa voidaan saada toimiston laajennus valmiiksi, ja kyllä sieltä muutamia satkuja laskua tulee, simuloimalla voidaan selvitä toinen kuukausi. Seijan mielestä saan tehdä simuloinnin ihan itse, jos siihen menee.

Toimiston laajennus oli harjassa, ja sen kunniaksi juotiin kahvit hyvissä tunnelmissa, sillä tulevaisuus näytti hyvältä. Tilauskantaa oli talvitoimituksiin hyvin. Hyväksi todettu porkkana talvikuukausien varastoon toimituksiin oli tasoittanut valmistusta ja myös kassavirtaa. Joku asiakas oli kysynyt vakuutta, kun maksetaan ennen toimitusta. Kyseiset puhelut oli sovittu käännettäväksi minulle. Vakiovastaus oli, että voimme toimittaa paketit välittömästi teille, kun ilmoitatte paikan. Vastaus tyydytti ja paketit saivat jäädä alueellemme asiakkaan varastoon. Yhden asiakkaan pakettien ympärille piti laittaa lippusiima, johon oli joka puolelle kiinnitetty lappuja "tämä siimalla eristetty alue on minun varastoalue" ja asiakkaan nimi lappuun. Mietin, miten se juridisesti menee, kun meidänkin alue on kunnalta vuokrattu, niin pitäisikö meillä olla lupa kunnalta vuokrata asiakkaalle varastoalue. Seija käski kysymään lakimieheltä, mutta päätin, että olkoon omalla riskillä se viiden neliömetrin kokoinen varastoalue edelleen asiakkaalle vuokrattu.

Cadillacia ei tarvinnut laittaa, vaikka olin siitä jo vihjaillut Seijalle. Kun kysäisin, että jos tuon vanhan nokivasaran vaihtaisin, sain vastaukseksi pelkän hymähdyksen.

Kunnanjohtaja ilmoitti, että laajennusinvestointia koskeva valitus oli hylätty, joten voidaan jatkaa sopimuksien tekoa. Aamulla keräsin piirustukset ja työselitykset mukaan ja ajoin kunnantalolle. Siellä olivat vastassa kunnaninsinööri, palopäällikkö, rakennustarkastaja, kunnanjohtaja ja kunnanhallituksen puheenjohtaja. Kun näin kokoonpanon, soitin Osmolle ja pyysin, että hän tulisi Jussin kanssa mukaan neuvotteluun. Aineistoa minulla kyllä oli pöytä pullollaan, mutta tarvitsin teknillistä asiantuntemusta heti.

Kahvit oli katettu pitkälle pöydälle ja siitä aloitettiin. Osmo ja Jussikin ehtivät paikalle. Oli hyvä olla insinöörejä apuna, jos urakkasopimukseen liitettiin lvi:hin, paloluokkaan, kattojen lujuuslaskelmiin yms. liittyviä yksityiskohtia tai vaadittiin lisäselvityksiä. Kaikki olivat juoneet kahvin ja allekirjoitustilaisuus alkoi. Käytiin läpi asiapaperit: asemapiirros, pääpiirustukset kaikista rakennuksista, toimistorakennuksen lvi-piirustus, sähkösuunnitelmat ynnä muut, minkä jälkeen mentiin läpi urakkasopimus ja maksupostitaulukko. Kaikki oli niin kuin oli puhuttu. Nimet papereihin ja töihin, todettiin monesta suusta. Niinpä kiittelin hyvästä yhteistyöstä, nousimme ja lähdimme töihin.

Kun toimiston laajennus valmistui, panimme hakuilmoituksen vientipäällikön, paneelinpuolen tuotepäällikön ja suunnitteluinsinöörin paikoista. Hakijoita oli riittävästi, jotta voitiin tehtäviin sopivat valita. Tuotannon lisähenkilöiden hakemista siirrettiin kaikkien tilojen valmistumiseen. Seuraavan vuoden tavoitteen asettaminen ja budjetointi antaa suunnan henkilötarpeista.

Kaikille toimihenkilöille oli laadittu vastuualue ja tehtäväkuvaukset. Toiminnassa oli selvää suunnitelmallisuutta ja sitä auttoi yrityksen talouden vahvistuminen. Henkilökohtainen ongelmani oli paineellisten neuvottelujen jälkeen muutaman päivän päänsärky. Siitä seurasi myös alitajuinen pelko uudesta aivoinfarktista. Aloin varoa vaikeita neuvotteluja.

Pitkän tähtäimen suunnitelman oli määrä olla valmiina vuoden loppuun mennessä. Oli laadittu suunnitteluolettamukset, joiden pohjalta tavoitteet asetetaan. Perustavoitteet oli määritelty, mutta keinot ja toimenpiteet olivat auki. Niitä voitiin miettiä vasta nyt, kun avainhenkilöt eri liiketoiminta-alueille oli valittu. Pääliiketoiminnaksi oli määritelty hirsirakennukset kotimaahan. Seuraavana oli hirsirakennusten vienti Ruotsiin ja Norjaan ja uutena liiketoiminta-alueena paneelit ja listat kotimaahan.

37

Syksy vanheni talveksi. Toimintaa oli alettu seurata johtoryhmätyöskentelyn puitteissa jo edellisenä vuonna. Palavereista oli tullut kuukausittainen tilaisuus, missä kukin vastuuhenkilö esitteli alueensa. Silloin tarkasteltiin edellisen kuukauden myyntiä ja olevaa tilauskantaa sekä myynnin näkymiä seuraaville kuukausille. Myyntipäällikkö esitteli tapahtumat. Jos myynti oli mennyt budjetin mukaisesti, siirryttiin toimituksiin. Toimitusten esittelyn teki tuotantopäällikkö. Sillä alueella hän esitteli toimitetut määrät, joita hän vertasi toimitusbudjettiin. Jos poikkeamia oli, vertailtiin budjettiin. Kauden tuloksen ja rahoitustilanteen esitteli konttoripäällikkö. Alkuvuonna, kun työskentelyä oli aloiteltu, usein olivat vasta tässä vaiheessa poikkeamat tulleet esille. Sitten oli alkanut syytekijöiden pohdinta, varsinkin jos poikkeamat olivat näkyneet miinuksena tuloksessa ja kassatilanteessa. Vuoden varrella oli korostettu vastuuhenkilöiden omatoimista korjaavien toimenpiteiden käynnistämistä alueellaan poikkeamien ehkäisemiseksi. Jos ilmaantui positiivisia poikkeamia, esimerkiksi kun myynti ylitti budjetin, oli aina sovittava tuotannon kanssa, onko mahdollista myydä yli. Vasta tuotannon selvitettyä, että ylimyynti menee läpi, sai myynti luvan tehdä niin.

Joskus syytekijä poikkeamiin oli esimerkiksi se, että oli myyty vastoin sovittuja ehtoja, jolloin tuotanto nosti haloon asiasta. Joskus tuotanto oli toimittanut virheellistä tavaraa tai jotain oli puuttunut, jolloin myynti nosti siitä haloota. Niissä tilanteissa oli jollain kompromissilla asia sovitettava ja se oli usein minun tehtäväni. Seurauksena oli pelisääntöjä tarkennus. Kassanvartijana konttoripäällikkö huomasi myös poikkeamia usein, ja silloin niitä selviteltiin sakilla. Mökkien asennuksissa poikkeamia syntyi usein, ja ne johtuivat erilaisista olosuhteista.

Toiminta oli tasapainoista ja kasvavaa. Tilapäistä rahoitusta järjestänyt pankinjohtaja Haapakoski soitti eräänä päivänä ja kysyi, voisiko heidän pankkinsa järjestää meidän henkilökunnalle infotilaisuuden pankin palveluista. Se kestäisi parikymmentä minuuttia ja mahtuisi siis hieman pidemmälle kahvitauolle. Suostuin ehdotukseen ihan senkin takia, että olihan meillä ollut asiointiakin pankin kanssa, kun oli ollut rahasta tiukkaa. Sovimme tilaisuuden perjantaiksi iltapäiväkahvin yhteyteen. Haapakoski kysyi, voiko hän pyytää mukaan myös Roströmin, joka oli keskuspankin edustaja.

– Hetkinen, mikäs mies hän on?

– Hän on meidän keskuspankin uusi Pohjois-Suomen johtaja, vastaa tästä alueesta. Hän tuntee sinut. Kertoi, että aikaisemman työnantajan palveluksessa ollessaan kävi täällä.

Kyseessä oli Vatan yritystutkijana toiminut mies, eikä se, josta olin trauman saanut ja jota en olisi meille enää kutsunut. Mutta Roström oli fiksu kaveri ja oli tervetullut. Haapakoski kertoi, että Roströmille oli jäänyt myönteinen mielikuva sekä minusta että yrityksestäni.

Puhelun jälkeen jäin muistelemaan Roströmin viiden vuoden takaista käyntiä. Oli kova pakkanen kun hain hänet Oulunsalon lentokentältä aamusella. Olimme hakeneet mökkihallin koneistamiseen ja käyttöpääomatarpeeseen lainaa ja sille Vatan takausta. Se oli samaan aikaan, kun mökkihallin rakentamiseen oli saatu hylkypäätös. Sain silloin hänestä positiivisen kuvan, vaikka mies tuli Helsingistä harmaa puku päällä. Menimme hyvin tarkasti asiat läpi. Samat teemat olin käynyt liituraidan kanssa mutta perusteellisemmin. Iltapäivällä lähdin viemään häntä takaisin lentokentälle, mutta Kiimingissä autostani jäätyi polttoaineputki. Rullaamalla pääsimme huoltoaseman pihalle, minne matkanteko päättyi. Roström jatkoi matkaa taksilla ja minä aloin sulatella autoa huoltohallissa. Silloin ajattelin, että tekipä tuo kaveri minkälaisen lausunnon tahansa, niin herrasmies hän oli.

Perjantaina henkilökunta oli kahvilla uudessa toimisto- ja ruokalarakennuksessa. Haapakoski ja Roström olivat hyvissä ajoin paikalla, ja Haapakoski esitteli pankin tuotteita. Paikalla oli kolmisenkymmentä kuulijaa. Takapenkissä huomasin myös parin asiakkaan kuuntelevan esittelyä. Sen jälkeen oli kysymysten aika, mutta niitä ei juuri tullut, ja Haapakoski toivotti kuulijat tervetulleiksi pankkiin neuvottelemaan omista raha-asioistaan.

Esittelyn jälkeen menimme huoneeseeni, missä Roströmin kanssa muisteltiin pakkasta viime tapaamisen aikana. Silloin hän oli tehnyt positiivisen takausehdotuksen, mutta kun päärahoittajan luotto oli hylätty, myös takauspäätös oli mitätöitynyt. Kerroin, että tilanteemme on parantunut viime tapaamisesta ja tällä hetkellä olemme tasapainossa. Roströmin mukaan he ovat kiinnostuneita yhteistyöstä, mikäli tulee tarvetta lisärahoitukseen. Lupasin olla yhteydessä, jos tilanne muuttuu. Roström oli pannut merkille, että olemme olleet hyvin esillä, ja arveli, että tavoittelemme edelleen kasvua. No mikä ettei! Markkinat mahdollistavat nykytuotteilla kasvun, ja kannattavuus on saatu kuntoon. Investointeja tietysti tarvitaan, mutta viimeinen laajennus järjestyi yhteistyössä kunnan kanssa. Roströmin havaintojen mukaan yritysten kehitys on nopeampaa siellä, missä kunta on tukenut toimintaa. Täällä kunta on tehnyt yhden hallin ennen meitä, ja tyhjillään se on suurimman osan ajasta ollut.

– Teollisuus on uutta monessa maaseutukunnassa, Roström sanoi. – Kyllä se kasvaa, kun löytyy yrittäjiä, joilla on hyviä liiketoimintaideoita.

– Sieltä se nousee vähitellen. Meillä on uskallus edellä menty, aina rahoitus ollut jäljessä, mutta selvitty on tähän saakka.

Roström oli nähnyt paneelimainoksemme ja kysyi, miten se on käynyt kaupaksi. Tyytyväisenä totesin, että tulella harjatulle paneelille odotetaan edelleen kasvua, mutta mökkipuoli on selvä päätuote. Myös mökkimainoksen Roström oli nähnyt Helsingin Sanomissa ja piti tiukkasyistä pohjoisen puuta hyvänä pääväittämänä, joka oli jäänyt mieleen ja joka ilmeisesti piti paikkansa. Vakuutin, että hitaasti kasvanut puu on lujempi eikä halkeile niin kuin etelän puu.

– Etelän mies, ota pohjoisen puusta mökki, niinkö se menee?

– Niin se menee ja tulella harjatut paneelit seinälle.

– Niillä teemoilla jatketaan ja rahantarpeissa käänny puoleeni.

Haapakoski oli käynyt muutaman asiakasneuvottelun ja tuli kysymään, voidaanko lähteä. Minun puolesta voidaan, Roström totesi ja niin hyvästeltiin ja pankkimiehet lähtivät.

Seuraavan vuoden tavoiteasetanta käynnistettiin uusien oppien mukaisesti. Ensin otin pohjaksi kuluvana vuonna saavutetun tilanteen myynnissä, tuotannossa ja tuloksessa. Vaikka vuosi ei ollut vielä lopussa, tein arvion tilauskannan pohjalta loppuvuodelle. Seuraavalle vuodelle arvioin sekä mökki- että paneelipuolelle tuplakasvun. Perusteena oli loppuvuonna saatu tilauskanta ja panostukset tunnettuuden lisäämiseksi sekä menekin edistämiseen. Valmistumassa olevat laajennusinvestoinnit mielestäni mahdollistivat tuotannossa läpimenon.

Seuraavaksi esittelin mökkimyynnin tavoitteen Osmolle, jolla oli vastuullaan myös vienti Ruotsiin ja Norjaan. Hän lähti selvittämään Harrin kanssa sen läpimenomahdollisuutta myynnillisesti. Paneelipuolelle oli tullut tuotepäälliköksi Ilkka, joka vastasi sen tuoteryhmän kehittämisestä ja myynnistä. Esittelin näkemykseni, ja hän alkoi tutkia sen puolen tavoitteen läpimenomahdollisuutta.

Seuraavalla viikolla tarkasteltiin näkymiä molempien vastuuhenkilöiden kanssa. Osmolla oli vastaantuloehdotuksessa kasvu varovaisempi kuin mitä olin ehdottanut. Poikkeama oli kotimaan mökkimyynnissä. Kysyin, saiko kysyntä vai kilpailu hänet varovaiseksi. Molemmat. Kysyntäennusteeni oli kuulemma kohdallaan, mutta missä on kasvua, sinne syntyy aina kilpailua ja uusia tekijöitä alueelta. Näin oli käymässä ainakin Uudellamaalla ja Pirkanmaalla, missä rakennuslupia myönnetään enemmän, mutta uusia tekijöitä tulee lisää. Voisiko sitten viennin määrää lisätä? Piteossa on messut ja Norjassa referenssejä. Lupasin neuvotella vielä Harrin kanssa.

Paneelipuoli mentiin Ilkan kanssa läpi. Hän sanoi, että tulella harjatuille tuotteille asettamani tavoite oli kova, mutta lisätuotteiden kanssa se voi mennä läpi. Nykyisin tuotannossa oli vain katto- ja lattialistat, mutta niistä voisi kehitellä kokonaisen tuoteperheen lisäämällä mukaan eri kokoja ja koristeellisempiakin listoja, ja myös höylätty antiikkipaneeli ilman tulella harjausta voisi sopia joukkoon. Ilkka sai luvan kehitellä valikoimaa.

Vaikka myyntimäärät olivat vielä auki, kävin tuotannon ja hallinnon kanssa alustavaa neuvottelua, tuleeko siellä vastaan mitään ylitsepääsemätöntä. Eero oli ollut vasta vajaan vuoden tuotantopäällikkönä. Hänellä oli kaksi kokenutta työnjohtajaa, Epe ja Markku. Konsultti oli kouluttanut molempia menetelmän kehitykseen ja työntutkimukseen. Läpimenot olivat lisääntyneet kaikilla koneilla ja työpisteillä. Valmistuneet rakennukset ja koneet olivat nekin lisänneet läpimenoa. Metsän hankinnassa Esko oli saanut lisää isäntien luottamusta, eikä siellä ollut vaikeuksia lisätä hankintamääriä. Esittelin tavoiteltavat määrät tulevalle vuodelle ja kysyin Mikkolan opettamalla tavalla, että miltä tuntuu, meneekö läpi.

– Paljolta tuntuu, kaksinkertaiset määrät edelliseen vuoteen nähden, Eero totesi.

Läpimeno voisi jäädä kiinni hirren saannista, kuivauksesta, höyläyksestä ynnä muusta, äkkiä katsottuna kaikesta. Entä jos katsotaan tarkemmin? Hirsiä voi ostaa muilta sahoilta, kuivausta auttaa yläkerran isäntä huhtikuusta elokuuhun. Höyläyksen saa kahteen vuoroon, ja onhan siellä nyt Volgan lisäksi Raute toisena höyläkoneena. Keräilyssä on uusi menetelmä ja halli. Eero oli edelleen epäileväinen kaksinkertaiseen määrään. Meneekö se myynnissäkään läpi?

– Mutta jos menee, siellä selvitetään erikseen, meneekö ja millä kuukausilla, minä sanoin painottaen, että kukin selvittää omalla vastuualueellaan, meneekö vai ei.

– Onhan tässä moni asia muuttunut edellisvuoteen. Tätä täytyy poikien kanssa pohtia, en ota vielä kantaa.

– Pohtikaa rauhassa ja jos jostain kapeikosta jää kiinni, tehkää ehdotuksia, miten menee läpi. Kyllä siellä myynnissäkin hikoillaan, mutta luulen että menee läpi.

– Katsotaan, sittenpä se nähdään.

Esko tuli ovella vastaan. Pyysin, että voitaisiinko istua ja tuumata tulevasta vuodesta. Hänelle sopi ja menimme huoneeseeni. Kerroin, että tälle vuodelle tavoitellaan tuplata myyntiä ja toimituksia, joten myös tukkeja pitäisi saada tuplamäärä. Eskon mukaan se ei onnistu, sillä tekee tiukkaa nykyistenkin määrien saanti saman tahtiin sahauksen kanssa. Hän muistutti, että olin Hotasen kanssa pannut ehdon, että ostaa saa vain isoja kokoja ja sitä tehen kuin sahataan.

– Niin, muistan hyvin, silloin suurin rajoite oli raha. Ei tahtonut olla vaikka olisi päivätarkkuudella ostettu, saati sitten kuukausien tai puolen vuoden varastoja.

– Joko sitä on röpösti, että saa ostaa puolen vuoden varaston, niin kuin isot yhtiöt tekee?

– Ei sitä nyt niin, mutta on ajallaan saatu nykyisin maksaa.

– Ettei vuoden maksuajalla enää tarvitse yrittää ostaa?

– Minun tiedossa ei ole kuin kaksi isäntää jotka odotti toista vuotta maksua. Eivätkä kysyneet, mutta minä soitin aina ja kerroin tilanteen.

– On se parannut ja jopa joku ihmetellyt, että miten sitä on selvitty, vaikka meijerin saha vei mennessä koko helahoidon.

– Jaa, saa sitä ihmetellä, mutta selvitty on. Mieti miten puunsaanti on mahdollista jos sahausmäärät saadaan lisääntymään.

– Mietitään ja voin minä näiden metsänhoitoherrojen kanssa puhua. Katsotaan sitten.

Toisella puolen toimistoa ei ollut vielä puhuttu tulevan vuoden tavoiteltavista määristä. Menin Seijan luokse ja kysyin, miten menee läpi tulevana vuonna, jos tuplataan myynti ja toimitukset.

– Ei mitenkään! Hetikö pitää tuplata, kun vähän on löysempää?

– Syntyy kasvuaukkoja kilpailijoille, kun on luotu kysyntää. Ne pitäisi täyttää, muuten menee panostukset hukkaan.

– Aukkoja syntyy rahoitukseenkin, ajattele, normaalikiertonopeuksilla sitoutuu tuplaten tilisaataviin, osto- ja myyntivarastoon, jos nyt on kiinni kaksi rahaa, niin sitten on neljä.

– Onko se suoraan kasvun verran?

– On ja voi olla jopa enemmänkin, esimerkiksi tukkeja ei saa heinä-, elo- ja syyskuussa ja mieluummin pitäisi maksaa nopeampaan.

– Niin, Niska-Matteja pitäisi olla enemmän, vuoden maksuajalla ei moni myy.

– Ei myy ja Villejä myös, tässäkin on mahdollinen paikka vapaana jos sellaiseen kasvuun pitäisi venyä.

– No, no ei se ole missään vielä läpi mennyt se tuplan tavoittelu. Mutta Mikkolan neuvon mukaan tavoitteiden pitää olla haastavia.

– Haastavia ne on olleet pienemmätkin tavoitteet mutta kohtuus se olla pitää.

– Kohtuullinen tavoitteellisuus, katsotaan nyt mitä myynti- ja tuotantopuoli sanoo. Viikon päästä oli puhe palata asiaan.

Tavoitteita palloteltiin ensin mökkimyynnin kanssa. Vähän laskettiin kotimaan osuutta ja lisättiin vientimääriä. Ruotsissa mökinostajat ovat saaneet pitkän, jopa kolmenkymmenen vuoden rahoituksen koko hankinnalle ja lisäksi korot sai vähentää verotuksessa. Mökkien kysyntä oli voimakkaassa kasvussa. Norjassa oli myös hyvä menekki. Tuotanto sai sovitettua valmistuksen alihankintaa hyväksikäyttäen niin, että suunnitelmissaan sitoutui toimittamaan myydyt määrät asiakkaille. Rahoitusbudjetti näytti keväälle alijäämää, mutta siitä selvittäisiin toisen rahoittajan lupaamalla tilapäisrahoituksella. Tavoitteet ja budjetit hyväksyttiin vuodelle 1981.

38

Syysmyöhällä työmaalle tuli tuttavani Lasse Koukkari Oulusta. Hän esitteli vieraansa Kanadasta, Jukka Jumppasen. Katselimme pihalla hetken ympärillemme ja menimme kahvioon rauhalliseen paikkaan juttelemaan. En ollut Jumppasta aikaisemmin tavannut. Koukkari kertoi, että mies oli tehnyt bisnestä rapakon takana ja menestynyt, joten meiltä löytyisi yhteisiä juttuja. Jumppanen kertoi lähteneensä 1960-luvun lopulla Ruotsin kautta Torontoon, missä hän on asunut vajaan kymmenen vuotta. Ruotsissa hän toimi Arlandan lentokentällä tarjoilijana ja Kanadassa ensin rakennuksien saneerauspuolella muutaman vuoden, minkä jälkeen hän on ollut alumiinibisneksessä kuusi vuotta.

– Miten isossa maailmassa olet murteen oppinut ja viihtynyt bisneksessä?

– Juuri selviän puhumalla ja olen viihtynyt hyvin. Siellä on monessa asiassa eri meininki kuin täällä.

– Suurempaa ainakin mutta miten muuten?

– Siellä yrittäminen on arvossa ja voi menestyä mainiosti jos löytää hyvän idean. Siellä on isot markkinat.

– Oletko löytänyt hyvän idean tai bisneksen?

– Toimeen olen tullut, ja nyt olen aloittanut alumiinirännin maahantuonnin Suomeen. Siinä on se idea, että nauhasta valmistetaan koneella sopivan mittaisia pätkiä rakennuspaikalla, ja tarvittaessa ne myös asennetaan.

– Uutta se on näillä main, pätkärännikauppiaat ovat ihmeissään sinun tulemisesta. Meinaatko aloittaa isosti ja vallata markkinat?

– Piirimyyjiä olen pestannut eri puolille Suomea. Kymmenen on jo.

– Siitä se yleensä lähtee kasvuun, jos on hyvät asiakashyödyt tuotteella ja innostuneet myyjät.

– Mitä täällä tehdään? Mökeistä Lasse mainitsi.

– Tiukkasyisistä puista mökkejä ja tulella harjattuja sisustuspaneeleja.

– Meneekö hyvin?

– Kuusi vuotta kuolemanlaaksoa, kaksi vuotta on mennyt hyvin ja nyt seuraava vuosi tuplataan molemmissa päätuotteissa.

– Onko se mahdollista tuplata?

– On, tuotteilla on hyvät asiakashyödyt ja porukka kenttää myöten on sitoutunut viemään tavoitteet läpi.

– Miten sinä olet niin varma ensi vuodesta? Jumppanen kysyi.

– Havukka-ahon ajattelijan mukaan, jos kaikki karikot voisi etukäteen miettiä, niin maailmanranta olisi helppo kiertää. Me on mietitty kaikki ja nyt vain tehdään, sanoin jo hiukan leuhkasti.

– Miten ne voi etukäteen miettiä? Nehän muuttuu matkalla vuoden aikana.

– Se on pitkä selvitys- ja tavoiteasetantaprosessi ja kun kaikki hallitsee hommansa ja sitoutuu viemään sen läpi, se on siinä.

– Tuota minä en oikein ymmärrä, kysyntään meillä vastataan, ja jos se kasvaa, niin sitten tehdään sen mukaan.

– Paljonko sinulla on markkinaosuutta Kanadassa?

– Ei ole tietoa, siellä on satoja yrityksiä samoilla tuotteilla jopa Toronton alueella.

– Iso maa ja valtavat mahdollisuudet, mutta kilpailuakin on?

– On, on, mutta kovalla yrittämisellä ja hyvillä tuotteilla siellä pärjää.

– Myykö ja valmistaako kilpailijat alumiininauhasta ja katkoo työmaalla?

– Kyllä, samalla systeemillä alumiininauhasta. Meillä on keskinäinen kilpailu myyjien kesken ja lisäksi kilpailijoiden kesken.

– Kaikki kilpailee keskenään?

– Tavallaan, tuotteissa siellä ei ole eroa, mutta meidän myyjät ja asentajat ovat ahkerampia kuin kilpailijoiden.

– Tuotteista ei ole johdettavissa erityisiä kilpailutekijöitä, vaan toiminta on ahkerampaa?

– Niin voi sanoa, mutta markkina on iso. Miten teillä tiukkasyinen mökki on parempi kuin kilpailijoilla?

– Sen seinästä ei näy läpi niin kuin etelän puusta tehdystä. Asiakkaat ovat ihastuneet mallistoon, valmistusmenetelmä on kilpailukykyisempi, asennus helpompi ja niin edelleen. Ollaan asiakkaalle merkittävissä asioissa kilpailijoitamme parempia.

– Onko teillä vientiä ulkomaille?

– Ruotsiin ja Norjaan. Saksaan meni yksi erä, mutta se maksoi meille enemmän kuin mitä saatiin rahaa. Lopetettiin sinne myynti saman tien.

– Teillä on näytemökki tuolla tien luona, käydäänkö katsomassa?

Lähdettiin ulos. Kolmenkymmenen neliön mökin olimme keväällä pystyttäneet. Tupa, makuualkovi, keittokomero, sauna ja pukuhuone. Katsoimme sisälle tupaan ja sitten jäimme terassille seisoskelemaan.

– Tämä sopisi hyvin meille sinne Kanadaan, Jumppanen sanoi. – Mitä tällainen vie tilaa kuljetuksessa?

– Neljä viiden metrin mittaista metri kertaa metri -pakettia, vastasin summittain.

– Jos jätetään muut tavarat pois, ja otetaan vain hirret, ristikot, ovet ja ikkunat. Meneekö kahteen pakettiin?

– Kaksi ja puoli tiukkaa pakettia, minä sanoin hetken laskettuani.

– Minulla on mökille paikka, minne joutuisin vesitasolentokoneella viemään tavarat.

– Muista tavaroista saat luettelon ja voit ostaa ne sieltä läheltä. Asennusohjeet ja lupakuvat saat meiltä.

Jumppanen laski, että joutuisi kymmenen kertaa viemään tavaroita tontille. Ihmettelin, miten vesitasoon saa mahtumaan pitkiä hirsiä. Hän kertoi, että tavarat sidotaan ponttooneihin.

– Sitten tehdään kaupat ja pannaan mökki tulemaan.

– Siinä on yksi ehto: tulet saunomaan sitten kun se on valmis.

– Selvä!

Mentiin toimistoon, tehtiin paperit ja laitettiin nimet alle. Katsoin hinnan hinnastosta ja vähän vähensin pois jäävien tavaroiden osalta. Hinnasta en kysynyt kommenttia, koska ajattelin sieltä asti tulleen yrittäjän loukkaantuvan, jos niin vähäpätöistä asiaa kysyn. Toimitusosoitteen ja -ajan merkkasin ylös. Tämä toimitus lähtee kuukauden sisällä ja toinen kuukausi menee laivalla. Mökkikaupan päätteeksi teimme sinunkaupat. Hyvästelimme ja vieraat olivat jo menossa, kun Jukka palasi ja kysyi, oliko minulla hänelle maahantuojaa Suomeen, kun nykyisen kanssa oli vähän ongelmia. Maahantuojan pitäisi olla hyvä organisoimaan myyntiä ja hoitamaan edustajaverkostoa ja keskusvarastoa. Näin yhtä äkkiä en saanut mieleeni ketään sopivaa, mutta lupasin soittaa, jos keksin jonkun. Jukka sanoi, että hänet tavoittaisi tuon ja seuraavan viikon Lassen numerosta.

Kävin antamassa ohjeet tehdyn mökkikaupan sisällöstä ja pakkaamisesta. Molemmat poikkesivat tavanomaisesta toimituksesta. Seijalle annoin sopimuksen laskun lähettämistä varten. Samalla viikolla näin Osmon toimistolla ja tiedustelin, tiesikö hän ketään, joka olisi kiinnostunut alumiinisten, paikalla profiloitujen vesikourujen ja niiden asennusosien maahantuonnista.

– Olen tainnut nähdä sitä tuotetta jo Suomessa. Hyvältä näytti. Kysy meidän Uudenmaan piirimyyjältä, hän kerran mainitsi jostain pankkimiehestä, joka oli alkanut yrittäjäksi.

– Oliko hän Nurkkala?

– Joo, Reijo Nurkkala. Myy hyvin sillä alueella.

– Paremmin kuin se Floridassa oleskellut edustaja?

– Uudellamaalla on monisatakertainen kasvu, Osmo naurahti.

– Hänelle on merkitystä meidän tupien myynnistä ja hän asuu alueella. Siinä se on. Minä soitan hänelle.

Hain piirimyyjäluettelon ja kahdentoista edustajan joukosta valitsin Uudenmaan edustajan nimen. Soitin numeroon ja kolmannella hälytyksellä vastasi Nurkkala. Kerroin, että luonani kävi kanadalainen yrittäjä, joka hakee maahantuojaa tuotteilleen, ja nyt puheisiin on noussut Nurkkalan mainitsema yrittäjäksi lähtenyt pankkimies. Nurkkala arveli minun tarkoittavan Veikko Saksaa. Minä en tiennyt miehestä muuta kuin, että hän oli ollut keskuspankin yritysneuvontapuolella ja aloittanut maahantuonnin Saksasta. Puhuimme samasta miehestä, kauppatieteiden maisterista, nykyisestä yrittäjästä.

Sain Nurkkalalta Veikko Saksan numeron, johon soitin saman tien. Esittelin itseni ja asiani ja kysyin, olisiko kiinnostusta tällaiseen hommaan. Saksa kyseli tuotteista tarkemmin, ja minä kerroin, miten pakettiautossa kuljetaan erivärisiä alumiininauhoja ja profilointikonetta. Rakennuspaikalla valitaan väri, mitataan räystäät ja profiloidaan sopivan mittaiset kourut. Asennusosat ovat mukana, joten rännit saadaan paikoilleen.

– Menetelmänä kuulostaa hyvältä, Saksa sanoi. – Onko hän tuonut jo Suomeen yhtään?

– On vuoden ajan, mutta haluaa vaihtaa maahantuojan. Alueellisia edustaja-asentajia on kymmenen.

– Voin minä keskustella, on vähän tarvetta lisäedustuksille, Saksa sanoi.

Eräänä aamupäivänä pankinjohtaja Paloniemi soitti, tiedusteli vointiani ja antoi muutaman positiivisen kommentin hyvin menneestä edellisvuodesta. Sitten hän otti puheeksi kuluvan vuoden ja arveli, että taitaa tänäkin vuonna olla hyvä kehitys. Totesin, että kasvua on tullut mukavasti. Kannattavuuskin oli hyvällä tolalla; toinen voitollinen vuosi tästä tulee. Mökkipuoli kannatti hyvin ja paneelipuolesta tulee toinen kannattava liiketoiminta. Paloniemi kertoi, että yritystutkija oli ohikulkumatkalla ja tulisi tapaamaan seuraavana päivänä, jos se minulle vain sopisi. Sanoin, että olen kyllä paikalla, mutta antaa miehen mennä ohi, kun kerran ohikulkumatkalla on. Puhelimeen tuli hiljaisuus toviksi aikaa.

– Mutta meillä on teille vastuita ja keskuspankki haluaa seurata toimintaa näillä käynneillä, Paloniemi lopulta sanoi.

– Onhan siellä vielä, mutta hänen viimekäynti oli niin hyvä, että innostuimme tuplateholla mökkihallin tekoon ja sen valmistuttua sitten mökin tekoon. Paljonko sitä mökkihallin lainaa on jäljellä?

– 60 000 markkaa sitä ja 30 000 kantin ostoon.

– Kuorma-autolainaa ei enää ole kun möin sen auton ja maksoin lainan pois. Eikä sitä 20 000, millä ostin sirkkelin ja Majurin alussa, niin ja silloin kun lähdin kanttisahaa ostamaan, sain sen 80 000 lainan, sitä on jäljellä 40 000.

– Ei niitä lainoja ole, mutta talolainaa on 16 000 markkaa ja sille aravalainalle on lisäksi takaus.

– Sitä aravalainaa ei pitäisi paljon enää olla, olikohan 15 000 markan luokkaa.

– Kovin suuria nämä vastuut ei enää ole, mutta mitä minä sanon sille miehelle? Paloniemi kysyi.

– Sano, että painaa kaasua ja menee Taivalkoskelle sitä isoa sahaa ja kokeneita sahamiehiä katsomaan.

Hyvästeltiin ja suljin puhelimen. En tiedä kenen rahoituksessa Taivalkoskella oleva raamisaha oli, mutta heitin sen lopuksi Paloniemelle. Syksyllä oli sieltä sahanhoitaja kutsunut minut käymään yhteistyön merkeissä. Olin mennyt uteliaisuuttani. Saha oli iso raamisaha, jonka päälle minun sahaajakisällitutkintoni ei riittänyt ymmärtämään muuta kuin että terät sahata nytkytti ylös ja alas ja tukki meni siivuiksi kertaläpimenolla. Tarhalla oli paljon vajasärmä vientilaatulautaa. Olin sujuvasti kuunnellut sahanhoitajan esittelyn ja yhteistyöehdotuksen. Sen olin haistanut, että vaikeuksia yrityksellä oli. Sivistyneesti olin suositellut purkamaan pääomat tarhalta ja rationalisoimaan toimintaa, että tavaran virtaus on eteenpäin eikä turhia askeleita oteta. Sahanhoitaja oli kysynyt, että riittääkö meillä kapasiteetti, heillä olisi lisää. Olin vastannut siirtyvämme ensi vuonna kahteen vuoroon, ja sillä tulemme toimeen. Seuraavana päivänä oli hyvä liiketuttavani Oulusta soittanut ja varoittanut, että älä missään tapauksessa sotkeudu siihen, missä eilen kävit. Olin ollut hieman utelias ja kysynyt syytä varoitteluun, vaikka ei ollut aikomustakaan sotkeutua. Hän oli vastannut vain, että kohta saat lukea lehdistä. Huhuja oli liikkunut jo, että vouti käy siellä kohta vasaran kanssa kylässä.

Seuraavana päivänä, kun olin Paloniemen kanssa puhunut, soitti kunnanjohtaja Pikkuaho ja kysyi terävällä äänellä, miksi olin sillä tavalla edellispäivänä puhunut Paloniemelle. Ihmettelin, sillä tuskin minä olin rumia puhunut. Kunnanjohtaja varoitti, että pankki voi pahimmillaan sanoa lainat irti. Sanoin, että minun on helpompi maksaa lainat pois kuin päästää se liituraitapelle tänne. Puhelu loppui. Kun panin luuria paikoilleen, olin niin tuohtunut, että käteni tärisi. Päätin lähteä kävelylle kentälle. Seija kysyi, kuka soitti. Meidän ensimmäisen pankin johtokunnan puheenjohtaja, minä sanoin ja jatkoin ulos. Vastuita oli Keralle ja Haapakosken pankille ja sinne tulen jatkossa kääntymään kokonaan, minä päätin nyt. Kentällä varoin pysähtymästä kenenkään luo, ettei tarvinnut juttusille alkaa. Kierroksen käveltyäni odotin, että nouseva päänsärkyni olisi helpottanut, mutta ei. Päässäni jyskytti niin, että pari seuraavaa päivää jouduin pitämään päätäni tyynyä vasten.

39

Tasavallan presidentti Urho Kekkonen osoitti uudenvuodenpuheessaan huolensa suurvaltojen suhteiden kiristymisestä, josta seurannut kilpavarustelu voi pahimmillaan johtaa ihmiskunnan tuhoon. Suurvaltojen kehittämät ydinaseet ovat aikamme vaarallisin asejärjestelmä. Tämän kehitys tulisi saada lientymään, ennen kuin korvaamatonta vahinkoa tulee. Kuunnellessani puhetta muistin edelliskesältä yhdysvaltalaisen Loatsin pariskunnan, joka osti mökin tontilleen Lappeenrantaan. Suomessa syntynyt ja suomea puhunut rouva mainitsi kauppaa hieroessamme, että hänen miehensä oli ydinfyysikko ja oli ollut Hiroshiman atomipommin kehittäjäryhmässä. Muistin herran hyvin ystävälliseksi mieheksi, vaikka keskustelu välillämme ei ollut mahdollista. Tupa toimitettiin herrasväelle syksyllä. Myöhemmin rouva Loats soitti ja kiitteli toimituksesta. Vaarallisia aseita kiltin oloinen mies oli kehitellyt, ei uskoisi. Kekkonenkin oli huolissaan.

Tilauskantaa oli alkuvuoden toimituksiin hyvin ja kauppa kävi edelleen mukavasti. Ruotsi ja Norja vetivät ennakoitua paremmin. Välillä tunsin itseni tarpeettomaksi, kun kriisejä ei ollut pitkään aikaan ja rahahuolet olivat poistuneet. Johtaminen oli palavereilla johtamista, mikä tuntui joskus jo turhauttavalta. Olisin mielelläni mennyt joskus puuttumaan jonkun tekemisiin, mutta tiesin sillä vapauttavani kyseisen henkilön vastuusta. Oikea foorumi oli johtoryhmä. Heidän oli annettava itse huomata poikkeamat tavoitteista. Mitään et voi muuttaa minussa, voit vain auttaa löytämään sen minusta itsestäni, ajattelin. Kysymällä voi herätellä, jos näet ennakkoon, että menee pieleen, mutta älä mene kaikkitietävänä neuvomaan.

Ostaessani tavaraa tunsin monesti tyytyväisyyttä, kun sain tingattua ehtoja edullisemmiksi. Vaikka tavoitteina oli tuplata myynti ja tuotanto, niin sahausta ei ollut järkevä panna kahteen vuoroon, koska muut tavarat hirsiä lukuun ottamatta lähes riittäisivät. Kävin tuotantopäälliköltä kysymässä, voisinko hoitaa vuoden alihankintaneuvottelut ja -sopimukset. Se sopi Eerolle, jolla itsellään ei ollut sen puolen kokemusta. Sain kopiot ostobudjeteista. Mökkien valmistusohjelmasta saisin kuukausikohtaiset ikkuna- ja ovimenekit ja niiden hirsien tarpeen, joita ei saada omalta sahalta.

Jos tulee poikkeamia vuoden tarpeeseen, siitä tehdään muutossopimus. On varmistettava, että toimittajat sidotaan toimittamaan, mutta meillä ei ole ehdotonta velvollisuutta ostoon, jos tarve muuttuu.

Helmikuu oli vuoden masentavin kuukausi pienille sahoille. Sen olin kokenut alkuaikoina. Silloin olin ollut herkin antamaan alhaisia hintoja. Toukokuussa olin jo usein harmitellut, kun tuli myytyä niin halvalla ja pitkällä maksuajalla. Hirsien ostotarpeen olin laskenut joka kuukaudelle. Tein tarjouspyyntökirjeet ensin hirrelle joka kuukauden ostomäärän erikseen. Tarve lisääntyi maaliskuusta elokuuhun ja väheni joulukuuhun. Kuutiohinnan tuli olla joko heidän sahallaan tai vapaasti tuotuna meille. Maksuehto ja yliaikakorko piti merkitä. Monistin tarjouspyyntölomakkeen ja etsin sahoja Oulun ja Lapin läänistä. Pyysin viideltätoista sahalta tarjousta helmikuun loppuun mennessä.

Ovi- ja ikkunatarjouspyyntöä oli vaikeampi laatia, koska keskimääräinen mökkiyksikkö saattoi muuttua vuoden kuluessa. Tein luettelon tuotannon ennusteen pohjalta. Tarjouspyynnön lähetin kolmelle isolle ja kahdelle pienelle valmistajalle ja pyysin vastausta helmikuun loppuun mennessä.

Tarjouksia hirsistä alkoi tulla seuraavalla viikolla Ivalosta, Kemijärveltä, Sallasta, kaksi Kuusamosta ja eteläisin Utajärveltä. Määrät ylittivät jo ostotarpeemme. Menin puhelimitse läpi Kuusamosta tulleet kaksi tarjousta ja sovin käynnin siellä. Pyysin tuotantopäällikön mukaan ja lähdimme ajamaan. Ensimmäinen kenttäsirkkelillä sahaava vanha sahamies oli itse terämiehenä ja sammutti koneet nähdessään meidät. Tervehdimme ja menimme tarhalle katsomaan nelosseiskatapuleita. Aatu Kurtiksi nimensä esitellyt totesi, että siinä olivat sinä talvena sahatut hirret, nyt ne olivat jäässä, mutta toukokuussa ne voi höylätä hirsiksi. Totesin, että heillä oli paljon varastossa. Aatu sanoi, että niitä on aina sahattu isosta tukista ja aina ne ovat menneet ennen syksyä kaupaksi. Heillä oli viides sahaustalvi menossa, osa oli omasta metsästä ja vähän oli ostettukin tukkeja. Hirret olivat laadukasta punahonkaa ja näyttivät hyviltä. Kysyin hintaa. Kuulemma pitäisi tukin hinnan päälle saada työ ja vähän muutakin. Tarkempaa hintaa ei tullut, ja sitten Aatu pyysi meidät koppiin.

Koppi oli lämmin ja muistutti meidän sahan ensimmäistä kahvikoppia.

Aatu alkoi laitella kuppeja pöytään. Pullaa ei ollut, mutta kahvi oli vielä lämmintä ja sokeria oli tarjolla sen kanssa. Kahvin jälkeen kysyin puiden hintaa ja sanoin, että voidaan ostaa kaikki mitä nyt on ja mitä tulee syksyyn mennessä.

Aatu laski Työmies-askin takakanteen ja sanoi, että olisiko paljon, jos hän ottaisi 495 markkaa kuutiolta. Sanoin sen olevan sitä luokkaa. Me voisimme ottaa yhden kuorman jo maaliskuussa ja sitten kesäkuussa kaikki tarhalla olevat. Loppuvuodelle minun täytyy laskea, paljonko voidaan ottaa. Otin tarveluettelon ja laskin, että maaliskuun tarve oli tuolla ja kesäkuun tarve tarhalla. Kysyin, sopisiko elo- ja syyskuulle kummallekin kaksi kuormaa.

– Kyllä se sopii. Paljonko arvioit, tuolla tarhalla olevan?

Karkeasti laskin, että neljä rekallista. Rekkaan menee noin 40 kuutiota. Yhteensä niitä kertyisi 320 kuutiota. Aatu laski, että se on yhteensä vähän yli puolitoista sataa tuhatta. Otin tekemäni lomakkeen ja aloin kirjata asioita muistiin, niin eivät unohdu. Kirjoitin kauppasopimukseen kuukausille määrät niin kuin oli puhuttu. Sitten varmistin, että hinnat oli täällä autoon lastattuna, ja maksuajaksi ehdotin 30 päivää hakupäivästä alkaen. Kaikki sopi. Panin ensin oman nimeni, sitten työnsin sopimuksen Aatulle ja sanoin, että tarkistaisi kaiken olevan niin kuin oli puhuttu ja laittaisi sitten nimensä alle.

– Näinhän tässä on puhuttu, mutta en ole ennen paperille pannut, Aatu sanoi.

– Muistetaan paremmin, minä sanoin. – Saa niitä tulla enemmänkin, mutta nuo ainakin. Sovitaan niistä sitten.

– Mihin kohti se nimi pannaan?

– Tuohon sahan nimen alle.

Kauppa oli tehty ja puhuttiin niitä näitä sahauksesta ja tukinteosta. Kyselin, takooko hän terän itse vai taottaako jollain. Aatu sanoi taottavansa terän Oulussa Virtasella. Siellä mekin on taotettu. Vaikka kävin kurssin siihen, en silti ole takonut. Sitten aikamme rupateltuamme hyvästelimme ja jatkoimme matkaa.

Seuraavaksi oli Kilpeläisen saha. Ajoimme pihaan ja menimme sisälle. Kysyimme Seppo Kilpeläistä, ja meitä pyydettiin odottamaan. Sihteeri soitti jonnekin ja sen jälkeen ilmoitti, että menee muutama minuutti. Odottelimme seisaaltamme ja katselimme seinällä olevia valokuvia. Kohta tuli Kilpeläinen touhukkaasti.

– Te olette sieltä Karhuyrityksestä, Iijoen varresta?

– Niin olemme, soitin muuan päivä sitten, hirsipuita ostellaan.

– Hurjat on puheet, että ihan tosissaan, ette kait itselle? Kilpeläinen katsoi ja virnisti.

– Itselle hyvinkin, ei muille, Eero yhtyi sanailuun. – Onko ollut muitakin tarvitsijoita?

– Ei, mutta täällä on sellainen huuli, jos joku ostaa nailonnarua kaupasta, niin myyjä kysyy, onko niin tiukka paikka, Kilpeläinen nauraa röhäytti päälle. – Niin, kysynpä varsin, ymmärrättekö leikkiä. Tulkaa perässä niin katsotaan, panin minä kirjeenkin teille. Oliko siinä sopivat sanonnat?

– Hyvin oli koillismaalaisittain, mutta muutamia tarkennuksia tultiin kysymään, sanoin ja kaivoin kirjettä laukusta. – Mitä tuo vajaasärmä on suuruudelleen?

– Sitähän se, kun latva on usein niin pieni, että tahtoo parkkia jäädä.

– Sitä vajaata saa olla kaksi senttiä siinä kapeammalla lappeella ja neljä senttiä leveämmällä lappeella.

– Siinä vastaus tulikin. Entä oliko muuta sopimatonta?

– Sitä hintaa minä vain, kun muutamia kirjeitä on tullut pienemmällä hinnalla.

– Arvasin minä, Aatun luona käyneet, menkää Pölkylle, niin on hintaa. Heh, heh. Siellä minäkin opettelin.

– Opit hinnoittelemaan, niinkö?

– Minulla saha ei ole palanut vielä kertaakaan ja olisi, niin kiinteät olisi pienemmät.

– Ei se Aatunkaan saha ole palanut.

– No, sanokaa mitä nelosseiskasta maksetaan?

– Saatko sitä kuivattuna?

– Saan, mutta en kahdeksaantoista prosenttiin. Hyötymetsän puut tahtoo halkeilla.

– Riittää 20-prosenttinen kosteus.

– Pannaan tasaraha, niin saan leivän.

– Pannaan vaan, minä kirjoitan muistiin. Kuorma joka toinen viikko kesä-, heinä- ja elokuulle.

– Tai niille kuukausille kullekin kaksi kuormaa, Kilpeläinen sanoi.

Kirjoittelin asiat sopimuksen muotoon. Toimituskuukaudet, määrät ja hinta. Kosteusprosentti ja vajasärmän suurin määrä. Maksuaika ja yliaikakorko. Ojensin sopimuksen myyjälle, joka hetken katseltuaan pani nimensä, sitten minä kirjoitin omani. Kilpeläinen ehdotti, että menisimme katsomaan toisella puolen kylää olevaa erää, niin voisimme sanoa, onko siinä liikaa vajaasärmää.

Kilpeläinen istui viereeni etupenkille ja Eero meni taakse. Kun ajoimme kylän ohi, Kilpeläinen sanoi erään ison rakennuksen kohdalla, että heillä on kaksi kirkkoakin. Sanoin, että niin on meilläkin ja me käydään molemmissa. Kilpeläinen kysyi, käymmekö kumpikin, ja Eero vahvisti sen takapenkiltä.

Kohta tulimme hirsitapulin luo ja menimme katsomaan laatua. Osassa oli päässä vajaasärmää niin että kuuluvat reunatapaukseksi, Eero totesi, mutta menee kun ei ole enempää. Lähdimme takaisin ajamaan. Kirkon kohdalla sanoin, että minusta on kuva poikasena sen portailla kahden tätini keskellä. Kuvanottovuodeksi arvioisin 1961. Kilpeläinen ei kommentoinut kirkkoja enää, eikä mekään niissä käynneistä puhuttu. Hyvästelimme ja lähdimme kotia kohti kaksi hirsitoimitussopimusta rikkaampina.

Seuraavana päivänä kävin läpi ovi- ja ikkunatarjouksia. Kahdelta isolta valmistajalta oli tullut kattava luettelo ikkunoista ja väliovista. Oulusta tullut oli ylivoimaisesti edullisin. Yhtiö oli sama, jolta olimme pääasiassa tähän saakka ottaneet. Soitin ja sovin sinne tapaamisen. Ulko-ovista oli kaksi tarjousta, joista ensimmäinen oli Kaskipuulta. Siellä oli vanhan aitan ovea jäljittelevä kuvio oven ulkopuolella olevassa paneelissa. Hyvännäköinen, sopii mökin oviin mainiosti, ajattelin ja pidin hintaakin niin kohtuullisena, että päätin sopia tapaamisen. Toinen tarjous oli Sotkalta, jolle olimme toimittaneet polttoharjattua paneelia. Tarjous oli toimittamallamme paneelilla ulkopuolelta verhoiltu. Kallis, tuumasin ääneen. Eikä se voi halpa olla, kun olemme toimittaneet sinne kolminkertaisella hinnalla paneelit. Seija oli kuullut yksinpuheluni ja huusi, että mitä asiaa.

– Sotkan tarjousta täällä vain kommentoin, että ovat ostaneet kallista paneelia meiltä ja meidän pitäisi ostaa niiden kalliit ulko-ovet.

– Joskus sanoit niiden olevan markkinoiden komeimmat.

– Niin ne on edelleen, mutta sopii hienojen ja kalliiden talojen ulko-oviksi, että vieraatkin tietää tulevansa tavallista häävimpään taloon.

– Eikö sama päde mökkien ulko-ovissa?

– Ei! Sinne on parempi tuo perinteisen aitanoven kuvio. Eri tunnelma on vapaa-ajan asunnossa. Hintakin on kohtuullinen.

Ajoin Oulu Oy:lle sovittuna aikana. Tehdas oli iso ja laatu hyvää. Myyntipäällikkö Huhtala odotti kahvin kera. Tervehdimme ja vaihdoimme toimialaan liittyviä kuulumisia. Huhtala kertoi jäävänsä eläkkeelle kuluvan vuoden lopussa. Sitten pääsimme aiheeseen ja kysyin, miten heidän väliovensa oli niin edullinen. Huhtala sanoi, että jollain tuotteella pitää varmistaa, että tulen kahville. Ymmärsin sen, viimeksihän olimme ostaneet väliovet Kangasniemeltä. Sekös oli vuoden Huhtalaa harmittanut, varsinkin kun hintaero oli ollut pieni. Kerroin, että Kangasniemellä oli ollut hyvä laatu ja parempi maksuehto.

– Nyt et voi mennä Etelä-Savoon, Huhtala sanoi. – Eläkkeellelähtövuoden kaupan haluan tehdä kanssasi.

– Voitko tarkistaa tuuletusluukun ja isoimman ikkunan hintaa? Muut on kohdallaan.

Huhtala alkoi laskea. Kysyi samalla, tiesinkö, että hänen poikansa oli ollut armeijassa samassa ryhmässä minun kanssani. Sitä en tiennyt. Poika ei ollut samaa ikäryhmää, vaan oli ollut ryhmänjohtajana ja lähtenyt kohta siviiliin, kun minä olin sinne mennyt. Sen takia asia ei ollut tullut puheeksi. Huhtala oli saanut laskut laskettua ja sanoi tarkistavansa kaikkien ikkunoiden hintaa alaspäin viisi prosenttia. Hinnat alkoivat passata, mutta maksuaika oli pielessä, kun mökit tehdään talvella ja rahat saadaan syksyllä. Huhtala pyysi ehdotuksia, sillä hänellä olisi mahdollisuus joustaa.

– Toimituksesta neljä kuukautta, sanoin, vaikka ajattelin, että se ei mene läpi.

– Minä ajattelin ehdottaa, että vuoden loppuun mennessä kaikki toimituserät.

– Kuulinko oikein? Koko vuoden toimitukset?

– Niin, voisimme toimittaa etupainoisesti kaikki. Tietääkseni teillä on hyvin varastotilaa.

– Sopii sekä etupainoinen toimitus että kaikkien maksu vuoden loppuun mennessä. Tuleeko sinulle Iijokiseutu?

– Tulee, ja on ollut mukava seurata, kun syntymäkuntaan nousee teollisuutta.

– Meillä on tuplakasvu ja ehdotuksesi on enemmän kuin kilo matteita. Tehdään paperit.

– Sanonta on pudasjärvinen, Huhtala totesi.

Kauppasopimus tehtiin ja Huhtala halusi tarjota lounaan. Sen aikana keskusteltiin Pudasjärven kalakannasta. Tuulijärven kupeesta lähtee hyvin kutuaikana isoja lahnoja, Huhtala tiesi ja hän aikoikin keskittyä kalastukseen jäädessään vapaalle. Minä taas kehuin Pelttarinjärven isoja haukia. Tunnin uistelun jälkeen on lopetettava, jää syömättä. Kerroin myös isosta mateesta, joka oli serkkupojan koukkuun tarttunut eräänä keväänä. Made ei sopinut tulemaan kairan reiästä, joten hän suurensi tuuralla reiän ja sitten työnsi käden mateen suuhun ja veti leuasta kalan jäälle. Onneksi ateriamme oli nyt pihviä, sillä madejutun jälkeen kala-ateria olisi jäänyt syömättä.

Seuraava neuvottelu oli Kaskipuussa Ylikiimingissä. Tehdas löytyi, ja ajoin toimistoksi arvioimani oven läheisyyteen. Sisällä kysyin sihteeri Kaskelta johtajaa. Sihteeri opasti minut verstaan puolelle. Oletin siellä vastaani tullut miestä johtajaksi.

– En häntä tiedä johtajaa, mutta joka paikan juoksupoika, Kaski kuitenkin.

– Tiirola minun on sanottu olevan, niistä ovista tulin neuvottelemaan.

Menimme pois melusta, ja Kaski ohjasi minut samasta ovesta, josta olin tullut. Menimme hänen huoneeseensa, ja sihteeri Kaski kysyi, saisiko olla kahvia. Kiitos, kyllä. Sitä odotellessa juttelin johtaja Kasken kanssa hänen yrityksensä asioista. Heillä oli menossa kolmas vuosi ovien valmistusta ja he olivat tehneet niitä enimmäkseen rakennusliikkeille. Tarjousoven hän oli suunnitellut varta vasten meille, eikä sitä ollut tarjottu muille. Rouva Kaski, joksi hänet oletin, toi kahvia. Johtaja Kaski kertoi minun olevan Pudasjärveltä. Rouva kyseli, kuinka pitkään olemme toimineet, millaisia tilinpäätökset ovat olleet ja miten omavaraisuus on kehittynyt. Vastailin kysymyksiin ja kysyin heidän tilinpäätöstietojaan. Edellisessä paikassa olivat esitelleet pyytämättä ja olin saanut Oulu Oy:n vuosikertomuksen.

– Voisimmeko saada jatkaa siitä ovikaupasta? johtaja sanoi ja katsoi rouvaansa. – Niin, miltä se tarjouksen ulko-ovi näytti?

– Hieno kuviointi siinä ulkopaneelissa oli, ihastuin siihen, sanoin. – Se malli sopii mökkeihimme hyvin. Onko painumiset ja kutistumiset testattu?

– Niitä on seurailtu, puusepän kuivasta ne valmistetaan.

– Sitten ne ei ainakaan kutistu, mutta miten käy syksyllä, kun ilmankosteus on lähellä sataa?

– Luonnollisesti ne imee kosteutta ja hiukan turpoaa, mutta ei häiritsevästi.

– Entä laskeutuminen, miten se on rakenteessa estetty?

– Siellä oven rakenteessa on vinoon kannattaja.

– Muita kysymyksiä ei olekaan, miten hinta, onko siinä tarkistamista?

– Ei siinä ole, olen laskenut niin iholleen kun pystyn.

– Maksuaika näkyy olevan yleisesti käytetty ja sopii minulle. Onko teillä mitään kysymyksiä?

– Ei minulla ole, johtaja sanoi.

– Olisiko rouvallanne?

– Hän varmaan kysyikin jo riittävästi.

– Pannaan nimet paperiin, minulla on esitäytetty sopimus. Toimitusajat, yksikköhinnat, maksuaika ja yliaikakorko ja liitteenä yleiset RA-sopimusehdot.

Ojensin sopimuksen johtajalle ja hän luki sen. Odotin rauhassa. Edellisessä paikassa en yleisiä RA-sopimusehtoja ollut ottanut esille, mutta uuden ja pienemmän valmistajan kanssa otin, varsinkin kun rouvan kuulustelu oli saanut minut vähän varpailleni. En ollut oikein vakuuttunut oven teknillisestä laadusta ja sekin sai vähän varovaiseksi. Johtaja oli nimen pannut ja minä panin myös. Sitten hyvästelin ja lähdin.

Päästyäni takaisin työpöydän ääreen laskin hirsien puuttuvat määrät. Touko-, kesä- ja heinäkuulle pitää saada lisää sovittua. Aloitin soittokierroksen. Lapista oli tullut syksyllä mielenkiintoinen soitto. Olin ottanut numeron ylös, vaikka silloin ei ollut tarvetta ollut. Soitin numeroon ja sieltä vastasi Holmberg.

– Täällä puhuu Tiirola, päivää. Soititte syksyllä hirsistä, tarjositte myydä niitä.

– Niin tein, mutta ei ollut tarvetta, hirren myyjä vastasi.

– Silloin ei ollut, eikä nytkään välitöntä tarvetta, mutta kesälle teemme ostosopimuksia.

– Sinne asti ei tiedä, ollaanko elossakaan. Täällä on neljäkymmentä astetta pakkasta ja kun se hellittää niin tuisku alkaa.

– Kesä se tulee sinnekin. Vieläkö on hirren sahaus mielessä?

– Ei ole, hengissä pysyminen vain. Sitten kun lauhtuu, niin sitten katon.

– Kyllä kesä tulee viimeistään toukokuussa ja sinne minä kyselen niitä.

– Jaa, että kesälle, odota, minä nousen ylös.... No niin, että kesälle kyselet.

– Touko-, kesä- ja heinäkuulle ostan kymmenen rekallista, sanoin ja jäin kuuntelemaan.

– Sitten se alkaa puu sulamaan ja minulla on pari kuormaa sahattuna nelosseiskaa tapulissa.

– Minä voin ostaa ne ja ne mitä meinaat sahata kun puut sulaa.

– Minulla on kaksi sirkkeliä ja tukkia on aika paljon. Mitä sinä maksat hirrestä?

– Myyjä yleensä tietää niiden hinnan.

– Neljäsataa markkaa kuutiolta.

– Tuoreena vai kuivana?

– Ei täällä tuoretta olekaan, kaikki on honkia ja kuivaa.

– Minä voin ostaa kaikki hirret mitä sahaat. Laitan sopimuspaperi tulemaan.

– Laita tulemaan, se käy kyllä puheillakin, nyt kun sovitaan.

– Meillä menee kuitenkin tavaraa siitä Norjaan ja ottavat palatessa kyytiin. Oliko Ivalo se osoite?

– Oli ja kaikki minut tuntee, kun panet Holmbergin Saha.

– Saatko kaikki kymmenen rekallista sahattua?

– Kaksi on valmiina ja tukkia on ainakin viiteen rekalliseen hirsiä. Pane seitsemän rekallista, niin ainakin ne saan.

– Teen niin, saat postia viikon sisällä.

– Pitäneekö nousta sittenkin ylös, vaikkei tuo aurinko ole noussut vielä.

Pieni epävarmuus minulle jäi siitä, tuleeko sovitut hirsimäärät sahattua, koska oli kuulostanut siltä, että hän heräsi soittooni talviunilta. Soitin vielä kahdelle sahalle. Toinen oli aikaisemmin toimittanut meille ja nyt tehtiin sopimus kesä- ja heinäkuun toimituksiin viidestä rekallisesta hirsiä. Katselin vielä kahden sahan tarjousta ja tilasin sieltä yhteensä viisi rekallista kesä-, heinä- ja elokuun toimituksiin. Hinnat olivat korkeammat kuin edellisissä sopimuksissa, mutta kesällä ei saanut tuohonkaan hintaan.

40

Kevät oli pitkällä ja toiminta oli mennyt tasapainoisemmin kuin koskaan aiempina vuosina. Oulun kauppaopiston opettaja soitti ja kertoi, että he ovat joka kesä valinneet jonkun yrityksen vierailukohteeksi. Nyt he olivat käyttäneet meidän kuningaspaneelin mainostamme esimerkkinä hyvästä mainoksesta ja kysyivät, olisiko mahdollista tulla kurssin kanssa meille vierailulle. Sanoin sen sopivan meille ja tiedustelin, mitä odotuksia heillä oli vierailun ohjelmasta ja tarjoilusta. Yrityksen lyhyt esittely ja mahdollisuuksien mukaan pullakahvitarjoilu kuulemma riittäisivät. Vieraita tulisi opettajan lisäksi parikymmentä. Sovimme, että tapaamme perjantai klo 14. Aloin miettiä yritysesittelyä. Teemmekö kierroksen mökkihallissa ja höyläämössä? Teemme, ja kun henkilökunta palaa kahvilta, vien vieraat kahville ja kerron, mitä sylki suuhun tuo.

Perjantaina kauppaopiston kurssilaiset saapuivat. Menin heitä pihalle vastaan, tervehdin ja toivotin ryhmän tervetulleeksi. Kierrätin kurssilaiset ensin sahalle, missä kerroin yrityksen historian, joka alkoi siitä sirkkelisahasta toukokuussa 1972. Höyläämön luona kerroin, että sisällä oleva höyläkone hankittiin, kun alettiin höylätä raakaponttia ja A-paneelia. Nykyisin se puskee hirsiä mökkipuolelle. Kuivaamon kohdalla totesin, että se oli välttämätön hankinta, jotta voitiin höylätä kuivaa tavaraa.

Mökkihalliin menimme samasta ovesta kuin hirret ja pysähdyimme valmiin lähtevän paketin viereen. Kerroin, miten oli vienyt kuorman sahattuja hirsiä Kemin hirsitehtaalle ja kuoman purkua odotellessani katsonut, miten hirsiä salvettiin. Kun Kemi lopetti hirren oston ja kaksi paikallista henkilöä kysyi saunamökkiä, päädyimme kokeilemaan mökkien valmistusta, ja siitä se lähti. Osoitin myös tulella harjatun paneelin valmistuslinjaa ja kerroin, että sen idean olin saanut ruotsalaiselta lankun ostajalta. Henkilökunta palaili tauolta ja koneita käynnisteltiin työpisteissä. Oli vieraiden vuoro päästä kahville, joten vein heidät ruokalaan. Kahvittelun lomassa jatkoin yrityksen esittelyä.

– Tänä vuonna töitä tehdään pääasiassa kahdessa vuorossa, ja tavoitteemme on tuplata edellisen vuoden liikevaihto ja tulos. Tähän on tultu alun usean vuoden kuolemanlaakson kautta. Viimeiset vuodet ovat olleet hyvin kannattavia ja koska molemmilla päätuotteilla on erinomainen kysyntä, pyrimme vastaamaan siihen lisäämällä tuotantoa.

Yksinpuhelun jälkeen oli kysymysten vuoro. Opettajaa kiinnosti, vietiinkö tuotteitamme myös ulkomaille. Kerroin viennistä Ruotsiin ja Norjaan ja tein selkoa myös siitä, että Saksa oli markkina-alueena esimerkiksi erilaisten rakennusmääräysten takia niin hankala, että olimme lopettaneet viennin sinne hyvin nopeasti. Eräs opiskelija halusi tietää, miten olemme hallinneet kasvun, sillä siihenhän moni yritys kompastuu.

– Pitää paikkansa. Alussa olin joka paikan jannu, sahalla terämiehenä, sitten trukkikuskina ja myyntimiehenä. Tietoa hain kursseilta ja alussa rahat oli toisessa taskussa ja laskut toisessa. Toiminta kasvoi, myynti laajeni, tuli edustajaverkoston rakentaminen, systemaattinen tuotekehitys, tuotannon kasvattaminen ja vuositavoitteet ja budjetit. Toiminta meni työn jakamiseksi aikaisemman tekemisen sijaan. Tässä vaiheessa usein jäädään tekemään eikä osata jakaa töitä. Eli pitää organisoida, jakaa vastuuta ja valtaa. Tavoitteista sopiminen ja budjetointi sitouttavat organisaation tekemään. Viime vuonna laadittiin strategiset tavoitteet eli pitkän tähtäimen suunnitelma, mitä tavoitellaan ja miksi. Suunnitelman taustaselvityksinä on markkinoiden tutkiminen ja sieltä avainasiakkaiden löytäminen ja niille riittävien asiakashyötyjen rakentaminen tuotteilla ja toimintatavalla. Kun porukka innostuu ja ymmärrys syvenee, sitä menestystä ei pidättele mikään.

Joku kysyi koulutuksestani, toista kiinnosti, mikä vetää yrittäjäksi. Saatoin rehellisesti sanoa, että lapsuuden haaveeni autoilijan ammatista vaihtui sahayrittäjyyteen ihan sattumalta. Entä mitä menestykseen tarvitaan, minulta kysyttiin. Siihen tarvitaan satoja tekijöitä, mutta kaikki lähtee tarpeesta kehittää tuote tai palvelu. Pitkän tähtäimen suunnittelun merkityksestäkin kysyttiin, ja siihen vastasin tilaisuuden päätteeksi Konsta Pylkkäsen toteamuksella: Jos osaisi kaikki karikot etukäteen miettiä, niin maailman ranta olisi helpompi kiertää.

Alumiiniyrittäjälle oli saapunut mökki Torontoon. Hän soitti muutaman kerran mökin kasaamiseen liittyvissä asioissa ja sitten lopulta ilmoitti, että nyt on aika lunastaa sopimus ja tulla katsomaan mökkiä. Jukka kertoi, että hänellä olisi muutakin asiaa. Niinpä aloin kysellä lähipiiristä matkaseuraa viikoksi. Kun Pentti soitti autokoululta muuta asiaa, kysyin samalla, kiinnostaisiko häntä lähteä käymään lomilla Kanadassa. Hän oli heti valmis ja kysyi, milloin lähdetään. Ensin meidän pitäisi saada viisumit, ja Pentti lupasi ne hankkia, kunhan tietäisi, minne ja kenen luo olemme menossa. Kerroin, että Jukka Jumppasen luo Torontoon matkustamme ja tarkemmat osoitetiedot ja passini Pentti saa, kun oppilaita ajattaessaan pistäytyy ne hakemassa.

– Selvä, Pentti sanoi. – Meillä onkin jo kokemusta supervalloissa käynnistä.

– On, mutta siellä voi eksyä toisin kuin edellisellä lomalla.

Kun Pentti kävi luonani, sovittiin työnjako. Pentti hakee viisumit, ja minä varaan lennot ja varmistan yöpaikan. Olin kysynyt aikaisemmin Seijalta, haluaisiko hän lähteä käymään Torontossa, mutta hän totesi, että jonkun on oltava täälläkin, ja alkoi valmistella minun matkaani hankkimalla Kanadan taaloja ja huolehtimalla sopivista matkavaatteista. Kun saimme viisumit, kävimme Pentin kanssa Oulun lentoasemalla varaamassa liput välille Helsinki–New York–Toronto. Lentokentällä oli työvuorossa vaalea mies, jonka rinnassa luki Huhtala. Kysyin, oliko hän armeijassa ryhmänjohtajana, kun olin alokkaana.

– Olen, ja kyllä minä olen sinut tuntenut, kun olet kulkenut tästä.

– Isäsi kanssa olen ollut ikkuna- ja ovikaupoissa.

– Niin hän kertoi. Haluatteko, että puukaan Torontoon asti, niin helpottaa teitä?

– Hyvä, siellä on eri murre kuin meillä, Pentti sanoi.

– Minä puukaan teidät perille, niin ei tarvitse kuin mennä portille suoraan. Nyt teidän lento Helsingistä menee New Yorkissa La Guardian kentälle ja siitä joudutte menemään bussilla John F Kennedyn kentälle. Katselette sen bussin, niitä kiertää koko ajan niiden kenttien välillä. Nousette siihen ja laskeudutte John F Kennedyn kentän kohdalla pois. Siellä katsotte opasteet portille, josta lähtee lento Torontoon.

– Se oli monimutkainen reitti. Eikö ole suoraa lentoa Torontoon? kysyin.

– Ei valitettavasti ole, mutta kun seuraa opasteita, niin kyllä siellä osaa. Hyvää matkaa.

Matkaliput oli ostettu ja palasimme töihin. Lähtö olisi lauantaina. Menin perjantaina työmaalle, koska halusin selvittää, onko tiedossa mitään ongelmia. Myynnin kanssa kävin tilauskannan ja lähiajan toimenpiteet. Mökit: vienti oli mennyt yli odotusten ja tilauskantaa oli syksylle saakka. Kotimaa mökit: tilauskanta oli heinäkuulla menossa. Tulella harjattujen tilaukset oli kuukauden edellä budjettia. Ilkka oli myös suunnitellut listavalikoiman ja tiedusteli, haetaanko niille mallisuojaa. Hän oli Jussin kanssa puhunut, että sellaisen voisi saada. Pyysin laatimaan hakemuksen, sillä olivathan ne listat erilaisia kuin perinteiset. Menin kaikki vastuuhenkilöt läpi ja haistelin, oliko kellään ongelmia tai kysymyksiä. Kierroksen lopussa totesin, että kaikki hallitsevat hommansa eli olen tarpeeton. Lohdutin itseäni, että nyt voin vapain mielin lähteä lomalle.

41

Olimme laskeutuneet La Guardian lentokentälle New Yorkiin. Nyt etsimme keltaista bussia, jolla menemme John F Kennedyn kentälle. Odotimme bussia ja kysyin Pentiltä, että siitäkö sen pitäisi muka lähteä. Hän rauhoitteli, että odotellaan rauhassa, busseja lähtee viidentoista minuutin välein. Busseja meni yhtenään ohi, mutta missä oli keltainen?

– Tuolta se tulee ja siihen nousemme, Pentti sanoi.

Matkasimme kymmenen minuuttia ja bussi pysähtyi. Kaikki matkustajat lähtivät ulos paitsi me. Kohta kuljettaja näytti meille kädellä ovea, mistä ymmärsimme, että meidänkin olisi mentävä. Emme olleet vielä perillä, koska muut matkustajat näkyivät jääneen bussin viereen. Niin otettiin laukut ja mentiin ulos seisomaan toisten joukkoon. Huomasin useiden katsovan meitä tuimasti. Muutaman minuutin kuluttua kaksi miestä tuli ja nousi bussiin. Jotain tarkastuksia he tekivät, koska molemmat katselivat omille puolilleen bussia. Tarkistettuaan koko auton he nyökkäsivät kuljettajalle ja poistuivat paikalta.

– Aboard! kuljettaja huusi.

Emme ymmärtäneet, mitä se tarkoitti, mutta menimme muiden joukossa takaisin autoon. Kun bussi lähti liikkeelle, ihmeteltiin Pentin kanssa, mikä ihmeen seremonia se oli ollut. Ehkä etsivät pommia tai jotain muuta, koska olivat katsoneet myös istuinten alle. Asia ei meille selvinnyt, ja keskityimme siihen, että osaisimme jäädä oikeassa paikassa pois. Huhtala oli sanonut, että siirtyminen kestää puoli tuntia. Olimmekin jo puoli tuntia matkanneet bussissa, kun se pysähtyi jälleen. Osa matkustajista lähti pois, ja ajan perusteella meidänkin oli lähdettävä, joten nousin ylös. Pentti sanoi, että missään ei lue, että ollaan perillä, ja siitä puolesta tunnista pitää vähentää se varttitunti, mitä seistiin tarkastuspaikassa. Tosiaan. Istuuduin uudelleen. Alkoi jo jännittää, minne vielä päädytään. Kymmenen minuutin perästä nousin jälleen, mutta Pentti ei ollut lähdössä vielä. Sitten tuli kuulutus, mistä tunnistin entisen presidentin nimen. Nyt Penttikin sanoi, että oli meidän vuoro poistua. Hätäilin hiukan, että mahdammeko ehtiä jatkolennolle.

– Ehditään, siinä on puolitoista tuntia aikaa.

Poistuttiin bussista ja etsittiin Torontoon lähtevän lennon portti. Odotustilassa katsoin paikallista kelloa ja totesin, että aamulla lähdettiin ja aamu oli vielä täälläkin. Olimme tulleet kilpaa auringon kanssa, joka oli koko lennon ajan ollut näkyvissä.

Lento sujui hyvin, ja kone laskeutui Torontoon. Tullimuodollisuuksien jälkeen jatkoimme matkaa muiden matkustajien mukana. Jukka huiskutti kättä nähtyään meidät ja minä huiskautin takaisin sen merkiksi, että olimme nähneet hänet. Tervehdittyämme lähdimme ulos Jukan perässä. Ulkona lämpimän ilman tuulahdus kävi vastaan.

– Täällä lienee uimakelit? minä sanoin.

– Pohjoisista tulevat sanoo niin, mutta täällä asuville on vielä kylmää.

– Meillä on vielä välihousut jalassa, pitänee riisua, kun tulee tilaisuus.

– Mitä olette mieltä, jos ajetaan Niagaran putouksien kautta Thunder Bayhin? Timpan entinen tulkki pyysi käymään siellä.

– Tänne maahan rakastunut Lassiko?

– Niin, hän varoitti, että jos tulet Kanadassa käymään, niin on käytävä hänen luonaan.

– Sinne vaan, aurinko on melkein yhtä korkealla kuin Suomessa lähtiessämme.

– Länteen olette tulleet. Voimme siis menomatkalla käydä Niagaran putouksilla, kun kiinnostaa.

– Kaikki nähtävyydet kiinnostaa, kun tänne asti on tultu, Pentti sanoi.

– Entä sen mökin katselmus?

– Kyllä, sinne menemme sitten palatessa yöksi, Jukka sanoi.

Olimme saapuneet leveän auton luokse ja Jukka avasi takakontin. Panimme kantamukset sinne ja istuimme autoon. Hoksasin villahousut ja sanoin, että ne pitäisi jossain riisua. Olivat olleet jo aika tukalat siellä bussissa, kun vaihdettiin kenttää.

– Jaa, siellä napapiirin lähellä niitä vielä tarvitsi. Ajetaan asuntoni kautta.

Käytiin Jukan kotona vähentämässä vaatteita. Asunto oli tyhjä, vaimo lienee töissä, ajattelin mutta en kysynyt sitä. Jukka otti pientä purtavaa ja Coca Colaa matkaeväässi. Sitten lähdettiin Thunder Bayta kohti. Nopeusrajoitus oli 55 mailia tunnissa, mikä tuntui hyville moottoriteille aika alhaiselta nopeudelta. Jukka kertoi yrittämisestä tällä mantereella. Kielitaidon alkeet hän oli opetellut alkuun ja sitten mennyt rakennuksille töihin. Aikansa niitä hommia tehtyään hän oli perustanut seinäpeltien ja rännien asennusyrityksen. Ensimmäisen yrityksen oli jo myynyt pois. Toisen yrityksen oli suunnannut alumiinisten sadevesikourujen myyntiin ja asennukseen. Sillä tuotteella ja toimintamallilla oli mennyt hyvin. Vuosi sitten hän oli tuonut saman systeemin Suomeen. Katkaisin kertomuksen välillä ja kysyin, oliko hän vaihtanut maahantuojan viime käynnillä Suomessa.

– Vaihdoin ja siitä meidän pitää puhua jossain välissä.

Hän kertoi edelleen, että järjestelmän myyjiä oli nyt viisitoista sillä mantereella ja asentajia kymmenen. Heillä kaikilla oli omat autot ja profilointikoneet niissä. Myyjät ja asentajat olivat itsenäisiä yrittäjiä. Kun myyjät myivät kohteen, he kilpailuttivat asentajat. Ulkopuolistakin kilpailua oli, mutta heidän keskinäinen kilpailunsa oli hionut hyvän kilpailukyvyn.

– Asentajilla varmaan hiki lentää?

– Kaikilla se iltapäivällä lentää, mutta meidän asentajat mene aamuaikaisin viileän ilman aikaan.

– Pärjääkö sekä myyjät että asentajat hyvin?

– Pärjää ja jos ei heti, niin oppivat kehittämään menetelmät, että pärjäävät.

– Entä JJ?

– Meille jää siivu kaikesta tavaravirrasta ja mekin pärjätään.

Liikenne oli lisääntynyt huomattavasti. Lähestyimme Niagaran putousta, joka on kahden suuren järven, Erien ja Ontarion välissä. Putous on yksi maailman vetovoimaisimmista nähtävyyksistä. Sitä käy vuosittain katsomassa kymmenen miljoonaa kävijää. Parkkialue oli iso, ja kun etsimme tilaa, vesisumu kasteli tuulilasin, niin että piti käynnistää lasinpyyhkijät. Kun saimme autolle paikan, kävelimme lähemmäs putousta. Jukka kertoi, että siitä on moni laskenut, jotkut tynnyrillä, jotkut korkkiliiveissä, jotkut ovat hypänneet alas. Osa uhkarohkeista on kuollut, mutta on muutamia selvinnyt hengissä. Ihmettelin, että kukaan on voinut selvitä hengissä, mutta kuulemma heitäkin oli, vaikka tietysti suurin osa uhkarohkeista yrittäjistä oli kuollut.

– Aika kyllästynyt pitää elämäänsä olla, että tuolta alas lähtee millä tahansa, totesin.

Putouksen korkeus oli viisikymmentä metriä, ja siitä huolimatta joku korkkiliiveillä hypännyt oli selvinnyt naarmuilla. Jossakin vaiheessa alastulo kiellettiin, mutta silti aina näkyy lehdissä, että taas on joku tullut alas.

Näky oli mykistyttävä, ja alapuolella oli jatkuva vesisumu. Mutta nälkä alkoi vaivata. Lähdimme autolla lähellä sijaitsevaan Jaken lempipaikkaan, kiinalaiseen ravintolaan. Hän tilasi meille samaa, mitä oli syönyt edellisellä käynnillään. Saimme annokset ja kohta kuului Pentin suusta, että tätä voisi sanoa maukkaaksi. Olin samaa mieltä, tarjoilijaltakin tuli hymy nopeammin kuin itäisessä suurvallassa – jo ennen tippiä. Jälkiruokakahvia maistaessani en malttanut olla sanomatta, että kyllä Suomen kahvi voittaa täkäläisen kahvin.

– Siihen tottuu, Jukka totesi. – Suomessa käydessä kaipaan tätä kahvia.

Jatkoimme matkaa suuntana Thunder Bay, suomalaiskaupunki. Siirtolaisia oli tullut niin paljon vuosisadan alussa, että puolet kaupungin asukkaista puhui suomea. Muistelin Lassia, jota olimme menossa tapaamaan. Sahaustoiminnan alussa oli Lassi ollut Norjan-matkoilla usein tulkkina. Kerran olimme olleet kolmistaan kesällä Veijon ja Lassin kanssa Pohjois-Norjassa. Myytiin lankkuja ja tutustuttiin paikallisiin talotyömaihin. Precut-järjestelmä oli käytössä yleisesti. Virvelit olivat matkassa ja kun nähtiin laituri, mentiin heittämään. Seitä ja turskaa tuli melkein joka heitolla. Kalat pantiin muovipussiin ja autossa peräkoppiin.

Pentin ja minun oli vaikea pysyä hereillä, sillä Suomen ajassa oli iltamyöhä. Väsymys painoi niin paljon, että erään majatalon ennakkokyltin kohdalla sanoin, että ei tänne urakoimaan ole tultu, joten ajetaan tuonne. Sain kannatusta Pentiltä. Löytyi edullinen majapaikka. Varasimme ison huoneen ja menimme iltapalalle. Lähellä oli pikaruokapaikka ja Jukka kysyi, käypikö McDonald's. Meille kävi mikä vain, kunhan saadaan maha täyteen. Menimme siis sinne, ja Jukka haki syötävää, joka olikin makuhermoille mieleistä. Suomessakin oli avattu yksi samanlainen ruokapaikka. Sitä olivat terveellisen ruuan ystävät kritisoineet, mutta lienevätkö maistelleet, ajattelin. Syödessämme Jukka kertoi, että McDonald's oli maailman menestyneimpiä yritysketjuja. Täällä jos osuu oikeaan suoneen, voi rikastua. Yrittäminen ja menestystarinat olivat isosti esillä.

Aamulla lähdettiin jatkamaan matkaa. Etäisyydet olivat pitkiä, ja jäljellä oli kuusisataa kilometriä kalakaverin luokse. Jaken kanssa juteltiin niitä näitä, mutta peräpenkiltä kuului välillä kuorsausta. Muistutin Jukkaa, että hän halusi puhua tuotteidensa maahantuonnista Suomeen. Hän sanoi puhuvansa siitä mielellään kahden kesken. Takaa kuului kuorsausta, oltiin siis kahden hereillä. Jukka kertoi, että Veikko Saksa oli aloittanut maahantuojana, ja hänen kanssaan oli mennyt hyvin, mutta esiin oli noussut muita kysymyksiä, jotka häiritsivät. En ymmärtänyt häiriötekijöitä, kun valmiina oli edustajaverkostokin. Jukka oli tehnyt sopimukset niiden kymmenen edustajan kanssa, jotka olivat olleet jo edellisen maahantuojan edustajia ja myyneet Jukan tuotteita. Puolella heistä ei kuitenkaan ollut maahantuojan kanssa ollut kirjallista sopimusta. Keskustelumme katkesi, kun Pentti heräsi ja kysyi paikkaamme. Sanoin, että ollaan Kanadassa moottoritiellä ja menossa suomalaiskaupunkiin. Jukka sanoi, että Pentti voisi nukkua rauhassa vielä pari tuntia, mutta tämä sanoi jaksavansa taas, kun sai pienet tirsat otettua. Harmitti, ettemme voineen Jukan kanssa jatkaa juttua, mutta toivoin, että siihen tulisi myöhemmin tilaisuus.

Thunder Bay lähestyi. Jukka oli käynyt siellä ennenkin ja osasi ajaa suoraan Lassin asunnolle. Oli varhainen ilta paikallista aikaa, työt olivat loppuneet. Suomessa oli aamu ja se tuntui väsymyksenä.

Lassi tuli hetken odottelun jälkeen kotiin. Nähtyään meidät hän hyppäsi tasajalkaa ja paiskasi lakin maahan. Tervetulotoivotus oli sydämellinen.

– Onpa mukava nähdä Siika-Timoa! Tervetuloa!

– Samoin Matikka-Lassia pitkästä aikaa!

Nuo nimet oli saatu eräällä talvisella kalareissulla, jolloin ei saatu muuta kalaa kuin minun siika ja Lassin made. Nytkin Lassi ehdotti, että lähdemme varmaan paikkaan kalaan. Meille sopi lähteä vaikka heti, koska olimme jo syöneet. Menimme kuitenkin sisään, sillä Lassi halusi vaihtaa vaatteet ja syödä jotain. Viime näkemisten jälkeen hän oli muuttanut tänne Thunder Bayhin ja mennyt naimisiin, mutta hänen vaimoaan en ollut nähnyt kuin nyt vasta. Tervehdimme ja asetuimme olohuoneeseen odottamaan. Kun Lassi oli syönyt, asetuimme paikallisilla herkuilla katettuun kahvipöytään. Vaimo puhui suomea, joten kerroimme Suomen kuulumisia ja löysimme yhteisiä tuttuja. Hän oli käynyt muutaman kerran Suomessa ja silloin tutustunut ihmisiin.

Kahvin jälkeen lähdimme kaupungille ostamaan syöttejä. Lassilla oli kolme onkea ja hän meni syöttikauppaan. Odotellessani menin läheiseen kenkäkauppaan ja kysyin ovelta, että puhutaanko siellä suomea.

– Kuinka paljon haluat vaan, vanha mies vastasi tiskin takaa.

– Testaan, kun kuulin, että useat puhuvat suomea. Täälläkö olet oppinut?

– En, kun siellä Vironmaalla. Lähdin venäläistä pakoon, kun alkoi olla niin levotonta.

Mies kertoi olleensa Kanadassa jo 65 vuotta, eikä hänellä ollut aikeita palata Viroon, mistä hän oli lähtenyt ennen vallankumousta. Hänen muutamat tuttunsa olivat tulleet edeltä ja lähettäneet viestiä, että tule perässä. Mies ei katunut tuloaan ja oli itsekin kutsunut monia tuttujaan, joista osa oli kutsua noudattanut. Kerroin, että pappani kaksi velipoikaa oli tullut 1905 Amerikan mantereelle, mistä he olivat lähettäneet papalle laivaliput ja kirjeen, että tulisi hänkin. Pappa oli lähettänyt liput takaisin ja kirjoittanut, että raukat vain menköön merten taa.

– Tiedätkö onko he elossa?

– En tiedä, eivät ole sen jälkeen olleet missään yhteydessä Suomeen. Te olette tehnyt viisaasti, siellä tapeltiin itsenäisyydestä viisi vuotta.

– Onko se venäläinen vieläkään ihmisiksi?

– Pieni pelko sen tempauksista on, mutta on se pysynyt omalla puolen. Mutta hyvää jatkoa.

– Sitä samaa, ja tulkaa tänne jos siellä alkaa olla levotonta.

Kalansyötit oli ostettu. Teleskooppimalliset vavat olivat lyhimmillään vain puoli metriä ja pisimmillään viisi metriä. Siimassa oli koho ja iso koukku, johon pujotettiin elävä hopeakylkinen salakka. Lassi oli innokas kalamies. Kanadassa hän oli harrastanut myös turkismetsästystä. Muisteltiin edellistä yhteistä kalareissuamme Norjassa. Turskaa ja seitä nousi niin paljon kuin kehtasi nostaa, mutta kun oli kesä, loppumatkalla ne alkoivat tuoksahtaa. Me nakeltiin kalat metsään, mutta Veijo vei ne kotiin, paistoi ja kehui, että hyviä olivat. Kiirettäkin pidettiin, ja Altasta Tromsöön ajoin kuin rallikuski, kun piti joutua yrityksen aukioloaikana Tromsö Byggiin.

– Ja muistan senkin, että Oulussa jätimme Veijon linja-autoasemalle. Sitten vein sinut kotisi eteen ja kun palasin jalkakäytävältä kadulle, oikeanpuoleinen raidetangon pää putosi tielle.

– Kyllä siinä kumpikin mietti, että mitä jos se olisi löysännyt vuonon reunalla kovassa vauhdissa.

Kun siitä ajatuksesta toinnuttiin, menin auton alle ja näin, että raidetangon päässä oleva pallo oli niin väljä, ettei pysynyt enää kupissa. Silloin muistin hevosmiehen konstin sitoa aisa länkiin nahkaremmillä. Otin oman tuppivyön ja sillä kiinnitin ristisidonnalla raidetangon pään pysymään kupissa. Sitten lähdin ajamaan kotiin.

– Kävitkö välillä katsomassa, pysyykö tuppivyö paikoillaan? Pentti kysyi.

– Katsoin Kiimingissä ja paikoillaan oli.

Muisteltiin vielä, miten Lassi tuli kuukauden päästä käymään ja kysyi, olinko päässyt hyvin kotiin. Silloin muistin, että olin unohtanut koko raidetangon pään, joka oli edelleen tuppivyöllä kiinni.

Oltiin lähestymässä onkipaikkaa ja ajettiin voimalaitoksen vierestä sen alapuolelle. Auto jätettiin parkkipaikalle. Otettiin onget ja syötit mukaan ja mentiin rantaan. Ilma oli lämmin ja voimalaitoksen äänet kuuluivat hiljaisina. Lassi antoi ohjeita: pankaa syötti onkeen ja säätäkää korkki noin kahden metrin päähän syötistä. Heittäkää onki veteen. Odottakaa kun korkki painuu veden alle ja sitten tempaiskaa nopeasti ylös, sillä siellä oli vain isoja kaloja ja siten koukku lävistää kalan leuan. Viidessä minuutissa oli noussut kaksi parikiloista haukea. Yksi vapa puuttui. Kun olin saanut yhden kalan, sanoin, että minulle riittää, innokkaammat saavat onkia. Jukallekin riitti, kun hän oli saanut kaksi kalaa.

– Ihmeellinen onkipaikka. Olen luullut, että parhaat paikat on erämaajärvissä.

– Ennen niin minäkin luulin, mutta täällä käsitys on muuttunut.

– Mikä meidän ohjelma on tämän jälkeen? kysyin.

– Viedään Lassi kotiin ja ajetaan Torontoon.

– Yötä myöten, eikö täällä ole tapana nukkua öitä? sanoin haukotellen.

– Kyllä täällä nukutaan normaalisti, mutta teillä alkaa olla aamu ja virkistytte yöksi. Voimme kyllä mennä majataloon, jos haluatte.

– Katsotaan nyt, jos tämä väsymys menee ohi, niin ajetaan perille.

Kaloja oli toistakymmentä. Jukka kysyi, joko riittää kalastus, sillä edessä oli tuhat kilometriä. Pentti sanoi, että meillä oli takana kohta kymmenentuhatta kilometriä samoilla silmillä. Onkiminen lopetettiin. Lassilla oli kalamiehen reppu, mihin pantiin koko saalis. Reppu peräkoppiin ja sitten tien päälle. Pentti meni kuljettajan viereen. Lassin kanssa istuttiin takana ja muisteltiin yhteisiä matkoja vajaan vuosikymmenen takaa. Muistoja olisi riittänyt, mutta matka oli lyhyt ja eron hetki tuli. Hyvästelimme Lassin ja jatkoimme matkaa. Ilta oli käsillä ja Jukka oli jossain välissä sanonut, että seuraavat unet saadaan erämaassa hirsimökissä. Oli ajettu tunti ja minua kiinnosti, missä sellainen hirsimökki oli.

– Se sinulta ostettu mökki. Ajetaan Torontoon ja sieltä lennetään erämaahan vesitasolla.

– Meidän pitäisi siis ajaa koko yö?

– Minulle kyllä sopii, en viime yönä oikein saanutkaan unta, Pentti sanoi.

– Sinulla on siellä sohva, sen kun nukut jos väsyttää, Jukka sanoi.

Puoliyö oli käsillä. Olimme kuunnelleet Jukan elämäntarinaa niin tasaisena kerrontana, että minua alkoi painostaa ja nukahdin. Auto oli pysähdyksissä, kun heräsin. Oltiin rekkaparkissa, ja Jukka sanoi, että on kahvin aika, sillä ei hänkään pysy hereillä, jos muut nukkuvat. Noustiin autosta. Parkkipaikalla oli satoja rekkoja. Ne eivät ajaneet tyhjinä niin kuin Suomessa, vaan vetivät perävaunuja pitkin mannerta tuhansia kilometrejä paikasta toiseen. Täällä oli isot tavaravirrat, aina oli täysi lasti päällä. Välillä kuskit nukkuivat autossa parkkipaikalla, herättyään söivät ja lähtivät jatkamaan matkaa. Kysyin, mitä sorakuskit kuljettavat palatessaan, mutta Jukka ei siihen vastannut mitään.

Juotiin kahvit ja syötiin omenatorttua. Virkistyneenä palattiin autoon, mutta aamuyöllä alkoi taasen kuulua takapenkiltä kuorsausta. Jatkettiin Jukan kanssa keskustelua maahantuojasta. Häntä vaivasi se, että edellinen, irtisanottu maahantuoja vaatii kanteella korvauksia niiltä edustajilta, joiden kanssa hänellä oli ollut suora sopimus. Jos maahantuoja voittaa kiistan, edustajille käy huonosti. Jukka oli tehnyt sopimuksen myös näiden edustajien kanssa, kun ei ollut tiennyt heidän muista sopimuksistaan. Juttu olisi oikeudessa viimeistään keväällä ja myös Jukka saisi haasteen, vaikka hänellä ei pitänyt olla mitään tekemistä maahantuojan ja edustajien välisessä kiistassa.

Jukka jatkoi, että uudenkin maahantuojan kanssa oli vähän vaikeuksia. Rahoja oli kuulemma vaikea saada. Kanadassa oli periaate, että tavara toimitetaan, kun ensin on saatu rahat. Mietin hetken kuulemaani ja kerroin, että meillä Suomessa oli erilaiset tavat toimia. Me lähetämme tavaran ensin ja laskun perästä. Se on toiminut hyvin, rahat ovat tulleet sovittuna aikana. Myönsin, että Neuvostoliittoon myisin vain ennakkomaksua vastaan. Ehkä Jukankin kannattaisi myydä länteen päin. Jukka muistutti, että miten sinne myy, kun on jo lännessä.

– Sinä tulet sitten Suomeen, kun kutsu oikeuteen kuuluu?

– Tultava on, vaikka ei tekisi mieli.

Tie oli hiljainen ja nopeus 55 solmua tunnissa. Liikennekuri oli hyvä. Matkaa oli vielä jäljellä kaksi tuntia. Oltiin kumpikin pitkään omissa mietteissämme, kunnes Jukka viimein muisteli, miten olin aikoinaan tehtaallani kertonut, että kaikki meni ennakkosuunnitelmien mukaan. Hänen mukaansa sellainen ei ole mahdollista. Kysyin, mihin hän juuri nyt oli ajamassa.

– Torontoon, miten niin?

– Sinä ohjaat autoa sinne. Tiedät tavoitteen, reitti on tiedossa, auto on kunnossa ja ohjattavissa sinne. Vastaavasti se on yrityksessä. On tavoite, minne pyrkii. Kilpailukeinot, joilla tavoitteisiin pääsee. Henkilöstö ja tuotantovälineet sopivat toteuttamaan asiakkaiden tarpeet. Jos nämä asiat on tiedossa, niin kyllä voit luottaa, että loppuvuonna ollaan tavoitteissa.

– Ei se noin mene, Jukka vastasi. – Tiedän tavoitteen, että haluan rikastua myymällä ja toimittamalla alumiinisia vesikouruja. Niistä kun jää rahaa, niin kyllä siinä rikastuu, eli tavoite saavutetaan.

– Tiedätkö sinä asiakkaistasi, missä ne on, ketä ne on, mitä ne tarvitsee ja millä keinolla tavoitat ne?

– Tiedän. Myyntimiehet kaivaa asiakkaat esille päivittäin ja tekee kaupat. Sitten ne kilpailuttaa kaupat asentajilla. Laskutus menee yrityksen kautta. Taaloja jää välistä.

– Minkälainen markkinaosuus tuotteillasi on ja missä asiakasryhmässä?

– En minä sellaisista asioista ole kiinnostunut. Myyjä löytää asiakkaat ja kahdestakymmenestä koputuksesta tulee kauppa tai kaksi.

– Jäljestä päin sinä voitkin tietää mitä, kenelle ja kuka on koputtanut ahkerimmin.

– En minä usko, että sinäkään voit ennakkoon tietää miten vuosi menee. Turhaa puhetta, Jukka sanoi jo vähän ärtyneenä.

– Meillä on teollista toimintaa ja sinulla ovelta ovelle -myyntiä, mikä perustuu myyjien ja asentajien onnistumiseen.

– Niin se teilläkin tekee. Myyntiä pitää saada ja valmistaa ja toimittaa. Kaikki pitää mennä hyvin.

– Aivan oikein, me olemme selvittäneet miten asiakashankinta tapahtuu. Sen jälkeen heille tarjotaan riittävät hyödyt tuotteella ja palvelulla, niin saadaan riittävä määrä kauppaa. Sitten toimitetaan myyty toimitus luvattuun aikaan. Kaikki on vaatinut hyvän ennakkosuunnittelun ja vastuuhenkilöt on sitoutuneet tavoitteisiin.

– Eihän siinä ole eroa meidän toimintaan, Jukka puolusti toimintaansa. – Meillä on jalostuneempi ja yksinkertaisempi malli.

– Asiakashankinta on haulikkoammuntaa ja saatu kauppa vedätetään halvalla hinnalla asentajilla. Ruutia palaa hukkaan joka välissä, sanoin, mutta en tohtinut jatkaa kritiikkiä.

– Sinä näet nyt ensi kertaa oikeaa markkinataloutta. Amerikka on edellä kaikessa.

– Taitaa etupenkillä olla kilpailua toimintamalleista, takapenkillä herännyt Pentti kommentoi.

– Vähän piti härnätä, että ei nukahdeta, adrenaliini piristää.

Puolen tunnin kuluttua saavuimme Torontoon. Jukka ajoi ensin markettiin, mistä ostimme kahden päivän muonat. Sitten ajoimme satamaan. Ponttoneilla varustettu vesitaso oli valmiina, ja läheisessä toimistossa ollut pilotti tiesi tulostamme. Panimme muonat koneen jalkatilaan ja nousimme kyytiin. Jukka meni etupenkille lentäjän viereen. Joku auttoi konetta etäämmälle laiturista ja pilotti käynnisti moottorin. Nousu jännitti hieman, kun tuntui, että kone ei nouse. Nousu oli hitaampi kuin kentältä, kun ponttonien oli noustava vedestä ylös.

Toronto jäi taakse ja olimme Ontario-järven päällä matkalla Jukan huvilalle. Kolmenkymmenen minuutin päästä alkoi laskeutuminen. Jukka viittoi mökin suuntaan. Ja siellä se näkyi pienenä järven rannalla, takanaan metsää silmänkantamattomiin. Meillä erämaamökeille pääsi autolla, täällä mentiin lentokoneella. Kauempana näkyi rautatie. Laskeuduimme veteen ja sitten pilotti ajoi pienellä teholla mökin rantaan.

– Matkustajat, olkaa hyvät, olemme saapuneet perille, Jukka toivotti teatraalisesti, hyppäsi maihin ja veti konetta lähemmäs maata.

Kun olimme ottaneet kassimme ja tavaramme, Jukka työnsi konetta ponttoneista etemmäs rannasta. Pilotti käynnisti, aloitti kiihdytyksen ja kohta heilutti siipiä hyvästiksi. Minä kiersin heti mökin ulkopuolelta ja totesin, että asiallisesti se oli pystytetty.

Sisällä Jukka ja Pentti olivat lajitelleet tavarat kaappeihin ja jättäneet pilaantuvan kylmälaukkuun. Pentti haki vettä järvestä ja Jukka laittoi kahvipannun kaasuliedelle. Hän oli huomannut, että kiersin mökin, ja kysyi kommenttejani. Sanoin olleeni hiukan huolissani siitä, onko mikään hirsi ollut lylyinen ja karkaamassa paikaltaan.

– Miksi sellaista pelkäsit?

– Sanoit jossain vaiheessa, että hirsiä ei sidottu kiinni toisiinsa. Jos olisi ollut aavalta paikalta kaadetusta tukista sahattu hirsi, niin siinä on lylyä. Sellainen hirsi tahtoo vääntyä vielä seinälläkin.

Hirret oli vain ladottu päällekkäin ilman sitomista, koska sille alueelle ei saanut pysyvää rakennuslupaa ja mökin oli oltava purettavissa, jos viranomaiset niin vaativat. Onneksi kaikki hirret olivat hyvin paikoillaan. Käytännössä siellä erämaassa kaikki mökit oli rakennettu samojen asetusten mukaisesti. Olimme lentäneet puoli tuntia, joten arvioin, että olimme ainakin sadan kilometrin päässä sivistyksestä. Kanadan erämaat olivat mahdottoman isot. Samalla koneella oli tehty kaksitoista matkaa, kun hirsiä ja muuta tavaraa oli mökkityömaalle kuljetettu ponttonien päällä ja välissä. Ainutlaatuinen kuljetus.

Kahvi oli laskeutunut. Jukka kaivoi kahvileivät ja sokerit pöydälle, ja aloimme nauttia erämaan hiljaisuudesta ja kahvista. Minulla oli alkanut päässä tuntua pitkät valvomiset ja viimeisin lentokin oli jännittänyt. Otin kipulääkkeen muilta salaa. En halunnut, että särkyni huomattaisiin. Paikka oli erikoinen, mökki oli askeettisesti kalustettu. Makuulavereita oli kuudelle nukkujalle. Keittokomerossa oli lieden lisäksi astioiden kuivauskaappi ja sen alla tiskipöytä. Yksi kaappi oli ruokatarvikkeille. Ulkoa oli ovi saunaan, missä oli suomalaisittain lauteet, kylmävesisaavi, kiuas ja sen kyljessä lämminvesisäiliö. Mökki oli tasapainossa ympäristön kanssa. Ulkona paistoi aurinko ja ilma oli kesäisen lämmin. Kahvin jälkeen Jukka julisti, että nämä kaksi päivää täällä ovat ohjelmasta vapaat ja kukin voi tehdä mitä huvittaa. Minä halusin tasoittaa päivärytmin, joten päätin ottaa pienet nokoset. Pentti lähti ulos nauttimaan auringosta. Jukka lupasi kantaa vedet ja laittaa puut valmiiksi iltasaunaa varten.

Olin nukkunut makuualkovissa, kun kuulin Jukan sanovan, että yksi mies on väsähtänyt. Hän ei nukkunut niin kuin minä sen yön aikana, kuului Pentti sanovan. Nousin ylös ja sanoin, että kyllä sitä nyt jaksaa. Mikä maa, mikä aika? Kanada ja kello viisi paikallista aikaa. Jukka pyysi syömään. He kertoivat, että olivat jo epäilleet, olinko kunnossa, kun olin nukkunut kuusi tuntia yhtä soittoa. Sanoin, että en ollut kunnossa, kun pitkälleni panin, mutta nyt olin kuin uusi ihminen. Kävin pöytään syömään maukasta pihviä. Sauna oli jo lämpiämässä.

Pidin saunaa lämpimänä, kun toiset ottivat ruokalevon, ja tarkastelin lähiympäristöä. Mitä kauemmas metsään menin, sen pimeämmäksi se kävi. Rehevä aluskasvillisuus teki myös liikkumisen vaikeaksi. Tämä on varmaan turkismetsästäjien paratiisi, ajattelin ja palasin mökille. Ilta alkoi hämärtää ja kolistelin terassilla herättääkseni toiset. Kohta molemmat tulivat ulos. Panin kaasuhellaan tulen ja sille kahviveden kiehumaan. Jukka kertoi olleensa täällä Lassin ja kahden muun kaverin kanssa hirviä metsästämässä. Yksi kavereista oli taitava matkimaan kiimaisen naaraan ääntä. He valitsivat metsästä paikan, minne matkija meni äännähtelemään. Kun hän oli aikansa matkinut, he siirtyivät asemiin kivääreineen. Varttitunnin päästä kuului metsästä oksien katkeiluja, ja kohta sarvipää tuli juuri sen kannon luokse, missä kaveri oli hirveä matkinut. Siihen sen matka sitten päättyi. Ihmeteltiin, voiko niin metsästää. Jukka vakuutti, että oikea erämies osaa kyllä matkia niin taitavasti, että hirvi tulee paikalle.

Joimme kahvit ja lähdimme saunaan. Olin pitänyt sen lämpimänä, ettei kukaan pääse sanomaan kylmästä saunasta. Riisuuduimme ja menimme lauteille. Mietin äskeistä hirvenkaatojuttua, mutta ei siinä Lapin lisääkään ollut, koska olimme täällä. Löin löylyä aloittaen vähitellen ja lisäten hiukan koko ajan. Viimein kysyin, kuka se hirvi oli?

– Hotari, on Suomesta tullut tänne ajat sitten. Kaikki jutussa oli totta vai epäiletkö?

– En, mutta tuntui maallikosta uskomattomalle.

– On minulla toinenkin juttu tähän paikkaan liittyen. Muutama viikko sitten täällä oli yötä eräs äiti kolmen lapsensa kanssa. Yöllä hän oli herännyt, kun tuota ovea oli raapinut joku. Hän oli kuunnellut ääntä jonkin aikaa ja noussut sitten katsomaan lampulla tuosta viereisestä ikkunasta, että mikä siellä raapii, Jukka sanoi ja vaikeni sitten.

– Mikä siellä oli? kysyin viimein.

– Karhu. Se oli lähtenyt pois, kun lampun valo osui silmiin.

– Tuossakaan jutussa ei ole Lapin lisää?

– Ei ole, totta se on, olemme erämaassa, hirvien ja karhujen laitumilla.

Olin heitellyt vettä kiukaalle, niin että olimme jo kyyryssä joka mies. Mutta nyt riittää jutut, sanoin ja heitin kerralla ison kauhallisen. Kaikki rynnistivät ulos ja juoksivat suoraan järveen. Palattuaan saunan terassille Jukka kysyi, mikä minuun oli mennyt, kun tuolla tavalla olin vettä syydellyt. Sanoin, että se oli ollut refleksi, jolle en ollut mahtanut mitään, ja samalla tavalla oli käynyt kaverilleni, kun olimme aikoinaan saunottaneet pankinjohtajia.

– Onneksi emme palaneet, mutta korvia kuumottaa vieläkin, Jukka sanoi ja vilkaisi alta kulmain.

Ilta oli jo pimentynyt. Sytytimme pihan nuotiopaikalle tulen. Pentti kertoi meidän kerrallisesta Neuvostoliiton-matkasta. Siellä pidettiin hyvä huoli turisteista. Kun olimme erehtyneet tiestä, niin kohta opastivat oikealle tielle. Jukka kysyi, saako Neuvostoliitossa ajaa niin lujaa kuin huvittaa. Saa toki, mutta tiet ovat sellainen rajoite, ettei siellä satasta kovempaa voi ajaa. Jukka kertoi, että hän on saanut ajaa minne vaan, mutta kun hän kerran kokeili ajaa lujempaa, sheriffi pysäytti, tuli auton taakse ja pistooli ojossa huusi, että ulos ja autoa vasten kädet ylhäällä.

– Oikea kuri se olla pitää, rajoitukset on noudattamista varten, Pentti sanoi.

Jutustelu jatkui, pimeys syventyi. Paistettiin makkaraa, juotiin Coca Colaa ja poltettiin Jukan tarjoamat havannalaiset illan kunniaksi. Äkkiä kuulin, miten risu katkesi jossain pimeässä. Muut eivät olleet sitä kuulleet. Oltiin hiljaa ja valppaina. Ensin Pentti kuiskasi kuulleensa pienen rapsahduksen, sitten kertoi Jukka isommasta risahduksesta. Minä olin kuullut kaikki nuo äänet, sillä kuuloni oli parannut, kun puolet näkökentästäni oli poistunut. Minuuttiin ei kuulunut mitään, mutta sitten kuului taas rapsahdus.

– Joku kiertää ympyrää metsässä meidän ympärillä.

– Niin tekee, myötäpäivään, kahden tai kolmenkymmenen metrin etäisyydellä, Jukka sanoi hiljaa.

– Hirvi tai karhu, Pentti kuiskasi. – Eiköhän mennä sisälle?

– Mennään nukkumaan, kohta on aamuyö, Jukka sanoi ja keräsi syömättä jääneet makkarat ja loput limsat mukaansa. – Hyvää yötä, oli mukava muistella menneitä suomeksi.

– Onko se hirvikivääri vielä täällä mökillä?

– Ei, se oli Lassin kivääri ja hän vei sen mennessään.

– Hyvää yötä. Minä katson tuon nuotion sammumisen.

Toisten mentyä levitin vielä palavat puut erilleen ja odotin, että liekit sammuvat. Menin sitten mökkiin ja totesin, että minulle oli vapaana oven lähellä oleva laveri. Makuualkovista kuului jo hiljainen kuorsaus. Levitin makuupussin patjalle ja panin pitkälleni. Minulle ei tullut uni, olinhan nukkunut melkein koko iltapäivän. Tein syvähengityksiä ja jännitin jalkoja ja käsiä vuorotellen, niin kuin olin opetellut rentoutumaan. Toinen, voimakkaampi kuorsausääni alkoi kuulua samasta huoneesta. Toistin rentoutumisen, hengitykset ja raajojen jännittämiset ja odotin unta.

Olin nukahtanut, mutta heräsin johonkin ääneen ulkoa. Valpastuin ja kuuntelin. Ei kuulunut mitään. Painoin pääni alas ja yritin jatkaa unia. Hetken kuluttua kuului ääni niin kuin terassille olisi astunut joku. Sitten kuului viereiseltä ovelta voimakas raapaisu. Nousin istualleni ja kuuntelin. Kuului kaksi raapaisua peräkkäin. Menin ja koputin ikkunaan voimakkaasti. Tunsin tärähdyksen lattiassa, kun joku ponnisti terassilta pois. Nyt lähempänä nukkunut Jukka heräsi ja kysyi, mitä oikein kopistelin. Sanoin, että häädin karhun pois ovea raapimasta. Jukka nousi istualleen. Kerroin, mitä oli tapahtunut, ja arvelin, että karhun oli tehnyt mieli makkaraa. Jukka ihmetteli karhun röyhkeää käytöstä ja kysyi, voisiko se tulla ovesta läpi. Sanoin, että Kaski-ovi kestää, jos on karapuut ovenpielissä paikoillaan. Jukka vahvisti, että karapuut on ja vuorilaudatkin ruuveilla kiinni.

– Onko aamu jo? kuului makuualkovista.

– Kello on neljä paikallista aikaa, oli vieraita tulossa, mutta ei päästetty sisälle.

– Jaa, ei tähän aikaan, aamulla sitten, Pentti sanoi ja jatkoi uniaan.

Aamulla olin ensimmäisenä ylhäällä. Aukaisin oven ja menin katsomaan jälkiä terassin edessä. Karhun jäljet olivat painautuneet sammalikkoon. Hain sisältä pannun, kävin hakemassa vettä ja panin kahvin tulelle. Sitten nousi Pentti ja heti perään Jukka. Joimme kahvit ja kävimme aamuuinnilla. Sen jälkeen menimme katsomaan yöllistä karhunkierrosta. Noin kolmenkymmenen metrin etäisyydellä nuotiosta oli useat karhun jäljet. Sitten näkyivät jäljet mökille. Niistä päätellen karhu oli aina muutaman metrin välein tallustellut paikallaan ja sitten jatkanut matkaa. Ovessa näkyi sekä tuoreet että aikaisemmat raapaisut. Jukka tiesi, että kyseessä oli mustakarhu, joka oli pienempi kuin Suomessakin elävä harmaakarhu.

Vietimme päivän aurinkoa ottaen ja rupatellen. Jukka oli sopinut lentäjän kanssa noutoajan kello neljäksi. Siivosimme kämpän ja panimme paikat entiselleen. Koneen ääni alkoi kuulua ja menimme rantaan. Laskeutumisen jälkeen pilotti ajoi hiljalleen rannalle. Nousimme Pentin kanssa koneeseen ja istuimme peräpenkille. Lopuksi Jukka pukkasi konetta etemmäs rannasta ja hyppäsi kyytiin. Hän seisoi hetken koneen ulkopuolella ja kiipesi sitten pilotin viereen. Pilotti aloitti nousukiidon ja kohta olimme ilmassa. Kontiotupa jäi erämaahan, ja mustakarhu katsoi jostain puiden seasta, kun lensimme makkarat mukanamme pois.

42

Paluu töihin oli aikaeron vuoksi väsyttävää, mutta jostain piti aloittaa. Menin pöydällä olevat liput ja laput läpi. Ilmoitusten pyytäjät olivat aktivoituneet, vaikka olin kuluvana vuonna siirtänyt kaikki kyselyt vastuuhenkilöille. Tiputtelin kaikki muut ilmoituspyynnöt roskiin, mutta sotaveteraanien tukipyyntöihin olin aina suostunut, sillä he olivat vapauden meille taistelleet ja ansaitsivat huomion. Muutama soittopyyntö oli metsänmyyjiltä. Yhdellä oli isohko leimikko, ja hän tinkasi Eskon tekemään tarjoukseen hintaa lisää. Kerroin niitä näitä ja valittelin, että en voi puuttua Eskon antamaan hintaan, sillä se tarkoittaisi samaa kuin ottaisin häneltä valtuudet pois. Olin myös vakuuttunut, että Esko maksoi näistäkin tukeista parhaan hinnan. Isäntä oli kohta samaa mieltä ja lupasi soittaa Eskolle, että tehdään kaupat. Toinen, vielä tutumpi isäntä oli puhekaverin tarpeessa. Oli kuullut, että olen käymässä rapakon takana, ja oli kiinnostunut kuulemaan, mitä siellä näkyi. Kerroin lyhyen version matkasta. Kohta hän oli tyytyväinen ja sanoi myyneensä Eskolle leimikon. Onnittelin ja kerroin, että niiden jalostus työllistää pitäjää ja kaikki hyöty jää tänne. Meillä oli jo viisikymmentä henkilöä hommissa.

Olimme pitäneet kuukausittain johtoryhmän palaverit. Kukin vastuuhenkilö esitteli edellisen kuukauden tapahtumat ja tavoitteet. Vertailu oli aina budjettiin nähden. Isot, ketjuuntuvia vaikutuksia aiheuttavat poikkeamat käsiteltiin niiden kanssa, joiden alueelle vaikutukset tulivat. Myynnin ja tuotannon välillä syntyi monesti poikkeamia sovituista pelisäännöissä. Toimitus oli joskus myyty epäselvillä muutoksilla, jolloin valmistus oli kalliimpi. Kate jäi niissä tapauksissa pieneksi, ja kiistely kävi siitä, kumpi osa-alue oli aiheuttanut menetyksen. Käsirysyyn saakka eivät näkemyserot kuitenkaan johtaneet. Niistä selvittelyistä kyllä kaikki osapuolet oppivat ja pyrkivät jatkossa välttämään niitä. Joskus oli mennyt läpi sellainen poikkeama, jonka vasta Seija huomasi. Kokonaisuudessaan meno oli budjetin mukaista kassabudjettia myöten. Porukka oli tavoitteisiin sitoutunut ja innostus oli silminnähtävää.

Syksyllä pidettiin kehitystyön johtavan toimikunnan kokous. Kehitysprojektit olivat loppusuoralla. Markkinointikonsultti Hagman oli lähtenyt Brysseliin kansainvälisiin tehtäviin. Haapakosken pankki oli noussut päärahoittajaksi. Hänet ja Sulander Kerasta oli kutsuttu tilaisuuteen. Mikkola ja Hotanen esittelivät konsultteina koko kokonaisvaltaisen kehitysprojektin eri vaiheet. Veijo valittiin puheenjohtajaksi ja minä ja Seija edustimme yritystä. Veijo avasi tilaisuuden ja toivotti osanottajat tervetulleiksi ja luovutti puheenvuoron projektin kokonaisuudesta vastaavalle Mikkolalle.

– Kokonaisvaltainen yrityksen kehitysprojekti käynnistettiin tilanteesta, missä yrityksen päätuotteeksi oli hahmottunut hirsimökit. Myynti oli suoramyyntiä tehtaalta pääasiassa Suomeen Timon hoitaessa myyntiä. Tuotantovälineinä oli Ari-sahalinja, kuivaamo, höyläkone ja salvuulinja. Kaksi työhön osallistuvaa työnjohtajaa hoiti asioiden kulkua tuotannossa. Sahatavaraa meni paikallisille rakentajille. Toimistotyöt ja kirjanpidon hoiti Seija. Tuleeko lähtötilanteesta Timolla mitään mieleen?

– Kiire ja rahapula oli päivittäin tuttua, vuosi oli 1976.

– Ensimmäinen projekti oli markkinoinnin vauhdittaminen ja jakelutien rakentaminen. Tuotannon alueella parannettiin läpivirtauksia ja kehitettiin työpisteiden toimintaa. Hallinnon alueella laadittiin perusraportit toiminnan seuraamiseksi. Seija hoiti kirjanpidon, joka oli ajantasalla. Toisessa vaiheessa oli kaikkinainen toiminnan vauhdittaminen ja varmentaminen. Mökkimyyntiin määriteltiin jakelutiemalli ja edustajan profiili. Selvitettiin, millä kriteereillä asiakkaat valitsevat mökkinsä. Myyntipäälliköltä vaadittavia ominaisuuksiakin mietittiin, samoin tuotekehitystarpeita asiakaspalautteen pohjalta.

– Kilpailukyvyn lisäämiseksi mitattiin tuotannon läpimenoajat ja häiriöaikojen osuus työajasta, Hotanen jatkoi. – Työpistekohtaisia menetelmiä kehitettiin, metsänosto ohjelmoitiin sahausohjelman mukaiseksi ja mahdolliset välttämättömyysinvestoinnit kartoitettiin.

– Löytyikö investointitarvetta? Veijo kysyi.

– Ei isompia kustannussäästöihin liittyviä, mutta muutama kapasiteetin lisäykseen tarvittava. Kuivaamokapasiteetti oli vähissä talvella, mutta Epe sai naapurin tyhjillään olevaa kuivaamoa vuokrattua, Hotanen sanoi.

– Sielläkö oli kapasiteettia myydä? minä ihmettelin. – En ole kuullutkaan.

– Silloin siellä saha seisoi ja vuokrasivat mielellään kuivaamoja, Hotanen kertoi Epen todenneen.

– Hallintopuolella käynnistettiin toiminnan budjetointi ja seurantaraportointi, Mikkola jatkoi selostusta. – Tätä kehitettiin vaiheittain niin, että se voitiin ottaa käyttöön toissavuonna. Vuotuinen tavoiteasetanta oli johdon tehtävä, missä pohdittiin tuoteryhmittäin seuraavan vuoden tavoitteet ottaen huomioon saavuttu valmius, kilpailutilanne, ulkoiset suhdanteet ja kaikki, mikä vaikuttaa kysyntään, myös peilaten yrityksen toiminnallisiin valmiuksiin. Myös resurssit oli otettava huomioon.

– Ylittikö ne johdon tavoitteet kuluvan vuoden saavutetun tason?

– Tämä vuosi on tupla edellisen ja läpi menee.

– Hurja on kasvu, Veijo sanoi. – Miltä näyttää valmiudet seuraavalle vuodelle?

– Sama tahti voi jatkua, mutta se vaatii investointeja ja lisää resursseja, minä sanoin.

– Tuotannon alueella tehtiin monta menetelmäkehitystä ja pieniä investointeja, joilla saavutettiin lisää kustannuskilpailukykyä. Esimerkiksi mökkihallilla hirsinippuja työnsi sisään ja ulos koko hallin väki. Linjan rakentanut Antti suunnitteli ja valmisti ”Buickin”, jolla yksi mies siirsi niput sisään ja ulos hallista. Vastaavia menetelmäkehityksiä oli monia muita, Hotanen totesi.

– Kolmas kehitysvaihe on nyt lopullaan ja se alkoi viime vuoden alussa. Mitä projekteja silloin käynnistitte? puheenjohtaja kysyi.

– Siihen saakka käynnistettyjen projektien vaiheita mentiin alussa läpi, Mikkola sanoi. – Sillä varmistettiin, että saavutetut valmiudet ovat toiminnassa. Sen jälkeen syvennettiin kehitystyötä. Johdon alueella käynnistettiin STR-suunnittelu eli pitkän tähtäimen suunnittelu. Siihen sisältyi liiketoimintojen tarkastelu nyt ja suunnitteluolettamukset viiden vuoden päähän, Str-tavoitteet liiketoiminnoittain ja yritys kokonaisuutena, kilpailija-analyysit ja mahdolliset ulkoiset muutokset. – Tuo yksi ulkoinen uhka lienee poistunut, kun pojat ovat aloittaneet yhteistyön, minä sanoin.

– Liiketoimintojen keskinäinen vertailu, mökit, paneelit ja paikallismyynti sitoutuneisiin resursseihin nähden. Voisiko jollain liiketoiminnalla saavuttaa paremman tuloksen luopumalla toisesta? Parhaat kasvualueet liiketoiminnoittain. Tässä muutamia tarkastelukuvakulmia.

– Miltä yrityksen tulevaisuus nyt viiden kehitysvuoden jälkeen näyttää verrattuna siihen kun aloititte? Sulander kysyi.

– Perustutkimuksessa ennen aloitusta yrityksen laadullisessa taseessa oli paljon aineksia hyvään tulevaisuuteen. Nuori, innostunut henkilöstö, päätuote kasvavan kysynnän alueella. Kohtuuinvestoinnilla hankittu tuotantovälineistö. Kirjanpidollinen tase ei kovin vahva ollut. Nyt myös kirjanpidollinen tase on vahva. Nettovelkaa ei ole. Laadullinen tase ja yrityksen iskukyky on erinomainen. Markkina-asema päätuotteella toinen Suomessa.

– Mitä mieltä yrittäjä on tästä kehitystyöstä? Haapakoski kysyi.

– Tässä vaiheessa olen hyvin tyytyväinen. Alussa tuntui kovalle riskille ottaa kallis kehitystyö. Paljon helpompi oli ostaa koneita ja tehdä rakennuksia, koska ne oli jotain konkreettista, mutta kehitystyö toi alussa vain lisätöitä. Tulokset näkyi vasta viiveellä. Tieto siitä, mitä, kenelle ja miten homma hoidetaan, on paljon tärkeämpi kuin rakennukset ja koneet.

Palaveri päättyi lupaaviin tulevaisuudennäkymiin. Pitkäntähtäimen suunnitelmaa ei esitelty vaan käytiin vain keskustelua sen pääkohdista. Salaiseksi leimattua suunnitelmaa oli vain yrityksen avainhenkilöiden lupa katsella.

Kenttäkierros oli jäänyt tavaksi. Lähdin jälleen kävelylle. Ensiksi menin sahan vastaanottopäähän. Seurasin hirsien, lankkujen ja lautojen tuloa poikittaisella kuljettimella. Näköhavaintojen perusteella niitä tuli tiheämmin kuin aiemmin. Kaksi BM-Volvoa liikkui kentällä. Toinen siirteli sahan alkupäässä tukkeja poikittaiskuljettimelle, vaihtoi välillä piikit ja siirteli vastaanottopäästä tapuleita tarhalle. Katsoin sirkkelisahaa. Siitä oli kahdeksan vuotta, kun rakensin tuon ja matkustajakone putosi Pudasjärvelle. Heräsin muistoista, kun Markku kysyi, miltä homma näyttää.

– Hyvältä! Tukkia menee ja tavaraa tulee tiheämmin kuin ennen.

– Kolmannes lisää viime vuoteen.

– Onko enää häiriöitä?

– Eipä juuri, naula joskus vaihdattaa terän kesken vuoron.

– Työn iloa, sanoin ja jatkoin kierrosta.

Yksi mies oli poistunut keskuudestamme, ensimmäinen sahuri vapaa-ajalla. Muistin häntä aina lämmöllä käydessäni sahalla, missä hänen paikallaan oli toinen mies. Jatkoin kierrosta höylälle. Olli syötti lautaa entiseen tapaan. Heilautin kättä ja jatkoin matkaa. Jos höylällä olisi ollut asetteen teko, olisin mennyt puheille, mutta nyt en halunnut keskeyttää työtä.

Mökkihallilla Epe ja Eero olivat laskemassa jotain läpimenoaikaa. Menin kysymään, miksi he niin tarkkaan laskevat. Laskivat kuulemma siltä varalta, että kuitenkin kysyn, mitä oli tälle vuodelle ennakoitu ja mikä oli toteutuma salvettua hirsikuutiota kohti. Sanoin, että kysyisin viimeistään vuoden lopussa, mutta jos heillä oli kolmen neljänneksen toteutuma, niin voin varmaan kysyä, miltä näyttää. Hyvin oli trimmattu. Epe ja Hotanen olivat kellon ja papereiden kanssa kiertäneet työpisteitä, poistaneet seisokit ja lisänneet läpimenoa, niin että hirvitti tämä vauhti. Lisääntyneestä läpimenosta oli ollut se haitta, että aina sai juosta hakemassa suunnittelusta uusia sopimuksia.

Menin suunnitteluun Jussin luo.

– Salvuussa näkyy läpimeno lisääntyneen, onko täällä ollut kiireitä?

– Niin onko? Jos saes raohassa suunnitelmallisesti tehä, niin ei olisi, mutta kun viime tingassa kaikki sanoo että het pitäisi suaha.

Jussi tarkoitti sekä myyntiä että tuotantoa. Myyntiin pitää tehdä muutoskuvat ja tuotantoon hirsikuvat ja luettelo. Läpimeno oli kaksinkertaistunut, suunnittelussa oli entisen kahden sijasta nyt kolme ihmistä. Jussin mielestä se riitti talvea vasten, mutta ei enää keväällä. Kehotin laittamaan seuraavan vuoden suunnitelmaan lisää ihmisiä suunnittelupuolelle.

– Katotaan sitten. Miten se siijanpyynti, oletko ollut Sammeliin yhteydessä?

Siikareissu oli unohtunut, harmitti hieman. Edellisenä syksynä olimme käyneet Jussin, Eeron ja Eskon kanssa siianpyynnissä Lapissa. Siikoja oli saatu kaksi saavillista. Perjantai-iltana oli menty, lauantaita ja sunnuntaita vasten oli verkot vedessä.

– En ole ollut yhteyksissä, se on unohtunut ja nyt on syksy liian pitkällä.

– Niin taitaa olla, katsotaan ensi syksynä.

Vuoden toisella puoliskolla tuli useita yhteydenottoja mitä erilaisimmista hankkeista. Eräänä päivänä ryhmä ranualaisia tuli puheilleni ja ehdotti huonekalutehtaan perustamista Ranualle. Heidän ajatuksensa oli, että lähtisin mukaan kolmanneksen osuudella. Tehdas voisi tuottaa esimerkiksi mökkikalusteita. Kysyntää voisi edistää jakamalla kaluste-esitteitä samassa postituksessa mökkiesitteiden kanssa. Kuuntelin ehdotusta ja lupasin miettiä asiaa, mutta muuta kantaa en ottanut.

Yksi yhteydenotto tuli Rovaniemeltä, missä oli perustettu yritys edistämään pohjoisen yrittäjien tuotteiden markkinointia Venäjälle. Soittaja oli aikoinaan toiminut Pudasjärvellä opettajana ja oli nykyisin Lapin paliskuntayhdistyksen toiminnanjohtaja. Olin hänet joskus tavannut, kun hän oli asunut täällä. Hän kysyi, lähdenkö kyseisen yhtiön hallitukseen mukaan. Lupasin harkita ja soittaa viikon sisällä, jos lähden. Puhelun jälkeen mietin asiaa, mutta se tuntui kaukaiselle. En lähde.

Kuusamosta kävi yhtenä päivänä nuori yrittäjä esittelemässä kehittämäänsä tuotetta. Katselin pienoismallia ja kuuntelin hänen innokasta esitystään. En innostunut, vaikka miltä kantilta asiaa pohdin. Viimein totesin, että se ei ole meidän tuotteiden kanssa yhteensopiva, mutta voi hyvinkin sopia esimerkiksi kelomökkien tekijöille.

Huonekalutehdasta ehdottaneet ranualaiset olivat jääneet mieleen. Porukan innostunein kaveri oli ammatiltaan kuorma-autoilija. Heidän ehdotuksensa kiinnosti, vaikka en nähnyt synergiaa mökkien kanssa. Ehkä olin kiinnostunut, koska he olivat liikkeellä samanlaisella innostuksella, jolla itse olin omaa yritystäni perustanut. Se vie vaikka läpi harmaan kiven. Tahto kertaa tieto on tulos, muistin jostain lukeneeni. Tieto ei johda mihinkään, jos ei ole tahtotilaa. Haluan tavata ne kaksi kaveria. Toisella oli tietoa, hän oli puuteknikko, ja toisella oli tahtoa, niin että sillä mennään mihin vain. Soitin tahtoa pursuavalle kaverille, joka heti kysyi, milloin pidetään perustamiskokous.

– En tiedä sitä, mutta missä meinasitte harjoittaa sitä tehtailua? minä kysyin.

– Täällä minun autotallissa voisi aloittaa ja tonttia on jos tarvitsee laajentaa.

– Sinäkö sitä lähtisit vetämään?

– Minä ja tuo Taneli lähtisi tekemään.

– Entä myynti, kuka sitä tekisi?

– Minä tietenkin. Annoin jo muutamalle puutyönopettajalle homman, että voisivat tehdä malliksi neljän tuolin pöytäryhmän.

– Onko se uusi vai vanha design ja männystä vai koivusta?

– Männystä. Siitä designistä en osaa sanoa, mutta sehän selviää kun käyn Onen luona. Niin, varmaan, One kyllä tietää mikä menee ja ei mene.

– Kun saat sen nollasarjan, niin tulkaa Tanelin kanssa käymään, samalla kun käytte Onen luona.

– Selvä, mutta se ei ole mikään nollasarja, vaan pöytä ja neljä tuolia.

– Ensimmäinen yleensä on nollasarja, mutta tulkaa käymään, niin tuumataan lisää.

43

Kymmenes toimintavuosi oli alullaan. Edellisen vuoden viimeisellä neljänneksellä oli menty tavoitteet ja budjetit läpi alkaneelle vuodelle. Tavoite oli haastava, vaikka ei sellaista kasvua tavoiteltu kuin edellisenä vuotena. Sahaus ja kuivaus olivat alihankinnan varassa. Henkilöstön määrä ylitti jo keväällä sata henkeä metsurit ja mökkiasentajat mukaan lukien. Tammikuun lopulla minulla oli päänsärkyä ja vasen käteni ja olkapääni menivät turraksi. Kävin terveyskeskuksessa ja sieltä passittivat Ouluun sairaalaan. Tilannetta tutkittiin muutama päivä, ja loppulausunnon mukaan kyseessä oli jännityksestä johtuvaa migreeniä. Sain sairauslomaa kaksi viikkoa. Hiihdin ja kävin usein kävellen lenkin yrityksessä. Oireet hävisivät ja palasin työhön. Kovat tavoiteneuvottelut loppuvuonna olivat aiheuttaneet joka viikko parin päivän päänsäryn, lienee tämäkin niiden seurausta, ajattelin.

Pari päivää meni, kun vastailin puhelimeen ja sovin tapaamisia. Vakuutusyhtiö halusi tehdä kilpailevan tarjouksen. Johtoryhmä puoli päivää. Kalevan toimittaja, iltapäivä. Ranuan huonekalutehtailijat, puoli päivää. Siivikon yrittäjien palaveri, puoli päivää. Paikalliset metallimiehet esittelivät tilanteensa, rahoituskriisi päällä. Keralle viime vuoden esittely. Norienter, pohjoisen vientiyhtiö, tapaamispyyntö. Ivalossa käynti, Holmbergin hirsisopimus Eeron kanssa, päivä. Koivunen, lisäkuivaamon esittely ja tarjous. Jukka Jumppanen Suomessa, haluaa tavata. Tuotekehityspalaveri. Johtoryhmä, koko päivä, investointien käsittely. Liiton toimittaja. Kestilä, käyntipyyntö. Mikkolan käynti, koko päivä. Kunnanjohtaja, insinööri ja elinkeinoasiamies, tapaaminen elinkeinopolitiikasta. Piirimyyjäpäivät Osmon kanssa.

Kalenteri oli liiankin täysi. Poimin sieltä muutamia tärkeimpiä ja peruin tyhjänpäiväiset. Tapasin vakuutusyhtiön miehet ja sain tarjouksen, joka oli alle puolet nykyisen yhtiön hinnasta samoilla ehdoilla. Pyysin Seijaa katsomaan tarjousta ja sanomaan, huijataanko meitä vai onko tähän saakka huijattu. Seija totesi, että aiemmassa oli ollut riskilisä. Huonosti kannattavat yritykset usein palavat. Oli tarjouksessa myös sellainen ehto, että heiltä tulee asiatuntija tekemään riskienhallintasuunnitelman, mikä oli toinen syy edulliseen hintaan.

– Kiitos, kun avasit asian. Laitan nimen tähän, pane postiin.

Ranuan huonekalutehtailijat tulivat seuraavana päivänä ja kantoivat pöydän ja tuolit huoneeseeni, joka oli sen jälkeen niin täysi, että ulos en päässyt kuin pöydän yli. Jaakko kehaisi ruokailuryhmää hienoksi. Mietin hetken vastaustani ja totesin sitten, että ainakin kalusto on massiivinen. Jaakon mukaan se kestää vaikka lyödä nyrkkiä pöytään, ja Taneli säesti kehumalla salvosten lujuutta. He olivat suunnitelleet kyseiset kalusteet mökkeihin. Sanoin, että minun tietääkseni ihmiset kantavat mökille vanhat huonekalut ja ostavat kotiin uudet. He olivat kuitenkin tuumanneet, että kalusteet lähtevät mökkien matkassa, jos se vain minulle sopii. Kerroin, että meille valmistui juuri pitkäntähtäimen suunnitelma, eikä siinä puhuta kalusteista mitään. Neuvottelu keskeytyi, kun Seija huusi meitä kahville. Kiipesin pöydän yli ja totesin sen kestäväksi.

– Viedään autoon takaisin, niin Timolla on helpompi, kulkea, Taneli sanoi.

– Jos et kerran ota myyntiin, niin viedään, Jaakko totesi.

Kun he olivat vieneet huonekalunsa, juotiin kahvit, ja siinä samalla jatkoin kalusteiden arviointia. Tiettyä taiteellisuutta pöytäryhmässä oli, mutta oliko mänty muodissa? Enemmän olin nähnyt siistejä koivuryhmiä. Kehotin heitä käymään Onen luona kysymässä, mitä kannattaa tehdä. Kahvin jälkeen huonekalumiehet alkoivat tehdä lähtöä ja Jaakko kysyi, lähdenkö mukaan heidän yritykseensä. Yrityksen nimi oli Lappinus ja kolmannes osuutta oli tarjolla.

– Tehkää ensin myyntikelpoiset tuotteet, niin tulen katsomaan hallia ja päätän vasta sitten.

Menin soittopyyntöjä läpi. Yhdessä oli ehdotus hallitustyöskentelystä Huttu-Veikon Norientter-vientiyhtiössä. En tuntenut kutsumusta sellaiseen, joten soitin ja neuvoin kysymään jotain joutilaampaa ja terveempää miestä. Veikko tiedusteli, miten menee. Yrityksellä meni hyvin, mutta itselleni oli tullut sulakkeeksi migreeni. Liikahommia oli pyrittävä välttämään.

Oveeni koputettiin, kun laskin luurin paikoilleen. Siellä oli Kalevan toimittaja Vääriskoski, joka kysyi, olisiko puoli tuntia aika. Pyysin astumaan peremmälle ja osoitin tuolia. Vääriskoski kyseli, oliko työpaikkoja tullut lisää laajennuksen jälkeen. Olihan niitä, juuri kuulin, että lähentelee sataa henkeä. Vääriskoski ihmetteli, että olimme pyytäneet kuntaa tekemään laajennuksen. Eikö yrityksellä ollut mahdollisuutta itse rakentaa ja rahoittaa sitä? Muistutin, että ehdotus tuli kunnan puolelta ja mahdollisti, että saatoimme käyttää omia varoja kasvun rahoittamiseen. Kannattavuus on ollut hyvä jo viime vuosina, mutta kasvu sitoo pääomaa ja jos se olisi sidottu rakennuksiin, se olisi hidastanut kasvua. Vääriskosken mielestä yrityksellä oli iso merkitys, varsinkin kun naapurissa mäen päällä oli hiljennyt, mutta mihin yrityksen menestys perustui?

– Valittuun strategiaan, innostuneeseen työvoimaan, niitä on satoja asioita. Jos me lähtisimme vaikka juustontekoon, niin epäonnistumisen todennäköisyys olisi yhdeksänkymmentä prosenttia.

– Miten opitaan tekemään ja valitsemaan menestyvä liiketoiminta?

– Alussa opitaan virheiden kautta, mutta onneksi ollaan vielä pieniä. Viisi viimeistä vuotta olen ollut alan ammattilaisten kouluttamana. Innostus kertaa tieto on tulos.

– Olen kuullut jostain, että olette hullun lailla käyttäneet rahaa konsultteihin.

– Totta on. Ennen konsulttien käyttöä luulin tietäväni kaiken, mutta vasta sen jälkeen opin suuntaamaan työskentelyn oikeisiin asioihin. Kun koko organisaatio saa oikean suunnan ja motivaation, menestystä ei pidättele mikään.

– Saanko käydä tuolla kentällä ja ottaa muutaman kuvan ja haastatella jotain työmiestä?

– Ole hyvä ja ota työmiehistä kuvia. Kiitos käynnistä.

Oveni oli auki, ja tutut Siivikon pojat astelivat sisään sovittuna aikana. Pekka kertoi, että metallimiehillä meni muuten hyvin, mutta oli rahahuolia. Ihmettelin, miten se oli mahdollista, sillä juurihan he olivat aloittaneet. Kalervo sanoi, että he kyllä tulevat toimeen, mutta Keralla taitaa olla murheita, kun lähettävät kovia karkukirjeitä Irontek oy:lle. Yhtiö oli toista vuotta sitten saanut vähäisen lainan, ja nyt Kera oli jo karhuamassa sitä takaisin. Ne tahtovat olla lyhytnäköisiä täällä meillä. Vähäisen annetaan ja heti ollaan perimässä takaisin. Olin lukenut jokin aika sitten japanilaisesta rahoitusmeiningistä, että siellä ne antavat yritykselle alussa kymmeneksi vuodeksi. Jos se ei ole lähtenyt kannattamaan, niin annetaan entisen päälle lisää lainaa toiset kymmenen vuotta.

– Mikä se silloin olisi yrittää. Meillä on markkinoiden lujin suurteholumilinko, mutta ei kassaan ole vielä kertynyt rahaa lainanmaksuun, Kalervo totesi.

– Nyt ollaan kevättä menossa, onko teillä kesään tuotteita?

– Turveperäkärryjä tehtiin viime kesänä, mutta ensi kesälle ei voida tarjota, kun ei saada aineita.

– Soittakaa sinne Keraan ja kysykää lainaa lisää ja entiselle maksuaikaan pidennystä. Te olette ammattimiehiä, teknikko ja insinööri. Voin puhua puolestanne, jos soittavat minulle. Se teollisuushalli on ollut tyhjillään suurimman osan ajasta ja nyt kun on yrittäjät ja niille tuotteet ja markkinat, tärkeimmät asiat on kunnossa.

– Auttaakohan se? Pekka sanoi alistuneesti.

– Rohkeasti vaan, kyllä ne lähtee mukaan, kun perustelette tuotteiden hyödyt ja markkinoiden suuruuden.

– Yritetään, kiitos neuvoista.

Toivottavasti pojat selviävät, ajattelin. Kunnan ensimmäinen teollisuushalli oli ollut meilläkin vuoden vuokralla höyläämönä. Erillään olo oli tuonut lisää kustannuksia ja keskitimme toiminnat nykyiselle alueelle.

Pidettiin johtoryhmän palaveri. Ensimmäinen vuosineljännes oli mennyt budjetin mukaan. Tilauskanta oli vahvistunut kotimaassa ja Norjassa. Kirstunpohja ei ollut vilahtanut yhtään kertaa, vaikka pahin kausi vuodesta oli toimittu. Ruotsin vientipäällikkö Harri oli antanut varoituksen, että siellä hallitus on poistanut vapaa-ajanasuntojen lainakorkojen verovähennysoikeuden, ja myynti oli pysähtynyt kokonaan. Aikaisemmin asiakkaat olivat saaneet mökin rakentamiseen täyden rahoituksen kahdenkymmenen vuoden maksuajalle. Asia kirjattiin huomioitavaksi loppuvuoden Ruotsin-myyntiin.

Kestilän talotehtaan johtajan soittopyyntöä jäin miettimään. Mitä asiaa hänellä voisi olla? Soitin ja kysyin asian laatua. Kysymys on luottamuksellinen ja koski yhteistyötä. Hän ei puhuisi siitä mielellään puhelimessa, joten sovin käynnin seuraavalle päivälle.

Aamulla ajoin Kestilään. Pihalla totesin tilojen olevan uusia. Menin sisälle, ja johtaja löytyi huoneestaan. Tervehtiessämme panin merkille väsyneen miehen silmät. Istuuduttiin pöydän molemmin puolin, ja sihteerin toi kahvia. Kysyin, miten menee.

– Kuin jäitä polttaisi, johtaja vastasi.

Myönsin, että sitä ne tahtovat nämä hommat olla tähän aikaan vuodesta. Johtaja sanoi, ettei heillä ole ehtinyt helpompia aikoja olla. Talopaketteja oli valmiina asiakkaille, mutta toimitukset alkavat vasta toukokuun lopussa. Lohdutin, että sinne on enää kuusi viikkoa, pian helpottaa. Johtaja ei ollut yhtä luottavainen, vaan sanoi, että maksamattomia laskuja oli niin paljon, että sen pinon yli oli vaikea nähdä. Yrityksellä oli kolmas vuosi menossa. Mallisto oli hyvä ja tuotantovälineet kunnossa, mutta tulosta ei saatu aikaan. Kysyin, myivätkö he halvalla vai tekivätkö kalliisti.

– Molempia. Aina kilpailija vedättää hinnan alas ja huonolla maksuvalmiudella joutuu tavaroista maksamaan ylihintaa.

– Se on paha kierre, siitä pitää päästä. Onko ne ylihyviä teidän talot?

– En osaa sanoa, tunnetun arkkitehdin suunnittelemia, ei niitä kukaan ole moittinut. Meillä kävi sama konsultti joka on teillä ollut. Hän pyysi olemaan sinuun yhteydessä. Kysyn suoraan, kiinnostaako yhteistyö?

– Minä olen osin menettänyt terveyteni, aivoinfarkti vei puolet näöstäni. En tohdi ottaa lisää paineita, eikä näitä hommia paineitta hoideta.

– Sinulla on yritys mennyt hyvin. Mitä neuvoja annat selviytymiseen tästä tilanteesta?

– Pidä huolta terveydestä, se on tärkeintä. Niillä konsulteilla on neuvot selviämiseen. Miten vauhdittaa markkinointia, hakea kustannussäästöjä tuotteesta ja tuotannosta, siellä on sata ja yksi asiaa, mutta niitä ei tahdo itse nähdä. Pitää purkaa ylimääräinen varasto rahaksi. Rahoittajilta on haettava aikaa lisää, on opittava kaikki tuloksen tekoon tarvittavat asiat. En osaa sanoa muuta kuin voimia sinulle.

Nousin ylös ja tein lähtöä, mutta ehdotin, että kävelemme tuotannon kautta, niin ehkä minulle tulee sieltä jotain mieleen. Johtaja kiitti keskustelusta, joka oli valaissut asioita uudesta suunnasta. Kävelimme lähtevien pakettien kautta, missä oli useita kymmeniä talopaketteja lähdössä asiakkaille. Saavuimme tuotantohallin alkupäähän, mistä elementtien valmistuslinja alkoi. Katkaisusahat olivat molemmin puolin pöytiä. Katkaistut elementtien runkopuut ladottiin paikoilleen ja sitten kosteuseristemuovi ja sisälevyt nostettiin päälle ja kiinnitettiin. Seuraavassa työpisteessä elementti käännettiin toisinpäin ja lämpöeristeet asennettiin paikoilleen.

Sitten kiinnitettiin tuulensuojalevy, ovet ja ikkunat ja viimeisenä ulkoverhoilulaudat. Elementti jatkoi matkaa paikkaan, missä se jäi odottamaan pystyyn nostettuna seuraavia elementtejä rinnalle ja pakattavaksi. Ristikoiden valmistus oli toisella puolen hallia. Ennen ulos menoa sanoin, että tekopuolella ei ahkeruudella korvata strategisissa linjauksissa tehtyjä vääriä valintoja. Ehkä kannattaisi erikoistua hyvän arkkitehdin kanssa tekemään vain yksilöllisiä, kalliita taloja rikkaille.

– Mietteet menee aina köyhempään suuntaan, kun kriisistä toiseen yrittää selvitä, johtaja totesi.

– Ymmärrän, mutta muuta minulla ei tule mieleen. Hyvää jatkoa.

Kotona söin ja aloitin päivän lehtien lukemista, kun puhelin soi. Siellä oli Veijo, joka tiesi, että olin käynyt naapurikunnan talotehtaalla tänään. Ihmettelin nopeaa tiedonkulkua. Veijo kertoi, että hänellä oli tuntosarvet kilpailevilla tehtailla. Kerroin, että tehtaanjohtaja oli minut kutsunut, ja olin käynyt tarkistamassa, ettei siellä ollut päällekkäistä Veijon firman kanssa. Olin lukenut Veijon lähettämän pts:n ja sillä perusteella saatoin todeta, että päällekkäistä toimintaa oli ja syvällä uivat. Sen takia olin neuvonut, että muuttaisivat tarjontaa erilaiselle asiakasryhmälle. Veijo oli sitä mieltä, ettei kilpailija heidän kanssaan pärjää samanlaisilla tuotteilla samaan asiakasryhmään. Sen olin kyllä tiennyt.

– Tuliko pää kipeäksi?

– Ei, helppo päivä tämä oli.

Sovittiin vielä, että lähdemme viikonloppuna pilkille Jussin suvun mökille, jos kutsu sinne on vielä voimassa. Lupasin ottaa yhteyttä Jussiin. Kysyisin myös Paavoa mukaan, sillä Veijo oli ihastunut taiteilijan muutamaan tauluun ja voisi ostaa ne samalla matkalla.

Meneillään olevalle viikolle olin sopinut tapaamisen kuivaamon koneet toimittaneen Koivusen kanssa, jotta voidaan keskustella lisäkuivaamokamarista ja nykyaikaisemmasta sahauslinjasta. Koivunen tuli sovittuun aikaan ja esitteli uuden kuivaamokamarin koneistusta. Kysyin, olivatko hinnat nousseet aikaisemmasta. Hän naurahti ja kertoi, että kyllä ne ovat seitsemässä vuodessa nousseet. Minua kiinnosti myös uusi Ari-linja ja sen hinta. Meidän olisi molemmat hankittava lähivuosina. Koivunen esitteli viimeisimpiä toimittamiaan koneistoja kuivaamoihin sekä sahauslinjoja.

– Samankokoisen kuivaamon koneisto ja täyttöaukon ovi, Ari 25 -pyörösahauslinjan koneisto ja kuljettimet, kuorimo ja hakkuri kuljettimineen mukaan lukien uusilla koneilla, viisi ja puoli miljoonaa markkaa.

– Ohoh, olipa iso investointi ja rakennukset vielä päälle. Puolitoista miljoonaa, niin ollaan seitsemässä isossa rahassa, hiljaiseksi vetää, sanoin ja huokaisin.

– Hyvä maksaa, mutta sinä olet lisäkapasiteetin tarpeessa, Koivunen totesi.

– Tiedän, mutta pitää harkita, mille alan. Alku on ollut niin kuluttava, että uusiin isoihin riskeihin ei ole hinkua.

– Tässä on tietenkin mahdollisuus lisätä kapasiteettia käytetyillä koneilla. Ruotsista löytyy, ja niillä voidaan päästä puoleen hintaan.

– Sieltä minä olen kerännyt nuo nykyiset vehkeet, mutta niillä alkaa olla eläkeikä.

Palaveri päättyi, ja lupasin palata asiaan syksyllä, kun pohditaan seuraavaa vuotta. Kuivaamokapasiteettia voidaan ainakin joutua lisäämään.

44

Perjantai-iltana ajoin taiteilijan ateljeen kautta. Kaksi taulua sai Veijosta uuden omistajan. Paavo lähti kyytiin, sitten haettiin Jussi ja ajettiin Petäjäjärven rannalle hienolle mökille. Illan ohjelmassa oli saunomista ja makkaranpaistoa. Vapaasti kukin purki puseroaan tyhjemmäksi, ja helpottunein mielin kävimme viimein levolle.

Heräsimme aurinkoiseen aamuun ja lähdimme kahvin jälkeen kairaamaan reikiä. Kirkas päivä piti ahvenet jään alla. Aurinko ja pieni rusketus olivat päivän saantoja. Iltapäivällä Veijo porasi reiän viereeni. Keskustelu käynnistyi molempien yrityksiä koskettavista asioista. Veijolla oli mennyt hyvin, ja hän totesi, ettei se johtunut siitä, että he olisivat niin hyviä, vaan kilpailijat olivat hölmömpiä. Sen olin todennut itsekin tehdaskäynnillä loppuun palaneen yrittäjän luona. Veijo tiesi, että samalla konseptilla kyseinen yrittäjä oli pannut toisella paikkakunnalla pystyyn tehtaan, jolle oli käynyt samalla tavalla kuin hän ennusti nykyiselle käyvän.

Kerroin Koivusen käynnistä ja hänen tekemästään kustannusarviosta. Hinta ei ollut pyörryttänyt, mutta hankinnan ajattelu tuntui päässä. Veijo kielsi ajattelemasta sellaisia ja muistutti, että pääni oli sulake ja paineelliset asiat oli siirrettävä sivuun. Mitenpä niitä siirtää, kun Mikkolan oppien mukaan vain kasvava yritys on kehittyvä yritys ja kun kasvuaukkoja on synnytetty, niin ne pitää täyttää, sillä muuten kilpailijat täyttävät. Veijo oli samaa mieltä ja esitti ratkaisuksi yrityksen myyntiä.

– Sitäkin voisi harkita, jos saisi hyvän hinnan.

Heiluteltiin pilkkivapoja omissa mietteissämme. Katsoin Jussin ja Paavon suuntaan. Enemmän näyttivät nauttivan säästä kuin pilkkimisestä. Naamat olivat auringon suuntaan, päät takakenoon kallellaan. Veijo kysyi, mitä minun pitäisi yrityksestäni saada, että sen möisin. Muistin talvelliset Lapin huulenheitot ja sanoin, että pitäisi saada vähintään sama kuin mitä Nätti-Jussilla oli rahareppuja savotasta palatessaan. Saha ja kirves olivat ensimmäisessä pirssissä, viisi repullista rahaa toisessa ja Jussi itse istui kolmannessa. Veijo kysyi, onko mäen päällä näkynyt liikettä. Kerroin, että hiljaista on ollut, ja pojat ovat vuokranneet niitä kuivaamoja, mikä on helpottanut meidän tilannetta.

Paavo ja Jussi kävelivät rantaa kohti huvilalle. Kala ei ollut noussut ja mielenkiinto vavan heilutukseen alkoi hiipua. Kohta Veijokin sanoi, että eiköhän riitä tämä saalis. Päätettiin lähteä kahvinkeittoon. Ilma on hieno, nautitaan siitä.

– Sinuna minä odottaisin niiden investointien kanssa muutaman vuoden, se aikaisempi uhka voi muuttua mahdollisuudeksi, Veijo sanoi.

Iltapäivä meni sisällä rupatellessa. Kellään ei ollut isoja haluja mennä jatkamaan pilkkimistä. Syönnin jälkeen kuului matalaa hyrinää huvilan sänkykamareista. Ulkoilu oli tehnyt tehtävänsä. Illalla lämmitettiin sauna ja juttua riitti saunan jälkeen puolille öin. Aamulla siivottiin jäljet ja lähdettiin kotiin.

Kevät eteni. Päivät seurasivat toisiaan. Tapahtumat yrityksessä olivat kuin toistoa edellisestä vuodesta. Toukokuussa Ruotsin maahantuoja jätti hanskat tiskiin ja antoi voudin tehtäväksi selvittää pesä. Harrin kanssa asiaa selviteltiin, mutta meidän ei auttanut kuin tyytyä tilanteeseen. Tuli luottotappioita, mutta ne eivät juuri hetkauttaneet muuta kuin että sain päivän päänsäryn.

Veijo soitti eräänä päivänä ja kertoi, että naapurikunnan talotehdas meni nurin. Kysyin, auttoiko hän kilpailemalla sen kuoliaaksi. Kysymys tuli mieleeni, sillä kerran hän oli kertonut auttaneensa yrittäjän edellisen tehtaan kaatumista. Veijo myönsi, että muutamassa tarjouksessa hän oli vähän vedättänyt, mutta muuten se on luonnonlaki, että vahvemmat kaatavat heikommat. Niin raadollista se valitettavasti oli, mutta samalla luonnollista. Veijo uteli vähän jännittyneenä, olinko vielä samaa mieltä kuin pilkillä, että myyn yrityksen, jos saan viisi repullista isoja rahoja.

– Puheet pidetään, akat ne tieltä palaa, sanoin vähän leuhkasti.

– Mutta jos tulet katumapäälle myöhemmin?

– Voin tulla, mutta pieni pelko on jäänyt siitä infarktista ja pääkipu toistuu usein.

– Jos olet sitä mieltä, niin käykö että tuo tilimies tekee tilintarkastuksen?

– Kyllä käy, pane vain tulemaan.

– Hän tulee ensi tiistaina.

– Antaa tulla, kestää tarkastuksen. Ruotsista tuli pieni luottotappio, mutta ei ole vaikutusta, muuten mennyt yli budjetin tähän saakka.

Linna kävi tarkastamassa tilit ja totesi kaiken olevan kunnossa. Lähtiessään hän kysyi, että miksi ihmeessä olen myymässä. Sanoin, että pää ei kestä paineita eikä näitä hommia paineetta johdeta. Hän toivotti lykkyä tykö ja terveyttä. Soitin Mikkolalle ja kerroin päätöksestäni. Hän tiedusteli, millä meinaan päiväni täyttää, jos luovun työmaasta. Lupasin alkaa puhekaveriksi alkaville yrittäjille. Hän uskoi, että sitä hommaa piisaa, mutta varoitteli menemästä liian syvälle ja liian monen kanssa, koska silloin eivät paineet helpota. Kysyin vielä hinta-arviota, ja hän sanoi voivansa tehdä hintamäärityksen, koska tarvittavat tiedot hänellä jo oli.

Illalla puhuin asiasta Seijalle. Aikaisemmin olin kertonut Veijon kanssa käymistäni keskusteluista, ja silloin Seija oli sanonut, että saisin tehdä tahtoni mukaan, hänellä kyllä riitti työmaata kotona. Nyt kerroin, että päätös on tehty.

– Anna mennä, eiköhän sitä selvitä, Seija totesi. – Terveys on tärkeämpi kuin mennä koko ajan paineessa.

– On puhuttu, että jos kaikki on samaa mieltä, kauppa voidaan tehdä juhannuksen jälkeen.

– Siitä vaan!

Osmo oli järjestänyt piirimyyjäpäivät ja pyytänyt minut mukaan. Tilaisuus oli Keski-Suomessa ja osallistujia joka puolelta maata. Alkuesittelyn jälkeen Osmo kiitteli hyvin alkaneesta vuodesta. Olimme hyvällä kasvuvauhdilla saavuttaneet toiseksi suurimman valmistajan aseman Suomessa. Kasvun lisäksi tuloskehitys oli ollut hyvä ja vahvistanut yrityksen asemaa markkinoilla. Lisääntyneet talvitoimitukset olivat tasanneet kapasiteetin, niin että ”kylmiä” kuukausia ei juuri ollut. Mallistoon oli tullut mökkien lisäksi talot, ja ne lisäävät jatkossa asiakaspohjaa merkittävästi. Alkulämmittelyn jälkeen hän luovutti puheenvuoron suunnittelupäällikölle, joka esitteli mallistoa, etenkin uusia talomalleja. Sitten hän esitteli uuden Hämeen läänissä aloittaneen edustajan Matti Rajalan, joka on tehnyt myyntiennätyksen, seitsemän mökkiä viikon sisällä. Taputukset raikuivat Matille. Niiden aikana hän hyppäsi pöydälle ja tuuletti. Hän piti humoristisen puheen, jossa kertoi kokemuksiaan muutamista kaupoista. Viimeisenä hän kertoi, että oli myynyt täällä olevan yrityksen johtajan siskolle vähän ylipaineella ja saanut porttikiellon. Vahvistin, että Matti oli myynyt siskolleni ulkovaraston, vaikka siskoni oli sanonut, ettei sitä tarvitse, ja oli pyytänyt minulta rahoituksen. Edustajat olivat kaikki menestyneet hyvin ja päivä pursui innostusta.

Mikkola oli tehnyt yrityksen arvon määrityksen ja soitti.

– Näillä historiatiedoilla ja viimeisen suunnitelman mukaisilla tulevaisuuden tavoitetiedoilla sekä kuluvan vuoden välitilinpäätöksen tulos- ja tasetiedoilla pyytämäsi hinta on arvioni alarajalla.

– Millä perusteilla olet laskenut?

– Varat miinus velat on esinearvo. Viiden vuoden tuotot diskontattu nykyarvoksi. Nämä laskettu yhteen ja jaettu kahdella on minimihinta. Toinen määritys on tuottoarvot kymmenelle vuodelle. Se on maksimihinta.

– Kumpi näistä on oikeampi laskentatapa?

– Molempia käytetään, riippuu niin monesta asiasta. Hyvät ja riskittömät näkymät, niin tuottoarvot, mutta esinearvo lyhyemmillä tuottoarvoilla jaettuna kahdella on yleisempi.

– Kohdallaan se sitten on ollut, kun ottaa huomioon reppujen ja setelien koon, onhan niissäkin tulkintaa.

– On kyllä ja mikä on yhteisesti sovittu ja molemmat on tyytyväisiä, niin silloin se on kohdallaan.

– Niin on, pane lasku minulle ja kiitos hyvästä yhteistyöstä. Hyvää jatkoa!

Puhuin Osmon kanssa tulevasta muutoksesta ja tiedustelin, oliko hän valmis jatkamaan toimitusjohtajana, jos minä jään hallituksen puheenjohtajaksi. Hän vastasi myönteisesti. Sovittiin, että kymmenvuotiskahveilla minä esittelen historiaa ja Osmo kertoo tulevaisuuden näkymistä. Luopumisesta ei puhuta vielä mitään, siitä uutisoidaan heinäkuussa. Painatin keltaiset kesäpaidat, joissa luki Kontiotuote 10 vuotta.

Kesä oli parhaimmillaan ja viikon viimeinen työpäivä 11.6.1982. Kutsuin koko porukan iltapäiväkahville ja ilmoitin, että oli kulunut kymmenen vuotta yrityksen toiminnan alkamisesta. Kertasin lyhyesti yrityksen historian sirkkelisahasta nykyiseen tilanteeseen, jossa palkkaa maksettiin kahta vaille sadalle henkilölle. Voutikin on viimeiset viisi vuotta antanut rauhassa tehdä töitä. Puheen lopuksi kiitin kaikkia hyvästä yhteistyöstä ja annoin puheenvuoron Osmolle. Hän kertoi, että yrityksen tärkein työnantaja on asiakas ja niitä on riittänyt hyvin. Kasvua oli tiedossa myös jatkossa. Mökkien lisäksi tuotevalikoimaan olivat tulleet hirsitalot. Niiden kysyntä oli voimistunut kuluvana vuonna, niin että viidennes myyntimarkoista tuli talojen ostajilta. Kotimaan lisäksi Norja veti hyvin. Edustajia lisätään entistä pienemmille talousalueille ja siten myyntipeitto paranee.

Vapaan keskustelun jälkeen jaettiin kymmenen vuoden kunniaksi paidat kaikille. Matille isoin koko kävi pieneksi, joten neuvoin, että vedä vaan päälle, niin kyllä se annaksuu. Eilalle pienin paita kävi isoksi, ja hänelle sanoin, että kyllä pesussa kitsahtaa. Kaikille riitti paitoja ja sitten lähdettiin viikonlopunviettoon.

Heinäkuun seitsemäs päivä oli sovittu kaupantekopäiväksi. Kauppakirjat yhtiöstä tehtiin ja allekirjoitettiin ja kauppasumma maksettiin. Kolmasosa osakkeista jäi minulle, ja Veijo lupasi ostaa ne parin vuoden kuluttua. Kävimme informaatiokierroksen kunnan johdon ja pankinjohtajien luona. Viesti oli, että yhtiötä kehitetään paikkakunnalla edelleen eikä henkilöstön ja muun suhteen tapahdu muuta muutosta kuin että minä jatkan hallituksen puheenjohtajana ja Osmo siirtyy toimitusjohtajaksi. Veijo ja kaksi ulkopuolista tulevat hallitukseen. Uutinen otettiin vastaan vaiteliaasti. Kellään ei ollut hyvää eikä huonoa sanottavaa. Kymmenen vuotta vanha Kontio oli myyty leveämmille hartioille uuteen kehitys- ja kasvuvaiheeseen.

45

Kesäloma oli alkanut. Olimme käyneet Seijan ja lasten kanssa perinteisillä kesäjuhlilla ja palanneet mökille. Kevättulva oli noussut yli rakennuskorkeuden ja kastellut kotimme alapohjan. Kuivatus ja laajennus olivat menossa. 70-luvun tasakatto oli purettu ja taloa laajennettiin puolitoistakerroksiseksi. Perhe oli kasvanut ja tarvittiin lisää tilaa. Timpurit olivat kokeneita rakennusmiehiä ja toteuttivat työmaan itsenäisesti. Mökkiasumisen välissä käytiin kylällä talotyömaata katsomassa ja tarvikkeita hankkimassa. Muutama pitempi reissu tehtiin Kuusamoon, Rukalle ja Posiolle Pentikille.

Kesä meni nauttien, irti jokapäiväistä kiireestä. Useampina viikkoina nähtiin seuratalon talkoissa tuttuja, työkavereita ja kyläläisiä. Eduskuntavaalit lähestyivät, ja menin mukaan paikallisen ehdolle pyrkivän tukijoukkoon. Kunnan elinkeinojen kehittämisryhmän työskentelystä tuli ajantäyttöä usealle viikolle. Uusi elinkeinoasiamies oli innokas järjestämään tapaamisia yrityksiin. Elokuussa huomasin kalenterini olevan merkinnöistä täysi kahdeksi kuukaudeksi. Uusia joka viikko suoritettavia yrityskäyntejä edellisen työmaan lisäksi oli neljä. Lisäksi olin luvannut elinkeinolautakunnan puheenjohtajana kartoittaa kymmenen kasvuyritystä kunnasta. Tämä oli yllätys, koska olin ajatellut pitää välivuoden ja sen jälkeen ajatella rauhassa, mille alan. Nyt on tehtävä luvatut käynnit ja sen jälkeen loppuvuosi varattava itselle ja perheelle.

Irontek oy:n yrittäjien kanssa olin sopinut päivän, milloin tutkaillaan heidän tulevaisuuden mahdollisuuksiaan. Kesällä he olivat tehneet turvekoneita, ja nyt niiden toimitukset olivat takana. Menin hallille kysymään, mitä he nyt aikoivat. He kertoivat, että suurteholumilinkoja menee talvella, ja nyt niiden valmistus tulisi aloittaa, mutta rahat oli kaikki. Turvekoneista oli jäänyt katetta, mutta ei niin paljon kuin olivat ennakoineet. Keran he olivat saaneet välillä vähäksi aikaa rauhoitettua, mutta nyt se taas uhkasi. Olin sitä mieltä, että se pitää rauhoittaa, ennen kuin voi keskittyä jatkoon. Kalervo oli samaa mieltä mutta sanoi, että ainakin hänellä kynttilä oli jo palanut loppuun. Pekalla oli kuitenkin vielä uskoa lumilinkoon. He olivat esitelleet sitä edellistalvena metsäteiden aukaisijoille, joilla kaikilla oli ollut tarve saada lujempi linko. Eräälläkin oli uusi linko tökännyt kantoon ja mennyt solmuun. Sain arvion, että linkoja menisi talven aikana ainakin viisikymmentä ja niistä saisi 12 000 markkaa kappaleelta. Katetta jäisi 35 pinnaa, millä saisi velat pois. Keväällä menisi turvekoneita enemmän kuin ehtivät tekemään.

– Kalervoko luopuu hommista?

– Mielellään jos mahdollista, Pekka osaa paremmin nämä hommat.

– Hän onkin koneenrakennusteknikko. Laadi laskelmat ja mitä siellä on rästissä ja paljonko tarvitaan pääomaa tuotannon käynnistämiseen. Katsotaan sitten mitä voidaan tehdä.

– Selvä, nyt on viikko aikaa, sitten menee protestiin, Pekka sanoi.

Palaveri oli päättynyt. Pekan usko kehitettyihin tuotteisiin oli vankkumaton. Minulle oli tullut vastaan monena talvena lumilinkojen rikkoontumiset. Markkinoilla olevat olivat kevytrakenteisia eivätkä kestäneet metsäteiden aukaisuissa. Katsotaan nyt, mitä Pekka esittää.

Veljekset Ranualta olivat tehneet uuden keveämmän ruokailuryhmän ja ilmoittivat, että nyt olisi menestystuote, tule käymään. Ajoin sinne Onen kautta saadakseni selville, millaista ruokailuryhmää nykyisin halutaan. Hän esitteli suosituimmat tuotteet. Kysyin, miten uusi valmistaja pääsee markkinoille. One näytti erästä ruokailuryhmää ja sanoi, että pitää olla sellaista tyyliä, kestävä ja hyvin viimeistelty. Entä hinnan merkitys? Huonekaluliikkeessä eletään osto- ja myyntihinnan välisellä rahalla. Sitten kun nimeä tulee, hinnan merkitys vähenee, One selvitti ja kysyi, olinko menossa Ranualle. Siitä arvasin, että tulevat tehtailijat olivat käyneet hänen luonaan.

Ajoin Ranualle, missä oli sovittu tapaaminen Esson huoltoasemalle. Jaakko odotti siellä ja näytti, että aja perässä. Ajoimme kymmenkunta minuuttia ja saavuimme ison kuorma-autotallin pihalle. Sisällä tallissa oli muutama puuntyöstökone ja ruokailuryhmä. Tässäkö siis oli tuleva tehdas ja uusi tuote?

– Kyllä ja muuan, joka kävi katsomassa, oli ostaa väkisellä, Jaakko sanoi.

– Sait kuitenkin pidäteltyä?

– Siitä siihen oli, mutta lupasin toimittaa kuun lopussa.

– Rauhoittui odottamaan.

– Siitä tiedät kuin nappiin meni tämän ryhmän näkö ja laatu.

– Paljonko meinaat myydä näitä vuodessa?

– Ainakin kaksituhatta ryhmää, Jaakko vastasi.

– Saatko tehtyä missä ajassa tuollaisen määrän? kysyin Tanelilta.

– Noo, kyllä, mutta pitää vähän laskea ja miettiä ja minkälaisia koneita saadaan tänne halliin.

– Taneli, sinä olet puuteknikko, on sinulla jonkinlainen käsitys. Kumpi on lähempänä, vuosi vai puoli vuotta?

– Ainakin vuodessa vaikka näillä koneilla, hän totesi.

– Varmasti ei mene puolta vuotta, se on vain kuusitoista ryhmää päivässä, Jaakko puutui puheeseen.

Halli oli lämmin, ja isoista ovista saa tavaran sisään ja ulos. Oli puruimuri lastuille ja sopiva konekanta, ajattelin ääneen. Mentiin Jaakon perässä toimistoon, pieneen lämpimään koppiin, missä istuttiin edellisen pöytäryhmän ympärille. Kahvia oli termoskannussa ja nautittiin ensin sitä, sitten syvennettiin keskustelua. Kuka myy ja montako tekijää halliin tarvitaan? Mitä hankitaan ja mistä niitä löytyy? Sähköliittymä oli riittävä. Karkea luonnos tavaran kulusta ja työpisteistä piirrettiin pahville. Välillä käytiin askelilla mittaamassa hallia ja koneiden paikkoja. Myyntisuunnitelmana oli se, että Jaakon pistää listalle "Onet" eri puolilla Suomea ja myy tuotteet niille. Tane pohdiskeli koneet. Millä tehdään mitkäkin työstöt, missä viimeistellään, lakataan, kuivataan ja pakataan. Lopuksi hän totesi, että sitä kahtatuhatta kalusteryhmää ei kestä tehdä kuin muutaman kuukauden. Jaakko totesi, että kaikki on mietitty, sekä myynti että valmistus, joten mennäänkö tilimiehelle ja perustetaan yritys.

– Mennään vain, suurin osa asioista on mietitty, töihin vain.

Tilimiestä oli valmisteltu tapaamiseen, ja hänellä oli paperit valmiina allekirjoituksia varten. Osakkuus, osakepääoman määrä, hallitus ja toimitusjohtaja. Perustamiskokous oli nimiä myöten valmis pidetyksi tänä päivänä. Panimme nimet papereihin ja Lappinus Oy oli perustettu, kotipaikka Ranua ja toimiala huonekalujen myynti ja valmistus.

– Sopiiko teille, että tämä minun halli vastaa minun merkinnän? Jaakko kysyi.

– Minulle sopii ja minä voin maksaa oman merkinnän, kun saan tilinumeron ja pääsen kotiin.
– Sama täällä, Tane sanoi.
Asiat oli sovittu, joten toivotin onnea yritykselle ja lähdin kotiin.

Illalla olin jo nukkumassa, kun Jukka soitti. Kuulumisten jälkeen hän kertoi, että hänellä oli vaikeuksia osoittamani maahantuojan kanssa. Tämä ei maksa toimituksia niin kuin on sovittu, eikä Jukka sen takia voi lähettää tavaraa Suomeen. Sanoin, että Suomessa yleensä maksetaan toimituksen jälkeen, neljätoista päivää miinus kaksi tai kolmekymmentä päivää netto. Jukka oli kuitenkin sopinut toisin ja kysyi, voisinko auttaa, jotta toiminta voisi jatkua. Soittaa voin, mutta mitä se hyödyttää? Jukka vetosi siihen, että tunsin maahantuojan paremmin. En tuntenut, vaan hän oli Reijon tuttuja ja Jukka oli itse käynyt neuvottelut. Jukka valitteli sitäkin, että Kanadasta oli kallista soittaa ja vaikea puhua pitkään. Minulla ei ollut osaa eikä arpaa heidän välisiin liikesuhteisiin, mutta lupasin soittaa, jos se Jukkaa rauhoittaa.
Seuraavana päivänä soitin saamaani numeroon. Sieltä vastattiin Polar Consors, Saksa puhelimessa. Esittelin itseni ja sanoin, että emme ole koskaan tavanneet, mutta soitan Jukka Jumppasen pyynnöstä, koska ilmeisesti yhteistyössä oli jotain ongelmia.
– Niin on, minä olen panostanut Vesivekin markkinointiin, mutta en saa tavaraa kuin ennakkomaksua vastaan.
– Miten teillä on sopimuksessa maksuehto?
– Niin, se on että avaan remburssin, niin hän lähettää tavaraa. Mutta tässä on paljon muuta, mitä ei ollut tiedossa sopimusta tehdessä, ja siitä vaikeudet johtuu. Piirimyyjien piti jatkaa myyntiä niin kuin ennenkin. Edellinen maahantuoja nosti kanteen osaa piirimyyjiä kohtaan sopimusrikkomuksista. Aikani on mennyt heidän tukenaan oikeudessa ja myynti on myös kärsinyt.
– Ohoh, niinkö se meni, liikkeelle lähtöä on rasittanut muut asiat?
– Myynti ja rahankierto ei ole ollut niin kuin ennakoitiin. Tuote on hyvä ja nykyiset ja uudet edustajat myyvät, kun saadaan tavaraa, 300 000 markasta tämä on kiinni, Saksa totesi.

– Teidän on neuvoteltava uudet maksuehdot, niin saatte homman jatkumaan.

– Sitä on neuvoteltu, mutta Jumppanen on juntti eikä muutosta ole saatu.

– Yrittäkää löytää yhteinen linja, muuten on hyvä homma vaarassa mennä kiville, totesin lopuksi.

Illalla myöhällä Jukka soitti. Sanoin, että olin puhunut Saksan kanssa ja kuullut toisen puolen heidän välisestä tilanteestaan. Eri syiden takia myynti ja rahankierto ei ollut mennyt niin kuin oli suunniteltu.

– Mutta ei se oikeuta muutoksiin tavaran maksuehdoissa. Voitko sinä auttaa asiassa?

– Voin, mutta minulla ei ole mitään intressiä siihen. Olen vielä kiinni kolmanneksella edellisessä työmaassa ja yhdessä uudessa aloittavassa. Sinä voit mennä vastaan ehdoissa, että saatte homman jatkumaan, totesin jo unisena. – Hyvää yötä!

Seija oli herännyt, kun menin takaisin sänkyyn, ja kysyi, kuka näin myöhällä soitti. Kerroin, että Jumppanen soitti, eikä rapakon takana ollut myöhä vaan aamu.

– Nyt niitä kärpäsiä alkaa pörrätä ympärilläsi, Seija totesi ja veti peittoa päälle.

Uni ei tullut heti ja mietin aikaa, kun olin itse kerjäläisenä. Pitäisikö mennä apuun? Isosta siinä ei liene kysymys. Muistin erään sanonnan: kun nouset menestyksen portaita, muista niitä, jotka tulevat sinua vastaan, sillä kun tulet alaspäin, he tulevat jälleen vastaan. Katson huomenna. Sillä lainatavaraa raha täällä on. Otin Aku Ankan ja luin sitä, kunnes nukahdin.

Aamupäivällä Saksa soitti ja kertoi puhuneensa aikaisin aamulla päämiehelleen rapakon taakse. Neuvottelussa ei ollut löytynyt ratkaisua. Tilanne vaikeutuu ylitsepääsemättömäksi. Hän ehdotti, että lainaisin kolmeksi kuukaudeksi sen verran, että tilanne laukeaa. Saisin rahoilleni hyvän koronkin. Kysyin, eikö hän pankkimiehenä voisi pyytää sieltä. Hän sanoi, ettei ole vakuuksia ja tarve on tilapäinen, mutta jostain pitäisi rahaa saada, että homma lähtee rullaamaan.

– Olkoon menneeksi! Anna tilinumero, niin panen tulemaan.

Kontion hallituksen kokous oli kutsuttu koolle. Siellä oli esillä naapurisahan huutokauppailmoitus, jonka vouti oli kuuluttanut. Verottaja ja rahoittajana toiminut liikepankki olivat hakeneet yrityksen konkurssiin. Erääntyneitä saatavia oli useiden miljoonien markkojen edestä. Nykyinen pääomistaja esitteli asian. Hän oli käynyt neuvotteluja rahoittajapankin kanssa. Alussa pankilla oli ollut pyyntönä 1 800 000 markkaa. Useiden neuvottelujen jälkeen Veijo oli tarjonnut puolet siitä, ja voudin kuulutuksen tultua julki liikepankki oli suostunut tarjoukseen. Asian esiteltyään Veijo sanoi, olisiko mitenkään mahdollista, että kävisin ostamassa entisen uhkan pois.

– Eiköhän tuo käyne päinsä, sanoin ja tahtomattani vedin suuta hymyyn.

– Tässä on kuulutus ja liikepankki antaa shekin sille summalle, niin saat maksaa sen huutokaupassa pois, Veijo sanoi.

Muita asioita ei ollut, joten kopautin nuijalla pöytään, ja kokous oli päättynyt.

Metallimies oli kutsunut minut teollisuushallille. Katselin pihalla ympärilleni. Rautaa oli monessa paikassa, yksi turveperäkärry seisoi lähtövalmiina. Ihailin hallin valkoista, kahitiilestä muurattua seinää. Halli oli ollut rakenteilla vuonna 1969. Olin ajanut muutaman kuorman hiekkaa, kun tasoittivat lattiaa valamista varten. Maaseutukunnan päättäjät olivat aloittaneet teollistamisen. Tehdään komea halli, niin kyllä siihen joku sitten tulee, oli eräs valtuutettu todennut. Aikansa halli oli tyhjillään, sitten tuli konepaja muutamaksi vuodeksi. Sen jälkeen halli oli taas tyhjillään useita vuosia, kunnes Irontek Oy aloitti tilaustyökonepajana. Pekka löytyi hallista. Siellä oli prototyyppi suurteholumilingosta valmistumassa. Se toisi elämän talveksi.

– Nyt se on vähän kesken, mutta pari päivää niin sitten on valmis, Pekka esitteli.

– Oletko pannut aineet ja työn ylös, mitä siihen on mennyt?

– Olen ja kun pääsee sarjassa tekemään, niin työn osuus puolittuu.

– Hyvä, mennäänkö sisälle katsomaan, miltä laskelmat näyttää.

– Mennään, kiinnitä Jussi nuo loppuosat.

Jussi oli hänkin Siivikon poikia, varsinainen rautakoura. Painoa toista sataa kiloa ja taisi melkein sata kiloakin heilahtaa, jos kiinni otti. Toimisto- ja sosiaalitilat olivat hyvät. Istuimme pöydän ääreen ja Pekka antoi tilannekatsauksen. Siihenastiset tilinpäätökset ja nykyinen tilanne eivät olleet kovin hyvät, mutta viisi miestä oli pysynyt leivässä.

Katsoin papereita ja totesin, että niistä on hyvä parantaa, etenkin kun Pekka uskoi suurteholinkoon, koska vastaavanlaista ei ollut. Hän esitteli minulle lingon katelaskelmat ja kertoi, että kesäksi tehdään sitten turvekoneita, kun niitä on opittu tekemään ja menekkiä on. Syy, miksi minut oli kutsuttu, oli raha. Keralle oli saatu vähän maksettua, mutta ei tarpeeksi, koska se aikoi viedä yrityksen konkurssiin, ja käyttöpääomaakin tarvittiin.

Katsoin laskelmia ja totesin, että rahaa tämä tarvitsee, että pääsee talven yli. Siitä eteenpäin pitäisi selvitä tulorahoituksella. Pekalla oli ehdotus mietittynä. Jos sijoittaisin tietyn summan, saisin 40 % omistusta. Katselin vielä paperit läpi. Jos kaikki lingot eivät mene kaupaksi, keväällä voi olla lisärahan tarve. Katsoin Pekkaa silmiin ja kysyin, oliko kaikki maksettavat siinä. Hän vakuutti välittömästi, että muita ei ollut tiedossa.

– Hyvä on, minä sijoitan tämän summan ehdottamallasi tavalla. Anna tilinumero, niin panen rahan tulemaan. Ne merkintäpaperit tehdään myöhemmin. Katsotaan aina kuukausittain, miten menee.

– Sopii, tehdään niin. Kiitos sijoituksesta.

– Kiitos itsellesi, tästä on hyvä jatkaa.

Nyt olin mukana kolmessa uudessa yhtiössä, joihin laskin menevän aikaani päivän joka toinen viikko ja saman verran edelliseen työmaayhtiöön. Päätin käyttää viikon kerran kuussa harrastuksiin, poikien kanssa yhteisiin asioihin ja matkailuun lähialueille. Tilanne oli työelämäni paras kymmeneen vuoteen.

Naapurin sahan huutokaupan aamuna menin liikepankin johtajan luokse. Hänellä oli minulle valmiina 900 000 markan sekki. Pyysin hänet mukaani tilaisuuteen. Hän empi hiukan, sillä eihän se osallistuminen kovin mairittelevaa hänelle ollut, mutta lopulta hän päätti lähteä. Olisin ajanut autolla sahalle, mutta tilaisuus pidettiinkin nimismiehen kansliassa. Sinne oli pankista vain sata metriä, joten mentiin kävellen.

Kansliassa sihteeri ohjasi meidät peremmälle istumaan. Aika ei ollut vielä täysi, joten jäätiin odottelemaan. Huoneeseen tuli muutamia henkilöitä, joita en tuntenut. Sitten tuli nimismies Vesala. Hän tervehti nyökkäämällä ja totesi ajan olevan täysi. Hän aloitti lukemalla Virallisessa lehdessä, Iijokiseudussa ja Kalevassa olleen ilmoituksen. Sen jälkeen alkoi huutokauppa, jonka ehdot olivat meillä tiedossa: korkein tarjous tulee hyväksytyksi ja se on maksettava huudon jälkeen.

– Olkaa hyvät!

Ei kuulunut pihaustakaan.

– Oliko tarjouksia? nimismies kysyi kovemmalla äänellä.

– 900 000 markkaa, sanoin kovalla äänellä.

– On tarjottu 900 000 markkaa. Onko muita tarjouksia? Ensimmäinen kerta, toinen kerta ja kolmas kerta! nimismies jyrähti. – Kuka on huutaja?

– Kontiotuote Oy/ Timo Tiirola, sanoi ja näytin kaupparekisteriotteen.

– Nyt on maksun aika, nimismies sanoi, kun oli katsonut otteen.

– Tässä on pankin varmistama sekki, olkaa hyvä.

– Kiitos, ja koko sahakiinteistö rakennuksineen ja irtaimistoineen siirtyy Kontiotuote Oy:lle. Huutokauppa on päättynyt.

Lähdin ulos, hyvästelin pihalla pankinjohtajan ja ajoin juuri huutamani sahan pihalle. Pysäytin auton ja muistelin kymmenen vuoden takaista uhkakuvaa. Enää meitä ei peitetä puruilla.